齿轮传动装置低噪声设计理论和方法

刘 更　刘 岚　王晋鹏　吴立言　王海伟　袁 冰　任亚峰　著

科学出版社

北 京

内 容 简 介

　　齿轮传动装置的振动噪声会严重影响装备的性能、寿命、安全性和舒适性,这类装置的低噪声设计一直是国内外研究热点。本书总结作者三十余年的相关研究成果,从激励、响应和传递三方面深入地介绍齿轮传动装置低噪声设计理论和方法。全书共 12 章,主要介绍齿轮传动装置噪声产生机理、类型和传递方式,动态激励的定义、内涵及主要计算模型和方法,平行轴、行星、功率分流和多输入多输出齿轮传动系统与齿轮箱体结构动力学响应计算模型和方法,低噪声齿面优化修形与齿轮箱体结构拓扑优化设计方法,安装在弹性支承结构上的齿轮传动装置振动传递分析模型和方法,齿轮参数与结构参数对齿轮传动装置振动噪声的影响规律,最后总结归纳齿轮传动装置低噪声设计准则和方法。

　　本书可作为机械设计、机械传动、机械电子工程相关学科高年级本科生和研究生的教材,也可作为相关专业工程技术人员和科研人员的参考书。

图书在版编目(CIP)数据

齿轮传动装置低噪声设计理论和方法 / 刘更等著. —北京:科学出版社,
2021.11
　　ISBN 978-7-03-070220-3

　　Ⅰ.①齿… Ⅱ.①刘… Ⅲ.①齿轮传动装置-低噪声-设计 Ⅳ.①TH132.41

中国版本图书馆 CIP 数据核字(2021)第 215306 号

责任编辑:杨 丹 / 责任校对:杨 赛
责任印制:张 伟 / 封面设计:迷底书装

科学出版社 出版
北京东黄城根北街 16 号
邮政编码:100717
http://www.sciencep.com

北京九州迅驰传媒文化有限公司印刷
科学出版社发行　各地新华书店经销

*

2021 年 11 月第 一 版　开本:720×1000 1/16
2025 年 1 月第三次印刷　印张:25 1/4
字数:508 000
定价:235.00 元
(如有印装质量问题,我社负责调换)

前　言

　　传动装置是各类现代化装备的重要组成部分。与其他传动形式相比，齿轮传动系统具有效率高、结构紧凑、工作可靠、寿命长和传动比稳定等优点，已成为航空、航天、船舶、交通运输、石化和机床等领域中应用最为广泛的传动形式之一。齿轮传动装置在工作过程中的振动噪声不仅严重影响装备的性能和寿命，而且关乎装备的安全性和使用舒适性，因此齿轮传动装置的低噪声设计一直是国内外的研究热点。

　　齿轮传动装置形式多样、结构复杂，通常由齿轮、轴、轴承、箱体、隔振系统和基础等零部件组成。因此，齿轮传动装置低噪声设计理论和方法涉及齿轮系统的动态激励计算及齿轮设计、齿轮箱体振动噪声响应计算及拓扑优化设计和齿轮-箱体-基础间振动噪声传递及控制等方面的内容，包含多学科的理论和方法。

　　本书第一作者长期从事齿轮传动装置，尤其是航空与船舶齿轮传动装置振动噪声计算分析及控制方面的研究，先后参与我国自主研发的第一台涡桨减速器、第一台气垫船推力减速器、第一台船用大功率行星齿轮减速器等的科研工作。在国家基金、有关专项和型号计划的支持下，作者带领研究团队从激励、响应和传递三方面对齿轮传动装置低噪声分析和计算方法开展了系统深入的研究。研究成果已在相关装备的齿轮传动装置中得到了应用，并取得了较好的效果。目前，国内外已有齿轮系统动力学的书籍公开出版，但较少从激励、响应和传递三方面全面说明齿轮传动装置低噪声设计的理论和方法。基于此，本书作者通过整理自己多年研究成果和国内外相关文献，系统地介绍齿轮传动装置低噪声设计的理论和方法，为读者学习掌握相关知识及设计产品提供参考和指导。

　　全书共 12 章，第 1 章为绪论，第 2～7 章主要介绍齿轮传动系统的激励计算以及控制问题，第 8、9 章主要阐述齿轮箱体的振动噪声响应以及箱体结构的拓扑设计问题，第 10、11 章主要介绍齿轮-箱体-基础间振动噪声的传递及控制问题，第 12 章提出齿轮传动装置的低噪声设计准则，较系统地归纳设计体系与方法。本书内容图文并茂、系统详尽，注重理论、方法与工程应用的结合，不仅有利于读者学习掌握相关基础理论知识，也有利于相关企业学习掌握齿轮传动装置低噪声设计知识。本书撰写历时两年多，总结了作者多年来的研究成果，广泛参考了国内外相关代表性论著，对他人的研究成果书中在引用时已做出标记，在此向各位作者表示感谢。

本书获西北工业大学精品学术著作培育项目资助出版，研究工作先后得到了国家自然科学基金重点项目(51535009)、国家重点研发计划项目、863 计划项目和研究院所课题等的支持。陕西省机电传动与控制工程实验室研究生卜忠红、常乐浩、周建星、龚境一、丁云飞、陈格宁、郑雅萍、陈允香、刘可娜、宋毅、赵晨晴、段瑞杰、刘超、马珊娜、赵颖、焦阳、刘雨侬、孟程琳、马栋、李雪凤等为本书做出了有益贡献，在此一并表示衷心感谢。

受专业与水平所限，本书在取材和论述中难免有不足之处，敬请读者提出宝贵意见。

作　者

2021 年 9 月

目　　录

第1章 绪 论

1.1 引 言

齿轮传动是一种历史悠久且应用范围很广的机械传动方式。在现代化装备的动力传输中,齿轮传动发挥着重要作用。随着应用范围的扩展和要求的不断提高,齿轮传动设计理论和方法的研究朝着纵深发展。近年来,有不少文献报道了齿轮传动在强度与可靠性、寿命与耐久性,以及动力学特性等方面取得的研究进展。

近年来,人们对运输装备舒适性和武器装备隐身性等的要求越来越高,如何设计低振动、低噪声齿轮传动装置,成为焦点问题。例如,对于高铁、飞机、轿车和邮轮等民用运输装备,除了要求性能高和安全性好等外,还对其舒适性提出了要求,其中舒适性的一项重要指标就是噪声。直升机驾驶员的座位一般距主旋翼及其传动系统较近,如果噪声环境恶劣,将会影响驾驶员的身心健康和正常操作。潜艇是维护国家海洋权益的利器,敌方主要利用声呐技术进行探测。如果一艘潜艇的噪声较低,则隐身性好,不易被敌方探测到。产生噪声的源头有很多,但在各类装备机械噪声中,齿轮传动装置产生的噪声是重要部分。在研发与设计过程中有效地降低齿轮传动装置的噪声,将有利于提高相应装备的舒适性和隐身性。

齿轮传动装置低噪声设计理论和方法涉及齿轮设计、齿轮系统动力学、结构振动力学、拓扑优化设计和机械噪声传递与控制等方面的内容,包含多学科的理论和方法。本书作者在这些方面有着长期深入的研究与实践积累,特别是近年来通过对各类航空与舰船动力传动装置振动噪声问题的研究,进一步丰富了低噪声齿轮设计的相关研究成果。由此,作者希望能从理论上较完整地总结出齿轮传动装置低噪声设计的准则、体系与方法,为解决低噪声齿轮传动装置的设计问题提供有益帮助。

可以说,机械装备都应进行低噪声设计。与人直接接触的设备,有舒适性要求,需要低噪声设计;无人工作平台虽无舒适性要求,但通常也应考虑低噪声设计,避免相关设备受到振动噪声的干扰。同时,振动噪声在航天、航空、石化和机床等装备运行的可靠性上是重要的设计考核指标。此外,值得特别说明的是,由于军用舰船在作战时有较高的隐身性要求,舰船动力传输中齿轮传动装置的低噪声设计更为重要，相应的设计指标也更为严苛[1]。本书将为齿轮传动装置低噪声设计提供相关的理论与方法。同时，本书还会对从事齿轮系统动力学分析、齿轮箱结构减振设计、低噪声结构拓扑优化设计，以及机械噪声的计算、分析与控制等方面的研究人员提供支持和帮助。

1.2　噪声的基本知识

1.2.1　噪声的定义及分类

在物理学上，声(sound)指的是弹性媒质中传播的压力、应力、质点位移、质点速度、质点加速度等的变化或几种变化的综合。

弹性媒质中质点机械振动的传播称为波动或声波。声波是一种机械波。一定频率和强度范围的声波作用于人耳并产生声音的感觉。

人们通常将紊乱的、断续的或随机的声音，以及虽然有规律但人们主观上需排除的声音，称为噪声(noise)。

噪声是声的一种，具有声波的一切特性。在物理学上，通常指强弱和频率的变化都无规律的声波；在生理学上，通常指人们不需要的、对身心健康有副作用的声波；在工程学上，通常指会对人和环境产生不良影响的，或对正常信号产生干扰的，或需要隐藏的声波。

机械装置运转引起机械结构振动而产生的噪声，称为机械噪声。机械噪声通常是有害的，会对环境产生噪声污染，干扰机械装置的正常运行甚至引起机械装置损坏，影响测控系统的信号采集精度，等等。有时，也可以利用噪声。例如，可利用噪声进行机械装备的故障诊断，实现对敌方武器装备及特性的识别等。

对噪声的度量，主要有强弱的度量和频谱的分析。

度量噪声强弱的物理量有很多，包括声压、声强、声功率，以及速度和加速度等。

度量噪声强弱的单位为分贝，记作 dB。分贝是贝尔(B)的十分之一，这是一种级的单位，没有量纲[2-3]。因此，当用声压、声强、声功率，以及速度和加速度等表示噪声的强弱时，分别称为声压级、声强级、声功率级，以及速度级和加速度级等。具体可将度量噪声的物理量代入式(1-1)计算得到噪声的分贝值，即该物理量的噪声级 L_X(dB)。

$$L_X = 10 \lg \frac{X}{X_0} \tag{1-1}$$

式中，X 为度量噪声的物理量；X_0 为 X 的基准量，基准量的大小与所选用的物理量有关。由式(1-1)可见，当某噪声的物理量 X 等于基准量 X_0 时，这个噪声的分贝值为 0。

对噪声做频谱分析时，一般难以对频率成分逐一进行分析。通常是将连续的频率范围划分为若干个相连的小频率段，每一频率段称为频带或频程，每个小频带内的声能量假设是均匀的，然后研究不同频带上的噪声及其分布情况。

每个频带有上、下边界频率和中心频率。通常按任意相邻两个频带的中心频率之比均相同来划分频带。若相邻两频段的中心频率之比恰好为 2，则所划分的频程称为倍频程(octave)。

一般，若一个频带的上边界频率和下边界频率分别为 f_2 和 f_1，则表示两频率间频带宽的倍频程数 n 可按式(1-2)确定：

$$n = \log_2 \frac{f_2}{f_1} \tag{1-2}$$

式中，n 可以是整数或分数。例如，若 $n=1$、1/2 和 1/3，则相应的频带分别称为倍频程、1/2 倍频程和 1/3 倍频程。倍频程数 n 反映的是所划分频带的宽窄，上述列举的倍频程、1/2 倍频程和 1/3 倍频程中，倍频程最宽，1/3 倍频程最窄。

人耳可听声的频率范围为 20～20000Hz，若把这个声频范围按倍频程分为 10 个频带，则这 10 个频带的上、下边界频率和中心频率的标称值如表 1-1 所示。在研究中需要划分更窄的频带，如常采用 1/2 或 1/3 倍频程，即将每一个倍频程再分两份或三份。在各类机械噪声评价中，常用 1/3 倍频程，并以其中心频率作为各频段的代表频率。常用的 1/3 倍频程的中心频率共有 30 个，其标称值依次为[4-7]：25、31.5、40、50、63、80、100、125、160、200、250、315、400、500、630、800、1000、1250、1600、2000、2500、3150、4000、5000、6300、8000、10000、12500、16000、20000(单位：Hz)。

表 1-1 10 个频带的上、下边界频率和中心频率的标称值 (单位：Hz)

	中心频率									
	31.5	63	125	250	500	1000	2000	4000	8000	16000
上边界频率	22.4	45	90	180	355	710	1400	2800	5600	11200
下边界频率	45	90	180	355	710	1400	2800	5600	11200	22400

使用 1/3 倍频程主要是因为人耳对声音的感觉，其频率分辨能力不是单一频率，而是频带，而 1/3 倍频程曾经被认为是比较适合人耳特性的频带划分方法。同样，工程噪声评定标准和噪声仿真计算软件也多采用 1/3 倍频程的中心频率做

频谱分析。

机械噪声来源于机械零部件之间的交变力。交变力产生的机械振动在结构中传递时，称为结构噪声，常用结构的振动加速度级或速度级来度量。结构噪声可经辐射传递到空气中，则称为空气噪声，常用声压级、声强级和声功率级等来度量。

在机械设计中，应对结构噪声和空气噪声进行控制，使其尽量降低，减少危害性。这是机械装置低噪声设计的根本目的。

1.2.2　空气噪声的度量

机械结构的振动产生声波，声波在结构中传递，当传递到结构与空气的界面时，会继续以空气为媒质由近及远地传播。当一定强度和频率范围的声波作用于人耳时，人们听到声音。

声波的传播，实际上是媒质疏密交替变化的过程。在这个过程中，媒质各体积元内的压力 p、密度 ρ，以及质点的速度 v 和加速度 a 等物理量都在发生变化。因此，可以通过测量这些物理量的大小和变化频率，对声波进行度量。因为在空气中，声压相对比较容易测量，所以声压成为人们描述空气噪声最为常用的物理量。

声压 p 的单位是帕斯卡，常简称为帕(Pa)，$1\mathrm{Pa}=1\mathrm{N/m}^2$。

有声压存在的空间称为声场，声场中某一点的声压是指空气中瞬时总压力与没有声波时的静压力之差，称为瞬时声压。在一定的时间间隔 T 内，瞬时声压 p 关于时间的均方根值为有效声压(简称声压)。有效声压 p_{m} 的计算式为

$$p_{\mathrm{m}} = \sqrt{\frac{1}{T}\int_0^T p^2 \mathrm{d}t} \tag{1-3}$$

正常人耳能听到的最低声压为 $2\times10^{-5}\mathrm{Pa}$，这个声压称为听阈声压。人们正常谈话的声压为 0.02Pa，喧哗场所的声压为 0.5～1.0Pa，交响音乐会的声压可达 2.0Pa。很强烈的机械噪声(如柴油机、燃气轮机等周边的噪声)声压可达 20Pa，如此强烈的声压会使人耳产生痛觉，这个声压称为痛阈声压。

听阈声压与痛阈声压比值约为 $1:10^6$，二者相差一百万倍。因此，用声压的绝对值表示声音的强弱很不方便。在声学中采用声压的对数值，即用"级"来度量声压的强弱，并称其为声压级。参照式(1-1)，声压 p 对应的声压级 $L_p(\mathrm{dB})$ 的数学定义为

$$L_p = 10\lg\frac{p^2}{p_0^2} = 20\lg\frac{p}{p_0} \tag{1-4}$$

式中，p_0 为基准声压，在空气中 $p_0 = 2 \times 10^{-5}\,\text{Pa}$，在水中 $p_0 = 1 \times 10^{-6}\,\text{Pa}$。

工程中，对噪声进行频谱分析时通常采用 1/3 倍频程，并以各频程的中心频率为代表频率。这时，每个 1/3 倍频程的声压级实际应按对应各频带的有效声压计算。一个频带内的声波，可以看成是若干个不同频率的正弦波的叠加，其叠加后的总声压即为该频带的有效声压 p_m，可按式(1-5)计算：

$$p_m = \sqrt{\sum_{i=1}^{n} p_{Ai}^2 / 2} \tag{1-5}$$

式中，p_{Ai} 为频带内各频率下对应的声压幅值(Pa)；n 为声波变换到频域后在计算频带内的频率个数；i 为声波在计算频带内的频率序号。

将式(1-5)计算得到的有效声压代入式(1-4)，得到的声压级就是 1/3 倍频程声压级。图 1-1 为某齿轮减速器空气噪声 1/3 倍频程频谱图。

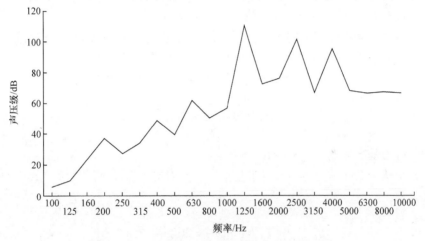

图 1-1 某齿轮减速器空气噪声 1/3 倍频程频谱图

声场中，声波的传播伴随着能量的传递，声源在单位时间内辐射的总声能称为声功率，通常用 W 表示，单位为瓦(W)。声功率 W 对应的声功率级 L_W(dB)的数学定义为

$$L_W = 10\lg \frac{W}{W_0} \tag{1-6}$$

式中，W_0 为基准声功率，$W_0 = 1 \times 10^{-12}\,\text{W}$。

在垂直于声波传播方向上，单位时间内通过单位面积的声能量称为声强，通常用 I 表示，单位为 W/m²。声强 I 对应的声强级 L_I(dB)的数学定义为

$$L_I = 10 \lg \frac{I}{I_0} \tag{1-7}$$

式中，I_0 为基准声强，$I_0 = 1 \times 10^{-12}\,\text{W/m}^2$。

显然，同一个声源，当分别用声压级、声功率级和声强级来度量时，其分贝值应是不同的。但是，声压级与声强级在数值上较近似，而声功率级与两者的差距较大。例如，人正常谈话时的声压级和声强级约为 60dB，而对应的声功率级则约为 70dB。

1.2.3　结构噪声的度量

在机械噪声控制中，控制结构噪声往往比控制空气噪声更为重要。一方面，结构噪声是空气噪声的源头，控制了结构噪声也就控制了空气噪声；另一方面，结构噪声同样会对设备、仪器、人和环境构成直接的危害。因此，在机械设计中，应该采取有效措施，将结构噪声控制在一定范围内。

度量结构噪声强弱的物理量，通常是用结构中某一质点的振动速度或振动加速度。具体度量结构噪声时，也是采用"级"的概念来表述[8]。

若结构中某一质点的振动速度为 v，则对应的振动速度级 L_v(dB)的数学定义为

$$L_v = 10 \lg \frac{v^2}{v_0^2} = 20 \lg \frac{v}{v_0} \tag{1-8}$$

式中，v_0 为基准速度，$v_0 = 1 \times 10^{-9}\,\text{m/s}$。

若结构中某一质点的振动加速度为 a，则对应的振动加速度级 L_a(dB)的数学定义为

$$L_a = 10 \lg \frac{a^2}{a_0^2} = 20 \lg \frac{a}{a_0} \tag{1-9}$$

式中，a_0 为基准加速度，$a_0 = 1 \times 10^{-6}\,\text{m/s}^2$。

结构噪声还可以用结构的振动烈度进行度量。振动烈度可用结构振动位移、振动速度或振动加速度的均方根值来定量描述。工程中常用振动速度的均方根定量描述振动烈度，其数学定义为[9-10]

$$V_s = \sqrt{\left(\frac{\sum V_x}{N_x}\right)^2 + \left(\frac{\sum V_y}{N_y}\right)^2 + \left(\frac{\sum V_z}{N_z}\right)^2} \tag{1-10}$$

式中，V_s 为用振动速度描述的振动烈度，单位为 mm/s；N_x、N_y、N_z 分别为 x、y、z 三个相互垂直方向上的测点数；V_x、V_y、V_z 分别为 x、y、z 三个相互垂直方向上的结构振动速度均方根值，对应各方向的计算表达式为

$$V_{\text{rms}} = \sqrt{\frac{1}{T} \int_0^T V^2(t) \mathrm{d}t} \tag{1-11}$$

式中，V_{rms} 为振动速度均方根值，单位为 mm/s；$V(t)$ 为振动速度随时间变化的函数，单位为 mm/s；T 为测量周期，单位为 s。

在机械噪声分析中，除了特殊装备需按专业标准的规定进行结构噪声度量外，最常用的结构噪声评价指标是结构振动加速度级。表 1-2 中列举了部分结构噪声的振动加速度级与振动加速度之间的对照关系。

表 1-2 振动加速度级与振动加速度的对照关系

振动加速度级 L_a/dB	振动加速度 a	
	以 m/s² 为单位的值	以重力加速度 g 为单位的值
50	3.16×10^{-4}	3.23×10^{-5}
60	1×10^{-3}	1.02×10^{-4}
70	3.16×10^{-3}	3.23×10^{-4}
80	1×10^{-2}	1.02×10^{-3}
90	3.16×10^{-2}	3.23×10^{-3}
100	0.1	1.02×10^{-2}
110	0.316	3.23×10^{-2}
120	1.0	0.102
130	3.16	0.323
140	10.0	1.02
150	31.63	3.23
160	100.0	10.20
170	316.23	32.27
180	1000.0	102.04
190	3162.28	322.68
200	10000.0	1020.41

1.2.4 噪声的评价

在噪声的评价中，声压和声压级是度量空气噪声强度常用的客观物理量。声压级越高，声音越强；反之，声音越弱。但是，人耳对声音的感觉不仅与声压有关，还与频率有关。人耳对高频的声音较敏感，对低频的声音较迟钝。也就是说，声压级相同而频率不同的声音，人耳听起来不一样。或者说，对于客观物理量(如声压级)相同的声音，当声音频率不同时，人们的主观感觉并不相同。因此，在进行噪声控制时，有必要建立噪声的主观评价体系。

1. 响度和响度级

为了表征人耳对声音强弱程度的主观感觉程度，人们提出了响度的概念，用以表示人耳听到声响的高低。

以 1000Hz 的纯音为基准声音，将某一频率的纯音与这一基准声音比较，若正常听力试听者判断二者一样响，则基准声音的声压级就是这一频率纯音的响度级，符号是 L_N，单位为方(phon)[4-5]。

例如，若某一频率的声音与声压级 80dB、频率 1000Hz 的基准声音一样响，则称该声音的响度级为 80 方。"80 方"是人耳对这一声音的主观评价，而这个声音的客观声压级会随着频率的不同而不同。例如，客观声压级 101.7dB 的 50Hz 纯音、声压级 81.7dB 的 400Hz 纯音，以及声压级 78.3dB 的 4000Hz 纯音等，它们听起来都与声压级 80dB、频率 1000Hz 的纯音一样响，响度级都等于 80 方。

图 1-2 为 GB/T 4963—2007[11]给出的自由声场条件下纯音标准等响度级曲线。图 1-2 中每一条曲线上各点的声压级和频率不同，但对人耳来说具有相同的响度，曲线上方的数据表示该曲线的响度级。其中，虚线为听阈，虚线以下的声音人

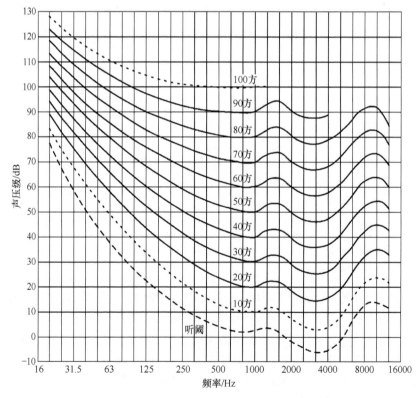

图 1-2 自由声场条件下纯音标准等响度级曲线[11]

耳听不见,即虚线表示的响度级为 0 方;两条点线(10 方和 100 方)表示试验数据较少。

2. A 声级

为了能在测量声音的仪器(声级计)上直接读出接近于人耳的噪声评价主观量,需要将声学测量仪器接收的声音按不同程度进行滤波。具体应该按照图 1-2 所示的纯音标准等响度级曲线,对某些频率的声音信号进行抑制,而对另一部分频率的声音信号给予增益,即对声音信号在不同频率上进行计权变换。但是,对于这样的计权变换,很难用一个简单的滤波电路模拟多个等响度级曲线实现。因此,人们设计了不同的计权函数,用来近似模拟人耳的噪声评价主观量。具体在声级计的计权变换电路中,通常有 A、B、C 和 D 四个计权函数,A 计权函数模拟人耳对 40 方纯音的响应,该函数使低频段(500Hz 以下)声音有较大的衰减;B 计权函数模拟人耳对 70 方纯音的响应;C 计权函数模拟人耳对 100 方纯音的响应;D 计权函数对高频段噪声测量有较大增益,主要用于航空噪声等较高频段噪声的计量。表 1-3 列出了声级计常用的四种频率计权参数,其中,数字表示需在测得的实际声压级加上的分贝值[2-3,12]。图 1-3 为相应的声级计权参数曲线[2]。由表 1-3 和图 1-3 中数值可见,在基准频率 1000Hz 处,所有的计权参数都是 0dB。

表 1-3 声级计常用的四种频率计权参数

标称频率/Hz	频率计权参数/dB			
	A	B	C	D
10	−70.4	−38.2	−14.3	−27.1
12.5	−63.4	−33.2	−11.2	−24.7
16	−56.7	−28.5	−8.5	−22.6
20	−50.5	−24.2	−6.2	−18.6
25	−44.7	−20.4	−4.4	−17.6
31.5	−39.4	−17.1	−3.0	−16.7
40	−34.6	−14.2	−2.0	−13.9
50	−30.2	−11.6	−1.3	−11.2
63	−26.2	−9.3	−0.8	−10.9
80	−22.5	−7.4	−0.5	−9.0
100	−19.1	−5.6	−0.3	−7.7
125	−16.1	−4.2	−0.2	−4.8
160	−13.4	−3.0	−0.1	−4.2
200	−10.9	−2.0	0.0	−4.0
250	−8.6	−1.3	0.0	−1.6
315	−6.6	−0.8	0.0	−0.9

续表

标称频率/Hz	频率计权参数/dB			
	A	B	C	D
400	−4.8	−0.5	0.0	−0.7
500	−3.2	−0.3	0.0	−0.3
630	−1.9	−0.1	0.0	−0.1
800	−0.8	0.0	0.0	0.0
1000	0.0	0.0	0.0	0.0
1250	+0.6	0.0	0.0	5.4
1600	+1.0	0.0	−0.1	6.6
2000	+1.2	−0.1	−0.2	7.9
2500	+1.3	−0.2	−0.3	11.7
3150	+1.2	−0.4	−0.5	11.6
4000	+1.0	−0.7	−0.8	11.1
5000	+0.5	−1.2	−1.3	6.2
6300	−0.1	−1.9	−2.0	5.8
8000	−1.1	−2.9	−3.0	5.5
10000	−2.5	−4.3	−4.4	3.3
12500	−4.3	−6.1	−6.2	1.9
16000	−6.6	−8.4	−8.5	−0.7
20000	−9.3	−11.1	−11.2	−1.3

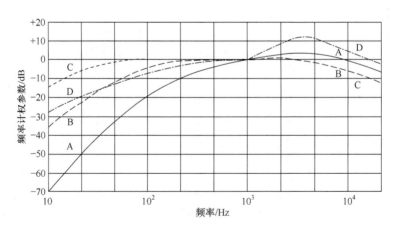

图 1-3　声级计权参数曲线[2]

设计不同计权函数的初衷，是对低于 55dB 的声音用 A 声级计量，对 55～

85dB 的声音用 B 声级计量，对于 85dB 以上的声音用 C 声级计量。但实践表明，无论多大声级的声音，用 A 声级测得的结果都与人耳对声音的响度感觉比较贴近。因此，人们一般把 A 声级作为评价各种噪声的常用指标，许多与噪声有关的国家标准，或各类商用声学计算软件都按 A 声级作为指标。

GB/T 2888—2008[13]规定，A 声级变量符号用 L_A 表示，单位为分贝，单位符号为 dB(A)。

1.3 齿轮传动装置的振动噪声

运转中的机械装置会因振动而产生噪声，机械的振动源于零部件之间的交变力。这种产生机械振动和噪声的力大致可分为三类，即周期性作用力、冲击力和摩擦力。在一台机器中，这三种力往往同时存在，但可能某一种力比较突出，某一种力比较弱。

机械装置中的交变力引起结构的振动。振动的能量一方面会通过机座等基础结构传递出去，从而干扰邻近或远处机器的工作，这种振动就是结构噪声；另一方面，振动会通过结构的表面扰动空气，将振动能量辐射到空气中，形成空气噪声。无论空气噪声还是结构噪声，都可能有害。例如，空气噪声会使附近工作人员产生焦躁情绪，甚至危及健康，结构噪声不仅会干扰其他机器的正常工作，还会通过固体结构和流体介质(空气或者液体)的传导，被作战的一方用来侦探和识别另一方的武器装备。因此，有效降低机械装置的结构噪声和空气噪声，不仅可以极大地提高工作人员的舒适性、减少振动引发的破坏，而且对于提升舰船隐身性、增强装备战斗力至关重要。

齿轮传动是一种常用的动力传输机械装置。齿轮传动系统在运转过程中，存在着上述的三种交变力。因此，齿轮传动在运转中必然产生结构噪声和空气噪声。从齿轮传动系统振动激励-响应-传递控制入手，以齿轮传动系统振动噪声水平最低为设计目标，揭示齿轮传动装置中噪声产生机理、准确把握噪声传递途径、有效控制噪声水平的理论与方法，称为齿轮低噪声设计的理论与方法。

1.3.1 齿轮系统的激励

如前所述，作为参数自激振动系统，齿轮传动中存在着周期性作用力、冲击力和摩擦力等三种交变力的作用，这是产生齿轮噪声的主要激励源[1]。

齿轮传动中的周期性作用力主要是齿轮啮合过程中，不同齿对周期交替啮合产生的啮合力；冲击力主要是轮齿在啮入、啮出时的相互冲击力；摩擦力主要是轮齿啮合过程中齿面存在的相对滑动与滚动摩擦力。

齿轮传动中轮齿间的啮合力之所以是周期性作用力，主要是因为周期性变化的啮合刚度和各轮齿的制造误差，二者联合产生的周期性激励称为齿轮的传递误差(具体定义见本书 2.4 节)。

由齿轮啮合原理可知，在一对齿轮的传动过程中，由主动轮的齿根与从动轮的齿顶相互啮合进入开始，到主动轮齿顶与从动轮的齿根相互啮合退出为止，为一个啮合周期。在这样一个啮合周期中，还要经历多齿对啮合与少齿对啮合的变化。因此，轮齿间的啮合刚度(具体定义见本书 2.2 节)一定是随轮齿啮合位置(也随着时间)的变化而变化的。即使从动轮所受负载恒定，由于齿轮啮合刚度随着轮齿啮合位置变化，轮齿弹性变形量变化，从而齿轮结构产生振动。图 1-4 为某齿轮传动时啮合刚度的一个变化周期，反映了齿轮啮合刚度的时变性。齿轮的啮合刚度与齿轮基本参数、齿轮结构和精度等级等有关。该对齿轮的参数为：齿数 $z_1=29$，$z_2=93$，模数 $m=3\text{mm}$，压力角 $\alpha=20°$，螺旋角 $\beta=15°$，齿宽 $B=60\text{mm}$，标准齿轮，正常齿制，精度等级为 7 级。

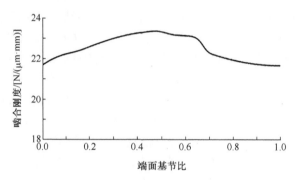

图 1-4　某齿轮啮合刚度的变化周期

齿轮在制造过程中总是存在一定误差，其中轮齿的各项误差会导致轮齿间的啮合偏离理论位置。由此产生的啮合偏差与轮齿弹性变形叠加，将加剧齿轮的振动。这种啮合变形与轮齿误差联合作用常用齿轮的传递误差来综合衡量。图 1-5 为某齿轮传递误差的一个变化周期，齿轮的参数与图 1-4 对应的齿轮相同。一般来讲，轮齿的制造误差大，传递误差绝对值大；啮合刚度大，弹性变形小，传递误差绝对值就小。

齿轮的啮合刚度和轮齿误差均为转过一个齿距波动一次，因此，齿轮振动的频率与齿数和转速相关，这个频率称为啮合频率。若主动轮的齿数为 z_1，转速为 n_1(单位为 r/min)，则该齿轮传动啮合频率 f_m(单位为 Hz)的计算公式为

$$f_m = \frac{z_1 n_1}{60} \tag{1-12}$$

在传递误差产生激励的同时，齿距误差将会造成一对轮齿提前或滞后啮合，

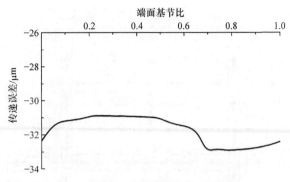

图 1-5 某齿轮传递误差的变化周期

导致啮入和啮出的冲击激励。在轮齿啮合过程中，齿面存在相对滚动/滑动摩擦。在轮齿的节线附近，滚动摩擦占主要成分，远离节线时，滑动摩擦逐渐占主要成分。因此，齿面的摩擦力是交变的，将对齿轮产生摩擦激励[14-15]。轮齿间的冲击力和摩擦力的交变频率均为啮合频率。

除了上述因素以外，运转轴承中的交变载荷、由联轴器传入的交变外载荷、通过机座传入的外部基础振动、由系统外部整体振动加速度产生的冲击等因素，都可能成为齿轮系统的激励因素。但对齿轮系统而言，传递误差是引起振动与噪声的主要激励源，也是低噪声齿轮设计中应重点控制的因素。

1.3.2 齿轮传动装置振动噪声的传递

齿轮在受到周期性交变的啮合力，啮入、啮出冲击力和齿面摩擦力作用后，会诱发自身和相邻结构的振动和噪声。振动和噪声由齿轮向轴、轴承、箱体、机座和空气中进行传递和辐射。具体来讲，齿轮振动噪声的一部分直接向空气辐射，再透过箱壁和箱体上的缝隙传到箱外。这部分噪声常称为一次空气噪声。齿轮振动的大部分能量通过轴、轴承向箱体进行传递。由于箱体一般具有较大的表面积，很容易被激发振动，并向空气中辐射噪声。这部分噪声常称为二次空气噪声[2]。箱体中的振动能量除了向空气中辐射以外，还有一部分以结构振动的方式由机座、联轴器等结构向周边传递，即以结构噪声的方式向外传递[16]。

图 1-6 为齿轮箱中因传递误差所产生的振动噪声传递路径示意图。

图 1-6 仅仅是一个简单齿轮箱中噪声传递路径的示意图，只反映了噪声传递的大致概念。实际的齿轮传动装置可能有各种更复杂的结构形式，因此需要对噪声传递路径做更为细致的分析。若能准确把握噪声在齿轮箱中的传递路径，甚至各个路径上振动噪声的强弱，对于提出相应的减振、隔振和降噪措施极为有利。

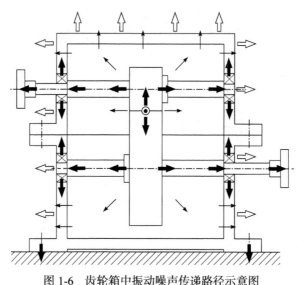

图 1-6　齿轮箱中振动噪声传递路径示意图

"⊙"表示激励源；"➡"表示结构噪声的传递路径；"→"表示一次空气噪声的传递路径；"⇨"表示
二次空气噪声的传递路径

1.3.3　齿轮传动装置振动噪声及评价

由 1.3.2 节的介绍可知，齿轮传动装置的噪声分为两类，即结构噪声和空气噪声。结构噪声就是结构振动，在齿轮、轴、轴承和箱体等结构件中传递，通常用结构的振动加速度级或振动烈度来评价其强弱。空气噪声主要是由箱体的振动向空气中辐射而形成，通常用声压级、声功率级或声强级来评价。

一个齿轮减速箱的结构体上，结构噪声无处不在。但在工程实践中，通常以齿轮箱各机脚螺栓处和各轴承座上的结构噪声为代表，衡量整个装置的结构噪声；以距箱体各侧面中心和顶面中心 1m 处场点的声压级，衡量整个装置空气噪声的强弱。

如前所述，无论是结构噪声还是空气噪声，其产生根源主要是齿轮的传递误差。如果能将传递误差控制在一个较低的水平，则可得到低噪声的齿轮传动装置。但对于齿轮的设计而言，传递误差是一个间接的综合性指标，在设计中难以对其直接控制。同时，在噪声控制中，齿轮的传递误差难以直观地反映噪声的水平。因此，在齿轮的低噪声设计中，需要根据齿轮的基本参数、结构尺寸、精度等级以及实际工况，计算分析齿轮的传递误差。再通过进一步地计算分析和实验，得到齿轮传动装置的动态特性与响应。由此，以控制齿轮系统的振动水平为手段，达到控制噪声的目的。

在控制齿轮系统振动噪声时，齿轮的动态啮合力、齿轮的动载系数、轴承的动态支承力、齿轮结构与系统的固有频率和振型，以及齿轮箱体的固有频率和振型等，均可作为对齿轮传动装置振动噪声控制和评价的设计指标。若能将这些设计指标控制在合理的范围内，在一定程度上即可实现齿轮的低噪声设计。关于上面所述各项内容的具体定义、分析计算方法，以及在低噪声设计中的作用，详见本书后面各章的论述。

1.3.4 控制齿轮传动装置噪声的常用方法

齿轮传动装置低噪声设计的根本目的在于降低噪声，即降低传动装置的结构噪声与空气噪声。事实上，凡是能减少齿轮传动装置振动的措施，均能达到降低其噪声的目的。

降低齿轮传动装置噪声大致可分为两种途径：一种途径是从设计入手，通过齿轮参数的匹配设计、适当的齿轮齿面修形及齿轮与支承结构的合理设计，减小齿轮啮合产生的激励与响应；另一种途径是从减振入手，针对齿轮激励引起的结构振动，通过施加阻尼与隔振等措施，降低或隔离结构振动的传递与辐射。

单从设计的角度来讲，齿轮传动装置低噪声设计的途径主要包含两大类：一类是从齿轮系统的设计入手；另一类是从齿轮箱的设计入手。

从齿轮系统设计入手的低噪声设计措施主要有：①合理选择齿轮的形式。例如，斜齿圆柱齿轮比直齿圆柱齿轮更有利于减振，大螺旋角的斜齿圆柱齿轮或人字齿轮比小螺旋角的斜齿圆柱齿轮更有利于减振。②加大齿轮的重合度，有利于减小齿轮啮合刚度的波动量，从而减小激励。③适当的轮齿齿面修形可有效地降低齿轮的动载荷。④合理地配置齿数，以确保啮合频率远离齿轮系统与齿轮结构的固有频率。⑤提高齿轮的制造精度以有效降低齿轮传动误差，达到减振降噪的目的，但这也会引起制造成本的提高。

从齿轮箱结构设计入手的低噪声设计措施主要有：①在箱壁上合理地布置降噪肋板以调整箱体的刚度，从而减小箱体表面的法向振动；②在箱壁上合理地布置阻振质量，以阻隔振动的传递；③进行箱体模态分析，把握箱体的固有频率与振型，通过调整特殊振型的固有频率使其避开齿轮的激励频率；④以振动噪声最低为目标的齿轮箱结构拓扑优化设计；⑤通过板面声学贡献量等分析方法，掌握对振动噪声贡献突出的壁板，并针对性地进行减振降噪设计。

单从减振角度来讲，也有一些齿轮传动装置低噪声设计措施，主要包括：①在齿轮的轮缘或腹板附加阻尼材料，或在轮缘处添加阻尼环；②在箱体表面附加阻尼材料，或将箱壁做成夹层并灌注阻尼材料；③在箱体机脚处加装隔振器；④加强齿轮箱的密封措施，尽量减少一次空气噪声的传出；⑤对齿轮箱加装专门的隔声罩。

此外，合理地设计齿轮传动装置的润滑系统，选择适当的润滑剂、润滑油黏度和滑油量，不仅有利于减小齿轮的激励，而且有一定的降噪效果。

上述减振降噪方法可以单独采用，但综合运用效果更佳。针对具体的齿轮传动装置，需要选择恰当的减振措施，并通过设计计算分析和试验测试，从而获得最佳的低噪声齿轮传动装置。

1.4　本书主要内容

本书集成了作者长期以来在齿轮设计、齿轮传动系统动力学、结构振动与结构优化等方面的研究成果，并系统地总结为低噪声设计的理论与方法，旨在揭示齿轮传动装置中噪声产生机理，探索准确把握噪声传递的途径，建立有效控制噪声水平的理论与方法，即齿轮低噪声设计的理论与方法。

本书共 12 章。第 1 章是绪论，第 2～7 章主要介绍齿轮传动系统的激励与响应问题，第 8～11 章主要阐述齿轮箱体的振动，以及振动在齿轮系统与箱体中的传递问题，第 12 章提出齿轮传动装置的低噪声设计准则，系统地归纳设计体系与方法。

本书不仅明确了齿轮噪声的产生机理及影响因素，系统地阐述齿轮系统与箱体等结构的动态响应分析计算理论与方法，还深入地分析各主要因素对整个传动装置振动噪声的影响规律，并总结出可在工程实践中应用的齿轮传动装置的低噪声设计准则与方法。

参 考 文 献

[1] LIU G, CHANG S, WANG H W, et al. Research on models and methods for low noise design of marine gearing[C]. The International Conference on Power Transmissions(ICPT 2016), Chongqing, 2016.

[2] 方丹群, 王文奇, 孙家麒. 噪声控制[M]. 北京: 北京出版社, 1986.

[3] 马大猷, 沈壕. 声学手册(修订版) [M]. 北京: 科学出版社, 2004.

[4] 国家技术监督局. 声学的量和单位: GB 3102.7—1993[S]. 北京: 中国标准出版社.

[5] 国家技术监督局. 声学名词术语: GB/T 3947—1996[S]. 北京: 中国标准出版社.

[6] 国家技术监督局. 声学测量中的常用频率: GB 3240—1982[S]. 北京: 中国标准出版社.

[7] 国家技术监督局. 倍频程和分数倍频程滤波器: GB/T 3241—1998[S]. 北京: 中国标准出版社.

[8] 国防科学技术工业委员会. 舰船噪声限值和测量方法、潜艇艇体结构噪声测量: GJB 763.6—1989[S]. 北京: 国防科工委军标出版发行部.

[9] 中国人民解放军总装备部. 舰船设备噪声、振动测量方法: GJB 4058—2000[S]. 北京: 总装备部军标出版社.

[10] 中华人民共和国国家质量监督检验检疫总局, 中国国家标准化管理委员会. 船舶机舱辅机振动烈度的测量和评价: GB/T 16301—2008[S]. 北京: 中国标准出版社.

[11] 中华人民共和国国家质量监督检验检疫总局, 中国国家标准化管理委员会. 声学 标准等响度级曲线: GB/T 4963—2007[S]. 北京: 中国标准出版社.

[12] 中华人民共和国国家质量监督检验检疫总局, 中国国家标准化管理委员会. 电声学 声级计 第 1 部分: 规范: GB/T 3785.1—2010[S]. 北京: 中国标准出版社.

[13] 中华人民共和国国家质量监督检验检疫总局, 中国国家标准化管理委员会. 风机和罗茨鼓风机机械噪声测量

方法: GB/T 2888—2008[S]. 北京: 中国标准出版社.

[14] 刘更, 南咪咪, 刘岚, 等. 摩擦对齿轮振动噪声影响的研究进展[J]. 振动与冲击, 2018, 37(4): 35-41.

[15] LI S, KAHRAMAN A. A tribo-dynamic model of a spur gear pair [J]. Journal of Sound and Vibration, 2013, 332(20): 4963-4978.

[16] 王晋鹏, 常山, 刘更, 等. 船舶齿轮传动装置箱体振动噪声分析与控制研究进展[J]. 船舶力学, 2019, 23(8): 1007-1019.

第 2 章　齿轮传动系统的动态激励

齿轮传动系统的动态激励是系统产生振动的根源，因此确定动态激励的类型并研究其产生的基本原理是进行齿轮传动系统振动噪声研究的首要问题。

作用在齿轮传动系统上的动态激励成分很复杂，既有外部输入的激励，也有系统在运转过程中自身所产生的周期性激励，其中主要成分是齿轮副在啮合过程中由轮齿变形、制造误差以及啮入、啮出冲击等产生的轮齿啮合激励。轮齿啮合激励的存在，使得齿轮传动系统本质上成为一个参数自激振动系统，即使外部激励为常值，也会引起某些系统参数周期性地改变，从而产生振动，这是齿轮系统振动最典型的特征。本章首先介绍齿轮传动系统动态激励的类型与产生原因，以及其在齿轮系统动力学方程中的通用表达，然后重点介绍构成轮齿啮合激励的主要因素，包括啮合刚度、齿轮误差、传递误差和啮合冲击。

2.1　动态激励的类型与动力学表达

2.1.1　动态激励的类型

按激励产生的原因，齿轮传动系统的动态激励可分为三类：第一类为动力输入(常为原动机)力矩以及负载输出(常为工作机)力矩或作用于任意零部件上的外力矩的波动或变化，它们与系统的运动状态无关，称为输入、输出激励，也叫外激励；第二类为齿轮副在啮合过程中产生的周期性振动激励，简称轮齿啮合激励，是齿轮系统动态激励中最重要的组成部分；第三类包括传动系统中除齿轮副啮合以外的因素或相关零件的激励特性，如旋转质量不平衡带来的惯性力与离心力、滚动轴承的时变刚度、滑动轴承的涡动以及联轴器的周期性时变位移与非线性扭矩等，它们属于转子系统动态激励。

一般也将齿轮传动系统的动态激励分为内部激励与外部激励两类，但是内部激励与外部激励是相对研究对象而言的概念。显然轮齿啮合激励属于传动系统的内部激励；输入、输出激励则是纯粹的系统外部动态激励；对于转子系统动态激励因素，如果研究系统对象仅为齿轮啮合副，它们属于外部激励，而如果研究对象是齿轮、轴、轴承和联轴器等零件构成的传动系统，则它们属于内部激励。由于本书的研究对象多为复杂齿轮传动系统，后文默认该部分激励为内部激励。

在这些激励中，轮齿啮合激励是齿轮传动系统动态激励的主要组成部分，啮合频率也是系统响应中最主要的频率成分，占据着重要地位，是进行齿轮系统动态分析时的重点研究对象，因此，本章对齿轮传动系统动态激励的讨论主要集中于轮齿啮合激励。

2.1.2　轮齿啮合激励

轮齿啮合激励是齿轮副的轮齿在啮合过程中由于轮齿的周期性变形以及速度的变化而产生的动态激励，包括啮合刚度激励、误差激励、啮合冲击激励以及齿面摩擦激励等。根据激励特征的不同，轮齿啮合激励可分为位移激励与力激励，其中啮合刚度和误差是最主要的周期性位移激励，而啮合冲击与齿面摩擦则是一种周期性的力激励。

啮合刚度激励来源于齿轮副啮合过程中轮齿啮合位置以及同时参与啮合的齿对数随时间的周期性变化，即使在恒定的载荷作用下，轮齿变形也会发生周期性的变化，即产生啮合刚度的时变性，进而引起振动。在建立齿轮系统动力学模型时，通常把齿轮副啮合刚度视为沿啮合线方向的弹簧，弹簧刚度的时变会引起弹簧力的周期性变化，因此啮合刚度激励就是啮合刚度的时变性产生周期性啮合力进而对系统进行动态激励的现象。从性质上来说，由于时变啮合刚度的存在，齿轮系统动力学方程中形成了弹性力项的时变参数，因此齿轮系统动力学问题属于参数激励的范畴，这实际上构成了齿轮系统动力学的最主要属性，决定了齿轮系统动力学的基本特点和它的研究求解方法。

误差激励是由齿轮的齿面几何偏差造成的，包括了齿轮制造误差、装配误差和修形的影响。当齿面啮合时，由于存在误差，齿面实际啮合点会偏离理论啮合点。不同啮合位置的误差是不同的，这会导致啮合过程中轮齿的相对变形量发生周期性变化，进而引起系统动态啮合力变化，因此误差激励被称为啮合过程中的一种位移激励。但是并非所有的齿面误差都会参与啮合过程，一般将齿面误差在轮齿啮合过程中的实际作用量称为综合啮合误差。

啮合冲击激励来源于轮齿弹性变形和齿距误差的联合作用。在齿轮副啮合过程中，由于存在误差和轮齿弹性变形，轮齿对在进入和退出啮合的瞬间偏离啮合线上的理论啮合点，破坏了瞬时传动比的稳定，造成齿轮转动速度产生突变，从而引起啮入、啮出冲击。由啮合冲击产生的冲击力也是齿轮传动系统的动态激励源之一。

齿面摩擦激励来源于齿轮副轮齿啮合传动时的滚滑接触特性。当一对齿轮副传动时，由于主、从动轮的齿廓在啮合点处的线速度不同(在节点处啮合时除外)，两齿廓之间将产生相对滑动。由于传动过程中齿廓上正压力的作用，两啮合齿廓间将产生摩擦力。从进入啮合开始，齿面摩擦力随相对滑动速度的降低而逐渐变小，当啮合点到达节点时，两啮合齿廓为纯滚动，此时相对滑动速度与摩擦力均为零；当啮合点跨越节点时，摩擦力伴随相对滑动速度改变方向，然后逐渐变大直至退出啮合。由于摩擦力方向与啮合线方向垂直，周期性的摩擦力变化会给齿轮带来额外的力矩变化，同时摩擦力在节点处换向也会带来脉动冲击。齿面摩擦激励与齿轮的转速、传递的载荷、齿面粗糙度及摩擦系数等因素都有关系，转速越高传递功率越大，齿面摩擦激励的影响也越大。

　　啮合刚度激励与误差激励是齿轮动力学中最主要的动态激励，它们的综合影响可统一用传递误差激励来反映，其中传递误差的概念见 2.4 节。大多数齿轮动力学研究中仅需计入传递误差激励即可抓住主要问题。对于啮合冲击与齿面摩擦等激励，一般在研究其相关细节问题时才逐步引入，尤其是齿面摩擦激励，由于其影响较小且试验测试受到限制，常常是被忽略的。

2.1.3　齿轮系统动力学方程的通用表达

　　图 2-1(a)为单级直齿轮传动系统结构简图，考虑齿轮的横向自由度和扭转自由度，为简化方程，定义齿轮副的啮合线方向为总体坐标系 y 方向，忽略齿面摩擦力的影响，建立六自由度的系统动力学模型如图 2-1(b)所示。其中，$O_i(i=1,2)$ 为齿轮的回转中心，下标 1 和 2 分别代表主动轮和从动轮；$r_{bi}(i=1,2)$ 为齿轮的基圆半径；$I_i(i=1,2)$ 为齿轮的转动惯量；$T_i(i=1,2)$ 为齿轮所受的扭矩；k_{ix}、k_{iy} 和 c_{ix}、$c_{iy}(i=1,2)$ 分别为齿轮的支承刚度和阻尼；k_m 和 c_m 分别为齿轮副全齿宽啮合

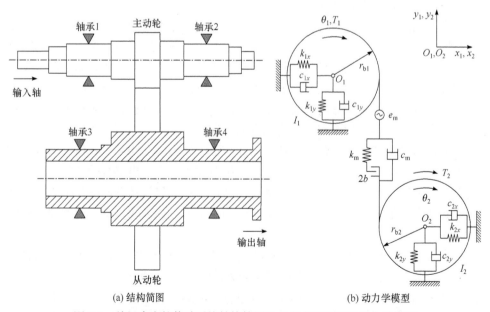

(a) 结构简图　　　　　　　　　　(b) 动力学模型

图 2-1　单级直齿轮传动系统结构简图及六自由度的系统动力学模型

刚度和啮合阻尼；e_m 和 b 分别为轮齿综合啮合误差和齿侧间隙；x_i、y_i 和 $\theta_i (i=1,2)$ 分别表示齿轮的横向自由度和扭转自由度。

齿轮传动系统广义坐标可表示为

$$x = \{x_1, y_1, \theta_1, x_2, y_2, \theta_2\}^T \tag{2-1}$$

齿轮副沿啮合线方向的相对振动位移(即齿轮副动态传递误差)可表示为

$$\delta_d(t) = -y_1(t) - r_{b1}\theta_1(t) + y_2(t) + r_{b2}\theta_2(t) \tag{2-2}$$

式(2-2)也可表示为矩阵形式：

$$\delta_d(t) = Vx(t) \tag{2-3}$$

式中，V 为齿轮副节点各自由度方向位移与啮合线方向转换的投影矢量，针对图 2-1(b)所示模型，$V = \{0, -1, -r_{b1}, 0, 1, r_{b2}\}$。

如果不考虑误差和间隙，齿轮系统运动微分方程可以写为一般动力学方程表达式：

$$M\ddot{x}(t) + C\dot{x}(t) + K(t)x(t) = F \tag{2-4}$$

式中，M 为系统质量矩阵；C 为系统阻尼矩阵；K 为系统刚度矩阵，包含支承刚度与时变啮合刚度，其中啮合刚度的影响在方程中存在自由度方向与啮合线方向的转换；F 为系统外载荷向量。

对于图 2-1(b)所示动力学模型，当考虑综合啮合误差 e_m 而不考虑齿侧间隙 b 时，由于误差很小，略去误差的高阶小量，系统的运动微分方程可写为

$$M\ddot{x}(t) + C\dot{x}(t) + K(t)[x(t) - e(t)] = F \tag{2-5}$$

式中，$e(t)$ 为综合啮合误差 e_m 向各自由度分解后的等效位移列向量。

进一步考虑齿侧间隙 b，同样略去误差的高阶小量，则系统运动微分方程的通用表达式可写为

$$M\ddot{x}(t) + C\dot{x}(t) + K(t)g(x) = F \tag{2-6}$$

式中，$g(x)$ 为与啮合线相对振动位移 $\delta_d(t)$、轮齿啮合误差 e_m 及齿侧间隙 b 有关的非线性位移函数，是齿轮副相对弹性变形 τ_m 向各自由度分解后的等效位移，τ_m 的表达式为

$$\tau_m = \begin{cases} \delta_d(t) - e_m(t) - b, & \delta_d(t) - e_m(t) > b \\ 0, & |\delta_d(t) - e_m(t)| \leqslant b \\ \delta_d(t) - e_m(t) + b, & \delta_d(t) - e_m(t) < -b \end{cases} \tag{2-7}$$

式中，第一种情况表示齿轮正向啮合；第二种情况表示齿面分离但不发生反向啮合，即发生单边冲击现象；第三种情况表示齿轮正向脱啮且发生反向啮合，即发

生双边冲击现象。单边冲击现象常发生于直齿轮传动系统，而理论上存在的双边冲击现象尚未在加载试验中观测到。

结合式(2-4)～式(2-7)可以看出，齿轮传动系统动力学方程中的动态激励项在方程中的 F 与 $K(t)$ 相关项中。系统外载荷向量 F 中的时变部分构成了外部激励力，与刚度 $K(t)$ 相关的时变部分构成了内部激励力，包含时变啮合刚度 k_m、轮齿啮合误差 e_m、齿侧间隙 b 和啮合线相对振动位移 $\delta_d(t)$ 的影响，其中 $\delta_d(t)$ 即齿轮副动态传递误差产生的位移激励是一种综合效果，反映了系统动态激励力与动态响应的耦合作用。

2.2　啮 合 刚 度

2.2.1　啮合刚度定义

根据 ISO 6336-1—2006[1]与 GB/T 3480—1997[2]，啮合刚度 k_γ 的定义为：为使一对或几对同时啮合的精确轮齿在 1mm 齿宽上产生 1μm 挠度所需的啮合线上的载荷。

设轮齿宽度为 B(mm)，齿轮所受的载荷为 F(N)，轮齿的总变形量为 δ(mm)，则轮齿的啮合刚度 k_γ [N/(μm·mm)]为

$$k_\gamma = \frac{F}{B\delta} \tag{2-8}$$

轮齿的变形包括弯曲变形、剪切变形、齿根弹性附加变形和接触变形等，轮齿的总变形为这些变形量的总和。以 δ_1 和 δ_2 分别表示一对啮合齿轮的轮齿变形量，则轮齿的总变形量 δ 为

$$\delta = \delta_1 + \delta_2 \tag{2-9}$$

由此可知，只要分别求得各个齿轮的变形量，就可确定啮合刚度。

需要说明的是，由啮合刚度的定义可知，齿轮副的啮合刚度 k_γ 实际上是单位齿宽啮合刚度，在齿轮动力学计算中，需要考虑的是轮齿整体的受载及变形情况，因此齿轮动力学计算分析中计入的一般是全齿宽啮合刚度 k_m，也称为齿轮副综合啮合刚度，有时简称为啮合刚度，需要进行甄别。

根据啮合刚度的定义，全齿宽啮合刚度 k_m 可定义为：为使一对或几对同时啮合的精确轮齿在全齿宽上产生平均 1μm 挠度所需的啮合线上的载荷。显然，全齿宽啮合刚度 k_m(N/μm)与啮合刚度 k_γ[N/(μm·mm)]存在如下关系：

$$k_m = k_\gamma \times B \tag{2-10}$$

图 2-2 为齿轮啮合刚度周期性变化示意图，图中包括在一个啮合周期内的轮

齿变形曲线、单对齿刚度变化曲线以及多对齿综合刚度效应的变化曲线示意图。图 2-2(a)为一对齿轮副的啮合示意，从 A 点到 D 点表示一对齿进入啮合到退出啮合的过程。图 2-2(b)中的 δ_1 和 δ_2 分别为主、从动轮在啮合线方向的变形曲线，叠加后的弹性变形曲线(总变形量)为 δ。可以看出，当啮合开始时(A 点)，主动轮齿在齿根处啮合，弹性变形较小，被动轮齿在齿顶处啮合，弹性变形较大；当啮合终止时(D 点)，曲线变化则相反。

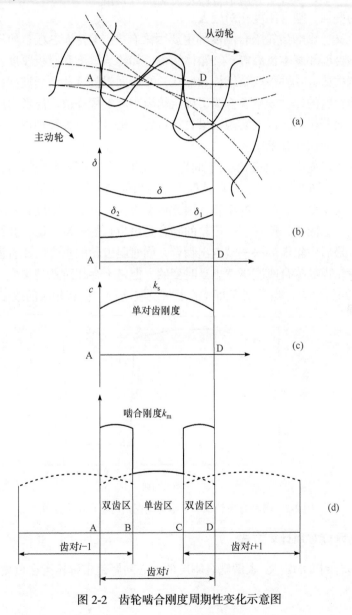

图 2-2　齿轮啮合刚度周期性变化示意图

图 2-2(c)为单对齿刚度 k_s 变化曲线，基本上是单对齿总变形曲线的镜像。齿轮副的啮合刚度是在整个啮合区中，参与啮合的各对轮齿的综合刚度效应，主要与单齿的弹性变形、单对轮齿的综合弹性变形以及齿轮重合度有关。以直齿圆柱齿轮为例，由于直齿圆柱齿轮的重合度一般处于 1 和 2 之间，在齿轮啮合过程中，有时一对轮齿啮合，有时两对轮齿啮合，如图 2-2(d)所示。对于单齿啮合区，啮合刚度相对较小，而对于双齿啮合区，由于两对轮齿同时承载，此时刚度为两对轮齿刚度的叠加，啮合刚度相对较大。

根据定义，影响齿轮啮合刚度的主要因素有[2]：①轮齿参数，如齿数、螺旋角、端面重合度和基本齿廓等；②轮体结构，如轮缘厚度和腹板厚度；③法截面内单位齿宽载荷；④轴毂联结结构和形式；⑤齿面粗糙度和齿面波度；⑥齿向误差；⑦齿轮材料的弹性模量等。为了确定轮齿刚度的精确值，应考虑所有影响因素并进行全面分析，可以由实验结果直接得到，也可以由弹性理论以及数值计算方法，如有限元法计算确定。

典型的直齿轮副与斜齿轮副(不同螺旋角)的一个啮合周期内的啮合刚度曲线分别如图 2-3 和图 2-4 所示。一般情况下，直齿轮副的重合度在 1 和 2 之间，啮合过程中会发生单双齿啮合的交替，因此典型直齿轮的啮合刚度具有明显的阶跃型突变特征，如图 2-3 所示。斜齿轮的啮合是由齿轮的一端开始，并逐渐扩展至整个齿面，最后由轮齿的另一端退出啮合，同时斜齿轮的重合度比直齿轮大，因此，斜齿轮轮齿的啮合刚度虽然也是时变的，但是不存在阶跃型突变，且随着螺旋角(重合度)的变化，啮合刚度曲线的形状及波动量也会有相应的改变。

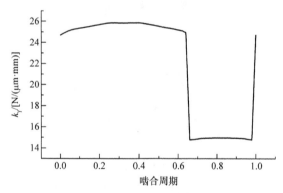

图 2-3　典型直齿轮副一个啮合周期内的啮合刚度曲线

2.2.2　啮合刚度常用计算方法

根据啮合刚度的定义,求解啮合刚度的核心问题是求解轮齿在负载下的变形。

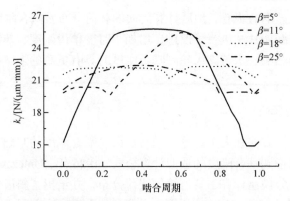

图 2-4　典型不同螺旋角斜齿轮副一个啮合周期内的啮合刚度曲线

齿轮副啮合刚度计算方法主要有以下三类。

1. 理论解析算法

早期的研究大多认为齿轮副啮合刚度的计算问题即为无误差齿轮副啮合变形的计算问题，并且认为齿轮的啮合刚度和轮齿误差无关，可在计算齿轮轮齿变形的同时得到静态传递误差和啮合刚度，主要通过材料力学和弹性力学等理论解析方法求得轮齿变形。

1929 年 Band 和 Peterson[3]提出了利用变截面悬臂梁近似模拟齿轮轮齿并计算其弹性变形的方法。目前常用的材料力学方法主要有石川(Ishikawa)法[4]和 Weber 能量法[5]。其中，石川法为 1943 年日本学者石川提出的直齿轮副啮合刚度近似计算方法，通过将轮齿简化为梯形和矩形组成的悬臂梁并计算其受载变形，进而得到齿轮副啮合刚度，该计算方法不考虑齿轮齿廓的渐开线特征，较为粗糙。Weber 能量法为 1953 年 Weber 针对直齿轮副啮合刚度提出的一种较准确的计算方法，通过材料力学中的梁变形理论计算轮齿的变形势能，进而确定齿轮副的啮合刚度，可准确考虑轮齿的渐开线特征。弹性力学方法是由 Terauchi 等[6-7]于 1980 年提出来的，基本思想是利用保角映射法把轮齿的曲线转换为直线边界，将轮齿的受载变形问题简化为半无限体的受载变形，由作用在半平面上集中力的复变函数解求出半平面的位移场，进而得到轮齿的位移场。1981 年，Cardou 和 Tordion[8]采用类似的方法对齿轮轮齿进行了应力、应变分析计算，从而得出了齿轮的啮合刚度。后来，程乃士等[9]利用计算机编程求解更为准确的保角映射函数，对该方法进行了修正。

以上理论解析算法均是针对直齿轮提出的，在求解斜齿轮变形时会产生较大的误差。Smith[10]发展了切片法并将其应用于斜齿轮副计算时变啮合刚度，基本思想是将轮齿沿齿宽方向划分为一定数量的切片，将斜齿轮简化为一系列相互独立且具有一定相位差的直齿轮，然后计算齿面的载荷分布及啮合刚度。2017 年，常乐浩等[11]对 Smith 切片法进行了改进，增加了时变单齿刚度、非线性接触变形和轮体结构参数的影响，求解斜齿轮副啮合刚度时具有更高的求解精度和更广的适用范围。

2. 拟合公式算法

利用数值计算方法在大量计算不同参数齿轮啮合刚度的基础上，采用回归或拟合的方法可以得到啮合刚度的近似计算公式。1986 年，Umezawa[12]利用等效悬臂梁的有限元差分模型计算了斜齿轮的载荷分布，并给出了斜齿轮刚度的拟合公式。1992 年，Kuang 和 Yang[13]利用二次等参元平面应变有限元模型计算直齿轮的啮合刚度，通过对大量计算结果进行拟合，得到了直齿轮刚度的近似计算公式。1995 年，Cai[14]利用有限元计算模型并根据大量数据拟合给出了直齿轮和斜齿轮啮合刚度计算公式。另外，ISO 6336-1—2006 中计算不同齿轮参数的啮合刚度均值公式也属于经验拟合公式，而在一个啮合周期内接触线长度的变化规律与啮合刚度变化规律具有相似性，因此一些学者提出了利用 ISO 啮合刚度均值公式结合接触线长度变化公式来近似计算时变啮合刚度[15]，该方法后来被广泛应用于斜齿轮副和人字齿轮副啮合刚度计算[16-17]，但其忽略了啮合点在齿面上位置的差异，存在一定误差。

3. 有限元法

随着计算机技术的高速发展，有限元法得到了广泛应用，20 世纪 70 年代初，人们开始采用有限元法计算齿轮轮齿的弹性变形和齿根应力。有限元法是当前计算齿轮副啮合刚度应用最广泛和最准确的方法。利用有限元计算轮齿变形的方法分为三类：第一类是使用静力学有限元求解啮合载荷作用下的轮齿变形；第二类是采用接触有限元法，考虑齿轮副多对轮齿的同时啮合及轮齿的接触变形，进行轮齿的动态啮合接触有限元分析；第三类是将有限元与解析接触力学结合的混合方法。

早期的有限元分析主要是将齿轮简化为平面有限元问题，计算单齿在载荷作用下的变形值。通常将啮合力简化成集中力，轮齿啮合点处理成有限元载荷作用节点，这样计算得到的变形实际上是集中力作用下的啮合点变形。然而由于轮齿接触变形，啮合点实际上是一个啮合接触区，啮合力是一种分布力，而且齿面载荷分布状态在接触前也是未知的，因此将啮合力简化为集中载荷的算法具有较大的误差。1971 年，Conry 和 Seireg[18]通过将非线性接触问题转化为线性规划问题，建立了一种通用的弹性体承载接触模型，并将其应用于考虑齿面误差和修形的齿轮副静态齿面载荷分布及接触应力计算[19]。纪名刚、刘更[20-21]提出了有限元-线性规划法用于求解三维弹性接触问题，并应用于斜齿轮齿面载荷分布、接触应力与轮齿变形的计算，由此发展为齿轮承载接触分析方法[22]。此外，刘更等[23-27]还构建了一套内/外啮合圆柱齿轮副齿面坐标系及其变换矩阵，并采用有限元法计算齿面接触点法向柔度矩阵，建立了内/外啮合齿轮副啮合刚度计算方法。由于线性有限元模型在求解力边界条件处的局部变形时通常是不准确的，这类模型无法处理由接触变形引起的非线性问题。

另一类利用有限元计算啮合刚度的方法则是建立完整的接触有限元模型，模拟齿轮副的实际啮合过程[28]，通过非线性接触单元解决齿轮接触的非线性问题，啮合接触分析可以计算出包含轮齿的弯曲、剪切和接触压缩等各种变形，还能得到多齿对同时啮合的变形状态和应力状态。然而，由于非线性接触问题求解复杂且需要迭代，这类有限元计算的收敛性受到模型质量及收敛容差等参数的影响较大，可能出现迭代不收敛现象。

为了弥补上述有限元法的不足，1991 年，Vijayakar 等[29]提出了一种有限元和解析接触力学相结合的混合模型，利用 Boussinesq 积分公式求解其中的局部接触变形。这种方法结合了有限元和接触力学各自的优势，有效地提高了计算效率，后来被 Parker 等[30]推广至齿轮啮合的计算。常乐浩等[31-33]进一步发展了该方法，结合有限元子结构法和解析接触力学建立了修正的齿轮承载接触模型，具有很好的计算效率和稳定性。

2.2.3　ISO 啮合刚度均值计算公式

根据 ISO 6336-1—2006[1]与 GB/T 3480—1997[2]，对于采用钢铁材料制造的齿轮，可按照式(2-11)计算啮合刚度均值 $\overline{k}_\gamma$。

$$\overline{k}_\gamma = (0.75\varepsilon_\alpha + 0.25)k_{smax} \tag{2-11}$$

式中，ε_α 为齿轮副的端面重合度；k_{smax} 为单对齿最大刚度，直齿轮的 k_{smax} 大致等于单齿啮合状态下一对轮齿的刚度，斜齿轮的 k_{smax} 是指一对轮齿在法截面内的最大刚度。k_{smax} 可由式(2-12)确定。

$$k_{smax} = k_{sth}C_M C_R C_B \cos\beta \tag{2-12}$$

式中，k_{sth} 表示单对齿刚度的理论值，单位为 N/(mm·μm)；C_M 为理论修正系数，考虑到实验值对理论值的修正，一般取值为 0.8；C_R 为轮坯结构系数；C_B 为基本齿廓系数；β 为齿轮螺旋角。

单对齿刚度的理论值 k_{sth} 是在单对齿宽载荷为 300N/mm 条件下，对钢制齿轮分析得到的，可由式(2-13)确定。

$$k_{sth} = \frac{1}{\delta_{min}} \tag{2-13}$$

式中，δ_{min} 为轮齿柔度的最小值，单位为 mm · μm/N。

$$\delta_{min} = 0.04723 + \frac{0.15551}{z_{n1}} + \frac{0.25791}{z_{n2}} - 0.00635x_1 - 0.11654\frac{x_1}{z_{n1}}$$

$$\mp 0.00193x_2 \mp 0.24188\frac{x_2}{z_{n2}} + 0.00529x_1^2 + 0.00182x_2^2 \tag{2-14}$$

式中，z_{n1}、z_{n2} 分别为小、大(斜)齿轮当量齿数，$z_{n1} = z_1/\cos^3\beta$，$z_{n2} = z_2/\cos^3\beta$；x_1、x_2 分别为小、大齿轮的法向变位系数。式中减号针对外啮合齿轮副的计算，加号针对内啮合齿轮副的计算。对于齿圈较薄的齿轮以及在 $-0.5 \leqslant x_1 + x_2 \leqslant 2.0$ 和 $1.2 < \varepsilon_\alpha < 2$ 范围以外的齿轮，齿轮的啮合刚度值需要修正。式(2-11)~式(2-14)具体适用范围在文献[1]中有详细说明，此处不再赘述。

需要注意的是，采用 ISO 公式计算得到的是齿轮的啮合刚度均值，但是仅凭啮合刚度均值无法求解齿轮系统的非线性动力学特性，因为实际的啮合刚度是随时间变化的，并非一个平均值。

2.2.4　石川公式

石川公式[4]是常用的计算直齿轮轮齿变形量的公式。利用石川公式求解轮齿变形时，通常将轮齿简化为如图 2-5 所示的由矩形和梯形组合的模型。

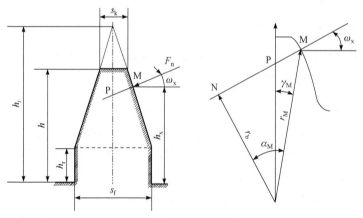

图 2-5　石川公式计算轮齿变形的模型

根据图 2-5 所示的模型，轮齿各部分的变形量可按照式(2-15)~式(2-19)计算。矩形部分的弯曲变形量 δ_{br} 为

$$\delta_{br} = \frac{12F_n\cos^2\omega_x}{EBs_f^3}\left[h_xh_r(h_x - h_r) + \frac{h_r^3}{3}\right] \tag{2-15}$$

式中，ω_x 为载荷作用角；F_n 为法向力；E 为弹性模量；B 为齿宽；其余符号含义

如图 2-5 所示。

梯形部分的弯曲变形量 δ_{bt} 为

$$\delta_{bt} = \frac{6F_n\cos^2\omega_x}{EBs_f^3}\left[\frac{h_i-h_x}{h_i-h_r}\left(4-\frac{h_i-h_x}{h_i-h_r}\right)-2\ln\frac{h_i-h_x}{h_i-h_r}-3\right](h_i-h_r)^3 \qquad (2\text{-}16)$$

由剪力产生的变形量 δ_s 为

$$\delta_s = \frac{2(1+\mu)F_n\cos^2\omega_x}{EBs_f}\left[h_r+(h_i-h_r)\ln\frac{h_i-h_r}{h_i-h_x}\right] \qquad (2\text{-}17)$$

式中，μ 为泊松比。

由于基础部分倾斜而产生的变形量 δ_{sp} 为

$$\delta_{sp} = \frac{24F_nh_x^2\cos^2\omega_x}{\pi EBs_f^2} \qquad (2\text{-}18)$$

齿面接触变形量 δ_{uc} 为

$$\delta_{uc} = \frac{4(1-\mu^2)F_n}{\pi EB} \qquad (2\text{-}19)$$

根据轮齿的几何形状及图 2-5 中模型几何关系，各部分变形量计算公式中出现的参数分别由几何关系可以求得

$$\omega_x = \alpha_x - \left(\frac{\pi+4x\tan\alpha}{2z}+\mathrm{inv}\alpha-\mathrm{inv}\alpha_x\right) \qquad (2\text{-}20)$$

式中，z 为轮齿齿数；x 为变位系数；α_x 为压力角，$\alpha_x = \arccos(r_b/r_M)$，$r_M = \sqrt{r_b^2+\overline{NM}^2}$。

$$h = \sqrt{r_a^2-\left(\frac{s_k}{2}\right)^2}-\sqrt{r_f^2-\left(\frac{s_f}{2}\right)^2} \qquad (2\text{-}21)$$

$$h_x = r_x\cos(\alpha_x-\omega_x)-\sqrt{r_f^2-\left(\frac{s_f}{2}\right)^2} \qquad (2\text{-}22)$$

齿顶圆齿厚 s_k 计算公式为

$$s_k = 2r_a\sin\left(\frac{\pi+4x\tan\alpha}{2z}+\mathrm{inv}\alpha-\mathrm{inv}\alpha_a\right) \qquad (2\text{-}23)$$

辅助尺寸 h_i 的计算公式为

$$h_i = \frac{hs_f-h_rs_k}{s_f-s_k} \qquad (2\text{-}24)$$

当 $r_b \leqslant r_{ff}$，即 $z \geqslant 2(1-x)/(1-\cos\alpha)$ 时

$$s_f = 2r_{ff}\sin\left(\frac{\pi + 4x\tan\alpha}{2z} + \text{inv}\alpha - \text{inv}\alpha_{ff}\right) \tag{2-25}$$

$$\alpha_{ff} = \arccos(r_b/r_{ff}) \tag{2-26}$$

$$h_r = \sqrt{r_{ff}^2 - \left(\frac{s_f}{2}\right)^2} - \sqrt{r_f^2 - \left(\frac{s_f}{2}\right)^2} \tag{2-27}$$

当 $r_b > r_{ff}$，即 $z < 2(1-x)/(1-\cos\alpha)$ 时

$$s_f = 2r_b\sin\left(\frac{\pi + 4x\tan\alpha}{2z} + \text{inv}\alpha\right) \tag{2-28}$$

$$h_r = \sqrt{r_b^2 - \left(\frac{s_f}{2}\right)^2} - \sqrt{r_f^2 - \left(\frac{s_f}{2}\right)^2} \tag{2-29}$$

式中，r_b 为基圆半径；r_a 为齿顶圆半径；r_f 为齿根圆半径；r_{ff} 为有效齿根圆半径；α_a 为齿顶圆压力角。

各轮齿在载荷作用点沿啮合线方向的总变形量可以按照式(2-30)计算。

$$\delta = \sum_{i=1}^{2}(\delta_{bri} + \delta_{bti} + \delta_{si} + \delta_{spi}) + \delta_{uc} \tag{2-30}$$

则一对轮齿在该点啮合时的刚度 k_γ 为

$$k_\gamma = F_n/\delta \tag{2-31}$$

随着啮合进行，载荷作用点沿啮合线移动，载荷作用角 ω_x 也随之发生变化。在整个啮合过程中，单对齿刚度的变化曲线见图 2-6，其中日本机械学会采用的单对齿刚度对应图中变化曲线中的最大值。

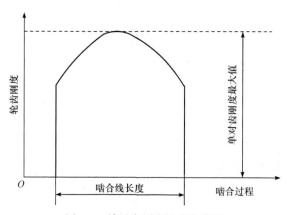

图 2-6　单对齿刚度的变化曲线

　　当齿轮正常工作时，随着单对齿啮合与双对齿啮合的周期性交替，轮齿的啮合刚度也会发生周期性变化，齿轮啮合刚度周期性变化曲线如图 2-7 所示。从图中可以看到，单对齿啮合区与双对齿啮合区交替时，啮合刚度会发生突变。

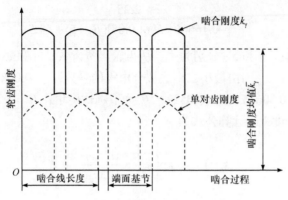

图 2-7　齿轮啮合刚度周期性变化曲线

2.2.5　Cai 拟合公式

　　Cai[14]通过大量有限元计算结果回归分析分别拟合得到直齿轮和斜齿轮啮合刚度计算公式。

　　1. 直齿轮啮合刚度计算公式

　　单齿啮合刚度 $k_s(t)$ 计算公式为

$$k_s(t) = \bar{k}_\gamma \left[-\frac{1.8}{(\varepsilon_\alpha t_m)^2} t^2 + \frac{1.8}{\varepsilon_\alpha t_m} t + 0.55 \right] \Big/ 0.85 \varepsilon_\alpha \tag{2-32}$$

式中，$\bar{k}_\gamma$ 为啮合刚度均值，由式(2-11)求得；ε_α 为端面重合度；t_m 为啮合周期对应的时间，$t_m = \dfrac{60}{n_1 z_1}$，$n_1$ 为主动轮转速，z_1 为主动轮齿数。

　　啮合刚度 k_γ 计算公式为

$$k_\gamma = \sum_{i=1}^{2N+1} k_{si}(t) \tag{2-33}$$

式中，N 为重合度的整数倍。

　　2. 斜齿轮啮合刚度计算公式

　　单齿啮合刚度均值 $\bar{k}_s$ 计算公式为

$$\overline{k}_{\mathrm{s}} = \frac{B}{c_0 + c_1(1/z_{\mathrm{n1}} + 1/z_{\mathrm{n2}}) + c_2(e_1/z_{\mathrm{n1}} + e_2/z_{\mathrm{n2}}) + c_3(1/z_{\mathrm{n1}}^2 + 1/z_{\mathrm{n2}}^2) + c_4(e_1 + e_2) + c_5(e_1^2 + e_2^2)}$$

$$(2\text{-}34)$$

$$c_0 = \frac{2.25}{[-0.166(B/H) + 0.08](\beta_0 - 5) + 44.5} \tag{2-35}$$

式中，B 为齿宽；z_{n1} 和 z_{n2} 分别为主、从齿轮当量齿数；e_1 和 e_2 分别为主、从齿轮齿顶修形量；$c_1 \sim c_5$ 为由最小二乘法拟合求得的参数，$c_1 = -0.00854$，$c_2 = -0.11654$，$c_3 = 2.9784$，$c_4 = -0.00635$，$c_5 = 0.00529$；β_0 为节圆螺旋角；$H = 2.25m$，m 为模数。

单齿啮合刚度 $k_{\mathrm{s}}(t)$ 计算公式为

$$k_{\mathrm{s}}(t) = \overline{k}_{\mathrm{s}} \exp\left[k_{\mathrm{a}} \left| \frac{t - (\varepsilon_\alpha t_{\mathrm{m}})/2}{1.125\varepsilon_\alpha t_{\mathrm{m}}} \right|^3 \right] \tag{2-36}$$

式中，k_{a} 为啮合刚度修正系数，$k_{\mathrm{a}} = 0.322(\beta_0 - 5) + [0.23(B/H) - 23.26]$。

啮合刚度 k_γ 计算公式为

$$k_\gamma = \sum_{i=1}^{2N+1} k_{si}(t) \tag{2-37}$$

2.2.6　接触线法

接触线法主要用于计算斜齿轮的全齿宽啮合刚度。齿轮传递动力时，轮齿接触区为一条或数条(多齿对啮合时)狭长的带形区域，由于带长与带宽相比具有较大的数量级差，在轮齿变形与刚度的分析计算时，可以将该带形区作为一条沿齿宽方向的线，称该线为齿面接触线。通过对斜齿圆柱齿轮全齿宽啮合刚度在一个啮合周期中的变化规律进行分析，可知接触线长度与全齿宽啮合刚度的变化规律相似，因此可以结合啮合刚度均值与时变的接触线长度和近似计算时变的全齿宽啮合刚度。

在斜齿圆柱齿轮啮合过程中，轮齿啮合的接触线是倾斜的，而且啮合的轮齿对数较多，因此沿接触线上的载荷分布一般是非均匀的。为了简化，假设载荷在接触线长度方向上均匀分布，这样就可以用齿轮副接触线长度的变化代替瞬时啮合刚度的变化来求解一对斜齿轮副的时变啮合刚度。

1. 接触线的计算

假设 A'B'C'D'平面为一对斜齿圆柱齿轮的啮合平面，如图 2-8 所示。

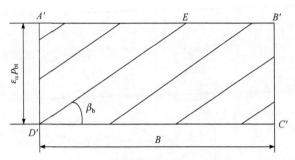

图 2-8　斜齿圆柱齿轮啮合平面

图 2-8 中，$A'B'=C'D'=B$(B 为齿宽，$B = \varepsilon_\beta p_{ba}$，$\varepsilon_\beta$ 为轴向重合度，p_{ba} 为轴向基圆齿距)；$A'D' = \varepsilon_\alpha p_{bt}$($\varepsilon_\alpha$ 为端面重合度，p_{bt} 为端面基节)；$D'E'$ 为齿轮副的最长接触线，长度为 l_{max}；β_b 为齿轮副的基圆螺旋角。

啮合过程中，单对齿上接触线长度变化曲线如图 2-9 所示。

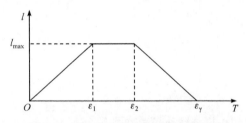

图 2-9　单对齿上接触线长度变化曲线

图 2-9 中，横坐标 T 为无量纲时间，ε_1 和 ε_2 分别为端面重合度 ε_α 与轴向重合度 ε_β 的较小值和较大值。定义 l_{max} 为单齿啮合时接触线长度的最大值：

$$l_{max} = \begin{cases} B/\cos\beta_b, & \varepsilon_\alpha \geqslant \varepsilon_\beta \\ \varepsilon_\alpha p_{bt}/\sin\beta_b, & \varepsilon_\alpha < \varepsilon_\beta \end{cases} \tag{2-38}$$

单齿上接触线长度 l 可根据该接触线对应的时间 T 求出：

$$l = \begin{cases} \dfrac{l_{max}T}{\varepsilon_1}, & 0 \leqslant T < \varepsilon_1 \\[2mm] l_{max}, & \varepsilon_1 \leqslant T < \varepsilon_2 \\[2mm] l_{max}\dfrac{(\varepsilon_1 + \varepsilon_2 - T)}{\varepsilon_1}, & \varepsilon_2 \leqslant T < \varepsilon_\gamma \end{cases} \tag{2-39}$$

令 $[\varepsilon_\alpha]$、$[\varepsilon_\beta]$ 分别表示端面重合度 ε_α 与轴向重合度 ε_β 的整数部分；e_α、e_β 分别表示 ε_α 与 ε_β 的小数部分，$e_1 = \min(e_\alpha, e_\beta)$，$e_2 = \max(e_\alpha, e_\beta)$。接触线总长度 $L(T)$ 在一个啮合周期内的变化如下。

当 $e_\alpha + e_\beta \leqslant 1$ 时

$$L(T) = L_1 + \begin{cases} \dfrac{p_{bt}}{\sin\beta_b}T, & 0 \leqslant T < e_1 \\[2mm] \dfrac{p_{bt}}{\sin\beta_b}e_1, & e_1 \leqslant T \leqslant e_2 \\[2mm] \dfrac{p_{bt}}{\sin\beta_b}(-T+e_1+e_2), & e_2 < T \leqslant e_1 + e_2 \\[2mm] 0, & e_1 + e_2 < T \leqslant 1 \end{cases} \tag{2-40}$$

当 $e_\alpha + e_\beta > 1$ 时

$$L(T) = L_1 + \begin{cases} \dfrac{p_{bt}}{\sin\beta_b}(e_1+e_2-1), & 0 \leqslant T < e_1 + e_2 - 1 \\[2mm] \dfrac{p_{bt}}{\sin\beta_b}T, & e_1 + e_2 - 1 \leqslant T \leqslant e_1 \\[2mm] \dfrac{p_{bt}}{\sin\beta_b}e_1, & e_1 < T \leqslant e_2 \\[2mm] \dfrac{p_{bt}}{\sin\beta_b}(-T+e_1+e_2), & e_2 < T \leqslant 1 \end{cases} \tag{2-41}$$

式中，$L_1 = ([\varepsilon_\alpha][\varepsilon_\beta] + [\varepsilon_\beta]e_\alpha + [\varepsilon_\alpha]e_\beta)p_{bt}/\sin\beta_b$。

接触线平均长度 L_m、最大长度 L_{max} 和最小长度 L_{min} 可按式(2-42)~式(2-45)
计算。

$$L_m = \varepsilon_\alpha \varepsilon_\beta p_{ba}/\cos\beta_b \tag{2-42}$$

$$L_{max} = \frac{[\varepsilon_\alpha \varepsilon_\beta - e_\alpha e_\beta + \min(e_\alpha, e_\beta)]p_{ba}}{\cos\beta_b} \tag{2-43}$$

当 $e_\alpha + e_\beta \leqslant 1$ 时

$$L_{min} = \frac{(\varepsilon_\alpha \varepsilon_\beta - e_\alpha e_\beta)p_{ba}}{\cos\beta_b} \tag{2-44}$$

当 $e_\alpha + e_\beta > 1$ 时

$$L_{min} = \frac{(\varepsilon_\alpha \varepsilon_\beta - e_\alpha e_\beta + e_\alpha + e_\beta - 1)p_{ba}}{\cos\beta_b} \tag{2-45}$$

2. 啮合刚度计算

由式(2-11)可以推导出单位长度接触线对应的啮合刚度均值为

$$\overline{k}_{\gamma m} = \frac{\overline{k}_{\gamma} B}{L_{m}} \tag{2-46}$$

则在任意时刻根据接触线长度求得的时变全齿宽啮合刚度 k_{m} 可表示为

$$k_{m} = \overline{k}_{\gamma m} \cdot L(T) \tag{2-47}$$

2.2.7　有限元-解析接触力学混合法

根据圣维南原理，利用有限元法计算轮齿受载变形时，可以得到相对准确的宏观变形，但是无法直接准确获取加载点附近的局部接触变形。考虑到采用接触力学解析方法求解局部接触的准确性，将有限元与解析接触力学结合可发挥各自的优势，同时获得轮齿受载的宏观和局部变形[31-32]。

1. 啮合作用面与接触点布置

图 2-10 为齿轮副啮合过程示意图，主动轮由 B_2 点进入啮合，B_1 点退出啮合，M 为某时刻啮合位置，N_1N_2 为端面啮合线。图 2-11 为斜齿轮副的啮合面，其中 β_b 为基圆螺旋角，ε_{α} 为端面重合度，p_{bt} 为端面基节。图 2-11 中，接触线 1、3 和 5 为进入啮合瞬时位置，接触线 2、4 和 6 表示退出啮合瞬时位置，沿接触线均匀分布的圆点是人为离散的接触点。

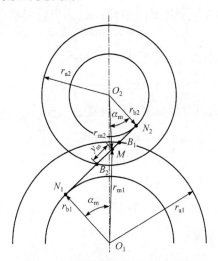

图 2-10　齿轮副啮合过程示意图

根据图 2-11 中的几何关系，接触点 $M(x_m, y_m)$ 对应的主、从动轮的半径分别为

$$r_{m1} = \sqrt{\overline{N_1 M}^2 + r_{b1}^2} \tag{2-48}$$

$$r_{m2} = \sqrt{\overline{N_2 M}^2 + r_{b2}^2} \tag{2-49}$$

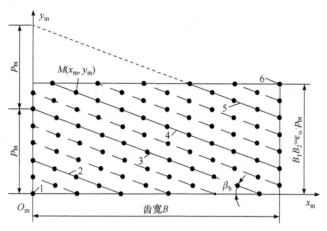

图 2-11　斜齿轮副的啮合面

其中

$$\overline{N_1 M} = (r_{b1} + r_{b2})\tan\alpha_m - r_{b2}\tan\alpha_{a2} + y_m \tag{2-50}$$

$$\overline{N_2 M} = (r_{b1} + r_{b2})\tan\alpha_m - \overline{N_1 M} \tag{2-51}$$

式中，$r_{bi}\,(i=1,2)$ 为主、从动轮基圆半径；α_m 为齿轮副啮合角；α_{a2} 为从动轮齿顶圆端面压力角。

M 点在端平面的投影 (x_{ti}, y_{ti}) 满足如下关系：

$$x_{ti}^2 + y_{ti}^2 = r_{mi}^2 \tag{2-52}$$

M 点在主、从动轮自身坐标系中的位置 (x_{Li}, y_{Li}, z_{Li}) 可由式(2-53)转换得到：

$$\begin{bmatrix} x_{Li} \\ y_{Li} \\ z_{Li} \end{bmatrix} = \begin{bmatrix} \cos\theta_i & \sin\theta_i & 0 \\ -\sin\theta_i & \cos\theta_i & 0 \\ 0 & 0 & -1 \end{bmatrix} \begin{bmatrix} x_{ti} \\ y_{ti} \\ x_m \end{bmatrix} \tag{2-53}$$

式中，$\theta_i = x_m \tan\beta_b / r_{bi}$，$\beta_b$ 为主、从动轮基圆螺旋角，定义左旋为负，右旋为正。

2. 齿面承载接触方程

齿轮副的啮合过程可视为两弹性体的静态承载接触过程，如图 2-12 所示，在外载荷 P 的作用下，两弹性体相互靠近然后进入接触状态，可能的接触点 i 必然满足变形协调关系：

$$u_i^{(1)} + u_i^{(2)} + \varepsilon_i - x_s - d_i = 0 \tag{2-54}$$

式中，$u_i^{(1)}$ 和 $u_i^{(2)}$ 分别表示两弹性体在可能接触点 i 处的受载变形；ε_i 表示 i 点初始间隙；x_s 表示两弹性体刚体趋近量，对于齿轮副即为啮合线方向上的静态传递误差；d_i 表示可能接触点 i 的剩余间隙。

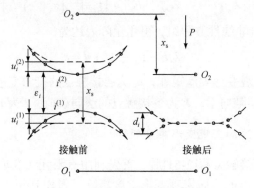

图 2-12　两弹性体承载接触模型

轮齿的弹性变形可分为随载荷线性变化的宏观变形和非线性变化的局部接触变形。因此式(2-54)可改写为

$$u_{bi}^{(1)} + u_{bi}^{(2)} + u_{ci} + \varepsilon_i - x_s - d_i = 0 \qquad (2\text{-}55)$$

式中，u_{ci} 表示在可能接触点 i 处的局部接触变形；$u_{bi}^{(1)}$ 和 $u_{bi}^{(2)}$ 分别表示主、从动轮在可能接触点 i 处的宏观变形：

$$u_{bi}^{(1)} = \sum_{j=1}^{n} \eta_{bij}^{(1)} F_j \qquad (2\text{-}56)$$

$$u_{bi}^{(2)} = \sum_{j=1}^{n} \eta_{bij}^{(2)} F_j \qquad (2\text{-}57)$$

式中，$\eta_{bij}^{(1)}$ 和 $\eta_{bij}^{(2)}$ 分别表示主、从动轮上接触点 j 对接触点 i 的宏观变形柔度；F_j 为接触点 j 上的负载；n 为两齿轮啮合位置所有可能接触点的个数。

齿轮副总的宏观变形柔度 λ_{bij} 可表示为

$$\lambda_{bij} = \eta_{bij}^{(1)} + \eta_{bij}^{(2)} \qquad (2\text{-}58)$$

结合式(2-55)~式(2-58)，可能接触点 i 的变形协调关系可改写为

$$-\sum_{j=1}^{n} \lambda_{bij} F_j - u_{ci} + x_s + d_i = \varepsilon_i \qquad (2\text{-}59)$$

在同一啮合位置，利用式(2-59)建立 n 个所有可能接触点的变形协调关系可得

$$-\begin{bmatrix} \lambda_{b11} & \lambda_{b12} & \cdots & \lambda_{b1n} \\ \lambda_{b21} & \lambda_{b22} & \cdots & \lambda_{b2n} \\ \vdots & \vdots & & \vdots \\ \lambda_{bn1} & \lambda_{bn2} & \cdots & \lambda_{bnn} \end{bmatrix} \begin{Bmatrix} F_1 \\ F_2 \\ \vdots \\ F_n \end{Bmatrix} - \begin{Bmatrix} u_{c1} \\ u_{c2} \\ \vdots \\ u_{cn} \end{Bmatrix} + \begin{Bmatrix} x_s \\ x_s \\ \vdots \\ x_s \end{Bmatrix} + \begin{Bmatrix} d_1 \\ d_2 \\ \vdots \\ d_n \end{Bmatrix} = \begin{Bmatrix} \varepsilon_1 \\ \varepsilon_2 \\ \vdots \\ \varepsilon_n \end{Bmatrix} \tag{2-60}$$

式(2-60)为 n 阶非线性方程组，可用矩阵表达为

$$-\lambda_b F - u_c + x_s I + d = \varepsilon \tag{2-61}$$

式中，λ_b 为法向宏观变形柔度矩阵；u_c 为各接触点的接触变形向量；d 为剩余间隙向量；ε 为初始间隙向量；F 为各接触点的法向载荷；I 为 $n \times 1$ 的单位列向量。

3. 基于有限元法的宏观变形柔度矩阵

建立齿面承载接触方程(2-61)后，首先利用有限元法获取图 2-11 所示啮合作用面上离散接触点的法向宏观变形柔度矩阵。考虑到斜齿轮齿面上接触点的位置排布不规则，直接利用接触点划分有限元网格不便，可以先将齿面划分为规则网格，提取齿轮宏观变形柔度，然后通过插值求解齿面离散接触点的柔度，如图 2-13 所示。

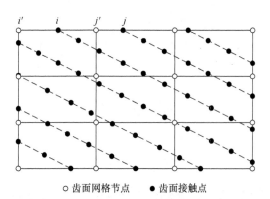

○ 齿面网格节点　● 齿面接触点

图 2-13　离散接触点与规则有限元网格关系图

利用有限元获取齿面规则网格节点柔度矩阵时，根据柔度的定义，需要在网格节点施加法向集中载荷求解变形，这样齿轮结构体总变形包含了轮齿的宏观变形以及单点集中力下的局部变形。依据圣维南原理，集中力作用点的局部变形不可信，因此，需要采取一定的方法将轮齿的宏观变形分离出来。建立如图 2-14 所示的齿轮整体有限元模型和单个轮齿局部有限元模型，并进行约束，这样可以认为轮齿局部 FE 模型在单位法向力的作用下仅有点载荷局部变形，然后将该变形从整体 FE 模型计算出的单位法向力下齿轮总变形中消去，从而得到轮齿的宏观变形。图 2-15 给出了齿面在单位法向力作用下的总体变形和局部变形，以及分离

出来的弯曲及剪切宏观变形结果。

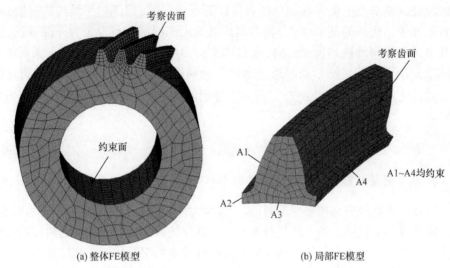

(a) 整体FE模型　　　　　　　　　(b) 局部FE模型

图 2-14　齿轮整体有限元模型和单个轮齿局部有限元模型

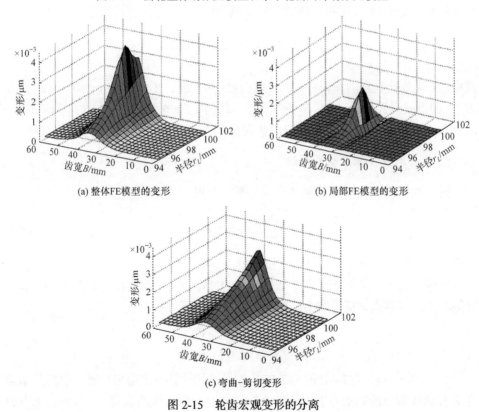

(a) 整体FE模型的变形　　　　　　　(b) 局部FE模型的变形

(c) 弯曲-剪切变形

图 2-15　轮齿宏观变形的分离

建立整体有限元模型和局部有限元模型后，齿面网格节点的柔度系数矩阵可通过在网格节点上循环施加单位载荷计算得到，也可以通过子结构法提取。基于有限元子结构法的基本理论，将考察齿面的齿面网格节点设定为外部节点，并将其单元坐标系转换到齿面法向，通过内部自由度的凝聚，可以得到齿面网格节点的法向刚度矩阵，然后通过求逆运算，分别得到整体模型与局部模型齿面网格节点的柔度矩阵 $\eta_{\text{total}}^{(\text{fe})}$、$\eta_{\text{local}}^{(\text{fe})}$，则齿面规则网格节点的法向宏观变形柔度矩阵 $\eta_{\text{b}}^{(\text{fe})}$ 为

$$\eta_{\text{b}}^{(\text{fe})} = \eta_{\text{total}}^{(\text{fe})} - \eta_{\text{local}}^{(\text{fe})} \tag{2-62}$$

4. 基于解析接触力学的接触点局部变形

计算接触点的局部接触变形时，采用接触力学的解析公式会有比较好的精度。将接触线按其上接触点的个数进行等分，这样在接触线上相互接触的两齿面可以视为一系列沿接触线方向等分的有限长线弹性接触的窄圆柱面，其接触半径分别为两齿面在各接触点处的法向曲率半径。不考虑线接触的局部边界效应，各接触点的局部接触变形 u_{ci} 可用解析式计算得到[34]：

$$u_{ci} = \frac{F_i}{\pi l_i E^*} \ln \frac{6.59 l_i^3 E^* (R_1 + R_2)}{F_i R_1 R_2} \tag{2-63}$$

式中，F_i 为各接触点的载荷；l_i 为分段接触线的长度；$E^* = 1/[(1-\mu_1^2)/E_1 + (1-\mu_2^2)/E_2]$，为等效弹性模量，$E_1$、$E_2$ 分别为主、从动轮的弹性模量，μ_1、μ_2 为泊松比；R_1 和 R_2 分别为两齿面在接触点处的法向曲率半径。

5. 齿面承载接触方程的求解

同一啮合位置上所有接触点应满足平衡方程：

$$\sum_{i=1}^{n} F_i = \boldsymbol{I} \boldsymbol{F} = P \tag{2-64}$$

式中，$\boldsymbol{I} = \{1 \quad 1 \quad \cdots \quad 1 \quad \cdots \quad 1\}$；$P$ 为轮齿法向总载荷。

同时，由于接触问题是一个渐进变化的过程，需判断各可能接触点是否处于接触状态。接触点载荷与剩余间隙之间应满足以下关系：

$$\begin{cases} d_i = 0, & F_i > 0 \\ d_i > 0, & F_i = 0 \end{cases} \tag{2-65}$$

联立式(2-61)、式(2-64)和式(2-65)，通过迭代计算可求解出接触点载荷分布向量 $\boldsymbol{F}$ 和两接触体的趋近量即齿轮啮合线方向上的静态传递误差 x_s。具体接触方程

迭代求解流程见图 2-16。

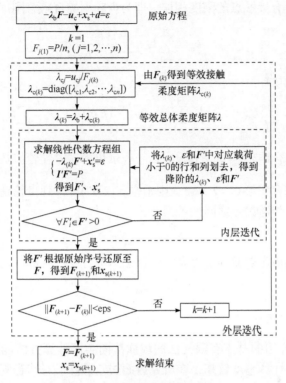

图 2-16　接触方程迭代求解流程

eps 为迭代精度

6. 啮合刚度与综合啮合误差

图 2-17 为接触点 i 加载前后的变形示意图。受到负载 F_i 的作用，假设两齿轮在 i 点接触并产生实际趋近量 x_s，由于存在误差 ε_i，则该接触点的实际变形量为

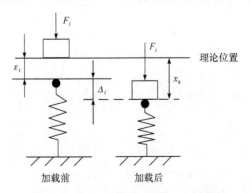

图 2-17　接触点 i 加载前后变形示意图

$\Delta_i = x_s - \varepsilon_i$，刚度 $k_i = F_i / \Delta_i = F_i / (x_s - \varepsilon_i)$；若在该点没有实现接触，则刚度 $k_i = 0$。同一啮合位置所有接触点的刚度相加，即为齿轮副综合啮合刚度 k_m：

$$k_m = \sum_{i=1}^{n} k_i = \sum_{i=1}^{n} \frac{F_i}{x_s - \varepsilon_i} \qquad (2\text{-}66)$$

由式(2-64)可得

$$\sum_{i=1}^{n} F_i = \sum_{i=1}^{n} [k_i(x_s - \varepsilon_i)] = \sum_{i=1}^{n} (k_i x_s) - \sum_{i=1}^{n} (k_i \varepsilon_i) = k_m x_s - \sum_{i=1}^{n} (k_i \varepsilon_i) = P \qquad (2\text{-}67)$$

定义综合啮合误差 $e_m = \sum_{i=1}^{n} (k_i \varepsilon_i) / k_m$，表示齿面误差在轮齿啮合过程中的实际作用量；定义综合变形 $C = P / k_m$。则根据式(2-67)可得到齿轮副综合啮合刚度、综合啮合误差及传递误差之间的关系：

$$k_m(x_s - e_m) = P \qquad (2\text{-}68)$$

同时可知齿轮副传递误差等于综合啮合误差与综合变形两部分之和：

$$x_s = e_m + C \qquad (2\text{-}69)$$

2.2.8　能量-切片法

2.2.7 小节介绍的基于有限元法的齿面法向柔度计算方法能够考虑斜齿轮的空间齿面形状且计算精度较高，在研究齿面误差或修形对啮合刚度影响时具有极大的优势，但由于需要建立齿轮及轮齿的有限元模型，且要控制有限元网格的划分，这样计算啮合刚度的效率并不是很高。本节介绍一种基于能量法和切片法的齿面法向柔度与啮合刚度的计算方法[11]，该方法具有一定计算精度并且具有较高的计算效率。

将斜齿轮沿齿宽方向离散为一系列等厚的齿轮切片，如图 2-18 斜齿轮切片模型所示，每个齿轮切片可视为薄直齿轮，且与原斜齿轮具有相同的端面齿廓。

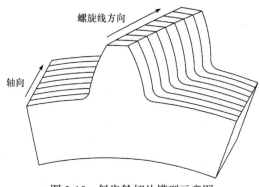

图 2-18　斜齿轮切片模型示意图

　　齿轮切片模型及受力分析如图 2-19 所示。在齿轮副法向啮合力作用下，齿轮切片的变形主要包括轮齿的宏观变形、轮体附加变形和接触点赫兹接触变形。

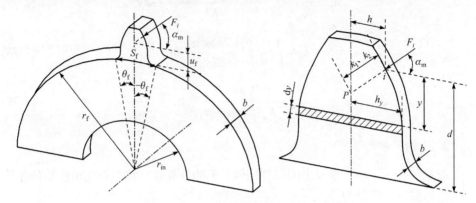

图 2-19　齿轮切片模型及受力分析简图

1. 轮齿的宏观变形

　　根据能量法原理，齿轮轮齿在载荷作用下的势能可分为弯曲变形势能 E_b、剪切变形势能 E_s 和轴向压缩势能 E_a，其表达式分别为

$$E_b = \frac{F^2}{2K_b} = \int_0^d \frac{M^2}{2EI_y} \mathrm{d}y \tag{2-70}$$

$$E_s = \frac{F^2}{2K_s} = \int_0^d \frac{1.2F_b^2}{2GA_y} \mathrm{d}y \tag{2-71}$$

$$E_a = \frac{F^2}{2K_a} = \int_0^d \frac{F_a^2}{2EA_y} \mathrm{d}y \tag{2-72}$$

式中，E 和 G 分别为材料的弹性模量和剪切模量；A_y 和 I_y 分别为距离法向啮合力作用点 y 处的截面面积和截面惯性矩；F_b 为齿轮切片所受的端面切向力；F_a 为齿轮切片所受的端面径向力；M 为法向啮合力相对于宽度为 $\mathrm{d}y$ 的积分微元的力矩。其计算式分别为

$$G = \frac{E}{2(1+\mu)}, \quad A_y = 2h_y b, \quad I_y = \frac{2}{3}h_y^3 b \tag{2-73}$$

$$F_b = F\cos\alpha_m \tag{2-74}$$

$$F_a = F\sin\alpha_m \tag{2-75}$$

$$M = F_b y - F_a h \tag{2-76}$$

将式(2-74)～式(2-76)代入式(2-70)～式(2-72)，可得到齿轮切片的弯曲柔度、

剪切柔度和轴向压缩柔度分别为

$$\lambda_b = \frac{1}{K_b} = \int_0^d \frac{(y\cos\alpha_m - h\sin\alpha_m)^2}{EI_y} dy \qquad (2\text{-}77)$$

$$\lambda_s = \frac{1}{K_s} = \int_0^d \frac{1.2\cos^2\alpha_m}{GA_y} dy \qquad (2\text{-}78)$$

$$\lambda_a = \frac{1}{K_a} = \int_0^d \frac{\sin^2\alpha_m}{EA_y} dy \qquad (2\text{-}79)$$

2. 轮体附加变形

根据 Sainsot 等[35]推导出的齿轮轮体变形的计算式，接触点在单位载荷作用下的轮体部分变形量为

$$\lambda_f = \frac{\cos^2\alpha_m}{Eb}\left[L^*\left(\frac{u_f}{S_f}\right)^2 + M^*\left(\frac{u_f}{S_f}\right) + P^*\left(1 + Q^*\tan^2\alpha_m\right) \right] \qquad (2\text{-}80)$$

式中，u_f 和 S_f 如图 2-19 所示。系数 L^*、M^*、P^* 和 Q^* 由多项式近似为

$$X_i^*(h_{fi},\theta_f) = A_i/\theta_f^2 + B_i h_{fi}^2 + C_i h_{fi}/\theta_f + D_i/\theta_f + E_i h_{fi} + F_i \qquad (2\text{-}81)$$

式中，X^* 代表 L^*、M^*、P^* 和 Q^*；$h_{fi} = r_f/r_{in}$；A_i、B_i、C_i、D_i、E_i 和 F_i 的值如表 2-1 所示。

表 2-1　式(2-81)中的系数取值[35]

	A_i	B_i	C_i	D_i	E_i	F_i
$L^*(h_{fi},\theta_f)$	-5.574×10^{-5}	-1.9986×10^{-3}	-2.3015×10^{-4}	4.7702×10^{-3}	0.0271	6.8045
$M^*(h_{fi},\theta_f)$	60.111×10^{-5}	28.100×10^{-3}	-83.431×10^{-4}	-9.9256×10^{-3}	0.1624	0.9086
$P^*(h_{fi},\theta_f)$	-50.952×10^{-5}	185.50×10^{-3}	0.0538×10^{-4}	53.3×10^{-3}	0.2895	0.9236
$Q^*(h_{fi},\theta_f)$	-6.2042×10^{-5}	9.0889×10^{-3}	-4.0964×10^{-4}	7.8297×10^{-3}	-0.1472	0.6904

3. 接触点的接触变形

齿轮接触变形计算所需几何参数如图 2-19 所示。考虑局部接触变形与载荷的非线性耦合关系，可能接触点 i 处的局部接触变形可采用式(2-82)计算：

$$u_{ci} = \frac{4F_i}{b}\frac{1-\mu^2}{\pi E}\left[\ln\frac{2\sqrt{k_1 k_2}}{a} - \frac{\mu}{2(1-\mu)} \right] \qquad (2\text{-}82)$$

式中，F_i 为可能接触点 i 处的法向力；b 为接触宽度，即切片厚度；k_1 和 k_2 分别

为主动轮和从动轮上接触点 i 与法向力方向和齿轮中线的交点 P 的距离；E 和 μ 分别为材料的弹性模量和泊松比；$a = \sqrt{8F_i / b\rho_1\rho_2 / (\rho_1 + \rho_2)(1 - \mu^2) / \pi E}$，为齿廓方向的接触半带宽，其中 ρ_1 和 ρ_2 分别为主动轮和从动轮在接触点处的曲率半径。

4. 传递误差和啮合刚度

综上所述，齿面法向柔度可由主动轮和从动轮的弯曲柔度、剪切柔度、轴向压缩柔度和齿轮轮体部分的等效柔度叠加得到，其计算式为

$$\lambda_{gi} = \sum_{i=1}^{2}(\lambda_{bi} + \lambda_{si} + \lambda_{ai} + \lambda_{fi}) \tag{2-83}$$

式中，$i = 1$ 表示主动轮；$i = 2$ 表示从动轮。

接触点 i 处的宏观线性变形 u_{gi} 为

$$u_{gi} = \lambda_{gi}F_i \tag{2-84}$$

接触点 i 的弹性变形协调条件为

$$\lambda_{gi}F_i + u_{ci} = x_s - \varepsilon_i \geqslant 0 \tag{2-85}$$

式中，x_s 表示两齿轮在接触点 i 产生的实际趋近量，即传递误差；ε_i 为接触点 i 的原始误差。右侧不等式中，当 $x_s > \varepsilon_i$ 时，取大于 0，表明 i 点发生接触，此时 $F_i > 0$；当 $x_s < \varepsilon_i$ 时，取等于 0，表明 i 点未接触，此时 $F_i = 0$。

将式(2-85)写成矩阵形式为

$$\lambda_{g(n \times n)}F_{(n \times 1)} + u_{c(n \times 1)} = x_s I_{(n \times 1)} - \varepsilon_{(n \times 1)} \tag{2-86}$$

在接触时还需满足载荷平衡条件：

$$\sum_{i=1}^{n} F_i = P \tag{2-87}$$

联立式(2-86)和式(2-87)，经迭代求解可得接触点载荷向量 F 以及传递误差 x_s。叠加各接触点的刚度即为齿轮副啮合刚度 $k_m = \sum_{i=1}^{n} \dfrac{F_i}{x_s - \varepsilon_i}$。

需要注意的是，利用切片法原理建模时并没有考虑各切片间的关系，但实际上相邻切片的变形会相互影响。当切片划分足够多时，相邻切片间的相对变形很小，切片带来的误差小，建议切片数目取为 15 以上[11]。切片法与有限元方法计算啮合刚度相差在 2%以内，而由于不需要进行有限元建模处理，极大地提高了计算效率。

2.3 齿 轮 误 差

2.3.1 齿轮误差的分类

根据引起激励成分的不同,可将齿轮误差分为齿频激励误差和轴频激励误差。齿频激励误差是指引起与啮合频率(包含啮合频率及其倍频)相关激励的误差,也称短周期误差;轴频激励误差是指引起与轴频(包含轴频及其倍频)相关激励的误差,也称长周期误差。

在单级齿轮传动系统中,齿轮副的啮合频率 f_m 如式(2-88)所示,齿轮系统的轴频 f_s 如式(2-89)所示。

$$f_m = \frac{nz}{60} \tag{2-88}$$

$$f_s = \frac{n}{60} \tag{2-89}$$

式中, n 为齿轮转速; z 为齿轮齿数。

齿轮传动系统中的啮合频率激励主要有啮合刚度激励、啮合冲击激励和在每个轮齿上重复出现的误差(如齿廓误差)产生的激励等,相应激励的高次谐波分量构成了啮合频率的倍频激励。齿轮传动系统中的轴频激励主要有扭矩波动、旋转不平衡量、轴承时变刚度、轴承缺陷和齿轮每转出现一次的误差(如齿距累积误差、几何偏心误差)产生的激励等,相应激励的高次谐波分量构成了轴频的倍频激励。对于滑动轴承支承的齿轮转子系统,当转速较低时,轴颈中心绕静平衡位置作小幅的椭圆轨迹变位运动,其频率等于转子的转动频率,常称为"同步涡动",属于轴频激励。当转速增大到某一临界转速时,轴心的振动除了含有同步涡动成分外,还增添了近乎以半频而涡动的成分(称为半频涡动),属于半倍轴频激励。

GB/T 10095—2008《圆柱齿轮 精度制》[36]中,将齿轮误差分为径向偏差和轮齿同侧齿面偏差两类。径向偏差包含齿厚、侧隙等,主要影响传动的准确性;轮齿同侧齿面偏差主要包括齿廓偏差、螺旋线偏差、齿距偏差和切向综合偏差,对传动系统的平稳性影响更为显著。其中切向综合偏差并不属于强制性检测项目,因此就研究齿轮系统振动而言主要关注齿廓偏差、螺旋线偏差及齿距偏差。齿廓偏差、螺旋线偏差及单个齿距偏差属于齿频激励误差,而齿距累积偏差属于轴频激励误差。此外几何偏心误差也是典型的轴频激励误差,不单纯属于制造误差,而是受多种因素综合的影响。

2.3.2 齿廓偏差

根据 GB/T 10095—2008[36],齿廓偏差的定义为实际齿廓偏离设计齿廓的量,该量在端平面内且垂直于渐开线齿廓的方向计值，如图 2-20 所示[36]。其中设计齿廓是指符合设计规定的齿廓，当无其他限定时，是指端面齿廓，在齿廓曲线图中，未经修形的渐开线齿廓迹线一般为直线。

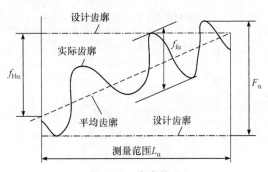

图 2-20　齿廓偏差

按照实际齿廓偏离量的不同计量方式，齿廓偏差又可分为齿廓总偏差 F_α、齿廓形状偏差 $f_{f\alpha}$ 和齿廓倾斜偏差 $f_{H\alpha}$，见图 2-20。其中 $f_{f\alpha}$ 与 $f_{H\alpha}$ 都是针对平均齿廓迹线来计量的，平均齿廓是用来确定 $f_{f\alpha}$ 和 $f_{H\alpha}$ 的一条辅助齿廓迹线，其位置和倾斜可以用最小二乘法依据实际齿廓迹线求得。从图 2-20 中可以看出，$f_{f\alpha}$ 反映了实际齿廓在形状上相对平均齿廓的偏差值，$f_{H\alpha}$ 反映了平均齿廓(或实际齿廓)在倾斜方向上相对设计齿廓的偏差量，而 F_α 则是二者的综合，反映了在计量范围内实际齿廓自身最大的偏差量。根据定义，齿廓总偏差和齿廓形状偏差均为正值，而齿廓倾斜偏差可能为正值，也可能为负值。当平均齿廓迹线向齿顶侧升高时，齿廓倾斜偏差为正，其对应的压力角偏差为负；反之齿廓倾斜偏差为负，对应的压力角偏差为正。

齿廓偏差可通过对加工齿面进行测量得到，也可以在齿轮设计时依据精度等级换算获得其公差值。因为标准中齿廓偏差是在端平面内垂直于渐开线齿廓的方向计值，而一般在齿轮动力学的激励分析中计入的齿廓偏差是沿法面啮合线方向，所以需要进行相应的转换：

$$F_{\alpha n} = F_\alpha \cos\beta_b \tag{2-90}$$

式中，$F_{\alpha n}$ 为法面啮合线方向的齿廓偏差；β_b 为基圆螺旋角。

2.3.3　螺旋线偏差

螺旋线偏差的定义为在端面基圆切线方向测量的实际螺旋线与设计螺旋线之间的差值，如图 2-21 所示。图中设计螺旋线迹线、平均螺旋线迹线的定义跟设计齿廓和平均齿廓类似；图中螺旋线计值范围 L_β 是指在齿轮两端处各减去 5%齿宽或者一个模数的长度这两个数值中较小的一个后的"迹线长度"。与齿廓偏差的定义相似，螺旋线偏差包括螺旋线总偏差 F_β、螺旋线形状偏差 $f_{f\beta}$ 和螺旋线倾斜偏差 $f_{H\beta}$，其中螺旋线总偏差和螺旋线形状偏差均为正值，而螺旋角倾斜偏差在螺旋角大于设计值时取正值，反之则取负值。

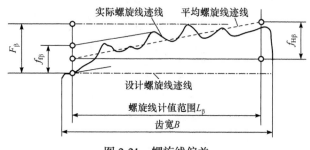

图 2-21 螺旋线偏差

标准中定义螺旋线偏差在端面基圆切线方向计值，在齿轮动力学分析中也需要进行转换以获得法面啮合线方向的螺旋角偏差 $F_{\beta n}$：

$$F_{\beta n} = F_\beta \cos\beta_b \tag{2-91}$$

2.3.4 齿距偏差

齿距偏差包括单个齿距偏差 f_{pt}、齿距累积偏差 F_{pk} 以及齿距累积总偏差 F_p。f_{pt} 定义为在端平面上接近齿高中部的一个与齿轮轴线同心的圆上，实际齿距与理论齿距的代数差；F_{pk} 定义为任意 k 个齿距的实际弧长与理论弧长的代数差，一般 F_{pk} 值被限定在不大于 1/8 的圆周上评定，因此 F_{pk} 的允许值适用于齿距数 k 为 $2 \sim z/8$ 的弧段内，通常 F_{pk} 取 $k = z/8$ 就足够了；F_p 定义为齿轮同侧齿面任意弧段内的最大齿距累积偏差。理论上，F_{pk} 等于 k 个齿距偏差的代数和，而 F_p 表现为齿距累积偏差曲线的总幅值。

单个齿距偏差属于齿频激励误差，而齿距累积偏差与齿距累积总偏差属于轴频激励误差。齿距累积偏差会使轮齿齿廓相对于其理论位置有一定的偏移，主动轮和从动轮的轮齿将会提前或延迟进入啮合，进而使某些啮合齿对在某些啮合位置产生过载或脱啮现象，与此同时，齿轮副的实际重合度也会大于或小于理论重合度。根据齿轮的分度圆直径、模数和精度等级，GB/T 10095—2008 中明确规定了相应的齿距偏差和齿距累积总偏差的允许值。

齿距偏差为实际齿距与理论齿距的代数差，其数值可能为正值，也可能为负值，因此实际齿距变大的齿距偏差为正偏差，反之则是负偏差。

齿距偏差与齿距累积偏差如图 2-22 所示。图中，P_{bt} 为理论齿距，f_{pt} 为齿距偏差，F_{pk} 表示 k 个轮齿的齿距累积偏差。由于齿面承载接触方程中的接触间隙(齿轮误差和齿面修形等)是沿齿面法向衡量的，必须将斜齿轮的齿距偏差转换到齿面法向，转换关系如下：

$$f_{\text{pbn}} = f_{\text{pt}}\cos\alpha_{\text{t}}\cos\beta_{\text{b}} \tag{2-92}$$

式中，f_{pbn} 为法面啮合线方向的齿距偏差，即法向基节偏差；α_{t} 为端面分度圆压力角。

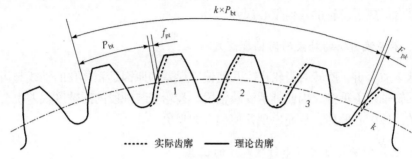

图 2-22　齿距偏差与齿距累积偏差

2.3.5　几何偏心误差

齿轮几何偏心误差定义为齿轮的理想几何中心与齿轮的实际回转中心之间的距离，是典型的轴频激励误差。产生几何偏心误差的原因较多，需要综合考虑。

1. 齿轮径向跳动

齿轮径向跳动 F_{r} 作为径向综合误差的一种，是造成齿轮几何偏心误差的重要因素。齿轮径向跳动为测头(球形、圆柱形、砧形)相继置于每个齿槽内时，从它到齿轮轴线的最大和最小径向距离之和。

齿轮径向跳动大约为偏心量 e_{Fr} 的 2 倍再加上齿轮的齿距和齿廓偏差的影响。不考虑齿距和齿廓的影响，$e_{\text{Fr}} = F_{\text{r}}/2$。

其中齿轮的径向跳动可由式(2-93)计算得出，即在 5 级精度时：

$$F_{\text{r}} = 0.24m_{\text{n}} + 1.0\sqrt{d} + 5.6 \tag{2-93}$$

式中，m_{n} 为齿轮的法向模数，单位为 mm；d 为齿轮的分度圆直径，单位为 mm。

由于两相邻精度等级的偏差允许值的级间公比为 $\sqrt{2}$，任意精度下的径向跳动为

$$F_{\text{r}} = \left(0.24m_{\text{n}} + 1.0\sqrt{d} + 5.6\right)2^{0.5(Q-5)} \tag{2-94}$$

2. 安装齿轮的轴段的同轴度误差

齿轮的制造误差会造成几何偏心误差，齿轮安装轴段的同轴度误差也会造成

几何偏心误差。实际的齿轮安装中，一般采取以下两种方式：①将齿轮和轴一起制作，成为齿轮轴，此时不存在装配，不存在安装误差；②轴和齿轮之间使用键(花键或者平键)连接，这种情况下齿轮和轴之间为间隙配合或过渡配合，存在安装误差。第二种方式又分为两种误差形式：①齿轮安装轴段和齿轮内孔之间的几何公差，即同轴度误差；②齿轮安装轴段与齿轮内孔之间的配合误差。两种误差形式耦合形成了齿轮的几何偏心误差。

3. 不安装齿轮的轴段的同轴度误差

从本质上讲，旋转时齿轮产生几何偏心误差的原因是箱体孔的轴线与齿轮的实际回转轴线不重合，因此轴承安装轴段与齿轮安装轴段的同轴度误差也会造成齿轮的回转中心偏移，从而出现几何偏心的现象。

4. 齿轮副安装轴线不平行度造成的误差

在实际齿轮箱中，两齿轮副会因为齿轮箱两侧的轴承安装孔不在同一轴线而出现主动轴或从动轴轴线与另一齿轮的安装轴线不平行，从而导致在齿轮左右两侧其偏心误差有所不同。

上述误差并不是孤立存在的，各个误差之间存在距离和相位关系，不能采用简单的相加直接得到几何偏心误差，而是要考虑它们的向量和。

2.4　传　递　误　差

2.4.1　传递误差的定义

1958 年 Harris[37]提出了传递误差(transmission error，TE)的概念，由于传递误差综合反映了齿轮副啮合弹性变形、制造装配误差和轮齿修形等因素对啮合性能的影响，一直以来被业内作为表征齿轮传动系统动态激励的重要指标之一。

传递误差的定义为当主动轮转过一定角度，从动轮的实际转角与理论转角之差。所谓理论转角是指无误差理想齿轮在不考虑弹性变形时转过的角度。根据定义，传递误差的表达式为

$$TE(\theta) = \theta_2 - \theta_1 \cdot \frac{z_1}{z_2} \tag{2-95}$$

式中，θ_1 为主动轮实际转角；θ_2 为从动轮实际转角；z_1、z_2 分别为主动轮和从动轮的齿数。

式(2-95)是用角位移形式表示的传递误差，可以转换到齿面法向，即啮合线方

向上的线位移形式：

$$TE = (r_{b2}\theta_2 - r_{b1}\theta_1)\cos\beta_b \tag{2-96}$$

式中，r_{b1}、r_{b2} 分别为主、从动轮的基圆半径；β_b 为基圆螺旋角。

啮合线方向线位移形式的传递误差是齿轮系统动力学中常用的形式。受到弹性变形、误差和侧隙等影响，从动轮实际转角会小于其理论转角，因此从定义上来说，传递误差应该是负值，但是为了方便，可以取传递误差的绝对值代入承载接触方程计算分析，这种处理并不影响计算结果及相关规律的准确性。

根据齿轮副受载状况的不同，传递误差可分为空载传递误差和承载传递误差。当载荷很小时，不考虑齿轮副的啮合弹性变形，此时传递误差仅反映制造和安装误差的影响，称为空载传递误差；当考虑齿轮副承载变形的影响时，称为承载传递误差。根据齿轮副转速的不同，传递误差又可分为静态传递误差和动态传递误差。当齿轮副转速很低，可忽略齿轮振动对变形的影响，仅计入齿轮副的静态承载变形，此时称为静态传递误差；而动态传递误差计入了齿轮副高速转动情况下弹性力、阻尼力和惯性力的影响，必须进行动力学分析才能准确预测，此时静态传递误差可作为求解动态传递误差的初值。

2.4.2　静态传递误差

静态传递误差(static transmission error，STE)一般指的是静态承载传递误差。静态传递误差因与齿轮弹性变形大小及齿轮误差有关，其计算通常与啮合刚度计算一并进行，2.2.7 小节在介绍基于有限元与解析接触理论混合的齿轮承载接触分析方法时详细讲解了啮合刚度与静态传递误差的计算过程。联立齿面静态承载接触方程式(2-61)、边界条件式(2-64)和式(2-65)，并改写成方程组(2-97)，求解该方程组即可得到静态承载接触方程中的齿面载荷与静态传递误差。

$$\begin{cases} \lambda_b F + u_c + \varepsilon - \text{STE} - d = 0 \\ \sum_{i=1}^{n} F_i = IF = P \\ d_i = 0, \quad F_i > 0 \\ d_i > 0, \quad F_i = 0 \end{cases} \tag{2-97}$$

式中，λ_b 为可能接触点的宏观变形柔度矩阵；F 为各接触点的法向载荷分布；P 为齿轮传递的总法向啮合力；u_c 为可能接触点的局部接触变形；ε 为可能接触点的初始间隙；d 为可能接触点的剩余间隙；STE 为静态传递误差。

根据式(2-68)，静态传递误差与综合啮合刚度、综合啮合误差及负载的关系为

$$\text{STE} = \frac{P}{k_m} + e_m \tag{2-98}$$

式中，k_m 为齿轮副综合(时变)啮合刚度；$e_m = \sum_{i=1}^{n}(k_i\varepsilon_i)/k_m$ 为综合啮合误差，k_i 和 ε_i 分别为第 i 个接触点的刚度与原始误差。

对于无误差的理想啮合齿轮副，式(2-98)中误差项为零，因此静态传递误差与综合啮合刚度的关系可写为式(2-99)的形式，此时静态传递误差为齿轮副在负载下的综合变形。

$$STE = P/k_m \tag{2-99}$$

典型的无误差理想直齿轮副的静态传递误差曲线如图 2-23 所示。对比直齿轮副啮合刚度曲线(图 2-3)可以看出，不考虑制造误差的情况下，静态传递误差的曲线与啮合刚度曲线形状相似，方向相反。考虑制造误差，不同精度等级的直齿轮副的静态传递误差曲线如图 2-24 所示，可以看出误差越大，静态传递误差也越大，因此静态传递误差基本上可认为是啮合刚度与误差的综合。

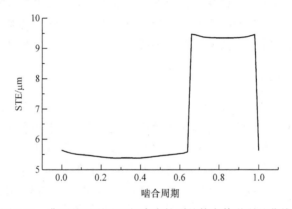

图 2-23　典型的无误差理想直齿轮副的静态传递误差曲线

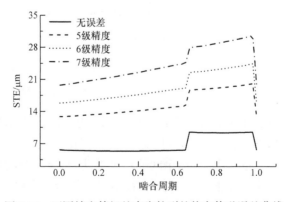

图 2-24　不同精度等级的直齿轮副的静态传递误差曲线

2.4.3　动态传递误差

式(2-98)中提及的齿轮副时变啮合刚度和综合啮合误差可称为静态时变啮合刚度和静态综合啮合误差，是指齿轮副在额定负载扭矩作用下以极缓慢的速度转动时，不考虑齿轮振动的影响，同时接触的轮齿沿啮合线方向表现出的等效刚度激励和误差激励。然而，齿轮副在传动过程中不可避免会产生振动，在轮齿动载荷及振动位移的影响下齿面的实际接触状况与静载荷作用下的接触状况不同，从而导致啮合刚度也会不同。在齿轮副正常运转时考虑齿轮振动的影响，同时啮合的轮齿沿啮合线方向表现出的等效刚度激励可称为动态啮合刚度。动态啮合刚度不仅与载荷、变形、误差及修形等因素有关，同时还受到振动位移的影响，反过来也影响着振动位移。另外，振动位移改变了齿面接触状况，会使齿面误差的实际作用量发生改变，此时的等效啮合误差可称为动态综合啮合误差。

与静态传递误差类似，动态传递误差(dynamic transmission error, DTE)是动态啮合刚度与动态综合啮合误差的一种综合表现，考虑了齿面瞬态接触特征与系统振动耦合作用的传递误差。动态传递误差既是齿轮系统动力学的激励，同时也是系统的动态响应，是齿轮副在啮合线方向上的相对振动位移。求解动态传递误差时，可将静态传递误差作为初值，然后通过系统动力学迭代求解。

基于前述的齿轮承载接触分析模型，当已知齿轮副相对振动位移即动态传递误差 DTE 时，齿面动态承载接触方程可写为

$$\begin{cases} \lambda_{b}\boldsymbol{F} + \boldsymbol{u}_{c} + \boldsymbol{\varepsilon} - \text{DTE} - \boldsymbol{d} = 0 \\ d_{i} = 0, \quad F_{i} > 0 \\ d_{i} > 0, \quad F_{i} = 0 \end{cases} \tag{2-100}$$

式中，DTE 为齿轮副相对振动位移，即动态传递误差，其他变量含义与式(2-97)中相同。

在齿轮副相对振动位移的影响下，齿轮副法向啮合力不再等于额定静载荷，因此，与齿面静态承载接触方程(2-97)相比，齿面动态承载接触方程(2-100)不再包含载荷平衡条件。但是，当齿轮副相对振动位移为已知量时(初值可用静态传递误差代入)，齿面动态承载接触方程仍然有唯一解。除了需要在求解时根据齿轮副相对振动位移与齿面误差的大小关系判断啮合齿面是否处于接触状态，其求解流程与静态承载接触方程的求解流程基本一致。通过迭代求解齿面动态承载接触方程，即可得到齿面载荷分布 $\boldsymbol{F}$ 与动态传递误差 DTE。

典型的无误差理想直齿轮副在不同转速时的动态传递误差曲线如图 2-25 所示。从图中可以看出，由于系统振动的影响，直齿轮副的动态传递误差与静态传递误差有明显的差别，随着转速增加，振动位移加大，动态传递误差的波动也随之增加。动态传递误差的具体求解过程及相关分析详见本书第 4 章。

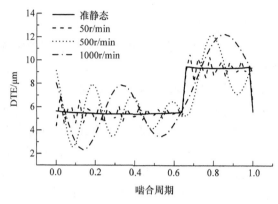

图 2-25　典型的无误差理想直齿轮副在不同转速时的动态传递误差曲线

2.5　啮　合　冲　击

　　一对齿轮正确啮合的条件是它们的法向基节相等。但是轮齿在实际啮合过程中，受轮齿误差与受载弹性变形的影响，实际基节与理论基节会存在偏差，即啮合基节偏差。由于主、从动轮的实际基节不一致，二者存在差值，即所谓"啮合合成基节偏差"，轮齿在啮入和啮出时实际啮合点偏离理论啮合线，从而主、从动齿轮转动速度出现偏差和突变，产生啮入和啮出冲击力。在齿轮系统动力学中，这种由啮合合成基节偏差引起的冲击称为啮合冲击，是使系统产生振动噪声的动态激励之一。与啮合刚度激励和误差激励这类周期性位移激励不同，啮合冲击激励是一种典型的周期性力激励。

2.5.1　啮合冲击产生过程

　　图 2-26 为一对齿轮副的啮合冲击产生过程示意图，图中端面啮合线 N_1N_2 与从动轮齿顶圆的交点 A 即为理论啮入点，当理想齿轮从 A 点处进入啮合时，两轮齿沿啮合线方向的速度应该相等，此时运动的传递是平稳的。然而齿轮在实际啮合过程中，主动轮受到与运动方向相反的负载而产生与运动方向相反的变形，使得实际啮合基节减小；从动轮则相反，受到与运动方向相同的负载而产生的变形使得实际啮合基节增大。这样，主动轮的啮合基节小于从动轮的啮合基节，即啮合合成基节偏差 $f_{pbe}<0$，导致从动轮提前从 B 点处进入啮合，B 点即为实际啮入点。此时 B 点不在理论啮合线上，而在实际瞬时啮合线 $N_1'N_2'$ 上，相当于从动轮瞬时基圆半径减小变为 r_{b2}'，从而使从动轮从正常转速骤然升速，导致在实际啮入点 B 处主、从动轮沿实际瞬时啮合线方向的速度不相等，运动传递不平稳，即产生啮合冲击。因为该啮合冲击是在一对轮齿进入啮合的瞬间产生，所以称为啮入冲

击。随后，从动轮的齿顶沿主动轮从 B 点滑行至理论啮入点 A 在主动轮齿廓上的对应点 A_1 处，再沿理论啮合线方向恢复正常啮合，此时从动轮的转速也恢复正常。

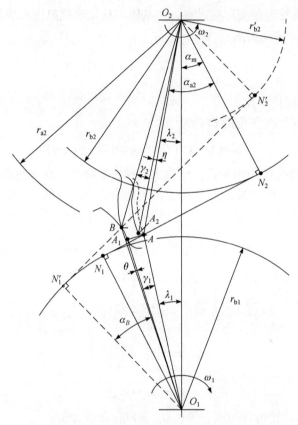

图 2-26　一对齿轮副的啮合冲击产生过程示意图

实际上，啮合合成基节偏差除了与主、从动轮的变形有关，与齿轮误差也有关系。一般啮合合成基节偏差 f_{pbe} 的正负不同，啮合冲击将具有不同的形式。若 $f_{pbe}<0$，则一对轮齿在进入啮合瞬时产生啮入冲击；若 $f_{pbe}>0$，则会在退出啮合的瞬时产生啮出冲击。轮齿的受载弹性变形会使主动轮的实际啮合基节减小，从动轮的实际啮合基节增大，这样在啮入冲击阶段，轮齿的弹性变形会加大啮合合成基节偏差，导致轮齿的啮入冲击具有增大的趋势；而在啮出冲击阶段，轮齿的弹性变形会使啮合合成基节偏差减小，从而导致啮出冲击减小，这样啮入冲击的影响明显比啮合冲击大，因此在齿轮系统动态激励的研究中仅需讨论与啮入冲击有关的问题。

2.5.2　实际啮合位置

图 2-26 中，A_1 点为理论啮入点 A 在主动轮齿廓上的对应点，受啮合合成基节偏差的影响，从动轮齿顶从原始位置 A 点偏移到了 A_2 点，产生的偏移角度为 η，B 点为从动轮齿顶实际啮入点，主动轮与从动轮提前进入啮合的角度分别为 γ_1、γ_2，且满足传动关系：

$$\gamma_2 = \frac{\gamma_1}{i} \tag{2-101}$$

式中，i 为齿轮副传动比。

根据图 2-26，在三角形 O_1BO_2 中：

$$r_B \sin(\lambda_1 + \gamma_1 + \theta) = r_{a2} \sin(\lambda_2 + \gamma_2 + \eta) \tag{2-102}$$

式中，r_{a2} 为从动轮齿顶圆半径；r_B 为主动轮在实际啮入点 B 处的半径；λ_1、λ_2 分别为主、从动轮上理论啮合点 A 相对齿轮副中心线的转角；θ 为主动轮齿廓上 B 点和 A_1 点对应的展角之差。式中各变量可由式(2-103)～式(2-108)计算得到。

$$r_B = \overline{O_1B} = \left[r_{a2}^2 + (r_{p1} + r_{p2})^2 - 2r_{a2}(r_{p1} + r_{p2})\cos(\lambda_2 + \gamma_2 + \eta) \right]^{1/2} \tag{2-103}$$

式中，r_{p1} 和 r_{p2} 分别为主、从动齿轮的节圆半径。

$$r_A = \overline{O_1A} = \left[r_{a2}^2 + (r_{p1} + r_{p2})^2 - 2r_{a2}(r_{p1} + r_{p2})\cos\lambda_2 \right]^{1/2} \tag{2-104}$$

$$\lambda_1 = \arcsin\left(\frac{r_{a2}\sin\lambda_2}{\overline{O_1A}} \right) \tag{2-105}$$

$$\lambda_2 = \alpha_{a2} - \alpha_m \tag{2-106}$$

式中，α_{a2} 为从动轮齿顶圆压力角；α_m 为齿轮副啮合角。

$$\theta = \text{inv}\alpha_B - \text{inv}\alpha_{A_1} \tag{2-107}$$

式中，α_B、α_{A_1} 分别为主动轮在 B 点与 A_1 点处的压力角，$\alpha_B = \arccos(r_{b1}/r_B)$，$\alpha_{A_1} = \arccos(r_{b1}/r_{A_1}) = \arccos(r_{b1}/r_A)$，其中 r_{b1} 为主动轮基圆半径。

$$\eta \approx \frac{\overline{AA_2}}{r_{a2}} = \frac{f_{pbe}}{r_{a2}\cos\alpha_{a2}\cos\beta_b} = \frac{f_{pbe}}{r_{b2}\cos\beta_b} \tag{2-108}$$

式中，r_{b2} 为从动轮基圆半径；β_b 为基圆螺旋角；f_{pbe} 为啮合合成基节偏差，可由式(2-109)得到。

$$f_{pbe} = f_{pbn} + \Delta_n \tag{2-109}$$

式中，f_{pbn} 为法向基节偏差，可由式(2-92)获得；$\Delta_n = F_n / k_{LE}$，其中 F_n 为齿轮副法

向啮合力，k_{LE} 为少齿啮合结束时齿轮副啮合刚度。

通过式(2-102)～式(2-108)的转换，可得到仅关于 γ_2 的非线性方程，求解出 γ_2 后进而可求出实际啮入点 B 的位置。

2.5.3　啮入冲击力

当主、从动轮在实际啮入点 B 处沿实际瞬时啮合线方向的速度不相等时，运动传递将会不平稳，在啮合轮齿的刚度、齿轮质量及惯性的影响下，产生啮入冲击。将主、从动轮的转动惯量转化为瞬时啮合线上的诱导质量 m_{red1} 和 m_{red2}，建立啮入冲击动力学模型如图 2-27 所示。

主、从动轮的诱导质量分别为

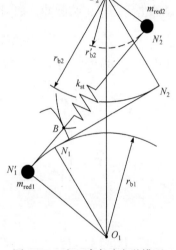

$$m_{red1} = \frac{J_1}{r_{b1}^2}, \qquad m_{red2} = \frac{J_2}{r_{b2}'^2} \qquad (2\text{-}110)$$

式中，J_1、J_2 分别为主、从动轮的转动惯量。

冲击动能 E_k 为

$$E_k = \frac{1}{2} \frac{m_{red1} m_{red2}}{m_{red1} + m_{red2}} \Delta v^2 = \frac{1}{2} m_{red} \Delta v^2 \qquad (2\text{-}111)$$

式中，m_{red} 为两啮合齿轮的等效质量；Δv 为 B 点处两齿轮的相对速度：

$$\Delta v = r_{b1}(\omega_1 + \omega_2) - (r_{p1} + r_{p2})\omega_2 \cos(\alpha_B + \lambda_1 + \gamma_1 + \theta)$$

$$(2\text{-}112)$$

式中，ω_1 和 ω_2 分别为主、从动轮的转速。

图 2-27　啮入冲击动力学模型

建立啮入冲击动力学模型时考察的是端面情况。根据冲击力学理论，冲击动能 E_k 也可写成力与变形的关系：

$$E_k = \frac{1}{2} m_{red} \Delta v^2 = \frac{1}{2} k_{st} \delta_{st}^2 \qquad (2\text{-}113)$$

式中，k_{st} 为端面瞬时啮合线方向的单对齿啮合刚度；δ_{st} 为冲击瞬时轮齿在端面瞬时啮合线方向上的变形量。

考察轮齿法向，在冲击瞬时，法向啮入冲击力 F_{sn} 为

$$F_{sn} = k_{sn} \times \delta_{sn} \qquad (2\text{-}114)$$

式中，k_{sn} 为轮齿法向啮合刚度；δ_{sn} 为轮齿法向变形量。根据端面与法向的转换关系，有

$$k_{st} = k_{sn} \cos^2 \beta_b \qquad (2\text{-}115)$$

$$\delta_{st} = \delta_{sn}/\cos\beta_b \tag{2-116}$$

联立式(2-113)～式(2-116)，可得法向啮入冲击力 F_{sn}：

$$F_{sn} = \Delta v\sqrt{m_{red}k_{sn}} \tag{2-117}$$

可以看出，啮合冲击力的主要受到齿轮副等效质量、轮齿法向啮合刚度和冲击速度的影响。根据冲量定理，冲击作用时间 t_c 为

$$t_c = \frac{\pi}{2}\frac{m_{red}\Delta v}{F_{sn}} \tag{2-118}$$

啮入冲击作用时间很短，一般冲击时间 t_c 占啮合周期 t_m 的 5%～10%[28]。假设冲击力为半正弦脉冲，如图 2-28 所示，则冲力函数 $f_s(t)$ 可表示为

$$f_s(t) = F_{sn}\sin(\omega_c t), \quad 0 \leqslant t \leqslant t_c \tag{2-119}$$

式中，$\omega_c = \pi/t_c$，为半正弦波冲击的圆频率。

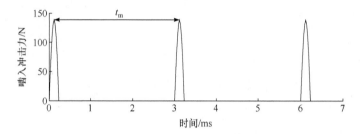

图 2-28   啮入冲击力函数示意图

参 考 文 献

[1] International Organization for Standardization. Calculation of load capacity of spur and helical gears—Part 1: Basic principles, introduction and general influence factors: ISO 6336-1—2006[S]. Geneva: ISO copyright office.

[2] 国家技术监督局. 渐开线圆柱齿轮承载能力计算方法: GB/T 3480—1997[S]. 北京: 中国标准出版社.

[3] BAND R V, PETERSON R E. Load and stress cycle in gear teeth[J]. Mechanical Engineening, 1929, 51(9):653-662.

[4] ISHIKAWA J. On the deflection of gear teeth[J]. Transactions of the Japan Society of Mechanical Engineers, 1951, 17(59): 103-106.

[5] WEBER C. The deformations of loaded gears and the effect on their load-carrying capacity[R]. British Department of Scientific and Industrial Research, Report No. 3, 1949.

[6] TERAUCHI Y, NAGAMURA K. Study on deflection of spur gear teeth-1: Calculation of tooth deflection by two-dimensional elastic theory[J]. Bulletin of JSME, 1980, 23(184): 1682-1688.

[7] TERAUCHI Y, NAGAMURA K. Study on deflection of spur gear teeth-2: Calculation of tooth deflection for spur gears with various tooth profiles [J]. Bulletin of JSME, 1981, 24(188): 447-452.

[8] CARDOU A, TORDION G V. Numerical implementation of complex potentials for gear tooth stress-analysis[J]. Journal of Mechanical Design-Transactions of the ASME, 1981, 103(2): 460-465.

[9] 程乃士, 刘温. 用平面弹性理论的复变函数解法精确确定直齿轮轮齿的挠度[J]. 应用数学和力学, 1985, 6(7): 619-632.

[10] SMITH J D. Gear noise and vibration[M]. Boca Raton: CRC Press, 2003.

[11] 常乐浩, 贺朝霞, 刘岚, 等. 一种确定斜齿轮传递误差和啮合刚度的快速有效方法[J]. 振动与冲击, 2017, 36(6): 157-162, 174.

[12] UMEZAWA K, SUZUKI T, SATO T. Vibration of power transmission helical gears: Approximate equation of tooth stiffness[J]. Bulletin of the JSME, 1986, 29(251): 1605-1611.

[13] KUANG H, YANG T. An estimate of mesh stiffness and load sharing ratio of a spur gear pair[C]. Proceedings of the ASME 12th International Power Transmission and Gear Conference, Scottsdale, 1992: 1-10.

[14] CAI Y. Simulation on the rotational vibration of helical gears in consideration of the tooth separation phenomenon(a new stiffness function of helical involute tooth pair)[J]. Journal of Mechanical Design, 1995, 117(3): 460-469.

[15] MAATAR M, VELEX P. An analytical expression for the time-varying contact length in perfect cylindrical gears: Some possible applications in gear dynamics[J]. Journal of Mechanical Design, 1996, 118: 586-589.

[16] LIU L, DING Y F, WU L Y, et al. Effects of contact ratios on mesh stiffness of helical gears for lower noise design[C]. International Gear Conference, Lyon, 2014: 320-329.

[17] GU X, VELEX P, SAINSOT P, et al. Analytical investigations on the mesh stiffness function of solid spur and helical gears[J]. Journal of Mechanical Design, 2015, 137(6): 063301.

[18] CONRY T F, SEIREG A. A mathematical programming method for design of elastic bodies in contact[J]. Journal of Applied Mechanics, 1971, 38(2): 387-392.

[19] CONRY T F, SEIREG A. A mathematical programming technique for the evaluation of load distribution and optimal modification for gear systems[J]. Journal of Engineering for Industry, 1973, 95(4): 1115-1122.

[20] 纪名刚. 用有限元-线性规划法解弹性接触问题[J]. 机械设计, 1983, 1(1): 1-11.

[21] 刘更, 纪名刚. 斜齿圆柱齿轮的三维接触应力分析[J]. 齿轮, 1987, 11(4): 8-13.

[22] 方宗德. 齿轮轮齿承载接触分析(LTCA)的模型和方法[J]. 机械传动, 1998, 22(2): 1-3, 16.

[23] 刘更, 黄镇东, 何大为. 斜齿圆柱齿轮的三维有限元振动分析[J]. 西北工业大学学报, 1989, 7(1): 47-55.

[24] 刘更. 确定内啮合斜齿轮副载荷分布及啮合刚度的一种新方法[J]. 西北工业大学学报, 1990, 8(4): 372-380.

[25] 刘更, 沈允文. 内、外啮合斜齿轮三维有限元网格自动生成原理及其程序实现[J]. 机械工程学报, 1992, 28(5): 20-25.

[26] 卜忠红, 刘更, 吴立言, 等. 基于线性规划法的齿轮啮合刚度与载荷分布计算的改进方法[J]. 机械科学与技术, 2008, 27(11): 1365-1368, 1373.

[27] 卜忠红, 刘更, 吴立言. 斜齿轮啮合刚度变化规律研究[J]. 航空动力学报, 2010, 25(4): 957-962.

[28] 李润方, 王建军. 齿轮系统动力学——振动、冲击、噪声[M]. 北京: 科学出版社, 1997.

[29] VIJAYAKAR S. A combined surface integral and finite element solution for a three-dimensional contact problem[J]. International Journal for Numerical Methods in Engineering, 1991, 31(3): 525-545.

[30] PARKER R G, VIJAYAKAR S M, IMAJO T. Non-linear dynamic response of a spur gear pair: modeling and experimental comparisons[J]. Journal of Sound and Vibration, 2000, 237(3): 435-455.

[31] 常乐浩, 刘更, 郑雅萍, 等. 一种基于有限元法和弹性接触理论的齿轮啮合刚度改进算法[J]. 航空动力学报, 2014, 29(3): 682-688.

[32] CHANG L H, LIU G, WU L Y. A robust model for determining the mesh stiffness of cylindrical gears[J]. Mechanism and Machine Theory, 2015, 87: 93-114.

[33] 常乐浩, 刘更, 吴立言. 齿轮综合啮合误差计算方法及对系统振动的影响[J]. 机械工程学报, 2015, 51(1): 123-130.

[34] 丁长安, 张雷, 周福章, 等. 线接触弹性接触变形的解析算法[J]. 摩擦学学报, 2001, 21(2): 135-138.

[35] SAINSOT P, VELEX P, DUVERGER O. Contribution of gear body to tooth deflections—a new bidimensional analytical formula[J]. Journal of Mechanical Design, 2004, 126(4): 748-752.

[36] 中华人民共和国国家质量监督检验检疫总局, 中国国家标准化管理委员会. 圆柱齿轮 精度制: GB/T 10095—2008[S]. 北京: 中国标准出版社.

[37] HARRIS S L. Dynamic loads on the teeth of spur gears[J]. Proceedings of the Institution of Mechanical Engineers, 1958, 172(1): 87-112.

第 3 章　齿轮系统动态特性分析方法

　　结合第 2 章介绍的各种齿轮系统激励，本章重点对系统动态特性的分析方法进行介绍。从齿轮系统动力学分析考虑因素和分析目的两方面介绍齿轮系统动力学模型的类型。概括性介绍常见的六类齿轮系统动力学建模方法：集中质量法、传递矩阵法、有限元法、模态综合法、接触有限元法和多体动力学方法。给出常用的两类齿轮系统动力学模型求解方法，即解析法和数值法。解析法包括模态叠加法、傅里叶级数法、谐波平衡法、多尺度法和 AOM 法等；数值法包括 Newmark 法、龙格-库塔法、Gill 法和打靶法等。基于集中质量法，给出了平行轴齿轮系统动力学模型的建模过程；基于有限元法，详细介绍了行星齿轮传动系统、功率分流齿轮传动系统和多输入多输出齿轮传动系统的动力学模型建模过程。

3.1　齿轮系统动力学模型类型

3.1.1　齿轮系统动力学模型一般形式

　　2.1.3 小节以单级直齿轮传动系统为对象，如图 2-1 所示，介绍了齿轮系统动力学模型的一般形式，即基于牛顿第二定律构建的式(2-6)为齿轮系统运动微分方程的通用表达式。根据考虑的因素不同，可以对该模型进行扩展，并形成特定的动力学方程。例如，考虑啮合刚度时变性、齿侧间隙、齿轮误差、传递误差、齿面修形、啮合冲击和齿面摩擦等非线性因素，齿轮系统将成为一种典型的非线性参数自激振动系统。

3.1.2　基于考虑因素的动力学模型分类

　　齿轮系统动力学模型经历了从线性、定常到非线性和时变的发展过程，根据考虑的因素不同，可分为以下四种类型。

　　(1) 线性时不变模型[1]。不考虑齿侧间隙、啮合冲击等非线性因素的影响，动力学模型中齿轮啮合作用采用平均啮合刚度近似表示，该模型主要用于齿轮系统固有频率和振型的计算分析。

　　(2) 线性时变模型[2]。该模型中齿轮啮合作用的啮合刚度、轴承支承刚度等具有时变特性，即动力学模型引入时变参数激励因素，系统运动微分方程较线性时不变类型复杂。

(3) 非线性时不变模型[3]。考虑齿侧间隙、啮合冲击或轴承间隙等非线性激励因素的影响，但是忽略啮合刚度、轴承支承刚度的时变性，这种情况下建立的动力学模型是非线性时不变模型。

(4) 非线性时变模型[4]。同时考虑齿侧间隙和时变啮合刚度等因素的影响，且齿轮啮合刚度、轴承支承刚度为时变参数，形成的动力学模型为非线性时变模型。

通常将非线性模型简化为单自由度或较少几个自由度的模型，用于分析齿轮系统的非线性振动现象；线性模型为多自由度模型，用于分析齿轮系统的整体线性振动特性。

3.1.3　基于分析目的的动力学模型分类

根据齿轮传动系统的分析目的不同，系统动力学模型可分为以下四类。

(1) 纯扭转模型[5]。只考虑齿轮纯扭转的模型，如图 3-1 所示。该模型适用于传动轴扭转刚度、轴承支承刚度和箱体支承刚度较大的情况。若传动系统的传动轴扭转刚度较小，可以将齿轮和原动机、负载隔离出去，单独建立齿轮的扭转振动模型。由于只有扭转自由度而忽略了系统的横向和轴向自由度，该模型在计算斜齿轮副响应时会丧失系统横向及轴向振动特性。这类模型主要出现在早期的齿轮动力学研究中，但在分析间隙非线性和多对齿轮副的动力学问题时仍有被使用。

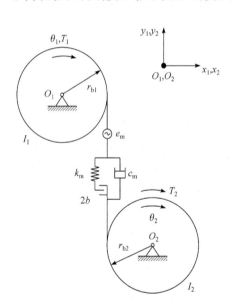

图 3-1　齿轮纯扭转模型示意图

(2) 耦合模型。随着齿轮转速的提高和系统精细化设计的改进，齿轮系统扭转振动与其他方向振动的耦合作用体现得更加明显。考虑齿轮在各自由度上耦合作用所建立的振动分析模型即为耦合模型。将轴承的支承刚度和阻尼效应等效到齿轮质点上，将传动轴轴段以扭转刚度和弯曲刚度代替，主要用于分析齿轮副振动问题。耦合模型按自由度类型数可分为以下三类模型：

① 弯-扭耦合模型[6]。同时考虑齿轮啮合扭转自由度、传动轴轴段的扭转与弯曲自由度所建立的模型，如图 3-2 所示。该模型适用于轴承支承刚度较小，系统弯曲振动不可忽略的情况。

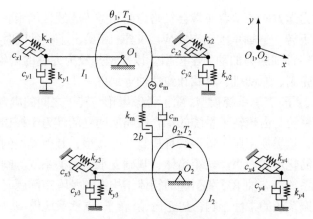

图 3-2　齿轮弯-扭耦合模型示意图

　　② 弯-扭-轴耦合模型[7]。由于斜齿轮和人字齿轮啮合副存在轴向力，轴向振动通常不能忽略，故建立耦合模型时需考虑轴向自由度的振动。考虑齿轮传动系统中的扭转、弯曲和轴向三种自由度建立的耦合振动模型即是弯-扭-轴耦合模型，如图 3-3 所示。

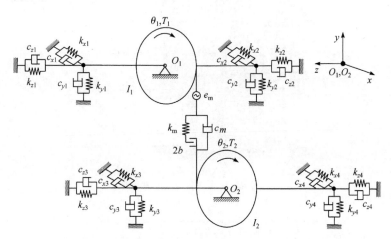

图 3-3　齿轮弯-扭-轴耦合/弯-扭-轴-摆耦合模型示意图

　　③ 弯-扭-轴-摆耦合模型[8]。在弯-扭-轴耦合模型基础上，增加水平方向和垂直方向的两个扭摆振动自由度，这样建立起来的动力学模型即是弯-扭-轴-摆耦合模型，见图 3-3。

　　(3) 齿轮-转子耦合模型[9]。考虑齿轮副和转子系统的耦合作用所建立的动力学模型即是齿轮-转子耦合模型。作为齿轮动力学和转子动力学两门学科的交叉，不同专业方向的学者在建模时的侧重点有所不同。例如，齿轮动力学方向的学者通常不考虑轴承非线性油膜力的影响，重点研究弹性轴段影响下齿轮副的动态响应；而转子动力学方向的学者通常会忽略齿侧间隙等非线性因素影响，重点研究在啮合力作用下转子、轴承的动态响应。文献[10]给出了一种同时考虑非线性齿轮啮合力与非线性油膜力的动力学模型，该模型是较为完整的齿轮-转子耦合型模型，包含齿轮副、原动机、负载和弹性轴等部件。

(4) 齿轮-转子-支承系统模型。除了考虑齿轮与转子之间的耦合效应，计入箱体及其他支承系统与齿轮转子系统的耦合影响所建立的动力学模型为齿轮-转子-支承系统模型，该类模型属于最一般且最复杂的模型，其他类型的模型均可看作是这类模型的简化形式。当齿轮箱箱体、基础支承或隔振系统等刚性较小，或侧重于分析齿轮系统动态轴承载荷引起的箱体结构振动及噪声问题时，需要考虑箱体、基础或隔振系统的柔性影响，建立齿轮-转子-支承系统模型。李润方等[11]给出了基于动态子结构法建立齿轮-转子-支承系统模型的基本原理和方法。文献[12]详细介绍了考虑箱体支承柔性和基础柔性时所建立的齿轮-轴-轴承-箱体-基础耦合振动模型，如图 3-4 所示。

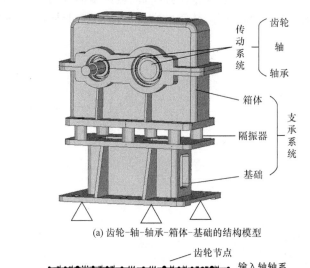

(a) 齿轮-轴-轴承-箱体-基础的结构模型

(b) 齿轮-轴-轴承-箱体-基础的耦合动力学模型

图 3-4　齿轮-轴-轴承-箱体-基础耦合振动模型

3.2　齿轮系统动力学建模方法

3.2.1　集中质量法

集中质量法也称为集中参数法或集中质量-弹簧法,是应用离散思想把结构的分布质量在一些适当的位置集中起来,化为若干个集中质体,使无限自由度体系转化为有限自由度体系,从而使计算得到简化。对于齿轮传动系统,齿轮的转动惯量一般远大于传动轴的转动惯量,具有明显的质量集中属性,因此可以将传动轴的质量和转动惯量均等效到齿轮节点,仅建立齿轮质量点模型。齿轮传动系统中若有转动惯量较大的零件,可将其设置为新质量点。各质量点通过无质量的弹簧相连。集中质量法是目前齿轮系统动力学中应用广泛的建模方法,如 3.1.3 小节所述的纯扭转模型和耦合模型都是基于集中质量法构建的。

3.2.2　传递矩阵法

传递矩阵法属于一种半解析数值方法,其基本思想是把整体结构离散成若干子单元的对接与传递的力学问题,建立单元两端之间的传递矩阵,利用矩阵相乘对结构进行动力学分析。将转子系统离散为无质量的弹性轴段和有质量无弹性圆盘的集总质量模型,选取位移、转角、力矩和剪力作为端面状态变量;依次建立各截面上状态变量之间的传递矩阵关系,得到各截面上状态变量的关系方程;根据边界条件对转子系统的固有频率、振型或振动响应等求解。传递矩阵法作为转子动力学分析的主要方法之一,常用于分析转子系统的弯扭耦合振动问题。矩阵的维数不随系统自由度的增加而增大是传递矩阵法的优点,因此其求解程序形式简单,计算效率高。传统的传递矩阵法的缺点是求解复杂的转子系统动力学问题时常出现数值不稳定的问题,经过改进的 Riccati 传递矩阵法[13]较好地解决了此问题。

3.2.3　有限元法

有限元法(又称为广义有限元法)作为另外一种齿轮转子系统动力学分析常用的方法,比传递矩阵法具有更高的计算精度。有限元法的基本思想是沿轴线将齿轮转子系统划分为齿轮副、轴段、轴承、联轴器和箱体等单元,基于对各单元的受力分析建立各单元节点力与节点位移之间的关系,然后再综合系统中各单元的运动方程,构建系统运动微分方程。一般采用 Euler 梁单元或 Timoshenko 梁单元来建立弹性轴段单元,齿轮和轴承采用集中质量法建模。Neriya 等[14]较早地采用有限元法仿真了齿轮系统的弯-扭耦合振动。Kubur 等[15]应用有限元法建立了多轴斜齿圆柱齿轮传动系统模态分析的动力学模型。文献[16]介绍了针对平行轴的动力学模型通用建模方法，文献[17]给出了针对一般平行轴及行星齿轮传动系统的动力学分析模块化建模方法。采用有限元法可以较好地研究弹性轴参数和轴承参数对齿轮动态特性的影响，因此基于有限元法建立齿轮转子动力学模型得到了广泛应用。

3.2.4　模态综合法

　　模态综合法是把整个齿轮传动系统划分成齿轮、轴、轴承和齿轮箱等子结构，采用集中质量法或有限元法对各子结构进行模态分析，提取各子结构的低阶模态作为 Ritz 基描述其特征，根据各子结构连接处的位移协调条件或者力平衡条件进行系统综合，从而得到齿轮传动系统的运动方程。这种处理可将复杂齿轮传动系统的建模问题转化为几个简单的子结构模型及其综合的问题。由于仅考虑了连接处节点，系统自由度会大大减少。模态综合法的思想在 20 世纪 90 年代就已提出和应用[18]，能够同时计入齿轮传动系统(齿轮、轴、轴承等)和箱体的模态参数，可建立完整的齿轮-转子-支承系统模型[19-20]。

　　从广义上看，有限元法和模态综合法均可看作是动态子结构法的分支，共同点是均可以认为是将系统进行划分后不同层次的子结构，对各子结构进行分析，再进行综合；区别在于，对系统进行综合时，有限元法采用物理参数对系统进行描述，即分析模型直接由系统的质量、阻尼和刚度等物理参数组成，物理含义明确，因此便于进行结构的动力修改，但是采用有限元法建模时节点自由度较多，模型规模比较大。模态综合法采用固有频率、振型、模态质量、模态阻尼和模态刚度等模态参数对系统进行描述，利用系统固有频率和振型对原物理参数描述的分析模型进行坐标变换，形成模态参数描述的分析模型。除了物理参数综合模型和模态参数综合模型外，利用动态子结构法对系统进行综合的模型还有阻抗参数综合模型[21]和物理-模态混合参数综合模型[22]。

3.2.5　接触有限元法

　　接触有限元法是采用包含轮体和轮齿的齿轮完整有限元模型来模拟啮合过程的动态接触，在轮齿接触面建立接触单元，通过瞬态动力学分析求解系统的响应。由于将动力学分析与齿轮接触分析结合，在动力学计算前不需设定时变啮合刚度和传递误差等激励因素，而是在计算过程中直接求解得到时变啮合刚度和动态传递误差等结果。相比其他方法，该模型能更好地考虑齿轮系统的非线性因素，如时变啮合刚度、齿侧间隙、齿面摩擦以及啮合冲击等，可以同时得到齿面接触应力、齿根弯曲应力、动态传递误差和轮齿动态接触力等。随着有限元技术及软件的发展，该方法可通过具有可计算冲击的商用有限元软件实现[23]。然而，为了减少网格畸变以及轮齿啮合过程中运动状态不连续的影响，轮齿接触区域的网格划分需非常密集且均匀，因此会耗费大量的计算求解时间。另外，接触有限元法的收敛性对接触参数设置非常敏感，经常会出现迭代不收敛现象。为此，国内外学者通过自编程序来模拟齿轮的动态接触过程[24-26]。由于可以结合计算需求调整相关的迭代参数，这些动力学计算方法具有更好的收敛性和更高的求解效率。目前，基于接触有限元建立的动力学分析模型已经从最初的二维有限元模型发展到三维有限元模型。

3.2.6　多体动力学方法

多体动力学方法是将齿轮本体视为刚体，利用弹簧-阻尼单元来模拟齿轮副动态啮合作用，通过多体系统动力学仿真求解齿轮传动系统的振动响应。该方法从某种程度上来说可以克服全弹性体接触有限元法计算耗时的缺点。文献[27]~[29]均采用商用多体动力学软件构建齿轮系统多体动力学模型并进行仿真分析，得到齿轮动态接触力、振动加速度等响应。目前该方法已经从早期的多刚体模型发展为刚柔耦合模型，啮合刚度已经从定刚度模型过渡为时变刚度模型。若与齿轮有限元接触分析模型结合，该方法还可以分析轮齿误差、轮齿修形及啮合错位量等因素的影响[30]。与求解复杂且耗时的接触有限元法比较，多体动力学方法的计算结果与接触有限元法相当，但是具有更高的求解效率。

3.3　齿轮系统动力学模型求解方法

一般情况下齿轮系统动力学模型会考虑齿轮时变啮合刚度和齿侧间隙等因素的影响，齿轮系统动力学微分方程组通常为非线性变系数微分方程组，因此定常微分方程组的很多解法无法直接使用。对目前各类齿轮系统动力学方程组的求解方法进行总结归纳，主要有解析法和数值法两大类。

3.3.1　解析法

解析法是应用解析式求解齿轮系统动力学模型的方法。动力学模型中的时变参数(如啮合刚度、轴承刚度等)和非线性参数(如齿侧间隙、轴承间隙等)的简化及描述是解析法的关键问题。解析法主要包括模态叠加法、傅里叶级数法、谐波平衡法、多尺度法和 AOM 法等。其中模态叠加法和傅里叶级数法是求解多自由度线性系统动力学响应常用的方法，但是这两种方法都无法考虑齿轮侧隙等非线性因素，需要将非线性微分方程进行线性化处理。然而，这两种方法求解速度快，特别适用于求解多自由度系统的动力学响应，因此广泛应用于系统整体响应分析。谐波平衡法和多尺度法是两种常用的非线性系统动力学模型的求解方法，但这两种方法一般只能方便地求解一阶近似解，当需要求解多阶近似项时会增加复杂度。

(1) 模态叠加法[31]。模态叠加法的基本原理是以系统无阻尼的振型(模态)为空间基底，通过坐标变换，使原动力方程解耦，求解 n 个相互独立的方程获得模态位移，进而通过叠加各阶模态的贡献求得系统的响应。其基本步骤是首先对原始齿轮系统运动微分方程组进行坐标变换，将质量矩阵、刚度矩阵和阻尼矩阵进行对角化处理，得到一组独立的、互不耦合的模态方程；其次利用单自由度系统的求解方法，基于各主自由度求解结果由叠加原理得到原始物理坐标下多自由度的系统响应。

(2) 傅里叶级数法[32-33]。傅里叶级数法的基本思想是参变方程定常化。将时变激励项移至方程右端，并将方程左、右两端的激励项和响应项按照傅里叶级数法分别展开为谐波函数的组合，令方程左、右两端各谐波函数系数对应相等，直接求得方程的稳态解。这种方法求解速度快，因此在求解模型自由度较多的系统动力学响应问题中的应用尤为广泛。

(3) 谐波平衡法。谐波平衡法的基本思想是将齿轮动力学模型中的激励项和方程的解都展开成傅里叶级数，基于激振与响应的各阶谐波分量自相平衡的条件，令动力学方程两端的同阶谐波的系数相等，从而得到包含一系列未知系数的代数方程组，以确定待定的傅里叶级数的系数。Kiyono[34]和 Budak 等[35]较早地利用了谐波平衡法求解系统的非线性振动问题。谐波平衡法能够考虑齿侧间隙等强非线性因素的影响，而且能够获取系统响应跃迁现象、次谐波共振及混沌现象，是齿轮系统非线性动力学分析中应用较多的算法之一[36-37]。

(4) 多尺度法。多尺度法是由 Sturrock 和 Nayfeh 等提出并发展起来的，其基本思想是将响应展开为幂形式，并将其考虑为多个自变量(即多个尺度)的函数，通过比较动力学方程的同次幂系数，得到各阶近似的线性偏微分方程组，然后导出各阶近似解的确定表达式。多尺度法也可以考虑齿侧间隙、轴承间隙等引起的系统非线性因素[38]。

(5) AOM 法。AOM 法是 Adomian 等[39]提出的一种求解非线性微分方程近似解析解的迭代算法，目前常用于强非线性机械系统的动力学研究[40]。AOM 法的基本思想是把非线性微分方程组的右端项分解为可直接积分和不能直接积分两部分，通过对方程进行连续化处理求解近似解析解。与谐波平衡法相比，AOM 法没有滤波特性，能够保留系统响应的所有频率成分，具有更高的精度；而与其他解析方法相比，AOM 法给出了前几阶近似解析解，并没有迭代运算，因此在保证计算过程收敛和计算精度的情况下可取较大步长，求解速度快。

3.3.2　数值法

数值法主要是应用各种数值积分方法求解齿轮系统动力学微分方程，常用的包括 Newmark 法、龙格-库塔法、Gill 法和打靶法等。

(1) Newmark 法。Newmark 法是线性加速度法积分形式的推广，是针对多自由度线性系统的一种简化算法。该方法直接从物理方程出发，无须事先求解系统固有特性，不必对方程进行解耦，无论何种激励均可直接求解。它在线性加速度方法的基础上，修正了位移增量和速度增量公式。当选取的控制参数满足一定关系时，该方法是无条件稳定的，同时时间步长的大小不影响解的稳定性。这两个显著优点使得 Newmark 法在齿轮系统动力学求解中得到应用[41-42]。Newmark 法的主要缺点是不适合处理含齿侧间隙等强非线性因素的齿轮系统动力学问题。

(2) 龙格-库塔法。龙格-库塔法是间接利用泰勒展开的思想构造的一种数值方法，更适用于求解强非线性微分方程。当采用隐式方法计算时，还可以处理刚性方程组。龙格-库塔法的计算精度较高，但计算时间比 Newmark 法要长许多，收敛条件也更严苛。目前应用最广泛的龙格-库塔法为变步长四阶龙格-库塔法。Newmark 法适宜于求解自由度较多的整个齿轮系统的响应，而龙格-库塔法更适合求解自由度较少的单对齿轮副响应问题[43-45]。

(3) Gill 法。Gill 积分法[46-47]是对龙格-库塔法的改进，Gill 法应用于齿轮系统动力学模型数值求解具有截断误差小、积分速度快和计算量小等优点。

(4) 打靶法。打靶法的主要思想是适当选择和调整初值条件，求解一系列初值问题，使之逼近给定的边界条件。如果将描述的曲线视作弹道，那么求解过程即不断调整试射条件使之达到预定的靶子，故称作打靶法，该方法的关键是设计选取初值的步骤[48-49]。

求解齿轮系统动力学微分方程时，应根据建立的动力学模型所考虑的因素和系统自由度数选取合适的计算方法。在求解线性时变动力学模型时，利用模态叠加法和傅里叶级数法，求解速度更快。对自由度较少的非线性时变动力学模型，可采用龙格-库塔法、Gill 法等数值解法；而对自由度较多的非线性时变动力学模型，可采用 Newmark 法或谐波平衡法。

3.4　平行轴齿轮系统动力学模型

常见的平行轴多级齿轮传动系统，有单支传动系统和多支传动系统。本节研究对象是规律性比较强的单支齿轮传动系统，多支齿轮传动系统在 3.6 节和 3.7 节介绍。

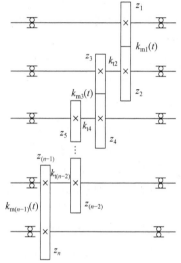

3.4.1　单支齿轮传动系统动力学模型

建立动力学模型时将单支齿轮传动系统简化为弹簧–质量系统[50]。图 3-5 为单支齿轮传动系统简图，其中 z_1、z_2、…、z_n(n 为偶数)为系统中各齿轮齿数；k_{t2}、k_{t4}、…、$k_{t(n-2)}$ 为各齿轮间扭转轴的扭转刚度；$k_{m1}(t)$、$k_{m3}(t)$、…、$k_{m(n-1)}(t)$ 为各齿轮副的全齿宽啮合刚度。

当主要考虑系统的扭转振动时，该系统的动力学模型可简化为图 3-6 所示的形式，其中，$c_{mi}(i=1, 3, 5, …, n-1)$ 表示各对齿轮的啮合阻尼；$c_{ti}(i=2, 4, …, n-2)$ 表示各轴的扭转阻尼；$m_{eq,1}$、$m_{eq,2}$、…、$m_{eq,n}$ 表示各级齿轮换算到啮合

图 3-5　单支齿轮传动系统简图

线上的等效质量；F_{in} 和 F_{out} 分别表示输入端动力和输出端负载的作用力。

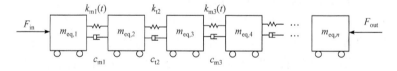

图 3-6　单支齿轮传动系统的动力学模型

3.4.2　系统动力学方程

为了便于对齿轮传动系统中各传动件做动态响应分析，建立模型时将齿轮传动系统中的各齿轮进行分离，特别地，对于有两个齿轮的齿轮轴要进行分离，齿轮间的传动轴为具有扭转刚度的无质量元件。对于图 3-6 所示的动力学模型，共有 n 个自由度，分别为各齿轮转角 $\theta_i(i=1, 2, …, n)$。

根据牛顿第二定律，可列出系统的运动微分方程如下：

$$\begin{cases} m_{\mathrm{eq},1}\ddot{x}_1 + c_{\mathrm{m}1}(\dot{x}_1 - \dot{x}_2) + k_{\mathrm{m}1}(\dot{x}_1 - \dot{x}_2) = F_{\mathrm{in}} \\ m_{\mathrm{eq},2}\ddot{x}_2 + c_{\mathrm{m}1}(-\dot{x}_1 + \dot{x}_2) + c_{\mathrm{t}2}(\dot{x}_2 - \dot{x}_3) + k_{\mathrm{m}1}(-\dot{x}_1 + \dot{x}_2) + k_{\mathrm{t}2}(\dot{x}_2 - \dot{x}_3) = 0 \\ m_{\mathrm{eq},3}\ddot{x}_3 + c_{\mathrm{t}2}(-\dot{x}_2 + \dot{x}_3) + c_{\mathrm{m}3}(\dot{x}_3 - \dot{x}_4) + k_{\mathrm{t}2}(-\dot{x}_2 + \dot{x}_3) + k_{\mathrm{m}3}(\dot{x}_3 - \dot{x}_4) = 0 \quad (3\text{-}1) \\ \qquad\qquad\qquad\vdots \\ m_{\mathrm{eq},n}\ddot{x}_n + c_{\mathrm{m}(n-1)}(-\dot{x}_{n-1} + \dot{x}_n) + k_{\mathrm{m}(n-1)}(-\dot{x}_{n-1} + \dot{x}_n) = F_{\mathrm{out}} \end{cases}$$

式中，$m_{\mathrm{eq},i}(i=1, 2, \cdots, n)$为等效质量，$m_{\mathrm{eq},i} = \dfrac{I_i}{r_i^2}$，$I_i$为各部分的转动惯量，$r_i$为各连接处齿轮的基圆半径；$x_i(i=1, 2, \cdots, n)$为广义坐标，$x_i = r_i\theta$，其下标意义都同上述各转角自由度 θ；$k_{\mathrm{m}i}(i=1, 3, \cdots, n-1)$为各级齿轮副的啮合刚度；$k_{\mathrm{t}i}(i=2, 4, \cdots, n-2)$为除输入和输出轴外的各齿轮轴两齿轮间轴的扭转刚度；$c_{\mathrm{m}i}(i=1, 3, \cdots, n-1)$为对应于上述啮合刚度的阻尼值，$c_{\mathrm{t}i}(i=2, 4, \cdots, n-2)$为除输入和输出轴外的各齿轮轴两齿轮间轴的扭转阻尼；F_{in}、F_{out}分别为输入和输出扭矩转换来的载荷，转换公式为 $F = \dfrac{T}{r}$，$T = 9550\dfrac{P}{n}$，其中 P 为输入功率，n 为输入或输出转速。

式(3-1)所示系统运动微分方程可用矩阵形式表示为

$$\boldsymbol{M}\ddot{\boldsymbol{x}}(t) + \boldsymbol{C}\dot{\boldsymbol{x}}(t) + \boldsymbol{K}\boldsymbol{x}(t) = \boldsymbol{F}_{\mathrm{ex}} \tag{3-2}$$

式中，$\boldsymbol{M}$ 为系统质量矩阵；$\boldsymbol{C}$ 为系统阻尼矩阵；$\boldsymbol{K}$ 为系统刚度矩阵；$\boldsymbol{x}(t)$ 为系统所有节点位移列向量；$\boldsymbol{F}_{\mathrm{ex}}$ 为系统外载荷向量。

3.5　行星齿轮传动系统动力学模型

本节介绍一种基于广义有限元思想建立考虑内齿圈柔性的刚柔耦合行星齿轮系统动力学建模方法[51]，该方法将内齿圈以外的构件按照集中参数法建模，内齿圈划分为数段齿圈单元，将内齿圈轮齿的变形与轮缘的变形分开建模，考虑齿轮刚度激励、误差激励等因素对齿轮振动的影响。利用该方法可以获得内齿圈不同约束刚度对系统振动的影响，易实现自动化编程，减少重复建模，提高分析效率。

实际行星齿轮传动系统是一个质量连续分布的弹性系统，具有无穷多的自由度。利用有限元的思想，忽略轮齿的影响，将内齿圈简化为一个圆环，可划分为由数段均匀弯曲的梁单元组成，如图 3-7 所示。图中 $Ox_{\mathrm{r}i}y_{\mathrm{r}i}(i$ 表示第 i 个齿圈单元)为齿圈单元的坐标系，其中 x 方向为单元轴向，y 方向为 x 轴逆时针转过 90° 方向，第 1 个梁单元节点的原点位于太阳轮中心线 x 轴与内齿圈齿根圆交界处。

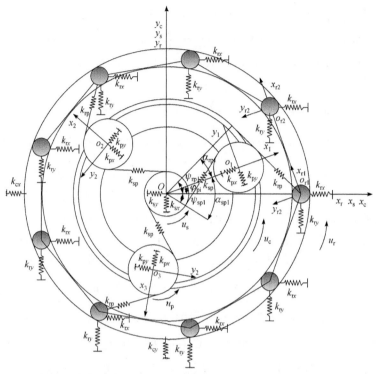

图 3-7　齿圈梁单元的行星齿轮传动系统动力学模型简图

　　按照同样的方法可以将整个系统视作由一系列不同类型的单元与节点组成的系统。对各个单元进行相应的受力分析，可以建立单元的运动微分方程，然后将各个单元按照有限元法的思想进行组装，即可得到整个系统的运动微分方程，对整个系统进行相应的运算，就可以将连续分布质量系统振动问题转化为有限自由度系统振动问题。将图 3-7 中各个零部件分别离散为若干节点与单元，如图 3-8 所示。主

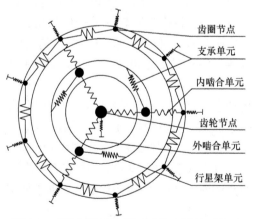

图 3-8　直齿行星齿轮传动系统有限单元模型

要的节点与单元有：齿轮节点——齿轮齿宽中点处；齿圈节点——选取在内齿圈齿根圆齿宽中心线处；齿圈单元——齿圈齿根圆到齿圈轮缘外径之间离散形成的单元；内啮合单元——内齿圈单元与行星轮啮合节点形成的单元；外啮合单元——太阳轮与行星轮外啮合齿轮副中两啮合齿轮节点形成的单元；支承单元——支承各构件的支承形式形成的单元。

3.5.1　齿圈单元

本节建立的直齿行星齿轮弯-扭耦合模型，将内齿圈简化为平面梁单元，单元可以承受轴向拉压和弯曲载荷，其简图如图 3-9 所示。常用的经典梁单元有 Euler 梁单元与 Timoshenko 梁单元，由于 Euler 梁单元不考虑剪切变形的影响，而 Timoshenko 梁单元能计入剪切变形，故采用 Timoshenko 梁单元对内齿圈进行简化。

如图 3-9 所示，在单元局部坐标下，节点变量可以表示为

$$\delta_{\mathrm{r}}^{\mathrm{e}} = \{u_i, v_i, \theta_i, u_j, v_j, \theta_j\}^{\mathrm{T}} \quad (3\text{-}3)$$

式中，u_i 和 v_i 为节点 i 沿局部坐标方向的位移；θ_i 为节点 i 处截面的转角。根据弹性力学相关知识，可以得到二节点梁单元在局部坐标系下的刚度矩阵 $\boldsymbol{K}^{\mathrm{e}}$ 和一致质量矩阵 $\boldsymbol{M}^{\mathrm{e}}$。

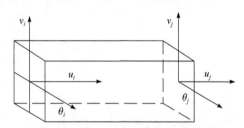

图 3-9　平面梁单元简图

$$\boldsymbol{K}^{\mathrm{e}} = \begin{bmatrix} \dfrac{EA}{l_{\mathrm{e}}} & 0 & 0 & -\dfrac{EA}{l_{\mathrm{e}}} & 0 & 0 \\[2mm] 0 & \dfrac{GA}{k_{\mathrm{co}}l_{\mathrm{e}}} & \dfrac{GA}{2k_{\mathrm{co}}} & 0 & -\dfrac{GA}{k_{\mathrm{co}}l_{\mathrm{e}}} & \dfrac{GA}{2k_{\mathrm{co}}} \\[2mm] 0 & \dfrac{GA}{2k_{\mathrm{co}}} & \dfrac{GAl_{\mathrm{e}}}{4k_{\mathrm{co}}}+\dfrac{EI_{\mathrm{z}}}{l_{\mathrm{e}}} & 0 & -\dfrac{GA}{2k_{\mathrm{co}}} & \dfrac{GAl_{\mathrm{e}}}{4k_{\mathrm{co}}}-\dfrac{EI_{\mathrm{z}}}{l_{\mathrm{e}}} \\[2mm] -\dfrac{EA}{l_{\mathrm{e}}} & 0 & 0 & \dfrac{EA}{l_{\mathrm{e}}} & 0 & 0 \\[2mm] 0 & -\dfrac{GA}{k_{\mathrm{co}}l_{\mathrm{e}}} & -\dfrac{GA}{2k_{\mathrm{co}}} & 0 & \dfrac{GA}{k_{\mathrm{co}}l_{\mathrm{e}}} & -\dfrac{GA}{2k_{\mathrm{co}}} \\[2mm] 0 & \dfrac{GA}{2k_{\mathrm{co}}} & \dfrac{GAl_{\mathrm{e}}}{4k_{\mathrm{co}}}-\dfrac{EI_{\mathrm{z}}}{l_{\mathrm{e}}} & 0 & -\dfrac{GA}{2k_{\mathrm{co}}} & \dfrac{GAl_{\mathrm{e}}}{4k_{\mathrm{co}}}+\dfrac{EI_{\mathrm{z}}}{l_{\mathrm{e}}} \end{bmatrix} \quad (3\text{-}4)$$

式中，E 为材料弹性模量(Pa)；G 为材料剪切弹性模型(Pa)；A 为单元的横截面

面积(m^2)；l_e 为单元的长度(m)；I_z 为在 xy 坐标平面内的截面惯性矩(m^4)；k_co 为考虑实际剪切应变和剪切应力不是均匀分布而引入的校正因子，对于矩形截面取 $k_\mathrm{co}=6/5$，对于圆形截面取 $k_\mathrm{co}=10/9$。

对于矩形截面，有

$$I_\mathrm{z} = \frac{bh^3}{12} \tag{3-5}$$

式中，b 为矩形截面宽度(m)；h 为矩形截面高度(m)。

一致质量矩阵与集中质量矩阵是梁单元常见的两种质量矩阵，集中质量矩阵未考虑相邻节点间的质量耦合作用，当单元划分较为细小，节点相对较多时会取得较为准确的结果，故齿圈单元质量矩阵 $\boldsymbol{M}^\mathrm{e}$ 采用集中质量矩阵：

$$\boldsymbol{M}^\mathrm{e} = \frac{\rho Al}{2} \begin{bmatrix} 1 & 0 & 0 & 0 & 0 & 0 \\ 0 & 1 & 0 & 0 & 0 & 0 \\ 0 & 0 & 0 & 0 & 0 & 0 \\ 0 & 0 & 0 & 1 & 0 & 0 \\ 0 & 0 & 0 & 0 & 1 & 0 \\ 0 & 0 & 0 & 0 & 0 & 0 \end{bmatrix} \tag{3-6}$$

式中，ρ 为材料密度($\mathrm{kg/m}^3$)。

由于内齿圈是一个环形零件，将其离散成齿圈单元后，齿圈单元的局部坐标系方向各异，单元的特性矩阵需要通过平面坐标变换转换到齿圈总体坐标系，如图 3-10 所示，其中总体坐标系用 $\bar{x}$、$\bar{y}$ 表示，局部坐标系用 x、y 表示。

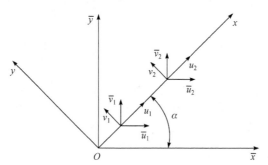

图 3-10　总体坐标系与局部坐标系

由图 3-10 可见，局部坐标系与总体坐标系的关系为

$$\begin{Bmatrix} x \\ y \\ \theta \end{Bmatrix} = \begin{bmatrix} c & s & 0 \\ s & -c & 0 \\ 0 & 0 & 1 \end{bmatrix} \begin{Bmatrix} \overline{x} \\ \overline{y} \\ \overline{\theta} \end{Bmatrix} \tag{3-7}$$

式中，$c = \cos\alpha$；$s = \sin\alpha$，其中，α 为局部坐标系相应于总体坐标系 $\overline{x}$ 轴的夹角。

因此局部坐标系下的单元节点位移与总体坐标系中的单元节点位移关系为

$$\begin{Bmatrix} u_1 \\ v_1 \\ \theta_1 \\ u_2 \\ v_2 \\ \theta_2 \end{Bmatrix} = \begin{bmatrix} \cos\alpha & \sin\alpha & 0 & 0 & 0 & 0 \\ \sin\alpha & -\cos\alpha & 0 & 0 & 0 & 0 \\ 0 & 0 & 1 & 0 & 0 & 0 \\ 0 & 0 & 0 & \cos\alpha & \sin\alpha & 0 \\ 0 & 0 & 0 & \sin\alpha & -\cos\alpha & 0 \\ 0 & 0 & 0 & 0 & 0 & 1 \end{bmatrix} \begin{Bmatrix} \overline{u_1} \\ \overline{v_1} \\ \overline{\theta_1} \\ \overline{u_2} \\ \overline{v_2} \\ \overline{\theta_2} \end{Bmatrix} \tag{3-8}$$

写成如下矩阵形式：

$$\delta^{\mathrm{e}} = T\overline{\delta}^{\mathrm{e}} \tag{3-9}$$

式中

$$T = \begin{bmatrix} \cos\alpha & \sin\alpha & 0 & 0 & 0 & 0 \\ \sin\alpha & -\cos\alpha & 0 & 0 & 0 & 0 \\ 0 & 0 & 1 & 0 & 0 & 0 \\ 0 & 0 & 0 & \cos\alpha & \sin\alpha & 0 \\ 0 & 0 & 0 & \sin\alpha & -\cos\alpha & 0 \\ 0 & 0 & 0 & 0 & 0 & 1 \end{bmatrix}$$

按单元弹性力和惯性力在局部坐标系与总体坐标系的一致性关系，可得到总体坐标系下的单元特性矩阵表达式：

$$\overline{K}^{\mathrm{e}} = T^{\mathrm{T}}K^{\mathrm{e}}T, \quad \overline{M}^{\mathrm{e}} = T^{\mathrm{T}}M^{\mathrm{e}}T \tag{3-10}$$

常用的齿圈单元阻尼矩阵计算公式为

$$C^{\mathrm{e}} = \alpha_0 M^{\mathrm{e}} + \alpha_1 K^{\mathrm{e}} \tag{3-11}$$

式中，α_0 为 Rayleigh 阻尼中质量比例系数；α_1 为 Rayleigh 阻尼中刚度比例系数。

得到齿圈单元质量矩阵、刚度矩阵和阻尼矩阵后，就可以得到齿圈单元的运动微分方程：

$$M_{\mathrm{r}}\ddot{x}_{\mathrm{r}} + C_{\mathrm{r}}\dot{x}_{\mathrm{r}} + K_{\mathrm{r}}x_{\mathrm{r}} = 0 \tag{3-12}$$

式中，M_{r} 为总体坐标系中齿圈单元质量阵；C_{r} 为总体坐标系中齿圈单元阻尼阵；K_{r} 为总体坐标系中齿圈单元刚度阵。

3.5.2　内啮合单元

直齿行星齿轮传动分为太阳轮与行星轮之间的外啮合、行星轮与内齿圈之间的内啮合。图 3-11 为内啮合单元的动力学模型简图，图中 ox_ry_r 为内齿圈的总体坐标系，$o_1x_{r1}y_{r1}$ 表示内齿圈与行星轮啮合的第一个节点的局部坐标系，将图中齿圈节点 1 与行星轮的各个方向振动位移向啮合线投影，即可得到齿圈单元与行星轮之间沿啮合线方向的总体变形。齿圈节点位移如何转换到啮合线方向是关键，图 3-12 展示了啮合线方向的法向力与齿圈节点变形之间的关系。

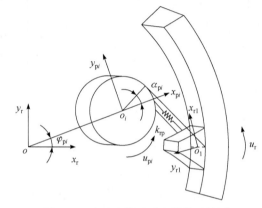

图 3-11　内啮合单元动力学模型简图

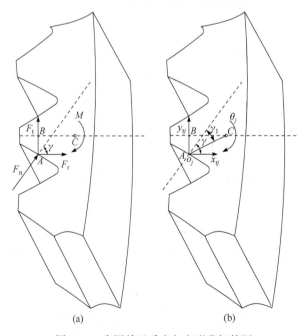

(a)　　　　　　　　　　　　　(b)

图 3-12　齿圈单元受力与变形分解简图

　　计算齿圈变形时，假设齿圈仅支承处约束在支架处，其他地方不与机架接触。将内齿圈离散成梁单元后，建立内齿圈与行星轮之间的耦合关系是建立动力学模型的关键。内齿圈简化为一个圆环，在计算齿圈变形时将轮齿视作刚体，认为轮齿几乎不变形。行星轮与内齿圈的法向力 F_n 可以分解为齿圈总体坐标系 x 与 y 方向的力 F_x、F_y，力矩 M 作用在齿圈上。$F_x = F_n \cos\gamma$，$F_y = F_n \sin\gamma$，$M = F_y |BC| - F_x |AB|$，这些作用力引起齿圈的变形[图 3-12(b)]，其中 x_{rj}、y_{rj}、θ_j 分别为总体坐标系下 x、y 方向的变形与转动角度，齿廓接触点由于齿圈变形而在啮合线方向上引起的位移 $\delta_{rj} = x_{rj} \sin\gamma + y_{ri} \cos\gamma + \theta_j |AC| \sin\gamma_1$，$\gamma$ 即为 ψ_{rpi}，对于给定的齿轮，γ_1 与 $|AC|$ 是定值，定义常数 $\lambda = |AC| \sin\gamma_1$；结合行星轮在内齿圈方向引起的变形，可以得到内齿圈与行星轮啮合线处的变形：

$$\delta_{rjpi} = V_{ij} \boldsymbol{q}_{rjpi} - e_{rjpi} \tag{3-13}$$

式中，$\boldsymbol{q}_{rjpi} = \{x_{pi}, y_{pi}, \theta_{pi}, x_{rj}, y_{rj}, \theta_{rj}\}^{\mathrm{T}}$ 为内啮合单元节点的位移列向量；e_{rjpi} 为齿轮副法向综合啮合误差；V_{ij} 为行星轮 i 与齿圈节点 j 各个方向的位移向啮合线方向转化的投影矢量，可表示为

$$V_{ij} = [\sin\alpha_{rpi}, -\cos\alpha_{rpi}, -r_{bpi}\theta_{pi}, -\sin\psi_{rpi}, \cos\psi_{rpi}, \theta_{rj}|AC|\sin\gamma_1] \tag{3-14}$$

式中，r_{bpi} 为行星轮 i 的基圆半径；ψ_{rpi} 为端面啮合线与 y 轴正向的夹角。

　　根据牛顿第二定律可以得到内啮合单元的太阳轮与齿圈运动微分方程：

$$\begin{cases} m_{pi}\ddot{x}_{pi} + (c_{rpi}\dot{\delta}_{rjpi} + k_{rpi}\delta_{rjpi})\sin\alpha_{rjpi} = 0 \\ m_{pi}\ddot{y}_{pi} + (c_{rpi}\dot{\delta}_{rjpi} + k_{rpi}\delta_{rjpi})\cos\alpha_{rjpi} = 0 \\ I_{pi}\ddot{\theta}_{pi} - (c_{rpi}\dot{\delta}_{rjpi} + k_{rpi}\delta_{rjpi})r_{pi} = T_{pi} \\ m_{rj}\ddot{x}_{rj} - (c_{rpi}\dot{\delta}_{rjpi} + k_{rpi}\delta_{rjpi})\sin\psi_{rjpi} = 0 \\ m_{rj}\ddot{y}_{rj} + (c_{rpi}\dot{\delta}_{rjpi} + k_{rpi}\delta_{rjpi})\cos\psi_{rjpi} = 0 \\ I_{rj}\ddot{\theta}_{rj} + (c_{rpi}\dot{\delta}_{rjpi} + k_{rpi}\delta_{rjpi})r_r = 0 \end{cases} \tag{3-15}$$

式中，m_{pi} 和 m_{rj} 分别为第 i 个行星轮质量与第 j 个齿圈节点质量；I_{pi} 和 I_{rj} 分别为 i 行星轮与 j 齿圈节点绕总体坐标系的转动惯量；k_{rpi} 为行星轮 i 与齿圈的内啮合刚度；c_{rpi} 为内齿轮副啮合阻尼，可以用式(3-16)计算：

$$c_m = 2\zeta\sqrt{\overline{k}_m/(1/m_{eq,pi} + 1/m_{eq,rj})} \tag{3-16}$$

式中，ζ 为啮合阻尼比，一般取 0.03～0.17；$\overline{k}_m$ 为啮合刚度均值；$m_{eq,pi}$ 和 $m_{eq,rj}$ 分别为第 i 个行星轮和第 j 个齿圈节点的等效质量。

　　将式(3-13)与式(3-14)代入式(3-15)，可得内啮合单元运动微分方程

$$M_{rjpi}\ddot{x}_{rjpi} + C_{rjpi}(\dot{x}_{rjpi} - \dot{e}) + K_{rjpi}(x_{rjpi} - e) = F_{ex} \tag{3-17}$$

式中，M_{rjpi} 为内啮合单元质量矩阵；C_{rjpi} 为内啮合单元阻尼矩阵；K_{rjpi} 为啮合单元的刚度矩阵；F_{ex} 为外力矩阵；e 和 $\dot{e}$ 分别为啮合综合误差在各自由度分解后的等效位移列向量及速度列向量。

质量矩阵 M_{rjpi} 的具体形式为

$$
\begin{aligned}
M_{rjpi} &= [\operatorname{diag}\{m_{pi}, m_{pi}, I_{pi}\}, m_{rj}^{e}] \\
&= \left[\operatorname{diag}\left[\rho A_{pi}B, \rho A_{pi}B, \frac{1}{2}\rho A_{pi}B(r_{pi}^{2} + r_{hi}^{2})\right], m_{rj}^{e}\right]
\end{aligned} \tag{3-18}
$$

式中，r_{pi} 为行星轮 i 分度圆半径；r_{hi} 为行星轮轮毂半径；B 为行星轮齿宽；$A_{pi} = \pi(r_{pi}^{2} - r_{hi}^{2})$ 为行星轮面积；m_{rj}^{e} 为齿圈单元 j 节点的质量矩阵。

内啮合单元刚度矩阵的具体形式如式(3-19)所示：

$$K_{rjpi} = k_{rpi}\begin{bmatrix} \kappa_{pipi} & \kappa_{pirj} \\ \kappa_{rjpi} & \kappa_{rjrj} \end{bmatrix} \tag{3-19}$$

$$\kappa_{pipi} = \begin{bmatrix} \sin^{2}\alpha & -\sin\alpha\cos\alpha & r_{bpi}\sin\alpha \\ -\cos\alpha\sin\alpha & -\cos^{2}\alpha & -r_{bpi}\cos\alpha \\ -r_{bpi}\sin\alpha & -r_{bpi}\cos\alpha & -r_{bpi}^{2} \end{bmatrix} \tag{3-20}$$

$$\kappa_{pirj} = \begin{bmatrix} -\sin\alpha\sin\psi & \sin\psi\cos\alpha & -r_{bpi}\sin\psi \\ \cos\psi\sin\alpha & -\cos\psi\cos\alpha & r_{bpi}\chi o\sigma\psi \\ -\lambda_{j}\sin\alpha & -\lambda_{j}\cos\alpha & \lambda_{j}r_{bpi} \end{bmatrix} \tag{3-21}$$

$$\kappa_{pirj} = \kappa_{rjpi}^{T} \tag{3-22}$$

$$\kappa_{rjrj} = \begin{bmatrix} \sin^{2}\psi & -\sin\psi\cos\psi & -\lambda_{j}\sin\psi \\ -\cos\psi\sin\psi & \cos^{2}\psi & \lambda_{j}\cos\psi \\ -\lambda_{j}\sin\psi & \lambda_{j}\cos\psi & \lambda_{j}^{2} \end{bmatrix} \tag{3-23}$$

啮合单元阻尼矩阵 C_{rjpi} 的具体形式与刚度矩阵类似，即可用式(3-24)求得：

$$C_{rjpi} = c_{rpi} \cdot \begin{bmatrix} \kappa_{pipi} & \kappa_{pirj} \\ \kappa_{rjpi} & \kappa_{rjrj} \end{bmatrix} \tag{3-24}$$

式(3-19)～式(3-24)所示矩阵形式可通过简易的计算形式表示：

$$K_{rjpi} = k_{rpi}V_{ij}^{\mathrm{T}}V_{ij} \tag{3-25}$$

$$C_{rjpi} = c_{rpi}V_{ij}^{\mathrm{T}}V_{ij} \tag{3-26}$$

啮合综合误差的等效位移及速度列向量 e 和 $\dot{e}$ 分别为

$$e = k_{rpi}e_{rjpi} \cdot [K_{rjpi}]^{-1}V_{ij}^{\mathrm{T}} \tag{3-27}$$

$$\dot{e} = c_{rpi}\dot{e}_{rjpi} \cdot [C_{rjpi}]^{-1}V_{ij}^{\mathrm{T}} \tag{3-28}$$

3.5.3　外啮合单元

图 3-13 为简化的直齿外啮合单元动力学模型，将图中齿轮振动位移向啮合线方向投影，齿轮副沿啮合线方向投影相对总变形为

$$\delta_o = V_o x_o - e_o \tag{3-29}$$

式中，$x_o = \{x_s, y_s, \theta_s, x_p, y_p, \theta_p\}$ 表示太阳轮与行星轮单元节点的位移列向量；e_o 表示外啮合齿轮副法线方向的综合啮合误差；V_o 为外啮合齿轮副各方向位移向啮合线方向转化的投影矢量：

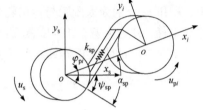

图 3-13　简化的直齿外啮合单元动力学模型

$$V_o = [\sin\psi_{sp}, \cos\psi_{sp}, r_{bs}, -\sin\alpha_{sp}, -\cos\alpha_{sp}, r_{bp}] \tag{3-30}$$

式中，r_{bs} 和 r_{bp} 分别表示太阳轮与行星轮的基圆半径；ψ_{sp} 为行星轮与太阳轮啮合线与 x 轴的夹角：

$$\psi_{sp} = \alpha_{spi} - \varphi_{pi} \tag{3-31}$$

式中，α_{spi} 表示第 i 个行星轮的啮合角；φ_{pi} 表示第 i 个行星轮的安装相位角。

根据牛顿第二定律可以得到外啮合单元的运动微分方程：

$$\begin{cases} m_s\ddot{x}_s + (c_{sp}\dot{\delta}_o + k_{sp}\delta_o)\sin\psi_{sp} = 0 \\ m_s\ddot{y}_s + (c_{sp}\dot{\delta}_o + k_{sp}\delta_o)\cos\psi_{sp} = 0 \\ I_s\ddot{\theta}_s - (c_{sp}\dot{\delta}_o + k_{sp}\delta_o)r_{bs} = T_s \\ m_p\ddot{x}_p - (c_{sp}\dot{\delta}_o + k_{sp}\delta_o)\sin\alpha_{sp} = 0 \\ m_p\ddot{y}_p + (c_{sp}\dot{\delta}_o + k_{sp}\delta_o)\cos\alpha_{sp} = 0 \\ I_p\ddot{\theta}_p + (c_{sp}\dot{\delta}_o + k_{sp}\delta_o)r_{bp} = -T_p \end{cases} \tag{3-32}$$

式中，$m_i(i=s, p)$ 为太阳轮、行星轮的质量；$I_i(i=s, p)$ 为太阳轮、行星轮的转动惯量；

k_{sp}为外啮合齿轮副的综合啮合刚度；c_{sp}为外啮合齿轮副的啮合阻尼。

将式(3-29)~式(3-31)代入式(3-32)，可以得到外啮合单元的运动微分方程：

$$M_o\ddot{x}_o + C_o(\dot{x}_o - \dot{e}_o) + K_o(x_o - e_o) = F_o \tag{3-33}$$

式中，M_o为外啮合单元的质量矩阵；C_o为外啮合单元的阻尼矩阵；K_o为外啮合单元的刚度矩阵；e_o和$\dot{e}_o$分别为外啮合单元综合啮合误差在各方向分解后的等效位移与等效速度的列向量。

外啮合单元的质量矩阵M_o可以表示为

$$\begin{aligned}M_o &= \mathrm{diag}\{m_s, m_s, I_s, m_p, m_p, I_p\} \\ &= \rho AB\mathrm{diag}\left[1,1,\frac{1}{2}\rho AB(r_s^2 + r_{hs}^2),1,1,\frac{1}{2}\rho AB(r_p^2 + r_{hp}^2)\right]\end{aligned} \tag{3-34}$$

式中，r_s和r_p分别为太阳轮与行星轮分度圆半径；r_{hs}和r_{hp}分别为太阳轮与行星轮轮毂半径；B为齿宽；A为横截面面积。

外啮合单元的刚度矩阵具体形式为

$$K_o = k_{sp}\begin{bmatrix}\kappa_{ss} & \kappa_{sp} \\ \kappa_{ps} & \kappa_{pp}\end{bmatrix} \tag{3-35}$$

式中

$$\kappa_{ss} = \begin{bmatrix}\sin^2\psi_{sp} & -\sin\psi_{sp}\cos\psi_{sp} & r_{bs}\sin\psi_{sp} \\ & \cos^2\psi_{sp} & r_{bpi}\cos\psi_{sp} \\ & & r_{bs}^2\end{bmatrix}$$

$$\kappa_{sp} = \begin{bmatrix}-\sin\alpha_{sp}\sin\psi_{sp} & -\sin\psi_{sp}\cos\alpha_{sp} & -r_{bp}\sin\psi_sp \\ & -\cos\psi_{sp}\cos\alpha_{sp} & -r_{bp}\cos\psi \\ & & -r_{bs}r_{bp}\end{bmatrix}$$

$$\kappa_{ps} = \kappa_{sp}^T$$

$$\kappa_{pp} = \begin{bmatrix}\sin^2\alpha_{sp} & \sin\alpha_{sp}\cos\alpha_{sp} & -\sin\alpha_{sp}r_{bp} \\ & \cos^2\alpha_{sp} & -r_{bp}\cos\alpha_{sp} \\ & & r_{bp}^2\end{bmatrix}$$

外啮合单元阻尼矩阵C_o的具体形式与刚度矩阵类似，可用式(3-36)求得。

$$C_o = c_{sp}\begin{bmatrix}\kappa_{ss} & \kappa_{sp} \\ \kappa_{ps} & \kappa_{pp}\end{bmatrix} \tag{3-36}$$

同样地,外啮合单元式(3-35)和式(3-36)的矩阵形式可通过简易计算形式表示:

$$K_o = k_{sp} V_o^T V_o \tag{3-37}$$

$$C_o = c_{sp} V_o^T V_o \tag{3-38}$$

啮合综合误差的等效位移及速度列向量 e_o 和 $\dot{e}_o$ 分别为

$$e_o = k_{sp} e_o [K_o]^{-1} V_o^T \tag{3-39}$$

$$\dot{e}_o = c_o \dot{e}_o [C_o]^{-1} V_o^T \tag{3-40}$$

3.5.4 行星架单元

行星架不仅作为系统的输出元件,也起到支承行星轮的作用,设行星架的变形为 δ_c,其表达形式为 $\delta_c = V_c x_c$,其中 $x_c = \{x_c, y_c, \theta_c, x_p, y_p, \theta_p\}$ 表示行星架单元各节点位移列向量,V_c 为各方向位移在行星架总体坐标系下的投影矢量,可表示为

$$V_c^x = [\cos\phi_{pi}, \sin\phi_{pi}, 0, -1, 0, 0] \tag{3-41}$$

$$V_c^y = [-\sin\phi_{pi}, \cos\phi_{pi}, r_c, 0, -1, 0] \tag{3-42}$$

因此行星架单元的运动微分方程为

$$\begin{cases} m_c \ddot{x}_c + k_{px} \delta_c^x \cos\phi_{pi} - k_{py} \delta_c^y \sin\phi_{pi} = 0 \\ m_c \ddot{y}_c + k_{py} \delta_c^y \cos\phi_{pi} + k_{px} \delta_c^x \sin\phi_{pi} = 0 \\ I_c \ddot{\theta}_c - k_{py} \delta_c^y = -T_c \\ m_p \ddot{x}_p - k_{px} \delta_c^x = 0 \\ m_p \ddot{y}_p - k_{py} \delta_c^y = 0 \\ I_p \ddot{\theta}_p = 0 \end{cases} \tag{3-43}$$

式中,$m_i (i=c, p)$ 为行星架、行星轮的质量;$I_i (i=s, p)$ 为行星架、行星轮绕各自转动中心的转动惯量;k_{px}、k_{py} 为行星架对行星轮在 x、y 方向的支承刚度;φ_{pi} 为行星轮的安装相位角。

将式(3-43)整理成矩阵形式可以得到:

$$M_c \ddot{x}_c + K_c x_c = F_c \tag{3-44}$$

式中,M_c 为行星架单元的质量矩阵;K_c 为行星架单元的刚度矩阵;F_c 为行星架单元所受的外力组成的列向量。

行星架单元的质量矩阵 M_c 的具体形式为

$$M_c = \text{diag}\{m_c, m_c, I_c, m_p, m_p, I_p\} \tag{3-45}$$

式中，$m_i(i=\text{c, p})$表示行星架与行星轮的质量；$I_i(i=\text{c, p})$表示行星架与行星轮绕各自转动中心的转动惯量。

3.5.5 支承单元

直齿轮传动中一般采用滚动轴承，由于轴承的质量相对较小，不计入轴承的质量，但是轴承会对各构件提供支承刚度，不可忽略，图 3-7 中的 k_{sx}、k_{sy}、k_{rx}、k_{ry} 等均表示支承刚度，在本算例中，太阳轮、行星架和内齿圈均有对应的支承单元，支承单元变形的位移列向量如下：

$$x_s = \{x_s, y_s, \theta_s, x_c, y_c, \theta_c, x_{p1}, y_{p1}, \theta_{p1}, x_{p2}, y_{p2}, \theta_{p2}, x_{p3}, y_{p3}, \theta_{p3}, x_{r1}, y_{r1}, \theta_{r1}, \cdots, x_{rN}, y_{rN}, \theta_{rN}\}$$

相应的运动微分方程为

$$M_s \ddot{x}_s + K_s x_s + C_s \dot{x}_s = 0 \tag{3-46}$$

式中，M_s 为支承单元的质量矩阵，其表达式为

$$M_s = \text{diag}\{m_s, m_s, I_s, m_c, m_c, I_c, m_p, m_p, I_p, m_p, m_p, I_p, m_p, m_p, I_p, m_{r1}, m_{r1}, I_{r1}, \cdots, m_{rN}, m_{rN}, I_{rN}\} \tag{3-47}$$

K_s 和 C_s 分别为支承单元的刚度矩阵和阻尼矩阵，其表达式为

$$K_s = \text{diag}\{k_{sx}, k_{sy}, 0, k_{cx}, k_{cy}, 0, 0, 0, 0, 0, 0, 0, 0, 0, 0, k_{r1}, k_{r1}, 0, \cdots, k_{rN}, k_{rN}, k_{rN}\}$$
$$C_s = \text{diag}\{c_{sx}, c_{sy}, 0, c_{cx}, c_{cy}, 0, 0, 0, 0, 0, 0, 0, 0, 0, 0, c_{r1}, c_{r1}, 0, \cdots, c_{rN}, c_{rN}, c_{rN}\} \tag{3-48}$$

3.5.6 系统整体动力学模型

建立各个单元动力学模型后，通过相应的组装就可以得到整个系统的动力学模型，根据齿圈单元运动微分方程(3-12)、内啮合单元运动微分方程(3-17)、外啮合单元运动微分方程(3-33)、行星架单元运动微分方程(3-44)与系统支承单元运动微分方程(3-46)，得到系统整体的运动微分方程为

$$M\ddot{x}(t) + C[\dot{x}(t) - \dot{e}(t)] + K[x(t) - e(t)] = F_{ex} \tag{3-49}$$

式中，M 为系统质量矩阵；C 为系统阻尼矩阵；K 为系统刚度矩阵；$x(t)$ 为整个系统所有节点位移列向量；$e(t)$ 和 $\dot{e}(t)$ 分别为综合啮合误差等效位移与速度列向量，仅在啮合单元的各自由度具有数值，在其他自由度上的元素均为零；F_{ex} 为系统外载荷向量。

在动力学建模开始时，需要读取系统的信息，包括太阳轮、行星轮、内齿圈等零部件的质量、转动惯量及齿数和模数等，以及时变啮合刚度、综合啮合误差与啮合相位角的关系等。进而对系统进行单元划分，可以得到整个系统的单元编

号以及相应的节点编号，通过受力分析分别获得齿圈单元、内啮合单元和外啮合单元等各个单元的质量矩阵、刚度矩阵和阻尼矩阵等。获得各个单元的相关矩阵后，根据单元划分的节点关系进行整体刚度矩阵的组装，由于进行单元刚度矩阵的运算时已经将各单元的对应矩阵转换到总体坐标系下，在组装总体刚度矩阵时不再需要进行坐标的转换。

3.6　功率分流齿轮传动系统动力学模型

3.6.1　功率分流齿轮传动系统与齿轮副振动位移模型

由于船舶齿轮传动系统的输入功率大、齿轮精度高，经常采用平行轴功率分支的齿轮传动系统。这种轮系将输入功率进行分流，与单支传动相比只需承担原载荷的二分之一或更少，因此能有效地提高轮系的承载能力。当前直升机主减速器系统中，平行轴功率分支的齿轮系统也逐渐得到推广。图 3-14 为一船用功率双分支人字齿轮传动系统的结构简图，本节以该模型为例介绍功率分流齿轮传动系统动力学模型[33]。

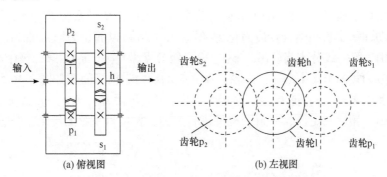

图 3-14　功率双分支人字齿轮传动系统结构简图

对于图 3-14 中的人字齿传动，建立动力学模型时忽略齿轮轴向振动，只考虑其横向和扭转振动。单对人字齿轮副的相对振动位移模型如图 3-15 所示。

图 3-15 中下标 1 表示主动轮，下标 2 表示从动轮。设振动位移分别为 x_1、x_2、y_1、y_2；u_1、u_2 为两齿轮在扭转方向的等效线位移，则沿啮合线方向的位移为

$$\delta_{12} = [x_1\sin\varphi_i + y_1\cos\varphi_i + u_1 - x_2\sin\alpha - y_2\cos\alpha - u_2 + e_1\sin(\omega_1 t + \varepsilon_1 + \varphi_i) + e_2\sin(\omega_2 t + \varepsilon_2 + \varphi_i)]\cos\beta_b - e(t) \tag{3-50}$$

式中，β_b 为齿轮基圆螺旋角；e_1 和 e_2 分别为轮 1 和轮 2 的安装偏心误差的矢径；ε_1 和 ε_2 分别为轮 1 和轮 2 的安装偏心误差的相位角；$e(t)$ 为综合的齿频误差项；

ω_1 和 ω_2 分别为轮 1 和轮 2 的转动角速度；$\varphi_i = \alpha - \phi_i$，其中，$\alpha$ 为啮合角，ϕ_i 为从动轮安装相位角，对于图 3-14 所示双分支系统，ϕ_i 可分别取为 0 或 π。

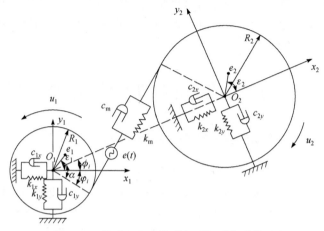

图 3-15　单对人字齿轮副相对振动位移模型

3.6.2　功率双分支齿轮传动系统动力学模型

采用集中质量法对图 3-14 所示的功率双分支齿轮传动系统进行动力学建模，将各滑动轴承支承和啮合轮齿简化为弹簧。则系统可以简化为输入轴(in)、第一级中心轮(l)、第一级分支齿轮(p_1，p_2)、第二级分支齿轮(s_1，s_2)、第二级中心轮(h)、输出轴(out)共 8 个集中质量，齿轮传动系统的动力学模型简图如图 3-16 所示。各支承刚度以 $k_{bi}(i=l, p_1, p_2, s_1, s_2, h)$ 表示，每一项共包括 k_{ixx}、k_{ixy}、k_{iyx} 和 k_{iyy} 四个分项。根据牛顿第二定律，对每个构件进行受力分析可得系统的运动微分方程。

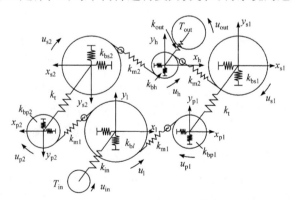

图 3-16　功率双分支齿轮传动系统动力学模型简图

输入轴的运动微分方程为

$$m_{\mathrm{eq,in}}\ddot{u}_{\mathrm{in}} + \frac{k_{\mathrm{in}}}{r_{\mathrm{in}}}\left(\frac{u_{\mathrm{in}}}{r_{\mathrm{in}}} - \frac{u_1}{r_1}\right) + \frac{c_{\mathrm{in}}}{r_{\mathrm{in}}}\left(\frac{\dot{u}_{\mathrm{in}}}{r_{\mathrm{in}}} - \frac{\dot{u}_1}{r_1}\right) = \frac{T_{\mathrm{in}}}{r_{\mathrm{in}}} \tag{3-51}$$

第一级中心轮的运动微分方程为

$$\begin{cases} m_1\ddot{x}_1 + k_{1xx}x_1 + k_{1xy}y_1 + c_{1xx}\dot{x}_1 + c_{1xy}\dot{y}_1 + \sum_{i=1}^{2}(k_{m1}\delta_{1pi} + c_{m1}\dot{\delta}_{1pi})\cos\beta_{b1}\sin\varphi_i = 0 \\[2mm] m_1\ddot{y}_1 + k_{1yx}x_1 + k_{1yy}y_1 + c_{1yx}\dot{x}_1 + c_{1yy}\dot{y}_1 + \sum_{i=1}^{2}(k_{m1}\delta_{1pi} + c_{m1}\dot{\delta}_{1pi})\cos\beta_{b1}\cos\varphi_i = 0 \\[2mm] m_{\mathrm{eq,1}}\ddot{u}_1 + \sum_{i=1}^{2}(k_{m1}\delta_{1p}i + c_{m1}\dot{\delta}_{1pi})\cos(\beta_{b1}) - \frac{k_{\mathrm{in}}}{r_1}\left(\frac{u_{\mathrm{in}}}{r_{\mathrm{in}}} - \frac{u_1}{r_1}\right) - \frac{c_{\mathrm{in}}}{r_1}\left(\frac{\dot{u}_{\mathrm{in}}}{r_{\mathrm{in}}} - \frac{\dot{u}_1}{r_1}\right) = 0 \end{cases}$$

$$\tag{3-52}$$

第一级分支轮的运动微分方程为

$$\begin{cases} m_{pi}\ddot{x}_{pi} + k_{pixx}x_{pi} + k_{pixy}y_{pi} + c_{pixx}\dot{x}_{pi} + c_{pixy}\dot{y}_{pi} - (k_{m1}\delta_{1pi} + c_{m1}\dot{\delta}_{1pi})\cos\beta_{b1}\sin\alpha_1 = 0 \\[2mm] m_{pi}\ddot{y}_{pi} + k_{piyx}x_{pi} + k_{piyy}y_{pi} + c_{piyx}\dot{x}_{pi} + c_{piyy}\dot{y}_{pi} - (k_{m1}\delta_{1pi} + c_{m1}\dot{\delta}_{1pi})\cos\beta_{b1}\sin\alpha_1 = 0 \\[2mm] m_{\mathrm{eq},pi}\ddot{u}_{pi} - (k_{m1}\delta_{1pi} + c_{m1}\dot{\delta}_{1pi})\cos\beta_{b1} + \frac{k_t}{r_{pi}}\left(\frac{u_{pi}}{r_{pi}} - \frac{u_{si}}{r_{si}}\right) + \frac{c_t}{r_{pi}}\left(\frac{\dot{u}_{pi}}{r_{pi}} - \frac{\dot{u}_{si}}{r_{si}}\right) = 0 \end{cases}$$

$$\tag{3-53}$$

第二级分支轮的运动微分方程为

$$\begin{cases} m_{si}\ddot{x}_{si} + k_{sixx}x_{si} + k_{sixy}y_{si} + c_{sixx}\dot{x}_{si} + c_{sixy}\dot{y}_{si} - (k_{m2}\delta_{sih} + c_{m2}\dot{\delta}_{sih})\cos\beta_{b2}\sin\alpha_2 = 0 \\[2mm] m_{si}\ddot{y}_{si} + k_{siyx}x_{si} + k_{siyy}y_{si} + c_{siyx}\dot{x}_{si} + c_{siyy}\dot{y}_{si} - (k_{m2}\delta_{1pi} + c_{m2}\dot{\delta}_{1pi})\cos\beta_{b2}\sin\alpha_2 = 0 \\[2mm] m_{\mathrm{eq},si}\ddot{u}_{si} + (k_{m2}\delta_{sih} + c_{m2}\dot{\delta}_{sih})\cos\beta_{b2} - \frac{k_t}{r_{si}}\left(\frac{u_{pi}}{r_{pi}} - \frac{u_{si}}{r_{si}}\right) - \frac{c_t}{r_{si}}\left(\frac{\dot{u}_{pi}}{r_{pi}} - \frac{\dot{u}_{si}}{r_{si}}\right) = 0 \end{cases}$$

$$\tag{3-54}$$

第二级中心轮的运动微分方程为

$$\begin{cases} m_h\ddot{x}_h + k_{hxx}x_h + k_{hxy}y_h + c_{hxx}\dot{x}_h + c_{hxy}\dot{y}_h - \sum_{i=1}^{2}(k_{m2}\delta_{sih} + c_{m2}\dot{\delta}_{sih})\cos\beta_{b2}\sin\varphi_i = 0 \\[2mm] m_h\ddot{y}_h + k_{hyx}x_h + k_{hyy}y_h + c_{hyx}\dot{x}_h + c_{hyy}\dot{y}_h - \sum_{i=1}^{2}(k_{m2}\delta_{sih} + c_{m2}\dot{\delta}_{sih})\cos\beta_{b2}\cos\varphi_i = 0 \\[2mm] m_{\mathrm{eq,1}}\ddot{u}_h - \sum_{i=1}^{2}(k_{m2}\delta_{sih} + c_{m2}\dot{\delta}_{sih})\cos\beta_{b2} - \frac{k_{\mathrm{out}}}{r_h}\left(\frac{u_h}{r_h} - \frac{u_{\mathrm{out}}}{r_{\mathrm{out}}}\right) - \frac{c_{\mathrm{out}}}{r_h}\left(\frac{\dot{u}_h}{r_h} - \frac{\dot{u}_{\mathrm{out}}}{r_{\mathrm{out}}}\right) = 0 \end{cases}$$

$$\tag{3-55}$$

输出轴的运动微分方程为

$$m_{eq,out}\ddot{u}_{out} + \frac{k_{out}}{r_{out}}\left(\frac{u_h}{r_h} - \frac{u_{out}}{r_{out}}\right) + \frac{c_{out}}{r_{out}}\left(\frac{\dot{u}_h}{r_h} - \frac{\dot{u}_{out}}{r_{out}}\right) = \frac{T_{out}}{r_{out}} \tag{3-56}$$

式中，δ_{ij} 为齿轮 i 与齿轮 j 齿轮副在啮合线上的相对位移；$\beta_{bi}(i=1, 2)$ 为第 i 级齿轮副的基圆螺旋角；$\alpha_i(i=1, 2)$ 为第 i 级齿轮副的啮合角；$k_{mi}, c_{mi}(i=1, 2)$ 为第 i 级齿轮副的啮合刚度和阻尼；$k_{ixx}, k_{ixy}, k_{iyx}, k_{iyy}, c_{ixx}, c_{ixy}, c_{iyx}, c_{iyy}(i=l, p_1, p_2, s_1, s_2, h)$ 为齿轮 i 的轴承刚度和阻尼；$r_i(i=\text{in}, l, p_1, p_2, s_1, s_2, h, out)$ 为构件 i 的等效半径，当构件为齿轮时取为基圆半径，当构件为输入、输出轴时，取为轴的等效回转半径；$m_{eq,i}$ 为构件 i 在扭转方向的等效质量，$m_{eq,i} = I_i/r_i^2$ $(i=\text{in}, l, p_1, p_2, s_1, s_2, h, out)$，其中 I_l 为构件的转动惯量。

将各构件的运动微分方程整理为矩阵形式可得

$$M\ddot{x}(t) + C\dot{x}(t) + Kx(t) = F \tag{3-57}$$

式中，M、C、K 分别为系统的质量矩阵、阻尼矩阵和刚度矩阵(20×20)，$M = \text{diag}(m_{eq,in}, m_1, m_1, m_{eq,l}, \cdots, m_h, m_h, m_{eq,h}, m_{eq,out})$；$x(t) = (u_{in}, x_1, y_1, u_1, \cdots, x_h, y_h, u_h, u_{out})^T$ 为系统的自由度列向量，是载荷激励列向量，由静载荷、时变啮合刚度和误差三部分产生的激励力组成。

3.7　多输入多输出齿轮传动系统动力学模型

3.7.1　双输入单输出齿轮传动系统动力学模型

采用广义有限元法建立了双输入单输出传动系统耦合动力学模型[52]，如图 3-17 所示。由于节点数目较多，部分轴段单元节点未在图中标出。模型中包含啮合单元、

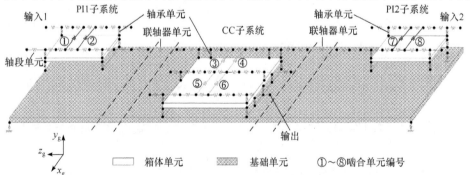

图 3-17　双输入单输出传动系统耦合动力学模型

轴段单元、联轴器单元、轴承单元、箱体单元和基础单元等。其中啮合单元、轴段单元和轴承单元采用 3.2.3 小节方法进行建模，此处不再赘述，以下重点对联轴器单元、箱体单元和基础单元的建模方法进行介绍。

1. 联轴器单元

双膜片联轴器的主要组成部分包括两个半联轴器、中间轴段和膜片组等。为简化模型，将膜片联轴器的两端半联轴器单元和中间轴段单元简化为梁单元，膜片组单元则简化为集中质量模型，忽略其质量和转动惯量属性，将其刚度矩阵分别集中到与其相连接的轴系两端节点处，单元划分情况如图 3-18 所示。从图中可以看到，膜片联轴器被划分为 9 个单元、10 个节点，其中单元 3 和单元 7 为无质量的弹性膜片单元，两个半联轴器分别划分为 2 单元 3 节点梁单元(单元 1 和单元 2、单元 8、单元 9)，中间轴段则被划分为 3 单元 4 节点梁单元(单元 4、单元 5 和单元 6)。

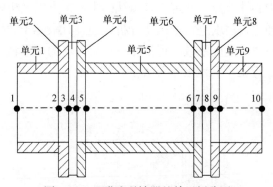

图 3-18　双膜片联轴器的单元划分图

利用有限元软件分析膜片组的刚度，计算得到膜片的各向刚度，由此可得膜片单元的刚度矩阵 $\boldsymbol{K}_{\mathrm{c}}$：

$$\boldsymbol{K}_{\mathrm{c}} = \begin{bmatrix} \boldsymbol{K}_{\text{coupling}} & -\boldsymbol{K}_{\text{coupling}} \\ -\boldsymbol{K}_{\text{coupling}} & \boldsymbol{K}_{\text{coupling}} \end{bmatrix} \tag{3-58}$$

式中，$\boldsymbol{K}_{\text{coupling}} = \begin{bmatrix} k_{\mathrm{c}xx} & & & & & \\ & k_{\mathrm{c}yy} & & & & \\ & & k_{\mathrm{c}zz} & & & \\ & & & k_{\mathrm{c}\theta x} & & \\ & & & & k_{\mathrm{c}\theta y} & \\ & & & & & k_{\mathrm{c}\theta z} \end{bmatrix}$。其中，$k_{\mathrm{c}xx} = k_{\mathrm{c}yy}$，为膜片的径

向刚度；k_{czz} 为轴向刚度；$k_{c\theta x} = k_{c\theta y}$，为弯曲刚度；$k_{c\theta z}$ 为扭转刚度。

综上，组装膜片联轴器单元的刚度矩阵，得膜片联轴器单元的运动微分方程为

$$M_{c1}\ddot{x}_c + C_{c1}\dot{x}_c + (K_{c1} + K_c)x_c = 0 \tag{3-59}$$

式中，M_{c1}、K_{c1} 和 C_{c1} 分别为联轴器梁单元部分的质量矩阵、刚度矩阵和阻尼矩阵；$\ddot{x}_c$、$\dot{x}_c$ 和 x_c 分别为联轴器单元的加速度列向量、速度列向量和位移列向量。

2. 箱体单元

对于箱体，由于模型结构复杂，且自由度太多，很难获得其质量矩阵和刚度矩阵。为了缩减箱体的自由度数，减小计算规模，采用有限元子结构法获得箱体的动力学参数。图 3-19 是箱体的有限元子结构模型，为了方便与系统动力学模型的耦合，将轴承孔内表面节点刚性耦合至轴承孔中心节点，将机脚螺栓孔节点也刚性耦合到螺栓中心孔节点，并定义轴承孔的中心节点以及机脚螺栓孔的中心节点为超单元，施加主自由度进行子结构分析。通过有限元子结构分析，可以获得箱体的等效质量系数和刚度系数，再按照节点自由度的顺序将其组装为动力学方程中所需的质量矩阵 M_{gb} 和刚度矩阵 K_{gb}。

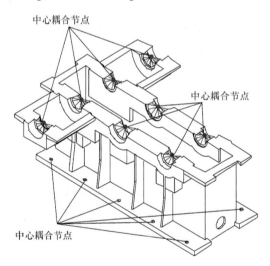

图 3-19　箱体的有限元子结构模型

箱体单元的运动微分方程可写为

$$M_{gb}\ddot{x}_{gb} + C_{gb}\dot{x}_{gb} + K_{gb}x_{gb} = 0 \tag{3-60}$$

式中，x_{gb}、$\dot{x}_{gb}$ 和 $\ddot{x}_{gb}$ 分别为箱体节点的位移列向量、速度列向量和加速度列向

量；C_{gb} 为箱体单元的阻尼矩阵，根据 Rayleigh 阻尼进行计算。

3. 基础单元

基础相当于船体或浮筏结构，由于在实际中基础的结构复杂，将其作了一定的简化处理。基础的结构相对整个传动系统较大，使用有限元处理时，网格数较多，因此为了简化模型，减小计算量，对基础也采用了有限元子结构的分析方法。建立基础的有限元模型，在基础与外部连接点处建立耦合关系，并将其定义为主自由度，将底面约束，通过有限元法进行子结构分析，从而导出基础单元的质量、刚度参数，建立基础单元的质量矩阵 M_b 和刚度矩阵 K_b，代入系统动力学方程进行分析计算。

建立基础的微分运动方程：

$$M_b\ddot{x}_b + C_b\dot{x}_b + K_bx_b = 0 \tag{3-61}$$

式中，x_b、$\dot{x}_b$ 和 $\ddot{x}_b$ 分别为基础节点的位移、速度和加速度列向量；C_b 为基础单元的阻尼矩阵，根据 Rayleigh 阻尼进行计算。

建立各个单元的动力学模型后，将对应节点的行和列按照有限元法中的刚度矩阵组装规则进行整体动力学矩阵的组装，得到整体刚度矩阵、质量矩阵和阻尼矩阵。整体系统的动力学方程可写为

$$M\ddot{x}(t) + C\dot{x}(t) + Kx(t) = F_{ex} \tag{3-62}$$

式中，M、K 和 C 分别为整体系统的质量矩阵、刚度矩阵和阻尼矩阵；$x(t)$ 为整个系统所有节点位移列向量；F_{ex} 为系统外载荷列向量。

因为系统中存在刚体位移，所以刚度矩阵 K 为奇异矩阵。为消除系统中的刚体位移，参照有限元的处理方法，将输出节点中相应的扭转自由度按照置大数的方式进行处理，即将输出端的扭转自由度进行固定约束。

3.7.2 单输入双输出齿轮传动系统动力学模型

1. 模型描述

单输入双输出传动系统的简图如图 3-20 所示[53]。图中共包含 Box1、Box2、Box3 和 Box4 四个子传动系统，三条虚线将系统分隔为四部分，包含一个输入端和两个输出端，各子系统通过联轴器连接。

Box1 子系统为输入齿轮箱，包括输入轴、输出轴与一对齿轮副；Box2 子系统为输出 1 端齿轮箱，包括输入轴、中间轴、输出轴与跨接齿轮箱相连的轴和三对齿轮副；Box3 子系统为跨接齿轮箱，包括输入轴、中间轴、输出轴与两对齿轮

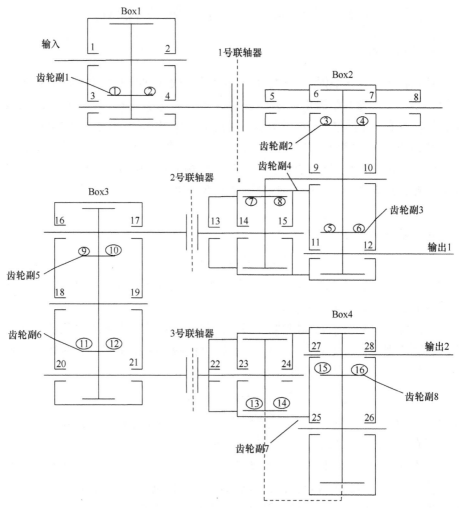

图 3-20　单输入双输出传动系统简图

副；Box4 子系统为输出 2 端齿轮箱，包含与跨接齿轮箱相连的轴、中间轴、输出轴和两对齿轮副，参数与 Box2 相同。各齿轮副中的齿轮均为人字齿轮，并通过滑动轴承安装于齿轮箱中，齿轮副编号和轴承编号见图 3-20。

2. 动力学模型

采用广义有限元法建立了单输入双输出传动系统耦合的动力学模型，其示意图如图 3-21 所示，由于节点数目较多，部分轴段单元节点在图中未标出。整个模型共含有 345 个节点和 2070 个自由度。从图 3-21 可以看到，模型包含啮合单元、轴段单元、联轴器单元、轴承单元和箱体单元等。

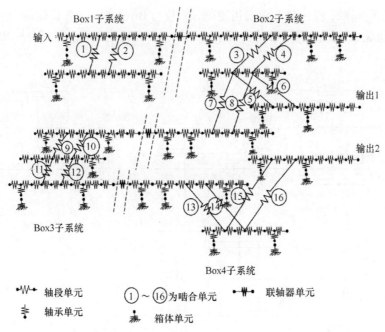

图 3-21　单输入双输出传动系统的广义有限元耦合动力学模型

依照 3.2.2 小节和 3.7.1 小节的方法可建立各单元动力学模型，然后利用边界耦合条件将对应节点的行和列按照有限元法中的刚度矩阵组装规则进行整体动力学矩阵的组装，得到整体刚度矩阵、质量矩阵和阻尼矩阵。整体系统的动力学方程可写为

$$M\ddot{x}(t) + C\dot{x}(t) + Kx(t) = F_{ex} \tag{3-63}$$

式中，M、K 和 C 分别为整体系统的质量矩阵、刚度矩阵和阻尼矩阵；$x(t)$ 为整个系统所有节点位移列向量；F_{ex} 为系统外载荷列向量。

3.7.3　三输入双输出齿轮传动系统动力学模型

1. 模型描述

三输入双输出传动系统的模型简图如图 3-22 所示，图中共包含 Box1、Box2、Box3、Box4、Box5 和 Box6 六个子传动系统，五条虚线将系统分隔为六部分，包含三个输入端和两个输出端，子系统相互通过联轴器连接。

Box1、Box5 和 Box6 子系统为三个输入齿轮箱，分别包括输入轴、输出轴与一对齿轮副；Box2 子系统为输出 1 端齿轮箱，包括输入轴、中间轴、输出轴与跨接齿轮箱相连的轴和三对齿轮副；Box3 子系统为跨接齿轮箱，包括输入轴、中间轴、输出轴与两对齿轮副；Box4 子系统为输出 2 端齿轮箱，包含与跨接齿轮箱相连的轴、中间轴、输出轴和两对齿轮副，参数与 Box2 相同。各齿轮副中的齿轮均为人字齿轮，并通过滑动轴承安装于齿轮箱中，齿轮副编号和轴承(1～40)编号见图 3-22。

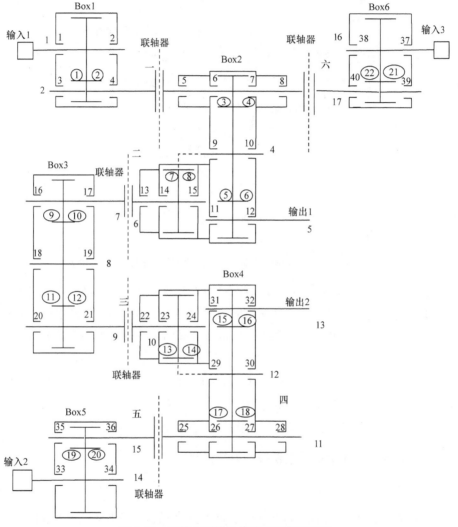

图 3-22　三输入双输出传动系统模型简图

2. 动力学模型

采用广义有限元法建立了三输入双输出传动系统耦合的动力学模型，其示意图如图 3-23 所示，由于节点数目较多，部分轴段单元节点在图中未标出。从图 3-23 可以看到，模型包含啮合单元、轴段单元、联轴器单元、轴承单元和箱体单元等。构建系统动力学方程的具体方法与 3.7.2 小节相同，此处不再赘述。

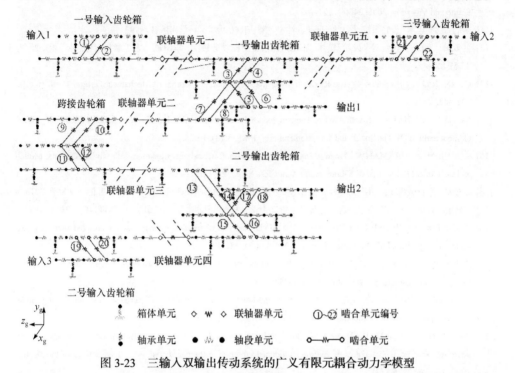

图 3-23　三输入双输出传动系统的广义有限元耦合动力学模型

参 考 文 献

[1] VIAYAK H, SINGH R, PADMANABHAN C. Linear dynamic analysis of multi-mesh transmissions containing external rigid gears [J]. Journal of Sound and Vibration, 1995, 185(1): 1-32.

[2] BENTON M, SEIREG A. Factors influencing instability and resonance in geared systems [J]. Journal of Mechanical Design, 1981, 102(2): 372-378.

[3] COMPARIN R J, SINGH R. Nonlinear frequency resonance characteristics of an impact pair [J]. Journal of Sound and Vibration, 1989, 134(2): 259-290.

[4] KAHRAMAN A, SINGH R. Interactions between time-varying mesh stiffness and clearance non-linearities in a geared system [J]. Journal of Sound and Vibration, 1991, 146(1): 135-156.

[5] UMEZAWA K, SATA T, ISHKAWA J. Simulation on rotational vibration of spur gears [J]. Bulletin of the JSME, 1984, 27(223): 102-109.

[6] 孙月海, 张策, 潘凤章, 等. 直齿圆柱齿轮传动系统振动的动力学模型[J]. 机械工程学报, 2000, 36(8): 47-54.

[7] 王峰, 方宗德, 李声晋. 滚动轴承支撑人字齿轮传动系统动力传递过程分析研究[J]. 机械工程学报, 2014, 50(3): 25-32.

[8] 王立华, 李润方, 林腾蛟, 等. 斜齿圆柱齿轮传动系统的耦合振动分析[J]. 机械设计与研究, 2002, 18(5): 30-32.

[9] ÖZGÜVEN H N. A non-linear mathematical model for dynamic analysis of spur gears including shaft and bearing dynamics [J]. Journal of Sound and Vibration, 1991, 145(2): 239-260.

[10] THEODOSSIADES S, NATSIAVAS S. On geared rotor dynamic systems with oil journal bearings [J]. Journal of Sound and Vibration, 2001, 243(4): 721-745.

[11] 李润方, 王建军. 齿轮系统动力学: 振动、冲击、噪声[M]. 北京: 科学出版社, 1997.

[12] 任亚峰, 常山, 刘更, 等. 齿轮-箱体-基础耦合系统的振动分析[J]. 华南理工大学学报(自然科学版), 2017, 45(5): 38-44.

[13] HORNER G C, PILKEY W D. The Riccati transfer matrix method [J]. Journal of Mechanical Design, 1978, 100(2): 297-302.

[14] NERIYA S V, BHAT R B, SANKAR T S. The coupled torsional-flexural vibration of a geared shaft system using finite element method [J]. The Shock and Vibration Bulletin, 1985, 55(3): 13-25.

[15] KUBUR M, KAHRAMAN A. Dynamic analysis of a multi-shaft helical gear transmission by finite elements: Model and experiment [J]. Journal of Vibration and Acoustics, 2004, 126(7): 398-406.

[16] 常乐浩. 平行轴齿轮传动系统动力学通用建模方法与动态激励影响规律研究[D]. 西安: 西北工业大学, 2014.

[17] 王海伟, 刘更, 吴立言, 等. 一种齿轮传动系统动力学分析模块化建模方法: 201410022644.0[P]. 2017-02-15.

[18] CHOY F K, ZAKRAJSEK J J, Townsend D P. Modal analysis of multistage gear systems coupled with gearbox vibrations [J]. Journal of Mechanical Design, 1992, 114(3): 486-497.

[19] ZOU C P, HUA H X, CHEN D S. Modal synthesis method of lateral vibration analysis for rotor bearing system [J]. Computers and Structures, 2002, 80(32): 2537-2549.

[20] RAO M A, SRINIVAS J, RAMA R. Coupled torsional-lateral vibration analysis of geared shaft systems using mode synthesis [J]. Journal of Sound and Vibration, 2003, 261(2): 359-364.

[21] TAKATSU N, KATO M, ISHIKAWA M. Building block approach of the vibration transmission in a single stage gearbox: Transfer characteristics of gear-mesh induced vibration to the gear housing [J]. Transactions of the JSME, 1991, 57(538): 2126-2131.

[22] FURUKAWA T. Vibration analysis of gear shaft system by modal method [C]. Proceeding of the 3rd JSME International Conference on Motion and Power Transmissions, Hiroshima, 1991: 123-127.

[23] WU Y J, WANG J J, HAN Q K. Contact finite element method for dynamic meshing characteristics analysis of continuous engaged gear drives [J]. Journal of Mechanical Science and Technology, 2012, 26(6): 1671-1685.

[24] LIN T, OU H, LI R. A finite element method for 3D static and dynamic contact/impact analysis of gear drives [J]. Computer Methods in Applied Mechanics and Engineering, 2007, 196(9-12): 1716-1728.

[25] LIU G, PARKER R G. Dynamic modeling and analysis of tooth profile modification for multimesh gear vibration [J]. Journal of Mechanical Design, 2008, 130(12): 121402.

[26] COOLEY C G, PARKER R G, VIJAYAKAR S M. A frequency domain finite element approach for three-dimensional gear dynamics [J]. Journal of Vibration and Acoustics, 2011, 133(4): 041004.

[27] 毕凤荣, 崔新涛, 刘宁. 渐开线齿轮动态啮合力计算机仿真[J]. 天津大学学报, 2005, 38(11) : 991-995.

[28] 钱直睿, 黄晓燕, 李明哲, 等. 多轴齿轮传动系统的动力学仿真分析[J]. 中国机械工程, 2006, 17(3): 241-244.

[29] 姚廷强, 迟毅林, 黄亚宇, 等. 刚柔耦合齿轮三维接触动力学建模与振动分析[J]. 振动与冲击, 2009, 28(2): 167-171.

[30] PALERMO A, MUNDO D, HADJIT R, Desmet W. Multibody element for spur and helical gear meshing based on detailed three-dimensional contact calculations [J]. Mechanism and Machine Theory, 2013, 62: 13-30.

[31] SONDKAR P, KAHRAMAN A. A dynamic model of a double-helical planetary gear set [J]. Mechanism and Machine Theory, 2013, 70: 157-174.

[32] 卜忠红. 人字齿行星齿轮传动系统的动态特性研究[D]. 西安: 西北工业大学, 2011.

[33] 常乐浩, 刘更, 周建星. 功率双分支齿轮系统动力学特性研究[J]. 船舶力学, 2013, 17(10): 1176-1184.

[34] KIYONO S, KUBO A. A method for fast estimation of the vibration of spur gears [J]. JSME International Journal: Bulletin of the JSME, 1987, 30(260): 400-405.

[35] BUDAK E, ÖZGÜVEN H N. A method for harmonic responses of structures with symmetrical nonlinearities [C]. Proceedings of the 15th International Seminar on Modal Analysis and Structural Dynamics, Leuven, Belgium, 1990, 2: 901-915.

[36] 孙涛, 胡海岩. 基于离散傅里叶变换与谐波平衡法的行星齿轮系统非线性动力学分析[J]. 机械工程学报, 2002, 38(11): 58-61.

[37] 巫世晶, 刘振皓, 王晓笋. 基于谐波平衡法的符合行星齿轮传动系统非线性动态特性[J]. 机械工程学报, 2011, 47(1): 55-61.

[38] NATSIAVAS S, THEODOSSIADES S, GOUDAS I. Dynamic analysis of piecewise linear oscillators with time periodic coefficients [J]. International Journal of Non-linear Mechanics, 2000, 35(1): 53-68.

[39] ADOMIAN G, SIBUL L, RACH R. Coupled non-linear stochastic differential equations [J]. Journal of Mathematical Analysis and Applications, 1983, 92(2): 427-434.

[40] 张锁怀. 用 AOM 研究强非线性齿轮系统动力学问题[J]. 机械工程学报, 2004, 40(12): 20-30.

[41] CUI Y H, LIU Z S, WANG Y L. Nonlinear dynamic of a geared rotor system with nonlinear oil film force and nonlinear mesh force [J]. Journal of Vibration and Acoustics, 2012, 134(4): 041001.

[42] 崔亚辉, 刘占生, 叶建槐, 等. 内外激励作用下含侧隙的齿轮传动系统的分岔和混沌[J]. 机械工程学报, 2010, 46(11): 129-136.

[43] GUO Y, PARKER R G. Dynamic modeling and analysis of a spur planetary gear involving tooth wedging and bearing clearance nonlinearity [J]. European Journal of Mechanics, 2010, 29(6): 1022-1033.

[44] 王峰, 方宗德, 李声晋. 多载荷工况下人字齿轮传动系统振动特性分析[J]. 振动与冲击, 2013, 31(1): 49-52.

[45] 郑国柱. 基于工作流管理系统的齿轮动态特性分析平台的研发[D]. 西安: 西北工业大学, 2003.

[46] 孙智民. 功率分流齿轮传动系统非线性动力学研究[D]. 西安: 西北工业大学, 2001.

[47] 杨振. 转矩分流式齿轮传动系统动力学特性研究[D]. 西安: 西北工业大学, 2007.

[48] 刘宏, 王三民. 求高维非线性振动系统稳定周期轨道改进的打靶法与应用研究[J]. 机械科学与技术, 2010, 29(10): 1393-1396.

[49] 王基, 郑建华, 杨爱波. 基于打靶法的含摩擦齿轮系统运动稳定性分析[J]. 海军工程大学学报, 2012, 24(2): 67-72.

[50] 王海伟. 齿轮系统自适应多自由度动态特性及结构分析的研究[D]. 西安: 西北工业大学, 2004.

[51] 陈允香. 考虑内齿圈柔性的行星齿轮动力学建模与分析[D]. 西安: 西北工业大学, 2016.

[52] 赵颖. 船舶联合动力传动装置耦合振动特性研究[D]. 西安: 西北工业大学, 2018.

[53] 孟程琳. 船舶联合动力传动装置耦合动力学特性研究[D]. 西安: 西北工业大学, 2019.

第4章　齿面接触与系统振动的形性耦合分析

齿轮制造/装配误差和齿面修形引入的齿面分布式误差将会使负载作用下的齿面实际啮合状态与理想啮合状态有差异。当齿面误差较大或负载扭矩较小时，啮合齿面上的误差可能造成较大的接触间隙，导致理论接触区域可能不能实现接触，从而出现齿面部分脱啮现象[1]。在齿轮系统的实际运转过程中，不同转速下啮合齿面之间还伴随着不同幅值的相对振动位移，振动位移会使一对啮合齿面的实际接触状态与准静态条件下的接触状态有差异[2-3]。当振动位移较大时，齿面甚至可能出现完全脱啮现象[4-7]，从而使齿轮系统振动响应产生强非线性的幅值跳跃现象[8-9]。齿面实际接触状态的差异将直接导致齿轮副啮合刚度和综合啮合误差与准静态条件下的结果不同。齿轮副啮合刚度波动量和综合啮合误差决定了系统振动的强弱，而齿轮系统的振动位移又反作用于齿轮副啮合刚度和综合啮合误差，三者交互耦合，不可分割。

本章通过引入齿轮副动态时变啮合刚度和动态综合啮合误差的概念，详细介绍可考虑齿面瞬时接触与系统振动双向反馈的齿轮系统形性耦合动力学模型[10]。所谓形性耦合，就是将考虑宏/微观几何形貌的齿面实时动态接触状态预测与系统振动响应求解耦合。通过将数值积分法和迭代法结合，建立齿轮系统形性耦合动力学模型的数值求解算法，并深入分析齿轮系统的形性耦合动力学特性。

4.1　形性耦合动力学模型的建立

在现有研究中，通常将准静态接触状态下的齿轮副时变啮合刚度和综合啮合误差作为动态激励，构建并求解齿轮系统的参变微分方程组来获取系统动态响应。此时，齿轮副的时变啮合刚度和综合啮合误差可称为静态时变啮合刚度和静态综合啮合误差，即假设齿轮副在额定负载扭矩作用下，以极其缓慢的速度沿啮合线方向运转时计算出的刚度激励和误差激励，影响二者的主要因素有负载扭矩和齿面误差分布形式及幅值。如第2章所述，该类模型的系统动力学方程可表示为[11]

$$M\ddot{x}(t) + C\dot{x}(t) + K(t)[x(t) - e(t)] = F \tag{4-1}$$

式中，M 为系统质量矩阵；C 为系统阻尼矩阵；$K(t)$ 为系统刚度矩阵；$x(t)$ 为系统广义坐标向量；$e(t)$ 为系统误差向量；$F(t)$ 为系统载荷向量。

在齿轮传动系统的实际运转过程中，齿面的实际接触状态还与相应转速下的齿轮副动态啮合力或动态位移有关。由此，本章首先提出齿轮副动态时变啮合刚度和动态综合啮合误差的概念。不同于静态时变啮合刚度和静态综合啮合误差，动态时变啮合刚度和动态综合啮合误差不仅受齿面误差分布形式及幅值的影响，而且取决于相应转速下的齿轮副动态位移或动态啮合力，二者与系统动态位移响应建立了完整的双向反馈耦合关系。本书后续将动态时变啮合刚度简称为动态啮合刚度。

考虑横向自由度、轴向自由度和绕 z 轴的扭转自由度，采用集中质量法建立 2 节点 8 自由度的齿轮系统动力学模型，并将其与齿面接触算法结合，建立齿轮系统形性耦合动力学模型，如图 4-1 所示。其中，O_1 和 O_2 分别为主动轮和从动轮的回转中心，r_{b1} 和 r_{b2} 分别为主动轮和从动轮的基圆半径，β_b 为基圆螺旋角，φ 为安装相位角，α_t 为端面压力角，$\psi = \alpha_t - \varphi$，$T_i$ 和 T_o 分别为输入扭矩和输出扭矩，$k_{ij}(i=1,2;\ j=x,y,z)$ 为轴承沿各坐标轴的支承刚度，$\varepsilon_i(i=1,2,\cdots,n)$ 为各离散接触点对之间的间隙值，即实际齿面上各个位置的误差值，$k_i(i=1,2,\cdots,n)$ 为

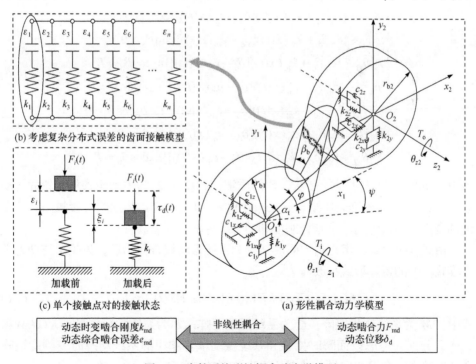

(b) 考虑复杂分布式误差的齿面接触模型

(c) 单个接触点对的接触状态

(a) 形性耦合动力学模型

图 4-1　齿轮系统形性耦合动力学模型

各离散接触点对的刚度值；$F_i(t)(i = 1,2,\cdots,n)$ 为各离散接触点对所承担的时变动载荷。

齿轮副节点的广义坐标可定义为

$$\boldsymbol{x} = \{x_1, y_1, z_1, \theta_{z1}, x_2, y_2, z_2, \theta_{z2}\}^{\mathrm{T}} \tag{4-2}$$

式中，x_1、y_1、z_1、x_2、y_2 和 z_2 分别为相啮合两个齿轮单元节点沿三个坐标轴的横向位移；θ_{z1} 和 θ_{z2} 分别为两齿轮节点绕各自坐标轴的扭转角。

齿轮副沿法向啮合线方向的瞬时动态相对位移可表示为

$$\delta_{\mathrm{d}} = \boldsymbol{Vx} \tag{4-3}$$

式中，$\boldsymbol{V}$ 为齿轮副节点位移沿法向啮合线方向的投影矢量，其表达式为

$$\begin{aligned}\boldsymbol{V} = [&\cos\beta_{\mathrm{b}}\sin\psi, \cos\beta_{\mathrm{b}}\cos\psi, \sin\beta_{\mathrm{b}}, r_{\mathrm{b}1}\cos\beta_{\mathrm{b}}, \\ &-\cos\beta_{\mathrm{b}}\sin\psi, -\cos\beta_{\mathrm{b}}\cos\psi, -\sin\beta_{\mathrm{b}}, r_{\mathrm{b}2}\cos\beta_{\mathrm{b}}]\end{aligned} \tag{4-4}$$

忽略齿面摩擦和陀螺效应，根据牛顿第二定律，考虑齿面瞬时接触与系统振动的耦合作用，图 4-1 所示齿轮传动系统形性耦合动力学方程可写为[12]

$$\begin{cases} m_1\ddot{x}_1 + \{c_{\mathrm{m}}\dot{\delta}_{\mathrm{d}} + k_{\mathrm{m}}(\boldsymbol{x}(t))[\delta_{\mathrm{d}} - e_{\mathrm{m}}(\boldsymbol{x}(t))]\}\cos\beta_{\mathrm{b}}\sin\psi = 0 \\ m_1\ddot{y}_1 + \{c_{\mathrm{m}}\dot{\delta}_{\mathrm{d}} + k_{\mathrm{m}}(\boldsymbol{x}(t))[\delta_{\mathrm{d}} - e_{\mathrm{m}}(\boldsymbol{x}(t))]\}\cos\beta_{\mathrm{b}}\cos\psi = 0 \\ m_1\ddot{z}_1 + \{c_{\mathrm{m}}\dot{\delta}_{\mathrm{d}} + k_{\mathrm{m}}(\boldsymbol{x}(t))[\delta_{\mathrm{d}} - e_{\mathrm{m}}(\boldsymbol{x}(t))]\}\sin\beta_{\mathrm{b}} = 0 \\ I_{z1}\ddot{\theta}_{z1} + \{c_{\mathrm{m}}\dot{\delta}_{\mathrm{d}} + k_{\mathrm{m}}(\boldsymbol{x}(t))[\delta_{\mathrm{d}} - e_{\mathrm{m}}(\boldsymbol{x}(t))]\}r_{\mathrm{b}1}\cos\beta_{\mathrm{b}} = T_{\mathrm{i}} \\ m_2\ddot{x}_2 - \{c_{\mathrm{m}}\dot{\delta}_{\mathrm{d}} + k_{\mathrm{m}}(\boldsymbol{x}(t))[\delta_{\mathrm{d}} - e_{\mathrm{m}}(\boldsymbol{x}(t))]\}\cos\beta_{\mathrm{b}}\sin\psi = 0 \\ m_2\ddot{y}_2 - \{c_{\mathrm{m}}\dot{\delta}_{\mathrm{d}} + k_{\mathrm{m}}(\boldsymbol{x}(t))[\delta_{\mathrm{d}} - e_{\mathrm{m}}(\boldsymbol{x}(t))]\}\cos\beta_{\mathrm{b}}\cos\psi = 0 \\ m_2\ddot{z}_2 - \{c_{\mathrm{m}}\dot{\delta}_{\mathrm{d}} + k_{\mathrm{m}}(\boldsymbol{x}(t))[\delta_{\mathrm{d}} - e_{\mathrm{m}}(\boldsymbol{x}(t))]\}\sin\beta_{\mathrm{b}} = 0 \\ I_{z2}\ddot{\theta}_{z2} + \{c_{\mathrm{m}}\dot{\delta}_{\mathrm{d}} + k_{\mathrm{m}}(\boldsymbol{x}(t))[\delta_{\mathrm{d}} - e_{\mathrm{m}}(\boldsymbol{x}(t))]\}r_{\mathrm{b}2}\cos\beta_{\mathrm{b}} = T_{\mathrm{o}} \end{cases} \tag{4-5}$$

式中，$m_i(i = 1,2)$ 为主动轮和从动轮的质量；$I_{zi}(i = 1,2)$ 为主动轮和从动轮的转动惯量；c_{m} 为齿轮副啮合阻尼；$k_{\mathrm{m}}(\boldsymbol{x}(t))$ 和 $e_{\mathrm{m}}(\boldsymbol{x}(t))$ 为考虑齿面瞬时接触与系统振动耦合作用的齿轮副动态啮合刚度和动态综合啮合误差。

由式(4-5)可知，考虑齿面瞬时接触和系统振动耦合作用后，齿轮系统动力学方程式(4-1)的矩阵形式可改写为

$$\boldsymbol{M}\ddot{\boldsymbol{x}}(t) + \boldsymbol{C}\dot{\boldsymbol{x}}(t) + \boldsymbol{K}(\boldsymbol{x}(t))\{\boldsymbol{x}(t) - \boldsymbol{e}(\boldsymbol{x}(t))\} = \boldsymbol{F} \tag{4-6}$$

式中，$\boldsymbol{M}$ 为系统质量矩阵；$\boldsymbol{C}$ 为系统阻尼矩阵；$\boldsymbol{F}$ 为系统载荷向量；$\boldsymbol{K}(\boldsymbol{x}(t))$ 和 $\boldsymbol{e}(\boldsymbol{x}(t))$ 分别为考虑齿面瞬时接触和系统振动耦合作用的系统动态时变刚度矩阵和动态综合啮合误差向量，二者均为齿轮副动态位移 $\boldsymbol{x}(t)$ 的函数。

4.2　形性耦合动力学模型的求解

4.2.1　齿面动态承载接触方程的建立及求解

考虑齿面瞬时接触和系统振动耦合作用的齿轮系统动力学方程式(4-6)为典型非线性微分方程组，时变啮合刚度、综合啮合误差与系统动态位移三者存在非线性耦合关系。采用频域求解算法难以预测系统非线性振动响应，而单纯采用数值积分法也难以直接获取该非线性微分方程组的稳态解。通过构造时变啮合刚度、综合啮合误差与系统振动位移的迭代格式，并联合 Newmark 法可得到非线性微分方程组(4-6)的求解方法。

由于构造齿轮时变啮合刚度、综合啮合误差与系统振动位移的迭代求解格式需要将齿轮副相对振动位移作为已知量求解齿轮副时变啮合刚度和综合啮合误差，而准静态接触状态下齿面承载接触方程的建立与求解是将齿面法向啮合力作为已知量，齿轮副相对振动位移作为未知量，因此，原始齿面承载接触方程的求解已不适用于时变啮合刚度、综合啮合误差与系统振动位移的耦合求解。

当已知齿轮副相对振动位移即动态传递误差时，齿面动态承载接触方程可写为

$$
\begin{cases}
\boldsymbol{\lambda}_b \boldsymbol{F} + \boldsymbol{u}_c + \boldsymbol{\varepsilon} - \mathrm{DTE} - \boldsymbol{d} = 0 \\
d_i = 0, \quad F_i > 0 \\
d_i > 0, \quad F_i = 0
\end{cases}
\tag{4-7}
$$

式中，$\boldsymbol{\lambda}_b$ 为齿轮弯曲变形柔度矩阵；$\boldsymbol{F}$ 为齿面载荷分布向量；$\boldsymbol{u}_c$ 为局部接触变形向量；$\boldsymbol{\varepsilon}$ 为接触点初始间隙向量；DTE 为齿轮副相对振动位移，即动态传递误差；$\boldsymbol{d}$ 为接触点剩余间隙向量。在 DTE 的影响下，齿轮副法向啮合力不再等于额定静载荷。因此，与齿面静态承载接触方程相比，齿面动态承载接触方程式(4-7)不再包含载荷平衡条件。但是，由于此时 DTE 为已知量，齿面动态承载接触方程式(4-7)仍然有唯一解。除了需要在求解时根据 DTE 与齿面误差的大小关系判断啮合齿面是否处于接触状态，其求解流程与静态承载接触方程的求解流程基本一致，如图 4-2 所示。

通过求解齿面动态承载接触方程，得到齿面载荷分布 $\boldsymbol{F}$，计算并叠加所有接触点的接触刚度，可得到齿轮副动态啮合刚度：

$$
k_{\mathrm{md}} = \sum_{i=1}^{N} k_i = \sum_{i=1}^{N} \frac{F_i}{\mathrm{DTE} - \varepsilon_i}
\tag{4-8}
$$

式中，k_i 为接触点 i 的刚度；N 为接触点数量；F_i 为接触点 i 承担的载荷。

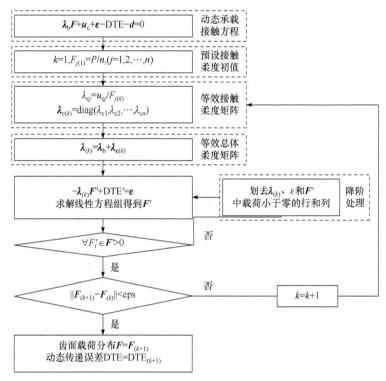

图 4-2　动态承载接触方程的求解流程

与齿轮副静态综合啮合误差类似，齿轮副动态综合啮合误差为

$$e_{md} = \left(\sum_{i=1}^{N} k_i \varepsilon_i \right) / k_{md} \tag{4-9}$$

通过叠加所有接触点上的动态载荷，即可得到齿轮副动态啮合力：

$$F_{md} = \sum_{i=1}^{n} F_i \tag{4-10}$$

4.2.2　非线性方程组的求解算法

Newmark 法的求解思路为在每一时刻构造并求解静力学平衡方程，从而逼近动态响应稳态解。考虑齿面瞬时接触和系统振动的耦合作用时，齿轮副啮合刚度和综合啮合误差不仅是时变的，而且受到系统瞬时动态位移的影响。因此，在采用 Newmark 法求解过程中，在每一时刻构造迭代格式，求解当前时刻的静力学平衡方程。非线性微分方程组(4-6)的求解流程如图 4-3 所示，其整体框架基于 Newmark 法，主要分为 9 个步骤。

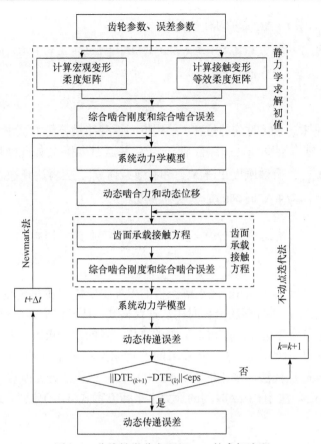

图 4-3　非线性微分方程组(4-6)的求解流程

步骤 1：将非线性微分方程组(4-6)改写为

$$M\ddot{x}(t) + C\dot{x}(t) + K(x(t))x(t) = F_0 \tag{4-11}$$

式中，$F_0 = F + K(x(t))e(x(t))$。

步骤 2：给定系统位移初值 x_0 和速度初值 $\dot{x}_0$，计算加速度初值 $\ddot{x}_0$。

$$\ddot{x}_0 = M^{-1}[F_0 - C\dot{x}_0 - Kx_0] \tag{4-12}$$

步骤 3：选择积分步长 Δt、参数 α 和 β，计算积分常数。

$$A_1 = \frac{1}{\alpha \Delta t^2}, \quad A_2 = \frac{\beta}{\alpha \Delta t}, \quad A_3 = \frac{1}{\alpha \Delta t}, \quad A_4 = \frac{1}{2\alpha} - 1, \quad A_5 = \frac{\Delta t}{2}\left(\frac{\beta}{\alpha} - 2\right), \quad A_6 = \frac{\beta}{\alpha} - 1$$

步骤 4：形成 $t + \Delta t$ 时刻的质量矩阵 M、刚度矩阵 K 和阻尼矩阵 C。

步骤 5：形成有效刚度矩阵。

$$K_{\text{eqv}} = K + A_1 M + A_2 C \tag{4-13}$$

步骤 6：计算 $t + \Delta t$ 时刻的有效载荷。

$$\bar{F}_{t+\Delta t} = F_{t+\Delta t} + [A_1 x_t + A_3 \dot{x}_t + A_4 \ddot{x}_t]M + [A_2 x_t + A_6 \dot{x}_t + A_5 \ddot{x}_t]C \tag{4-14}$$

步骤 7：求解 $t + \Delta t$ 时刻的位移。

$$x_{t+\Delta t} = K_{\text{eqv}}^{-1} \bar{F}_{t+\Delta t} \tag{4-15}$$

步骤 8：根据 $t + \Delta t$ 时刻的位移，采用齿面承载接触分析方法重新求解该时刻的齿轮副动态啮合刚度和动态综合啮合误差，并返回步骤 5，如此循环，直到 $t + \Delta t$ 时刻的位移 $x_{t+\Delta t}$、有效刚度矩阵 K_{eqv} 和有效载荷 $\bar{F}_{t+\Delta t}$ 三者达到稳态。

步骤 9：计算 $t + \Delta t$ 时刻的加速度和速度。

$$\ddot{x}_{t+\Delta t} = \frac{1}{\alpha \Delta t^2}(x_{t+\Delta t} - x_t) - \frac{1}{\alpha \Delta t} \dot{x}_t - \left(\frac{1}{2\alpha} - 1\right)\ddot{x}_t \tag{4-16}$$

$$\dot{x}_{t+\Delta t} = \dot{x}_t + (1 - \beta)\Delta t \ddot{x}_t + \beta \Delta t \ddot{x}_{t+\Delta t} \tag{4-17}$$

该求解流程与 Newmark 法求解流程的差异主要体现在非线性方程组的求解中，需要在求解 $t + \Delta t$ 时刻的位移时构造迭代格式，从而完成 $t + \Delta t$ 时刻齿轮动态啮合刚度、动态综合啮合误差和系统振动位移三者的耦合求解。对于非线性微分方程组求解过程中的步骤 8，可采用的迭代求解格式通常有不动点迭代法、Newton-Raphson 迭代法、修正的 Newton-Raphson 迭代法即常刚度迭代法[13]。下面结合 Newmark 法中 $t + \Delta t$ 时刻的静力学平衡方程式(4-15)分别介绍三种迭代法的求解方法。

1. 不动点迭代法

考虑 Newmark 法，某时刻的静力学平衡方程为

$$x = K_{\text{eqv}}^{-1}(x)\bar{F}(x) \tag{4-18}$$

式中，$K_{\text{eqv}}^{-1}(x)$ 为有效刚度矩阵；$\bar{F}(x)$ 为有效载荷。

基于不动点迭代法可构造迭代格式为

$$x_{k+1} = K_{\text{eqv}}^{-1}(x_k)\bar{F}(x_k) \tag{4-19}$$

2. Newton-Raphson 迭代法

Newmark 法某时刻的静力学平衡方程式(4-15)可改写为

$$f(x) = K_{\text{eqv}}^{-1}(x)\bar{F}(x) - x = 0 \tag{4-20}$$

基于 Newton-Raphson 迭代法可构造迭代格式为

$$x_{k+1} = x_k - \frac{f(x_k)}{f'(x_k)} \tag{4-21}$$

式中，$f'(x_k)$ 为 $f(x)$ 在 $x = x_k$ 时的雅可比行列式，其计算式为

$$f'(x_k) = \begin{vmatrix} \dfrac{\partial f_1}{\partial x_1} & \dfrac{\partial f_1}{\partial x_2} & \cdots & \dfrac{\partial f_1}{\partial x_n} \\ \dfrac{\partial f_2}{\partial x_1} & \dfrac{\partial f_2}{\partial x_2} & \cdots & \dfrac{\partial f_2}{\partial x_n} \\ \vdots & \vdots & & \vdots \\ \dfrac{\partial f_n}{\partial x_1} & \dfrac{\partial f_n}{\partial x_2} & \cdots & \dfrac{\partial f_n}{\partial x_n} \end{vmatrix}_{x=x_k} \tag{4-22}$$

3. 修正的 Newton-Raphson 迭代法

基于修正的 Newton-Raphson 迭代法可构造迭代格式为

$$x_{k+1} = x_k - \frac{f(x_k)}{f'(x_0)} \tag{4-23}$$

式中，x_0 为位移迭代初值；$f'(x_0)$ 为 $f(x)$ 在 $x = x_0$ 时的雅可比行列式。

对于不动点迭代法，通常可构造多种迭代函数，而迭代函数的优劣不仅直接影响迭代格式的收敛性，而且影响其收敛速度。与不动点迭代法相比，Newton-Raphson 迭代法不仅具有局部收敛性，而且具有较快的二阶收敛速度，然而其收敛性对迭代初值的选取有较高要求。由 Newton-Raphson 迭代格式(4-21)可知，Newton-Raphson 迭代法在每次迭代过程中均需要不断计算迭代函数的雅可比行列式，从而求解线性化的系统方程，得到位移增量，计算规模较大。修正的 Newton-Raphson 迭代法的提出很好地弥补了这一缺点，该方法又被称为常刚度迭代法，在每次迭代过程中均使用迭代函数的初始雅可比行列式，而不必不断更新迭代函数的雅可比行列式。然而，常刚度迭代法通常需要更多的迭代步数，为提高其收敛速度，通常和 Newton-Raphson 迭代法混合使用，即在使用初始雅可比行列式迭代数次后，再更新雅可比行列式，如此反复直至收敛。

采用形性耦合动力学模型计算得到的齿轮副动态传递误差与文献[8]和[9]中的试验结果对比如图 4-4 和图 4-5 所示。由图 4-4 和图 4-5 可以发现：振动位移过大，啮合轮齿发生齿面完全分离现象，从而导致试验齿轮系统在最大共振转速附近发生了幅值跳跃现象，且升速过程中的跳跃转速和降速过程中的下跌转速并不一致，形成跳跃滞后环。对于齿廓修形齿轮副，强非线性现象有所减弱。计算结果表明：采用形性耦合动力学模型可以较为准确地捕捉到齿轮系统升速和降速过

程中出现的幅值跳跃这一强非线性动力学行为。与试验结果相比，在输入转速的变化区间内，形性耦合动力学模型对系统振动水平及强非线性现象的预测均表现出较高的准确性。

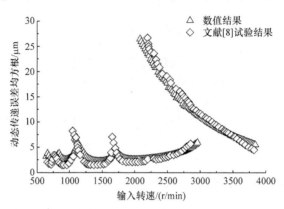

图 4-4　未修形齿轮副的动态传递误差数值结果与文献[8]试验结果对比

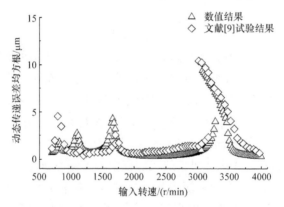

图 4-5　齿廓修形齿轮副的动态传递误差数值结果与文献[9]试验结果对比

4.3　齿轮系统形性耦合动力学特性

以单级齿轮副为例，本节将深入讨论螺旋角、啮合阻尼、精度等级和负载扭矩对齿轮系统形性耦合动力学特性的影响。算例齿轮基本参数如表 4-1 所示。

表 4-1　算例齿轮基本参数

参数名称	齿数	法向模数/mm	法向压力角/(°)	螺旋角/(°)	齿宽/mm
数值	37/106	5	20	0/5/13/22	71

4.3.1 螺旋角对系统振动的影响

　　轮齿变形和齿面误差存在非线性耦合，假设齿轮副为理想齿轮副，即齿面误差为零，进一步考察螺旋角对齿轮系统振动的影响。不同螺旋角下的齿轮副动态传递误差均方根如图 4-6 所示。可以发现，当螺旋角为 0°时，在系统主共振及谐波共振转速附近动态传递误差均方根发生了强非线性幅值跳跃现象。在升速过程中，动态传递误差均方根在输入转速为 2180r/min 时从 5.7μm 骤升至 10.7μm，而在降速过程中，动态传递误差均方根在输入转速为 1810r/min 时从 16.5μm 骤降至 2.6μm。即当输入转速在 1810r/min 和 2180r/min 之间时，升速过程和降速过程中的系统动态响应完全不同。

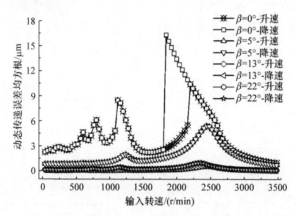

图 4-6　不同螺旋角下齿轮副动态传递误差均方根

　　齿轮系统在系统共振转速附近出现强非线性动力学行为的根本原因在于，齿轮副相对振动位移使齿面瞬时接触状态与准静态接触状态相比发生了显著变化，即啮合齿面发生了完全脱啮现象。在升速过程中，当输入转速为 2180r/min 时，齿面完全脱啮现象开始发生。在降速过程中，当输入转速为 2600r/min 时，齿面开始出现完全脱啮现象。升速时不同输入转速下的齿面载荷分布如图 4-7 所示，齿轮副动态啮合刚度和动态啮合力如图 4-8 所示。从图 4-7 和图 4-8 可以观察到，在主共振和二次谐波共振转速附近，即当输入转速为 2300r/min 和 1200r/min 时，双齿啮合区均出现不同程度的完全脱啮现象，从而动态啮合刚度和动态啮合力在一个啮合周期内均出现为零的现象。当输入转速为 500r/min 和 1700r/min 时，由于振动位移较小，啮合齿面并未出现完全脱啮现象，且动态啮合力波动量明显小于主共振及谐波共振转速下的响应。

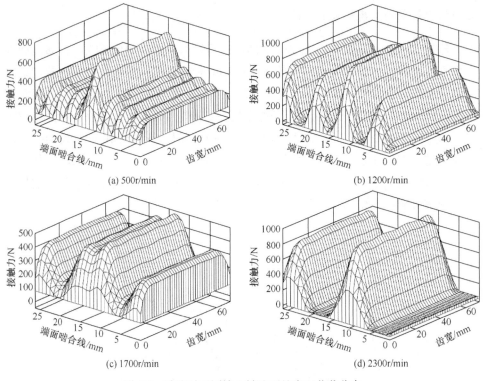

图 4-7　升速时不同输入转速下的齿面载荷分布

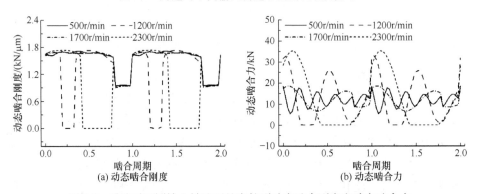

图 4-8　升速时不同输入转速下的齿轮副动态啮合刚度和动态啮合力

　　在齿轮系统共振转速附近，升速和降速过程的齿面载荷分布如图 4-9 所示。可以发现，在升速过程中，啮合齿面在一个啮合周期中始终处于完全接触状态，而在降速过程中，在同一输入转速下啮合齿面出现了完全脱啮现象。这反映出齿轮系统在共振转速附近为典型的强非线性系统，系统动态响应对系统初始状态的变化表现出较强的敏感性。升速和降速的齿轮副动态啮合刚度与动态啮合力如图 4-10 所示。可以看出，升速时齿轮副动态啮合刚度始终大于零，且动态啮合力波动量较小，而降速时齿轮副动态啮合刚度和动态啮合力在双齿啮合区均出现为零的现象，与升速相比，降速时的动态啮合力波动量更大。

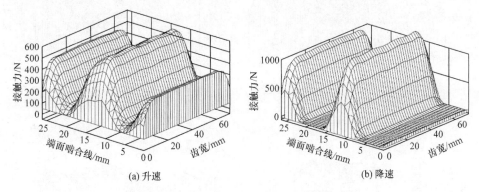

图 4-9　输入转速为 2000r/min 时齿面载荷分布

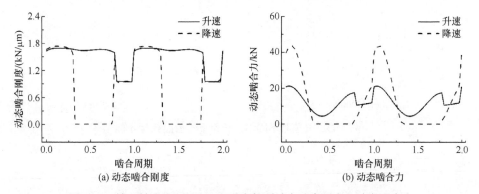

图 4-10　输入转速为 2000r/min 时齿轮副动态啮合刚度和动态啮合力

随着螺旋角的增大，齿轮副重合度逐渐增加，进而系统振动逐渐减弱。当螺旋角分别为 5°、13°和 22°时，在系统主共振和谐波共振转速附近，动态传递误差均方根均不再发生强非线性幅值跳跃现象，且升速和降速过程中的系统动态响应完全一致。当齿轮副螺旋角为 13°，升速时不同输入转速下的齿面载荷分布如图 4-11 所示，齿轮副动态啮合刚度和动态啮合力如图 4-12 所示。可以发现，无论输入转速远离系统主共振转速还是靠近主共振转速，啮合齿面始终处于完全接触状态，而动态位移使不同转速下的齿面载荷分布略有差异。因此，不同输入转速下的齿轮副动态啮合刚度曲线非常接近。系统的主共振转速在 2500r/min 附近，当输入转速为 2500r/min 时，齿轮副动态啮合力波动量达到最大值，在其他转速下的动态啮合力波动量均较小。

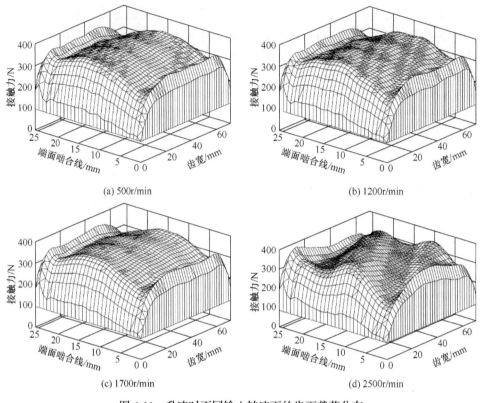

(a) 500r/min

(b) 1200r/min

(c) 1700r/min

(d) 2500r/min

图 4-11　升速时不同输入转速下的齿面载荷分布

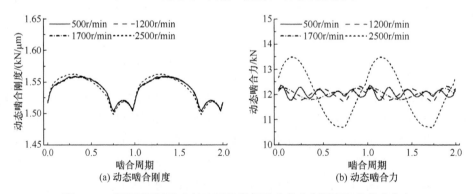

(a) 动态啮合刚度

(b) 动态啮合力

图 4-12　升速时不同输入转速下的齿轮副动态啮合刚度和动态啮合力

4.3.2　啮合阻尼对系统振动的影响

对于多自由度振动系统，当激励频率远离系统共振频率时，系统振动的强弱主要取决于系统质量、惯量和刚度；而当激励频率靠近系统共振频率时，阻尼对系统振动响应的影响较大。对于齿轮系统，啮合阻尼比的取值范围一般在 0.03～

0.17。对于无误差齿轮系统，当螺旋角为 0°时，分别考察啮合阻尼比为 0.05、0.07、0.09 和 0.11 时齿轮系统振动特征的演变规律。不同啮合阻尼比下齿轮系统非线性振动响应如图 4-13 所示。可以看出，当啮合阻尼比为 0.05、0.07 和 0.09 时，齿轮副动态传递误差均方根在主共振转速和谐波共振转速下均出现了不同程度的幅值跳跃现象，且在升速过程和降速过程中幅值跳跃转速的差异形成明显滞后环。随着啮合阻尼比的增加，滞后环逐渐缩小，当啮合阻尼比达到 0.11 时，升速和降速过程中均不再出现非线性幅值跳跃现象，即啮合阻尼比的增加会弱化系统的强非线性动力学行为，直至幅值跳跃现象消失。

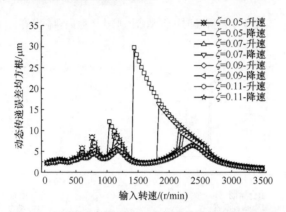

图 4-13　不同啮合阻尼比下齿轮系统非线性振动响应

　　考察系统主共振转速附近的齿面瞬时接触特性。当输入转速为 2300r/min，降速时不同啮合阻尼比下的齿面载荷分布如图 4-14 所示，动态啮合刚度和动态啮合力如图 4-15 所示。可以观察到，当啮合阻尼比为 0.05、0.07 和 0.09 时，在一个啮合周期内，啮合齿面均出现了完全脱啮区域，且主要发生在双齿啮合区，此时，

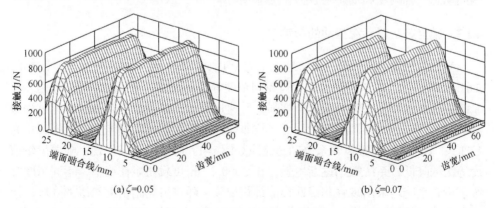

(a) $\zeta=0.05$　　　　　　　　　　　　　　(b) $\zeta=0.07$

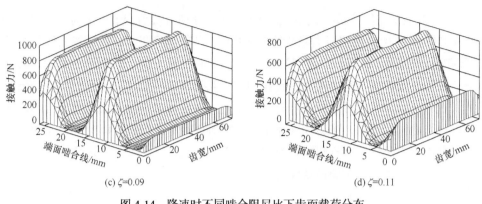

(c) ζ=0.09　　　　　　　　　　　　(d) ζ=0.11

图 4-14　降速时不同啮合阻尼比下齿面载荷分布

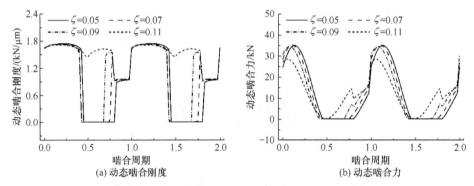

(a) 动态啮合刚度　　　　　　　　　(b) 动态啮合力

图 4-15　降速时不同啮合阻尼比下齿轮副动态啮合刚度和动态啮合力

动态啮合刚度和动态啮合力均出现为零的现象。随着啮合阻尼比的增加，齿面脱啮区域逐渐缩小，双齿啮合区中动态啮合刚度和动态啮合力为零的区域也逐渐缩小，当啮合阻尼比为 0.11 时，在一个啮合周期内，啮合齿面始终处于接触状态，因此动态啮合刚度和动态啮合力始终非零。

4.3.3　精度等级对系统振动的影响

当负载扭矩为 3000N·m，螺旋角为 0°时，不同精度等级齿轮系统动态响应如图 4-16 所示。可以看出，随着齿轮副精度等级的降低，系统振动逐渐增强，且系统的强非线性动力学行为逐渐增强，升速过程中的幅值跳跃转速和降速过程中的幅值下跌转速均逐渐降低，从而导致非线性跳跃滞后环逐渐增大。当螺旋角为 13°时，不同精度等级齿轮系统动态响应如图 4-17 所示。可以发现，随着齿轮精度等级的降低，系统振动逐渐增强，在 3000N·m 负载扭矩作用下，不同精度等级下齿轮系统均未出现强非线性幅值跳跃现象。随着齿轮副精度等级的降低，齿面分布式误差逐渐增大，在相同负载扭矩作用下，齿面将逐渐发生部分脱啮现象，从而导致齿轮副啮合刚度降低。因此，随着齿轮副精度等级的降低，系统主共振转速有所降低。

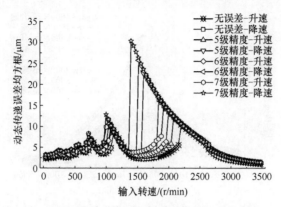

图 4-16 螺旋角为 0°时不同精度等级齿轮系统动态响应

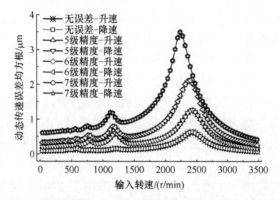

图 4-17 螺旋角为 13°时不同精度等级齿轮系统动态响应

4.3.4 负载扭矩对系统振动的影响

在准静态条件下，轮齿变形和齿面误差存在非线性耦合，而在齿轮系统的实际运转过程中，轮齿变形、齿面误差和齿轮副相对振动位移三者相互耦合。分别考察不同螺旋角的齿轮副在不同负载扭矩下的系统动态响应。当齿面误差精度等级为 5 级时，螺旋角为 0°的齿轮副在不同负载扭矩下的动态传递误差均方根如图 4-18 所示。可以观察到，随着负载扭矩的增加，系统振动逐渐增强。主要原因是轮齿弹性变形随着负载扭矩的增加逐渐增大，使系统刚度激励逐渐增强。对于螺旋角为 0°的齿轮副，虽然负载扭矩的增加会使准静态条件下啮合齿面的脱啮区域逐渐减小，但是，当输入转速位于主共振和谐波共振转速附近时，齿轮副的相对振动位移始终过大，造成啮合齿面出现完全脱啮现象。因此，不同负载扭矩下系统的强非线性幅值跳跃现象并没有减弱或者消失，反之，由于刚度激励的增大，强非线性幅值跳跃现象还有增强趋势。

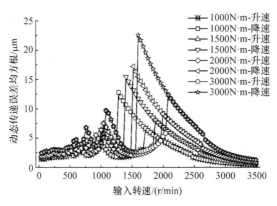

图 4-18 不同负载扭矩下直齿轮副动态响应

当齿面误差精度等级为 7 级时，螺旋角为 13°的齿轮副在不同负载扭矩下的动态传递误差均方根如图 4-19 所示。从图 4-19 可以看出，在大多数负载扭矩工况下，系统均难以出现强非线性幅值跳跃现象。仅当负载扭矩为 500N·m 时，齿轮副动态传递误差均方根历程出现较弱的非线性幅值跳跃现象，且系统振动最大。然而此时齿面法向啮合力极小，单位齿宽载荷不足 30N。随着负载扭矩的增加，系统振动呈先减弱后增大的趋势。这是由于在轻载时，轮齿弹性变形较小，齿轮误差是影响系统振动的主要因素。随着负载扭矩的增加，轮齿弹性变形逐渐增大，齿轮误差和啮合刚度的非线性耦合作用使系统振动逐渐减小。当负载扭矩继续增加时，轮齿弹性变形进一步增大，啮合刚度逐渐成为影响系统振动的主要因素。啮合齿面脱啮区域会随着负载扭矩的增加而逐渐减小，从而使啮合刚度逐渐增大，因此，随着负载扭矩的增加，系统共振转速逐渐增大。

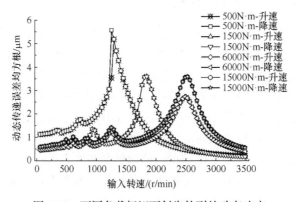

图 4-19 不同负载扭矩下斜齿轮副的动态响应

4.4   形性耦合模型与常规动力学模型计算结果对比

虽然齿面瞬时接触与系统振动形性耦合动力学模型可以比较准确且直观地反映齿面瞬时接触状态和系统振动的非线性耦合关系,但是其求解规模较大,在工程设计的初始阶段,不便用来进行系统参数的优化选取进而快速宏观把控系统的动态特性。从以上分析可知,当输入转速靠近系统主共振转速时,振动位移将使动态条件下的齿面载荷分布与准静态条件下的齿面载荷分布存在显著差异;而当输入转速远离系统主共振转速时,不同输入转速下的齿面载荷分布虽然不同,但是差异较小。因此,本节采用准静态条件下的时变啮合刚度和综合啮合误差作为动态激励求解齿轮副动态传递误差,并与齿面瞬时接触与系统振动形性耦合动力学模型的计算结果进行对比分析,考察不同动力学模型计算结果的异同。

当齿轮副螺旋角为 0° 和 13°时,分别采用上述两种系统动力学模型计算无误差和 5 级精度齿轮系统在不同输入转速下的动态传递误差均方根,如图 4-20 和图 4-21 所示。对于无误差和有误差齿轮系统,当螺旋角为 0°时,系统均会在

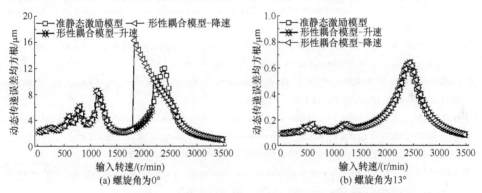

图 4-20   不同动力学模型下无误差齿轮系统动态传递误差均方根

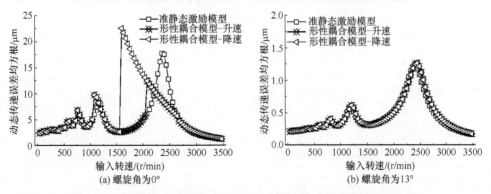

图 4-21   不同动力学模型下 5 级精度齿轮系统动态传递误差均方根

共振转速附近发生强非线性幅值跳跃现象，但常规动力学模型无法捕捉到该强非线性动力学行为。当输入转速远离系统共振转速时，常规动力学模型与形性耦合动力学模型的计算结果保持了高度的一致性。因此，在工程设计的初始阶段，常规动力学模型可以被用来有效地预测系统的振动水平，进而指导系统宏观参数设计，显著地提高设计效率。在进行齿轮详细参数设计时，可采用形性耦合动力学模型对不同工况下的系统动态响应进行更准确的预测。

参 考 文 献

[1] 常乐浩, 刘更, 吴立言. 齿轮综合啮合误差计算方法及对系统振动的影响[J]. 机械工程学报, 2015, 51(1): 123-130.

[2] 王涛, 唐增宝, 钟毅芳. 齿轮传动的动态啮合刚度[J]. 华中理工大学学报, 1992, 20(3): 39-44.

[3] 唐增宝, 钟毅芳, 戴玉堂. 斜齿圆柱齿轮传动的静态啮合刚度和动态啮合刚度[J]. 机械设计, 1993, 10(6): 10-13.

[4] ANDERSSON A, VEDMAR L. A dynamic model to determine vibrations in involute helical gears [J]. Journal of Sound and Vibration, 2003, 260: 195-212.

[5] ERITENEL T, PARKER R G. Three-dimensional nonlinear vibration of gear pairs [J]. Journal of Sound and Vibration, 2012, 331: 3628-3648.

[6] ERITENEL T, PARKER R G. Nonlinear vibration of gears with tooth surface modifications [J]. Journal of Vibration and Acoustics, 2013, 135(10): 051005.

[7] DAI X, COOLEY C G, PARKER R G. An efficient hybrid analytical-computational method for nonlinear vibration of spur gear pairs [J]. Journal of Vibration and Acoustics, 2019, 141: 011006.

[8] KAHRAMAN A, BLANKENSHIP G W. Effect of involute contact ratio on spur gear dynamics [J]. Journal of Mechanical Design, 1999, 121(1): 112-118.

[9] HOTAIT M A, KAHRAMAN A. Experiments on the relationship between the dynamic transmission error and the dynamic stress factor of spur gear pairs [J]. Mechanism and Machine Theory, 2013, 70: 116-128.

[10] 袁冰. 船舶高速重载齿轮啮合及系统动态特性研究[D]. 西安: 西北工业大学, 2019.

[11] CHANG L H, CAO X P, HE Z X, et al. Load-related dynamic behaviors of a helical gear pair with tooth flank errors [J]. Journal of Mechanical Science and Technology, 2018, 32(4): 1473-1487.

[12] YUAN B, CHANG L H, LIU G, et al. An efficient three-dimensional dynamic contact model for cylindrical gear pairs with distributed tooth flank errors [J]. Mechanism and Machine Theory, 2020, 152: 103930.

[13] 彭细荣, 杨庆生, 孙卓. 有限单元法及其应用[M]. 北京: 清华大学出版社, 北京交通大学出版社, 2012.

第 5 章　齿轮参数对系统动态特性的影响

分析齿轮参数对齿轮传动系统动态特性的影响是低噪声齿轮系统设计的基础。齿轮参数包括齿轮设计的基本参数及结构尺寸，也包括齿轮的制造误差或精度等级，以及齿轮工作时承受的负载工况。齿轮设计参数通过影响轮齿变形从而改变齿轮副啮合刚度，进而改变激励从而影响系统动态特性；齿轮的制造误差，包括短周期与长周期各类齿面偏差，会使齿轮副的实际啮合状态与理论啮合状态有差异，进而影响齿轮的动态激励与系统动态特性；齿轮的精度等级既是制造误差的一种综合效果，也是控制制造误差的一种设计手段，对系统激励及动态特性的影响与齿轮的负载工况密切相关，在不同大小的负载扭矩下齿轮的加工精度对系统振动的影响规律不同。因此研究齿轮设计参数、制造误差、精度等级及负载工况对系统激励和动态响应的影响规律，对实现齿轮的低噪声设计有着重要的意义。

本章基于前面章节建立的齿面承载接触模型与齿轮系统动力学模型，以单级齿轮副系统为例，讨论齿轮参数对啮合刚度激励的影响和啮合刚度对系统振动的影响，分析齿轮系统动态特性对各单项齿面偏差的敏感性，以及精度等级和负载扭矩对系统激励与动态响应的影响规律，最后介绍不同形式的齿距累积偏差对齿轮系统的影响。

5.1　齿轮系统动态激励与响应的影响因素

对于常规的齿轮传动系统，啮合刚度激励和误差激励是最重要的激励形式。衡量齿轮系统动态性能的主要指标有振动加速度响应、动载系数和动态传递误差等。齿轮系统的各设计参数、制造加工精度以及载荷工况等都会对系统的动态特性产生影响。

1. 齿轮设计参数与啮合刚度

齿轮副的时变啮合刚度是齿轮系统最重要的动态激励之一，而啮合刚度激励主要由齿轮设计参数确定。人们很早就认识到齿轮设计参数对啮合刚度激励以及对系统动力学的重要性，并对此进行了大量的研究[1-7]。本书作者刘更带领团队研究人员自 1991 年开始发表了一系列文章，系统地研究了齿轮不同结构形式、腹板轮缘等结构尺寸、齿轮基本参数以及三维修形对内/外啮合圆柱齿轮副的啮合刚度、动应力以及振动特性的影响规律[8-20]。2010 年，马尚君、刘更等[21]研究了腹板结构对人字齿轮稳态响应特性的影响。卜忠红、刘更等[22]基于线性规划法研究了不同螺旋角的斜齿轮啮合刚度变化规律，发现啮合线总长度是决定啮合刚度大小的主要因素，在进入和退出啮合的瞬时位置，啮合刚度会减小。2014 年，常乐浩、刘更等[23]提出了基于有限元法和弹性接触理论的齿轮啮合刚度改进算法，并基于该方法，分析发现齿轮基本参数对齿轮系统振动的影响主要体现在重合度上，当端面重合度或轴向重合度接近于整数时，啮合刚度波动会出现极小值[24-25]。

2. 制造误差与传递误差

在制造误差对系统振动影响方面，以 Kubo 和 Umezawa 为代表的日本学者从 20 世纪 80 年代开始就开展了大量关于轮齿误差对齿轮系统振动响应影响的研究[26-31]。90 年代以后，Cai 和 Hayashi 进一步研究了不同形式的齿廓偏差[32]、螺旋线偏差[33]、随机齿廓偏差[34]等对齿轮系统振动特性的影响。1988 年，美国俄亥俄州立大学 Özgüven 和 Houser[35]将静态传递误差作为齿轮系统动态激励，求解系统动态响应，得到的结果与试验结果吻合良好。此后大量学者研究了传递误差对齿轮系统激振力与响应的影响[36-38]，并认为传递误差是引起齿轮系统振动最主要的激励形式。本书作者刘更团队也在该领域进行了深入的研究。2014 年，常乐浩、刘更等[39]研究了不同形式的齿廓偏差对直齿轮副振动的影响规律，发现中凹形式齿廓偏差的影响最大，而中凸形式齿廓偏差的影响最小，随后提出了齿轮综合啮合误差的计算方法[40]。2016 年，进一步研究了螺旋线偏差对齿轮系统振动的影响，发现中凹形式螺旋线偏差斜齿轮副振动影响显著[41]。2017 年，常乐浩等[42-43]建立了含齿面误差的圆柱齿轮副静态传递误差改进切片算法，发现在相同载荷条件下，当轴向或端面重合度在整数附近时，传递误差波动量最小。同年，袁冰等[44]研究发现，对于修形齿轮副，传递误差激振力波动量对系统振动的影响比啮合刚度波动量的影响大。2020 年，袁冰、刘更等[45]进一步研究了齿距累积误差对人字齿轮系统动态特性的影响，发现齿距累积误差使动态传递误差出现显著的轴频成分和调制边频带。

3. 载荷工况

在载荷工况方面，陆续有研究人员发现轻载与重载条件下，齿轮误差激励与刚度激励对齿轮系统振动的影响程度有所不同[46-48]。2013 年，Borner 等[48]研究表明，齿轮传动系统在轻载时系统动态特性不稳定，系统随着载荷的增大趋于稳定，当负载达到某一临界点后，系统的振动与噪声随负载的增加呈单调增加的规律，齿轮的精度等级越高，这一临界点对应的负载值越低。同一时期，刘更团队的常乐浩[49]等研究了齿轮副在不同载荷情况下振动激励力与系统响应的变化情况，也得到类似结论，并认为在轻载条件下通过提高齿轮加工精度等级带来的减振效果比重载时更好[50]。袁冰、刘岚等[51]研究发现，对于含误差齿轮副，较小的负载将会使齿轮啮合刚度减小，系统振动幅值增强，同时共振转速降低。含长周期误差齿轮在轻载工况下，边频带成分占据主导地位，随着负载扭矩的增加，啮合频率及其倍频成分将逐渐增强。2019 年，袁冰、刘更等[52]进一步分析了支承布局形式、功率传递路径和负载扭矩对直/斜齿轮动态特性的影响，研究发现，随着负载扭矩的增加，齿轮副啮合错位量逐渐增大，系统振动显著增强。

4. 其他影响因素

齿轮传动系统结构复杂，动态响应的影响因素众多，且存在不同程度的耦合。啮合刚度、制造误差、载荷工况等主要激励因素除了影响传动系统振动，也影响齿轮箱的辐射噪声[53]。对于不同工业领域的齿轮传动系统，其主要激励因素也会有所差异，除了啮合刚度和轮齿误差等动态啮合激励，还有啮合冲击[54]、热变形[55]、齿侧间隙[56]、多间隙耦合[57]、动不平衡[58]、齿面摩擦[59]和滑动轴承油膜刚度[60]等因素对齿轮传动系统动态特性产生影响。

5.2 齿轮设计参数对啮合刚度的影响

本节通过一对齿轮副啮合刚度的算例来讨论齿轮设计参数对啮合刚度的影响[49]。分析的齿轮设计参数包括齿轮基本参数与轮体结构参数，其中齿轮基本参数包含齿数、模数、压力角、螺旋角、齿宽、齿顶高系数、顶隙系数和变位系数，轮体结构参数包含轮缘及腹板尺寸。单独分析齿轮基本参数的影响时，将齿轮视为等厚度实体结构，不含轮缘和腹板。算例齿轮副的原始基础参数如表 5-1 所示，在表 5-1 数据基础上，通过改变某些参数的数值进行单因素分析，获取各参数的影响规律。啮合刚度的计算方法采用第 2 章有限元-解析接触力学混合法，为了更方便地总结齿轮基本参数的影响规律，将齿轮副接触线总长度与啮合刚度一并进行分析对比，接触线总长度计算方法采用的是 2.2.6 小节给出的接触线法。

表 5-1　算例齿轮副的原始基本参数

参数名称	数值	参数名称	数值
齿数 z_1	65	齿宽 B/mm	60
齿数 z_2	65	齿顶高系数 h_{an}^*	1.0
法面模数 m_n/mm	3	顶隙系数 c_n^*	0.25
法面压力角 α_n/(°)	20	变位系数 x_{n1}/x_{n2}	0/0
螺旋角 β /(°)	0	轴孔直径 d_0/mm	100

5.2.1　齿数与模数的影响

考虑在齿轮传动设计初期，齿轮大小及装配尺寸已基本确定，如果单独改变齿数或模数，会改变齿轮外径甚至箱体的大小，不符合根据参数的影响规律来改进设计的理念，因此需要综合考虑齿数与模数对啮合刚度的影响。分析齿数对啮合刚度的影响时，首先保证齿轮的传动比不变，改变齿数的同时，通过修改模数保证齿轮的尺寸不变。

图 5-1 所示为不同齿数与模数对应的一个周期内啮合刚度 k_γ 曲线。从图 5-1 可以看出，当齿数和模数改变时，单、双齿啮合区对应的啮合刚度未发生明显变化；当齿数增加时，端面重合度增大使得双齿啮合区的范围增加，因此整个周期的齿轮副啮合刚度均值 $\bar{k}_\gamma$ 略有增加，但几乎不影响啮合刚度波动量 Δk_γ，如图 5-2 所示。虽然在调整齿数时相应改变了模数，但由于端面重合度与模数无直接关系，可以推论，齿轮模数的变化对齿轮副啮合刚度不产生影响。

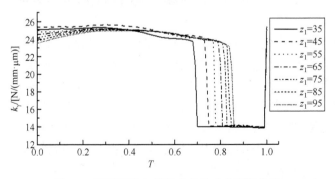

图 5-1　不同齿数与模数对应的啮合刚度曲线

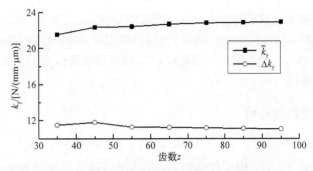

图 5-2　齿数对啮合刚度均值和波动量的影响

5.2.2　压力角的影响

图 5-3 所示为法面压力角对齿轮副啮合刚度的影响。从图 5-3(a)中可以看出，压力角 α_n 的改变伴随着齿廓形状的改变，当法面压力角 α_n 从 15°变化到 25°时，轮齿齿根的厚度逐渐增加，单齿刚度 k_s 最大值将相应增大，如图 5-3(b)所示；与此同时，齿轮副端面重合度 ε_α 会随着压力角 α_n 增大而逐渐减小，这样齿轮副双齿啮合区的范围减小，使得接触线总长度均值 L_m 减小，啮合刚度均值 $\overline{k}_\gamma$ 也随之减小。由于端面重合度的影响比单齿刚度大，在两方面因素的综合作用下，啮合刚度均值 $\overline{k}_\gamma$ 总体随着压力角 α_n 的增大而减小，但是并不单调下降，如图 5-3(c)所示。

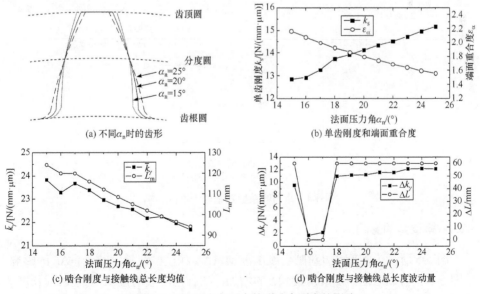

图 5-3　法面压力角对齿轮副啮合刚度的影响

另外，从图 5-3(d)可以看出，啮合刚度波动量Δk_γ与接触线长度波动量ΔL 在压力角 α_n 为 16°、17°时会出现明显的低值，对比图 5-3(b)可以发现，此时对应的端面重合度 ε_α 恰好在 2.0 附近。因此可以预计当端面重合度为整数时，啮合刚度的波动取得极小值。

5.2.3　齿顶高系数的影响

齿顶高系数的影响与压力角类似。如图 5-4(a)和图 5-4(b)所示，当齿顶高系数 h_{an}^* 从 0.8 增加到 1.2 时，由于轮齿变高，单齿啮合刚度 k_s 会逐渐减小，与此同时，端面重合度 ε_α 会增大，在啮合周期内双齿啮合区的范围迅速增大。因此在两方面因素的综合作用下，啮合刚度均值$\bar{k}_\gamma$ 随着齿顶高系数 h_{an}^* 的增加有所增加，而啮合刚度波动量Δk_γ 则呈现下降的趋势，如图 5-4(c)所示。同时可以看出，啮合刚度波动量Δk_γ 在齿顶高系数 h_{an}^* 为 1.1、1.2 时出现明显的低值，对比图 5-4(b)可知，其对应的端面重合度 ε_α 也恰好在 2.0 附近。可以预计当端面重合度为整数时，啮合刚度的波动会取得极小值，这与压力角的影响结论一致。

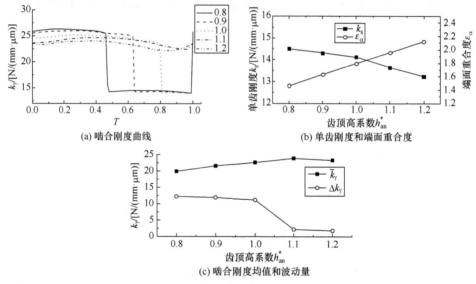

(a) 啮合刚度曲线　　　　　　(b) 单齿刚度和端面重合度

(c) 啮合刚度均值和波动量

图 5-4　齿顶高系数对啮合刚度的影响

5.2.4　螺旋角的影响

图 5-5 所示为螺旋角β对啮合刚度波动量Δk_γ和接触线长度波动量ΔL 的影响。从图 5-5 中可以看出，随着螺旋角β的增加，啮合刚度波动量Δk_γ与接触线长度波动量ΔL 的变化趋势是一样的。当螺旋角较小时，啮合刚度波动量随螺旋角的增加

而迅速单调下降；当螺旋角较大时，啮合刚度波动量会有起伏，但总体维持在一个相对较低的水平；当螺旋角处于某些特定的值时，啮合刚度波动量和接触线长度波动量均会有局部极小值。换算出这些螺旋角对应的轴向重合度 ε_β 发现，此时的轴向重合度 ε_β 恰好接近于整数。因此可以预计当轴向重合度为整数时，啮合刚度的波动会取得极小值。

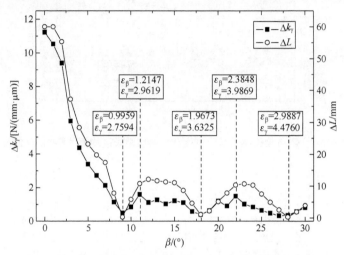

图 5-5　螺旋角对啮合刚度波动量和接触线长度波动量的影响

5.2.5　齿宽的影响

齿宽(B)对直齿轮与斜齿轮的影响不相同。图 5-6 所示为直齿轮齿宽对啮合刚度均值 $\bar{k}_\gamma$ 和啮合刚度波动量 Δk_γ 的影响。可以看出，直齿轮的齿宽对啮合刚度均值和波动量基本不产生影响。

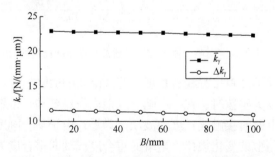

图 5-6　直齿轮齿宽对啮合刚度均值和波动量的影响

与直齿轮不同，斜齿轮的啮合刚度均值 $\bar{k}_\gamma$ 及接触线总长度均值 L_m 都会随着齿宽 B 的增加而增加，如图 5-7 所示。图 5-8 所示为斜齿轮齿宽的变化对啮合刚

度 k_γ 和接触线总长度 L 波动比例的影响，其中波动比例定义为波动量与其均值之比。从图 5-8 中可以看出，当斜齿轮的齿宽所对应的轴向重合度 ε_β 接近于整数时，啮合刚度和接触线总长度的波动均会有局部极小值，这与螺旋角影响的结论是相似的。

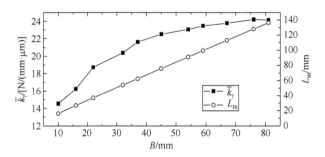

图 5-7　斜齿轮齿宽对啮合刚度和接触线总长度均值的影响($\beta=25°$)

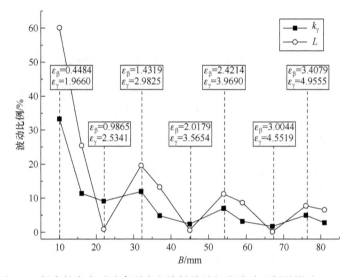

图 5-8　斜齿轮齿宽对啮合刚度和接触线总长度波动比例的影响($\beta=25°$)

事实上，根据第 2 章接触线总长度计算式(2-40)和式(2-41)可知，当端面重合度或者轴向重合度为整数时，在一个啮合周期内齿轮各啮合位置的接触线总长度保持不变，理论上此时接触线长度的波动量为零，由于啮合刚度波动与接触线总长度的波动具有相似的变化规律，当端面重合度或轴向重合度为整数时，啮合刚度将具有最小的波动量。

可以说齿轮基本参数对啮合刚度波动乃至系统振动的影响主要是通过重合度这一综合指标来体现的。一般来讲，齿轮的重合度越大，参与啮合的轮齿齿数越多，在同样负载下的啮合变形越小，越有利于齿轮平稳传动。但这只是个趋势，并非单调的变化规律。啮合刚度对齿轮传动平稳性的影响主要体现在其时变过程中的波动量Δk_γ上,因此在齿轮设计过程中,为使传动更加平稳,应合理匹配齿轮基本参数,使得端面重合度ε_α或轴向重合度ε_β其中一个分量接近于整数,确保啮合刚度的波动较小。端面重合度可通过压力角和齿顶高系数来调整,轴向重合度主要通过螺旋角与齿宽来调整。由于端面重合的调整范围很窄,设计中通过改变齿轮宽度和螺旋角调整轴向重合度更容易实现。

除了以上基本参数以外,顶隙系数及变位系数对齿轮副啮合刚度的影响很小,此处不再赘述。

5.2.6　轮缘腹板尺寸的影响

图 5-9 所示为轮缘腹板尺寸对啮合刚度均值的影响,图中定义轮缘厚度尺寸s_r的变化范围为$1m_n\sim8m_n$,其中m_n为齿轮副的法面模数;腹板厚度尺寸b_s的变化范围为$0.2B\sim1.0B$,其中B为齿轮副的齿宽。

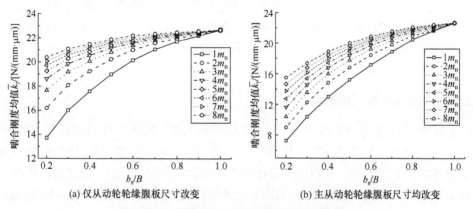

(a) 仅从动轮轮缘腹板尺寸改变　　　　　　(b) 主从动轮轮缘腹板尺寸均改变

图 5-9　轮缘腹板尺寸对啮合刚度均值的影响

首先考察一对齿轮副传动只有从动轮具有轮缘和腹板结构的情况,如图 5-9(a)所示,无论是从动轮轮缘厚度s_r从$8m_n$减小到$1m_n$,还是腹板厚度b_s从$1.0B$减小到$0.2B$,由于轮体结构尺寸变薄,柔性增加,啮合刚度均值$\overline{k}_\gamma$会随之呈非线性下降;同时还可以看出,轮缘厚度s_r越小时,啮合刚度均值$\overline{k}_\gamma$随腹板尺寸变化越明显,即下降梯度越大。考察一对齿轮均具有轮缘和腹板结构的情况,如图 5-9(b)所示,可以看出啮合刚度均值$\overline{k}_\gamma$随轮缘厚度s_r及腹板厚度b_s的变化规律与仅考虑从动轮结构尺寸时一样,但是其数值更低,变化梯度更大。因此,当考察齿轮副的啮合刚度要计入齿轮轮体的变形时,齿轮轮缘腹板结构尺寸的影响不可忽略。事实上,具有腹板结构的齿轮一般还设计有减重孔,此情况下计算啮合刚度应尽量采用有限元等数值计算方法,以对齿轮副时变啮合刚度进行更准确的计算。

5.3　啮合刚度对齿轮系统动态特性的影响

5.2 节中主要讨论了齿轮设计参数对齿轮副啮合刚度均值及波动量的影响规律，而啮合刚度作为齿轮系统最主要的激励因素之一，齿轮设计参数对啮合刚度的影响最终会通过激励作用于齿轮系统，因此还需研究齿轮副啮合刚度变化对系统振动的影响规律。

由于啮合刚度是时变的，可将齿轮副的啮合刚度进行傅里叶变换，取均值和一次谐波，而忽略高阶的谐波分量时，其啮合刚度可以近似表示为

$$k_\gamma(t) = \overline{k}_\gamma + \Delta k_\gamma \sin(\omega t + \phi) \tag{5-1}$$

式中，$\overline{k}_\gamma$ 为啮合刚度的均值[N/(μm·mm)]；Δk_γ 为啮合刚度的波动量[N/(μm·mm)]；ω 和 ϕ 分别为傅里叶变换后的一次谐波圆频率与相位差。

将啮合刚度的均值和一次谐波在一定范围内变化，按式(5-1)进行叠加后得到新的啮合刚度，然后求解系统动态响应，绘制出齿轮副动载系数在不同转速下对振动的影响图谱。在整个计算过程中，齿轮啮合刚度均为理想齿轮的啮合刚度，即不考虑齿轮误差的影响。

5.3.1　啮合刚度均值的影响

针对某齿轮传动系统，借鉴其真实的啮合刚度数值，保持波动量 0.45N/(μm·mm)不变，假设啮合刚度均值在 5～30N/(μm·mm)范围变化，将均值和波动量按式(5-1)进行叠加，得到新的啮合刚度，求解动力学方程后，绘制出齿轮副动载系数随转速变化的振动图谱，如图 5-10 所示。图 5-10 中横坐标为输入转速(n_{in})，纵坐标为啮合刚度均值($\overline{k}_\gamma$)，云图为动载系数(K_v)的幅值。

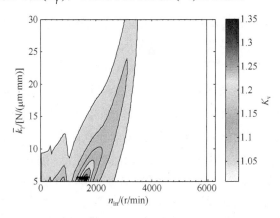

图 5-10　啮合刚度均值对动载系数的影响

分析图 5-10 可以看出，对于某一啮合刚度均值，随着转速的增加，动载系数在某一个或某几个转速下会出现突然增大的现象，该转速即为共振转速。在同一转速下，由于时变啮合刚度可由傅里叶变换展开成不同阶次谐波成分组成，系统一般会出现一次谐波共振(主共振)、二次谐波共振、三次谐波共振等，其共振转速能综合反映系统固有特性。

随着啮合刚度均值的增加，共振转速会呈非线性增加。对于一个单自由度弹簧-质量系统，系统的固有频率 $\omega_0 = \sqrt{k/m}$，因此对于齿轮系统，系统的共振转速与啮合刚度基本呈 1/2 次方增加的关系。

随着啮合刚度均值的增加，齿轮副在共振转速时对应的动载系数会相应降低。这是因为啮合刚度均值增加时其波动量一直保持不变，啮合刚度波动的比例(波动量与均值之比)降低。啮合刚度激励力与啮合刚度的波动比例直接相关，因此啮合刚度激励力也随着均值的增加而减小，使系统在共振时的动载系数减小。

5.3.2 啮合刚度波动量的影响

针对同一齿轮副传动系统，保持其啮合刚度均值为 25.25N/(mm · μm)不变，假设啮合刚度波动量在 0～10N/(μm · mm)范围变化，将均值和波动量按式(5-1)进行叠加，得到新的啮合刚度，求解动力学方程后，绘制出齿轮副动载系数随转速变化的振动图谱，如图 5-11 所示。

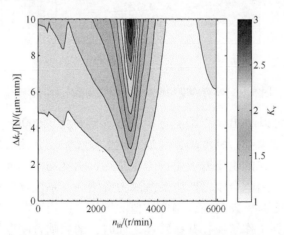

图 5-11　啮合刚度波动量对动载系数的影响

分析图 5-11 可以看出，随着啮合刚度波动量和输入转速的变化，系统的振动具有以下特点：由于齿轮副啮合刚度的均值未发生改变，随着啮合刚度波动量的增加，齿轮副对应的共振转速并未发生改变；当啮合刚度波动量增加时，在同一转速下系统的动载系数会随之增加，主要原因是随着啮合刚度波动量增加，啮合刚度产生的激励力会增加，使系统振动加剧。

5.3.3 啮合刚度均值与波动量的共同影响

假设齿轮副啮合刚度均值变化的范围均为 $10\sim30\text{N}/(\mu\text{m}\cdot\text{mm})$，波动量变化的范围为 $0\sim9\text{N}/(\mu\text{m}\cdot\text{mm})$。当计算工况为输入转速 4000r/min、输出扭矩 20000N·m 时，将啮合刚度均值和波动量进行不同的组合并按式(5-1)进行叠加，可得到新的啮合刚度。绘制出啮合刚度对设定工况下的动载系数影响的图谱，如图 5-12 所示。图 5-12 中横坐标为啮合刚度的均值，纵坐标为啮合刚度的波动量，云图为动载系数的幅值。

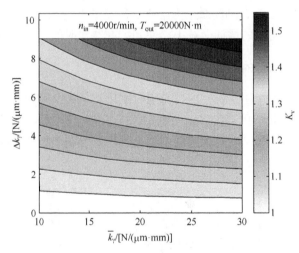

图 5-12   啮合刚度均值与波动量对动载系数的影响

从图 5-12 可以看出，当工况选择在输入转速为 4000r/min、输出扭矩为 20000N·m 时，增大啮合刚度均值和啮合刚度波动量均会使齿轮副的动载系数增加。产生这种现象的主要原因是：当保持啮合刚度均值不变时，随着啮合刚度波动量的增加，由啮合刚度产生的激励力会增加，系统响应增大；当保持啮合刚度波动量不变时，随着啮合刚度均值的增加，设定工况下的动载系数也会增加。因此当选择工作转速在共振转速之前时，随着啮合刚度均值的增加，系统共振转速会升高，当工作转速进一步偏离共振转速时，齿轮副动载系数将相应减小。

总的来说，啮合刚度及其波动量对齿轮传动系统的平稳性均有一定的影响。啮合刚度均值影响着系统共振转速，而啮合刚度的波动量是影响系统平稳性的直接因素；啮合刚度均值增大，齿轮传动系统的共振转速随之提高，因此设计中可控制啮合刚度均值的大小，使工作转速避开系统的共振转速；啮合刚度的波动量增大，将使齿轮传动系统的动载系数增大，系统平稳性降低，因此设计中应尽量采取各项措施，使啮合刚度的波动量降低。

5.4　单项齿面偏差对系统动态特性的影响

本节通过一对齿轮副传动的算例来讨论单项齿面偏差对系统动态特性的影响[49]，分析的单项齿面偏差均为短周期误差，即齿频激励误差，包括不同形状的齿廓偏差、螺旋线偏差和齿距偏差，并探寻对齿轮传动平稳性影响最为显著的误差类型及其分布形状。

图 5-13 为某单级齿轮副结构简图，功率从小齿轮左端输入，从大齿轮右端通过法兰盘输出。该算例齿轮副基本参数如表 5-2 所示，当分析直齿轮传动时，螺旋角为 0°。主动轮轴由 7 个轴段组成，各轴段参数见表 5-3；从动轮分为 5 个轴段，各轴段参数见表 5-4 所示。利用广义有限元法建立的系统动力学模型共有 26 个节点，包含 156 个自由度。

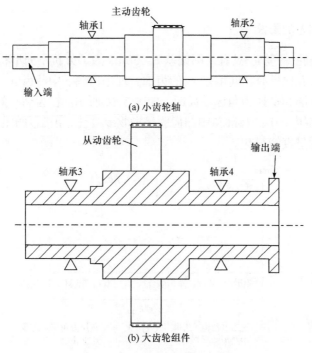

(a) 小齿轮轴

(b) 大齿轮组件

图 5-13　某单级齿轮副结构简图

表 5-2　算例齿轮副基本参数

齿数	模数 m_n/mm	压力角 α/(°)	螺旋角 β/(°)	齿宽 B/mm	主动轮旋向	重合度
37/106	5	20	15	90	右旋	3.1712

表 5-3　主动轮所在轴段参数

序号	1	2	3	4	5	6	7
外径/mm	60	90	110	130	110	90	60
长度/mm	110	65	160	260	160	45	45

表 5-4　从动轮所在轴段参数

序号	1	2	3	4	5
外径/mm	200	230	320	200	280
内径/mm	120	120	120	120	120
长度/mm	200	35	260	245	30

5.4.1　齿廓偏差的影响

假设大齿轮(从动轮)具有齿廓偏差 F_α=5μm。为了分析不同形状齿廓偏差的影响，定义以下五种具有相同偏差 F_α 的齿廓：理想齿廓、中凸齿廓、中凹齿廓、正压力角偏差齿廓和负压力角偏差齿廓，如图 5-14 所示。在齿廓有效长度 L_{AE} 及齿廓偏差 F_α 范围内，中凸齿廓与中凹齿廓呈抛物线变化，正压力角偏差齿廓和负压力角偏差齿廓呈直线变化。

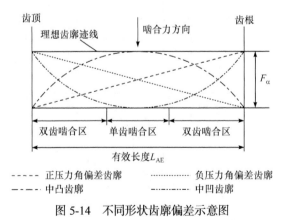

图 5-14　不同形状齿廓偏差示意图

　　考察系统的负载扭矩为 2000N·m 时，不同形状齿廓偏差对齿轮副动载荷波动量 ΔF_{d} 的影响，如图 5-15 所示。比较图 5-15(a)和(b)可以看出，在其他基本参数相同的情况下，直齿轮副的动载荷波动明显大于斜齿轮副；无论直齿轮副还是斜齿轮副，中凹齿廓对应的齿轮副动载荷波动最大，中凸齿廓引起的齿轮副动载荷波动最小；在多数转速下，不同形状齿廓偏差对系统振动的影响程度从小到大排序为：中凸齿廓<理想齿廓<正压力角偏差齿廓<负压力角偏差齿廓<中凹齿廓。实际上，由于中凸齿廓的效果相当于对齿廓鼓形修形，其对应的齿轮副动载荷波动最小，而中凹齿廓的作用与中凸齿廓刚好相反，使齿轮副具有最大的动载荷波动。

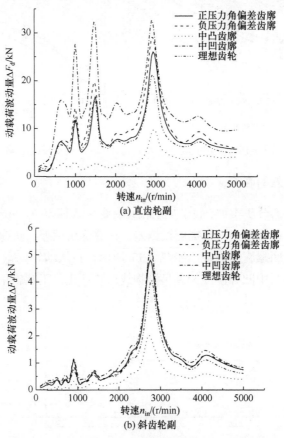

图 5-15　不同转速下齿廓偏差对动载荷波动量的影响

　　考察当系统输入转速稳定在 4000r/min 时，随着负载扭矩的变化，不同形状齿廓偏差对齿轮副动载荷波动量 ΔF_{d} 的影响，如图 5-16 所示。对比图 5-16(a)和(b)

可以看出，无论直齿轮副还是斜齿轮副，理想齿廓的动载荷波动量均随负载扭矩的增加呈线性增大趋势；在不同的负载扭矩下，不同形状齿廓偏差对应的齿轮副动载荷波动量相对大小关系会有所不同，轻载小扭矩情况下相对大小关系比较混乱，重载大扭矩情况下[如图 5-16(b)中斜齿轮副，当负载扭矩大于 1200N·m 时]，不同形状齿廓偏差对应的齿轮副动载荷波动量大小顺序保持不变；多数情况下，中凹齿廓对应的齿轮副动载荷波动最大，中凸齿廓引起的齿轮动载荷波动最小。

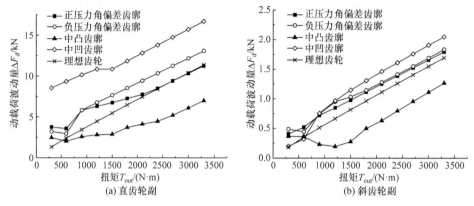

图 5-16   不同扭矩下齿廓偏差对动载荷波动量的影响

5.4.2   螺旋线偏差的影响

与齿廓偏差的分析类似，假设从动轮具有螺旋线偏差 $F_\beta=5\mu m$，并且定义五种形状变化的螺旋线偏差：理想螺旋线偏差、正螺旋角偏差、负螺旋角偏差、中凸螺旋线偏差和中凹螺旋线偏差，如图 5-17 所示，在从动轮齿宽 B 及螺旋线偏差 F_β 范围内，中凸与中凹螺旋线偏差呈抛物线形状变化，正螺旋角偏差和负螺旋角偏差呈直线变化。

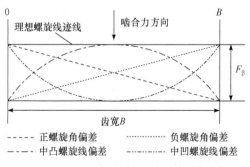

图 5-17   不同形状螺旋线偏差示意图

考察当系统的负载扭矩为 2000N·m 时，不同形状螺旋线偏差对齿轮副动载荷波动量ΔF_d的影响，如图 5-18 所示。对比图 5-18(a)和(b)可以看出，不同形状螺旋线偏差对应的动载荷波动量变化曲线很接近，说明其对直齿轮副基本不产生影响；而对于斜齿轮副，各形状螺旋线偏差会对齿轮副动载荷波动带来不同的影响，总的来说，中凹螺旋线偏差对应的齿轮副动载荷波动最大，中凸螺旋线偏差引起的齿轮副动载荷波动最小，而且在共振转速附近明显偏离理想齿轮的动载荷；正螺旋角偏差和负螺旋角偏差虽然也对斜齿轮的动载荷波动产生影响，但是影响不大。

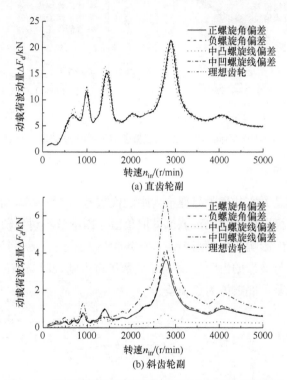

图 5-18　不同转速下螺旋线偏差对动载荷波动量的影响

考察当系统输入转速稳定在 4000r/min 时，随着负载扭矩的变化，不同形状螺旋线偏差对齿轮副动载荷波动量ΔF_d的影响，如图 5-19 所示。对比图 5-19(a)和(b)可以看出，对于直齿轮副，不同扭矩下各螺旋线偏差对应的动载荷波动量与理想齿轮基本没有差别，因此在分析直齿轮系统振动时，可以不考虑螺旋线偏差的影响。对于斜齿轮副，当负载扭矩很小，为 300N·m 时，理想齿轮的动载荷波动最小，其他各形状螺旋线偏差的影响都不大；随着负载扭矩增大，中凸螺旋线偏差及中凹螺旋线偏差带来的影响迅速与理想齿轮拉开距离，其中中凸螺旋线偏差对应的齿轮副动载荷波动最小，中凹螺旋线偏差对应的动载荷波动最大，而正螺旋角偏差和负螺旋角偏差则与理想齿轮相差不大；当负载扭矩较大时，不同形状螺旋线偏差对应的动载荷波动基本都随着扭矩增加呈线性增大趋势，对系统振动的影响程度从小到大排序为：中凸螺旋线偏差<正螺旋角偏差<理想齿轮<负螺旋角偏差<中凹螺旋线偏差。

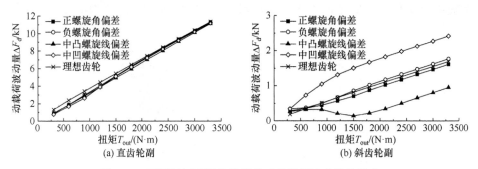

图 5-19　不同扭矩下螺旋线偏差对动载荷波动量的影响

5.4.3　齿距偏差的影响

齿距偏差定义为实际齿距与理论齿距的代数差，如图 5-20 所示，在规定的极限偏差范围内，齿距偏差可取正值也可取负值。因本节不讨论轴频激励，为了消除齿距累积偏差的影响，假设齿距偏差在各轮齿上呈正负交替变化，规定所有奇数齿进入啮合时与前齿的齿距为 p_t+f_{pt}，偶数齿进入啮合时与前齿的齿距为 p_t-f_{pt}，即奇数齿为正偏差，偶数齿为负偏差。

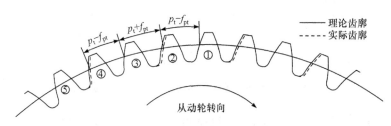

图 5-20　齿距偏差示意图

采用承载接触分析方法计算啮合刚度时需要将齿距偏差等效为齿廓偏差，等效方法以直齿轮为例，如图 5-21 所示。因为齿轮副在奇数倍周期和偶数倍周期的等效齿廓偏差分布形式不同，其响应也会不同，分析时将齿轮副在奇数倍周期和偶数倍周期的响应分别简称为奇数齿上的响应和偶数齿上的响应。

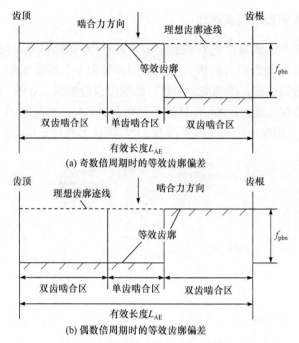

(a) 奇数倍周期时的等效齿廓偏差

(b) 偶数倍周期时的等效齿廓偏差

图 5-21　齿距偏差等效为齿廓偏差示意图

设齿距偏差 $f_{pt}=5\mu m$，考察当系统的输入转速不同时，奇数齿与偶数齿上的动载荷波动量 ΔF_d 的变化历程，如图 5-22 所示。对比图 5-16(a)和(b)可以看出，无论直齿轮副还是斜齿轮副，在大多数转速下，偶数齿上的动载荷波动量明显大于理想齿轮，而奇数齿上的动载荷波动量明显小于理想齿轮，尤其是在共振转速时。也就是说，负齿距偏差使得齿轮副动载荷波动变大，而正齿距偏差使得齿轮副动载荷波动减小。这主要是因为在将齿距偏差等效为齿廓偏差时，负齿距偏差的等效效果类似于中凹齿廓，而正齿距偏差的等效效果类似于中凸齿廓，如图 5-21 所示。

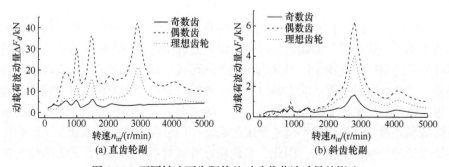

(a) 直齿轮副

(b) 斜齿轮副

图 5-22　不同转速下齿距偏差对动载荷波动量的影响

5.4.4　各类偏差的影响程度对比

　　假设齿廓偏差、螺旋线偏差和齿距偏差具有相同的偏差幅值 5μm，且三类偏差都具有使系统振动最恶劣的误差形状，即齿廓偏差与螺旋线偏差为中凹形状，齿距偏差取偶数齿负偏差的响应，考察当系统负载扭矩为 2000N·m 时，不同种类偏差对齿轮副动载荷波动量 ΔF_d 随转速变化历程的影响，如图 5-23 所示。对于直齿轮副[图 5-23(a)]，因螺旋线偏差几乎没有影响，可认为跟理想齿轮的变化曲线一致。

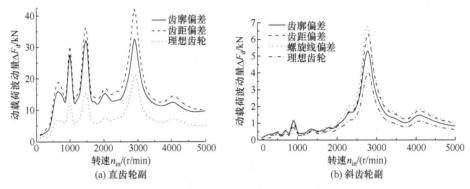

图 5-23　不同种类偏差在不同转速下的动载荷波动量

　　分析图 5-23(a)和(b)可知，对于直齿轮副，在大多数情况下，齿距偏差对齿轮副动载荷波动的影响最大，其次是齿廓偏差，螺旋线偏差的影响最小；对于斜齿轮副，螺旋线偏差对齿轮副动载荷波动的影响最大，其次是齿距偏差，齿廓偏差对齿轮副动载荷波动的影响最小；相比较而言，除了螺旋线偏差对直齿轮副没什么影响外，齿距偏差及齿廓偏差对直齿轮副的影响程度大于对斜齿轮副的影响程度。

5.5　齿轮精度与负载工况对系统动态特性的影响

　　5.4 节虽然分析了齿廓偏差、螺旋线偏差和齿距偏差对直齿轮及斜齿轮副振动的影响，但这些误差的幅值是通过假设方式确定的，与实际误差不一定相符。另外齿轮的制造误差很少以单项齿面偏差的形式存在，真实的齿面误差应是各类偏差的综合，对系统振动的影响也应是一种综合效果。在齿轮设计过程中，通常用加工精度等级来控制齿轮制造误差。一般情况下，提高齿轮加工精度的等级能够降低误差激励，从而减小齿轮系统的振动。但是在不同的负载扭矩下，误差对系统振动的影响是不同的，因此，齿轮精度等级对系统动态特性的影响需要结合负载工况一起研究。

本节首先介绍不同精度等级对应的齿面组合偏差量计算方法，然后以一对斜齿轮副为对象，讨论不同的负载扭矩与齿轮精度等级对系统动态激励和系统响应的影响[49]。

5.5.1　精度等级与齿面组合偏差量

根据 GB/T 10095.1—2008[61]，对于 5 级精度齿轮，齿廓总偏差 F_α、螺旋线总偏差 F_β、齿距偏差 f_{pt} 可分别由式(5-2)～式(5-4)确定：

$$F_\alpha = 3.2\sqrt{m} + 0.22\sqrt{d} + 0.7 \tag{5-2}$$

$$F_\beta = 0.1\sqrt{d} + 0.63 + \sqrt{B} + 4.2 \tag{5-3}$$

$$f_{pt} = 0.3(m + 0.4\sqrt{d}) + 4 \tag{5-4}$$

式中，m 为齿轮模数，mm；d 为分度圆直径，mm；B 为齿轮齿宽，mm；F_α、F_β、f_{pt} 的单位均为 μm。

利用 5 级精度对应的偏差值，通过式(5-5)可以换算得到任一精度等级相应的齿轮偏差：

$$E_{iQ} = E_i \cdot 2^{0.5(Q-5)} \tag{5-5}$$

式中，E_i 为 5 级精度齿轮相应的偏差值，即式(5-2)～式(5-4)中的 F_α、F_β、f_{pt}；Q 为待求的精度等级数；E_{iQ} 为 Q 级精度齿轮相应的偏差值。

式(5-5)获得的 E_{iQ} 值为 Q 级精度轮齿误差所允许的极限值，即公差值。但是对实际加工生产来说，仅在极少数情况下会接近或达到公差值，大多数的轮齿偏差会分布在公差值范围内，因此，如果将该公差值作为实际偏差量直接计入模型计算是不合理的。可以考虑轮齿加工误差的概率分布，取 90%轮齿能够达到的偏差上限作为实际偏差值。假设一批加工齿轮的轮齿各偏差在公差带范围(Δ_{min}，Δ_{max})服从正态分布，则各偏差的均值 E_μ 和均方差 σ 可以根据"3σ"准则表示为

$$E_\mu = \frac{\Delta_{max} + \Delta_{min}}{2}, \quad \sigma = \frac{\Delta_{max} - \Delta_{min}}{6} \tag{5-6}$$

此时概率为 90%的上限为 $\mu_1 = E_\mu + 1.3\sigma$，即有 90%的轮齿偏差会在($-\mu_1$，$+\mu_1$)。确定齿廓、齿距及螺旋线偏差值后，齿面组合偏差即为这三项偏差在法向啮合线方向的代数和。

以表 5-2 中的斜齿轮副为例，加工精度为 5 级，假设轮齿的齿廓偏差为负压力角偏差，螺旋线偏差为负螺旋角偏差，齿距偏差正负交替变化且按偶数倍周期等效，得到三项偏差的组合偏差幅值 15.90μm，其在啮合平面上的等效分布如图 5-24 所示。

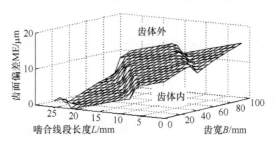

图 5-24　组合偏差在啮合平面上的等效分布示意图

5.5.2　负载扭矩对动态激励的影响

图 5-25 所示为负载扭矩对斜齿轮副全齿宽啮合刚度 k_m 的影响，为了方便分析，图中一并绘出了实际接触线长度 L 的变化情况。从图 5-25 中可以看出，在不同的负载扭矩下，齿轮副啮合刚度的变化规律与实际接触线长度的规律基本一致。在负载较小的情况下，啮合刚度均值随扭矩的增加迅速单调增大，而啮合刚度的波动量随着扭矩的增加有起伏变化；当负载扭矩增加到 4500N·m 时，实际接触线长度均值达到最大，波动量达到最小且不再变化，此时啮合轮齿齿面实现了完全接触，称该扭矩为临界扭矩；当负载大于临界扭矩时，啮合刚度波动量保持最小且基本不变，但是因为接触变形非线性的影响，啮合刚度均值仍会随扭矩的增大缓慢增加。

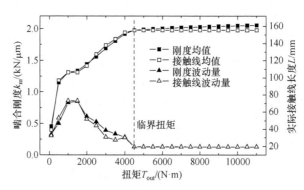

图 5-25　负载扭矩对斜齿轮副全齿宽啮合刚度的影响

图 5-26 所示为负载扭矩对斜齿轮副传递误差 TE 的影响，为了便于分析，图中一并绘出了传递误差的两个分量即综合变形与综合误差的变化情况。从图 5-26 可以看出，在临界扭矩前，传递误差、综合变形及综合误差的均值与波动量变化差别很大，三者的均值变化较平滑，而波动量变化则很不规则，传递误差的波动量总体上随着负载扭矩的增大呈下降趋势，并且在临界扭矩前达到最小值；在临界扭矩后，传递误差、综合变形及综合误差的均值与波动量变化规律一致，由于

负载大于临界扭矩后齿面实现完全接触，综合误差将保持不变，此时传递误差只与综合变形相关，随负载扭矩的增加而线性增加。在临界扭矩后，该斜齿轮副的综合误差波动量为 0.64μm，仅为齿面原始误差幅值 15.90μm 的 4%左右。

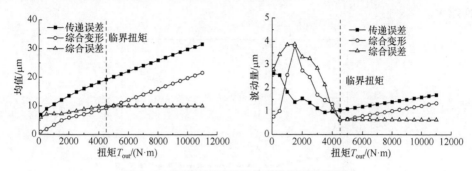

图 5-26 负载扭矩对斜齿轮副传递误差的影响

5.5.3 负载扭矩对系统响应的影响

图 5-27 所示为不同负载扭矩下齿轮动载荷波动量ΔF_d 随输入转速的变化历程。当负载扭矩较小时，由于制造误差的影响，轮齿啮合不完全，齿轮副啮合刚度均值小于理论值，系统的共振转速也会小于理论值，且负载扭矩越小，共振转速偏移越大；此外由于小扭矩时的传递误差激励大，各转速下小扭矩的动载荷波动量也较大。当负载大于临界扭矩后，各共振转速将基本保持不变，且动载荷波动量会随负载的增加而变大。

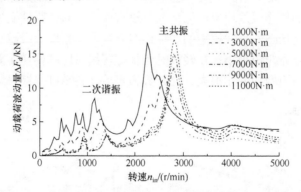

图 5-27 不同扭矩下斜齿轮的动载荷波动量随转速的变化

考察当输入转速为 4000 r/min 时，负载扭矩对齿轮动载系数 K_v 及动载荷波动量 ΔF_d 的影响，如图 5-28 所示。可以发现，当负载很小时，系统具有较大的动载系数，随着负载扭矩的增大，动载系数迅速减小并在临界扭矩后基本不再变化。齿轮动载荷波动量 ΔF_d 的变化很不规则，负载小于临界扭矩时起伏变化较大，相对而言在某些轻载阶段系统也会容易激起较大的动载荷波动；当负载在临界扭矩之前为 3500N·m 时，动载荷波动量有较低水平的极值，与传递误差取得极值时的扭矩一致。当负载大于临界扭矩后，动载荷波动量将随着负载扭矩的增加而线性增大。

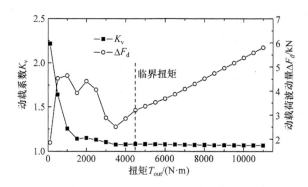

图 5-28　转速为 4000r/min 时斜齿轮的动载荷波动量与动载系数随扭矩的变化

5.5.4　精度等级对系统特性的影响

算例齿轮副在 5 级精度时对应的组合偏差为 15.90μm，通过换算可以得到 6 级精度和 7 级精度对应的组合偏差分别为 22.49μm 和 31.80μm。结合无误差的理想齿轮对比分析不同精度等级下齿轮传递误差均值和波动量随负载扭矩的变化，如图 5-29 所示。可以看出，精度等级越高，则传递误差均值越小，且所有情况下都是理想齿轮的传递误差均值最低，因其没有误差，只受弹性变形的影响，所以其均值和波动量均随着负载扭矩的增加而线性增大；精度等级越高，则使齿面实现完全接触的临界扭矩越小；在轻载时各精度等级对应的传递误差波动量差距明显，且随负载扭矩增加变化很大，在临界扭矩后，各精度等级对应的传递误差波

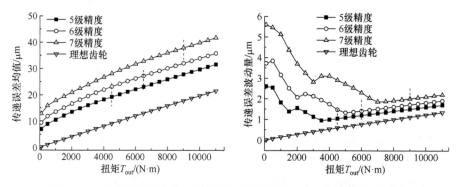

图 5-29　不同精度等级时斜齿轮的传递误差均值和波动量随扭矩的变化

动量都随负载线性缓慢增加，且之间差距较小，说明重载时通过提高加工精度等级带来的影响不再显著。

图 5-30 和图 5-31 很好地显示了轻载和重载条件下各精度等级对系统响应影响的差异。对比可知，在轻载 1000N·m 时，不同精度等级包括理想齿轮对应的动载荷波动量随转速变化历程曲线差异较大，除了幅值差距明显，共振转速也有所不同，说明轻载时精度等级或者误差对系统振动的影响显著；而在重载 10000N·m 时，不同精度等级的齿轮在此扭矩下齿面都实现了完全接触，其动载荷波动量随转速变化历程曲线的形状与理想齿轮基本完全一致，幅值差距也比较小，说明重载时轮齿误差对系统振动的影响很小。

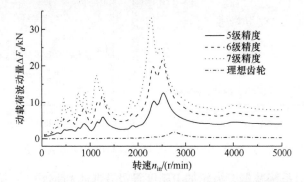

图 5-30　1000N·m 时斜齿轮啮合动载荷波动量随转速的变化

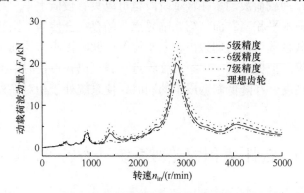

图 5-31　10000N·m 时斜齿轮啮合动载荷波动量随转速的变化

考察当输入转速为 4000 r/min 时，各级精度齿轮副的动载系数 K_v 及动载荷波动量 ΔF_d 随负载扭矩变化的情况，如图 5-32 所示。可以看出，各负载扭矩下理想齿轮的动载系数 K_v 与动载荷波动量 ΔF_d 均为最小，其中动载系数 K_v 随扭矩增加保持不变，而动载荷波动量 ΔF_d 随着扭矩线性增大；不同精度等级下的动载系数与动载荷波动量变化趋势相似，且精度等级越高，动载系数和动载荷波动量越小；当负载小于临界扭矩时，各精度等级对应的动载荷波动量起伏变化较大，而动载系数则呈单调且迅速下降趋势；当负载扭矩超过所有临界扭矩达到 10000N·m 后，不同精度等级对应的动载系数与理想齿轮基本相等，即在该工况下提高齿轮加工精度等级已不再有明显的减振效果，称此载荷点为"第二临界点"。同时，通过观察图 5-28 和图 5-32 中的动载荷波动量曲线可以发现，对于每一种精度等级的齿轮，在临界扭矩前均存在某一扭矩使得动载荷波动量处于具有较低水平的极值点，而且该极值点处的动载荷与高一精度等级齿轮的动载荷相当甚至有可能更低，称这一极值点对应的扭矩为"第一临界点"。

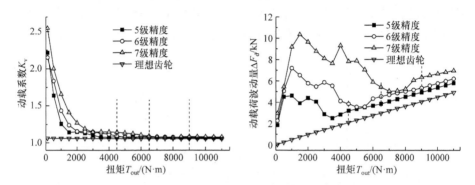

图 5-32　转速为 4000r/min 时不同精度等级斜齿轮动态响应随扭矩的变化

因此，针对系统减振，齿轮加工精度等级并非越高越好。"第一临界点"的存在会使得齿轮动载荷波动量在轻载阶段也可以具有较低水平，甚至与高精度等级齿轮的动载荷水平相当；而"第二临界点"的存在会使得不同精度等级齿轮在重载阶段的动载系数可以与理想齿轮基本相等，此时提高齿轮加工精度等级不再有明显减振效果。把握了第一、第二临界点，就可以在设计时根据负载工况合理选择齿轮加工精度，在降低制造成本的同时，使系统处于相对平稳工作状态，实现低噪声设计。

5.6　齿距累积偏差对系统动态特性的影响

齿距累积偏差属于长周期误差(也称轴频激励误差)，是以轴的回转频率为主要频率成分的低频误差。由于轴的回转频率与齿轮的啮合频率呈齿数倍关系，轴频激励误差的最小周期一般是以齿轮啮合频率为主要成分的高频误差的齿数倍。轴频激励误差可能导致齿轮系统产生低频振动，从而对齿轮的疲劳强度和低周应力造成显著影响，且低频振动和噪声更加难以抑制和消除，因此，研究轴频激励误差对系统性能的影响同样具有重要的工程实际意义。

齿距累积偏差和偏心误差是最常见且最典型的两种齿轮轴频激励误差。偏心误差在转子动力学中被研究得比较多，而对于齿距累积偏差对齿轮系统动态特性影响的深入研究比较少，且大多以直齿轮系统为研究对象。在以往研究中，大多将齿距累积偏差这类长周期的低频误差采用谐波函数来模拟，忽略了在误差影响下齿轮实际啮合状况的变化。本章 5.4 节在讨论齿距偏差对系统振动的影响时，通过假设齿距偏差在各轮齿上呈正负交替变化，消除了长周期的齿距累积偏差。本节以其他基本参数相同的直齿轮副和人字齿轮副为研究对象，基于齿面承载接触分析方法和广义有限元法，分别讨论单个齿距偏差、正弦形式齿距累积偏差和随机形式齿距累积偏差对系统动态特性的影响[62]。

5.6.1　单个齿距偏差的影响

图 5-33 为某人字齿轮结构简图。人字齿轮副基本参数如表 5-5 所示。主动轮所在轴由 9 个轴段组成，结构参数如表 5-6 所示；从动轮所在轴由 7 个轴段组成，结构参数如表 5-7 所示。功率从主动轮所在轴左端输入，由从动轮所在轴的右端通过法兰盘输出。考虑功率传递路径、轴承支承位置及轴系结构的空间分布和变形，建立该系统的广义有限元动力学模型，共包含 30 个节点、180 个自由度。

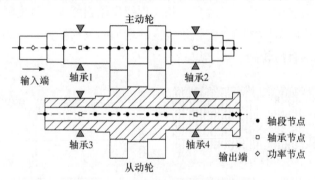

图 5-33　某人字齿轮系统结构简图

表 5-5　人字齿轮副基本参数

参数名称	齿数	法向模数/mm	法向压力角/(°)	螺旋角/(°)	单侧齿宽/mm
数值	25/50	6	20	28.5	71

表 5-6　主动轮所在轴的结构参数

序号	1	2	3	4	5	6	7	8	9
长度/mm	110	66.5	184.5	71	80	71	184	44.5	43
外径/mm	90	110	120	120	120	120	110	98	60

表 5-7　从动轮所在轴的结构参数

序号	1	2	3	4	5	6	7
长度/mm	200.5	58.5	71	80	71	266	30
外径/mm	120	138	192	210	192	120	168
内径/mm	51	51	51	51	51	51	51

1. 准静态特性分析

首先考察单个齿距偏差的影响。假设从动轮的第 25 号轮齿存在 15μm 的齿距偏差，对比计算不同螺旋角齿轮副在负载扭矩为 1000N·m 时的长周期时变啮合刚度如图 5-34 所示。可以发现，含单个齿距偏差的直齿轮副在第 24 个和第 25 个啮合周期的啮合刚度明显降低，而对于重合度较高的人字齿轮，在第 22、23、24 和 25 个啮合周期的啮合刚度均明显降低。由于直齿轮副重合度一般在 1～2，单个齿距偏差对齿轮啮合的影响仅限于使相邻两轮齿的啮合与理论啮合过程有所差异。另外由于人字齿轮重合度较高，相应理想齿轮副的啮合刚度波动也较小，单个齿距偏差的影响范围将随着齿轮重合度的增加而逐渐扩大，且影响程度明显高于重合度较低的直齿轮副。

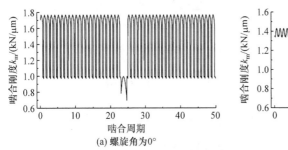
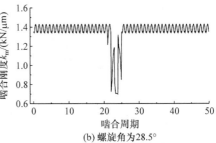

图 5-34　含单个齿距偏差的齿轮系统在负载扭矩为 1000N·m 时的长周期时变啮合刚度

图 5-35 为存在单个齿距偏差时不同螺旋角齿轮副在不同负载扭矩下的啮合刚度均值。可以发现，对于直齿轮副，当负载扭矩小于 2000N·m 时，随着负载扭矩的增加，啮合刚度均值先缓慢增大，而后急剧增大；当负载扭矩大于 2000N·m 时，随着负载扭矩的增加，啮合刚度均值变化缓慢，且呈线性增大趋势。2000N·m 即为考虑单个齿距偏差时该直齿轮副齿面可以达到完全接触状态的临界扭矩。对于人字齿轮副，该临界扭矩增大为 2700N·m。图 5-36 为存在单个齿距偏差时不同螺旋角齿轮副在负载扭矩为 2200N·m 下第 25 个啮合周期的齿面载荷分布。可

以发现，齿距偏差使齿间载荷分配出现严重的不均现象，且在该负载扭矩下螺旋角为 0°的齿轮副齿面已经达到完全接触状态，而螺旋角为 28.5°的齿轮副齿面依然存在明显的部分脱啮区域。

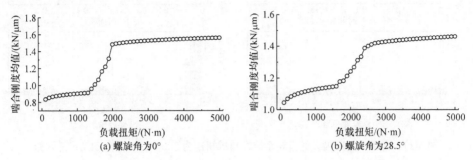

(a) 螺旋角为0°　　　　　　　　　　(b) 螺旋角为28.5°

图 5-35　含单个齿距偏差的齿轮系统在不同负载扭矩下的啮合刚度均值

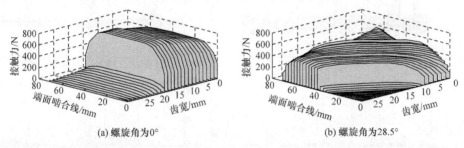

(a) 螺旋角为0°　　　　　　　　　　(b) 螺旋角为28.5°

图 5-36　含单个齿距偏差的齿轮系统在负载 2200N·m 时第 25 个啮合周期的齿面载荷分布

2. 动态特性分析

当从动轮的第 25 号轮齿存在 15μm 的齿距偏差，负载扭矩为 3000N·m，输入转速为 1500r/min 时，不同螺旋角齿轮系统的时域和频域动态传递误差如图 5-37 所示，轴承沿径向的时域和频域振动加速度如图 5-38 所示。图中频率比为啮合频率与从动轴频率之比。可以发现，单个齿距偏差使不同螺旋角齿轮系统的动态传递误差和轴承振动加速度均出现了幅频调制现象，即在动态响应频谱中，齿轮副啮合频率及其倍频的两侧出现了一系列边频带成分 $f_m \pm if_s (i=1,2,\cdots,n)$，且呈现光滑的外包络。对于重合度较低的直齿轮系统，边频带成分显然远远小于齿轮副啮合频率及其倍频的幅值；对于重合度较高的人字齿轮，动态传递误差和轴承振动加速度频谱中齿轮副啮合频率及其倍频的幅值较小，因此边频带成分显得尤为突出，在动态传递误差频谱中，低频段的某些边频带成分甚至大于齿轮副啮合频率的幅值。

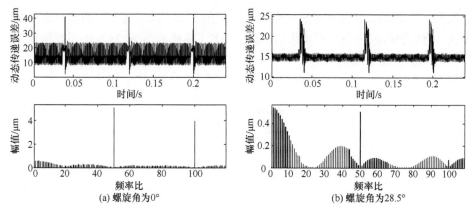

图 5-37　含单个齿距偏差的齿轮系统在负载扭矩为 3000N·m 时的动态传递误差

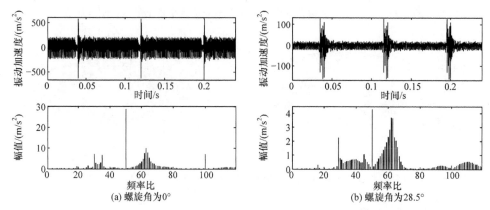

图 5-38　含单个齿距偏差的齿轮系统在负载扭矩为 3000N·m 时的轴承振动加速度

5.6.2　正弦形式齿距累积偏差的影响

　　为了考察齿距累积偏差对齿轮系统的准静态接触特性和动态响应的影响，需要考虑齿距累积偏差在啮合周期内的分布。一般而言，齿距累积偏差在一定轮齿范围大致呈正弦形式分布，4 级精度的正弦形式齿距累积偏差和相应的齿距偏差如图 5-39 所示，其齿距累积总偏差为 24μm。

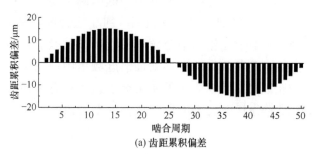

(a) 齿距累积偏差

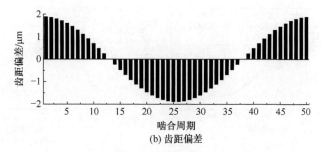

(b) 齿距偏差

图 5-39 正弦形式的齿距累积偏差和齿距偏差

1. 准静态特性分析

考虑正弦形式的齿距累积偏差，不同螺旋角齿轮系统在负载扭矩分别为 1000N·m、2000N·m、3000N·m 和 5000N·m 时的时变啮合刚度如图 5-40 所示，静态传递误差如图 5-41 所示，综合啮合误差如图 5-42 所示。可以发现，在不同负载扭矩作用下，不同螺旋角齿轮副的时变啮合刚度、静态传递误差和综合啮合误差曲线形状均保持不变，螺旋角为 28.5° 的齿轮副啮合刚度和传递误差波动量明显小于螺旋角为 0° 的齿轮副。由于接触点的局部接触变形随载荷的增加呈非线性增加趋势，齿轮副时变啮合刚度和静态传递误差的数值随负载扭矩的增加而

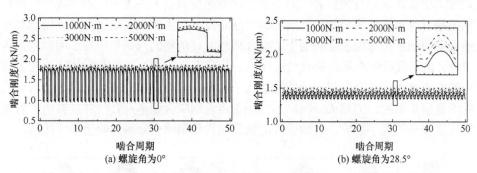

图 5-40 含正弦形式齿距累积偏差的齿轮副在不同负载扭矩下的时变啮合刚度

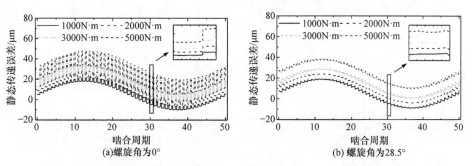

图 5-41 含正弦形式齿距累积偏差的齿轮副在不同负载扭矩下的静态传递误差

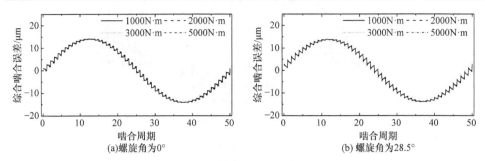

图 5-42　含正弦形式齿距累积偏差的齿轮副在不同负载扭矩下的综合啮合误差

增大。不同负载扭矩下的综合啮合误差数值始终保持一致。这是由于正弦形式的齿距累积总偏差相应的齿距偏差相对较小(图 5-39 齿距偏差最大值不足 2μm)，即使在较小的负载工况下，啮合齿面依然处于完全接触状态。

2. 动态特性分析

考虑正弦形式的齿距累积偏差，当输入转速为 4500r/min，负载扭矩为 3000N·m 时，不同螺旋角齿轮系统的时域和频域动态传递误差如图 5-43 所示，轴承沿径向的时域和频域振动加速度如图 5-44 所示。可以观察到，在动态传递误差频谱中轴频成分最为显著，而轴承振动加速度频谱中并无明显轴频成分。短周期的啮合频率激励成分和长周期的轴频激励成分产生的幅频调制作用使得动态传递误差与轴承振动加速度频谱中的啮合频率及其倍频的两侧均出现了明显的边频成分。由于假设齿距累积偏差呈标准的正弦形式分布，调制边频带中仅 $f_m \pm f_s$ 成分的幅值较大，其余边频成分的幅值几乎为零。同时可以观察到，对于重合度较低的直齿轮系统，边频成分同样远远小于齿轮副啮合频率及其倍频的幅值；对于重合度较高的人字齿轮，边频成分的幅值与齿轮副啮合频率的幅值非常接近。

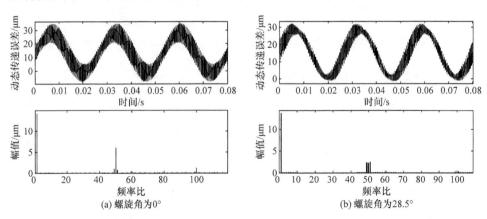

图 5-43　含正弦形式齿距累积偏差的齿轮系统在负载扭矩为 3000N·m 时的动态传递误差

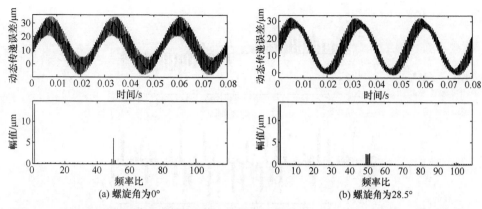

图 5-44　含正弦形式齿距累积偏差的齿轮系统在负载扭矩为 3000N · m 时的轴承振动加速度

5.6.3　随机形式齿距累积偏差的影响

由于制造误差的随机性，标准正弦形式分布的齿距累积偏差非常少见。为了考察齿距累积偏差随机性对齿轮系统准静态和动态特性的影响，将其随机性采用正态分布 $\lambda \sim (E_\mu, \sigma^2)$ 近似表示，其中，齿距累积偏差的期望 $E_\mu = 0\mu m$，标准差 $\sigma = 3\,\mu m$。随机形式的齿距累积偏差可通过标准正弦形式叠加正态分布得到。不同精度等级下的齿距偏差和齿距累积总偏差如表 5-8 所示。4 级精度随机形式的齿距累积偏差和相应的齿距偏差如图 5-45 所示。

表 5-8　不同精度等级下的齿轮偏差值

项目	精度等级		
	4	5	6
齿距偏差/μm	5.5	8	11
齿距累积总偏差/μm	24	33	47

1. 负载扭矩对齿轮系统准静态及动态特性的影响

1) 准静态特性分析

考虑随机形式的齿距累积偏差，人字齿轮副在不同负载扭矩下的时变啮合刚度如图 5-46 所示，静态传递误差如图 5-47 所示，综合啮合误差如图 5-48 所示。可以发现，在不同负载工况下，随机形式的齿距累积偏差对时变啮合刚度、静态传递误差和综合啮合误差的影响不同。当负载扭矩较小时，部分啮合周期的时变啮合刚度数值明显小于负载扭矩较大的工况，且曲线形状也有较大差异。这是因为当轮齿承受较小载荷时，部分误差较大的可能接触点在载荷作用下依旧不能达到接触状态，啮合齿面将在部分区域出现脱啮现象。由于静态传递误差由轮齿弹

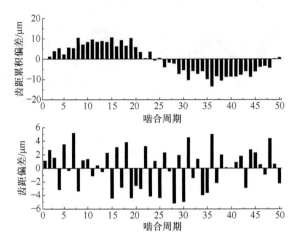

图 5-45　随机形式的齿距累积偏差和齿距偏差

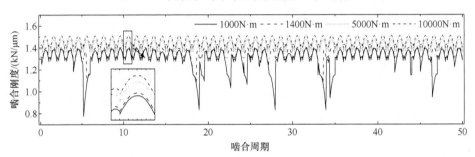

图 5-46　含随机形式齿距累积偏差的齿轮副在不同负载扭矩下的时变啮合刚度

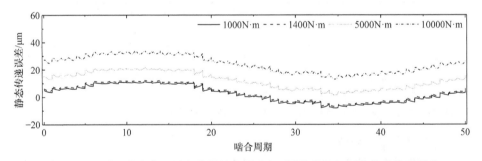

图 5-47　含随机形式齿距累积偏差的齿轮副在不同负载扭矩下的静态传递误差

性变形和齿面误差两部分构成，随着负载扭矩的增加，轮齿弹性变形逐渐增大，因此，静态传递误差随着负载扭矩增加而逐渐增大。从图中还可以观察到，齿轮副综合啮合误差与负载扭矩相关。随着负载扭矩的增加，综合啮合误差逐渐增大，当负载扭矩大于 5000N·m 时，齿轮副综合啮合误差曲线形状不再变化，说明此时啮合齿面已经达到完全接触状态。

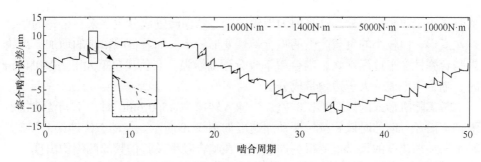

图 5-48 含随机形式齿距累积偏差的齿轮副在不同负载扭矩下的综合啮合误差

2) 动态特性分析

考虑随机形式的齿距累积偏差，当输入转速为 4500r/min 时，不同负载扭矩下人字齿轮系统的时域和频域动态传递误差如图 5-49 所示。可以观察到，与正弦形式齿距累积偏差类似，考虑随机形式齿距累积偏差的齿轮副动态传递误差频谱中同样发生了幅频调制现象，而且其频谱特征变得更加复杂。在动态传递误差频谱中，轴频成分依然是最显著的频率成分，而在啮合频率及其倍频的两侧均出现了一系列不规则的边频带成分。当负载扭矩小于 1400N·m 时，啮合频率成分幅

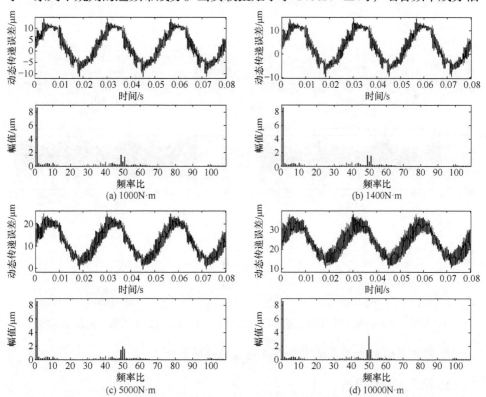

图 5-49 含随机形式齿距累积偏差的齿轮副在不同负载扭矩下的动态传递误差

值明显小于边频带成分。这是因为齿轮的啮合频率激励成分主要来自齿轮的啮合弹性变形，而较小的负载产生的啮合弹性变形较小。随着负载扭矩的增加，齿轮副啮合弹性变形逐渐增大，啮合频率成分逐渐增强。当负载扭矩大于 5000N·m 时，啮合频率成分大于边频带成分。

考虑随机形式的齿距累积偏差，当输入转速为 4500r/min 时，不同负载扭矩下轴承沿径方向的时域和频域振动加速度如图 5-50 所示。与动态传递误差类似，轴承振动加速度的频谱也变得更加复杂，在啮合频率及其倍频的两侧均出现了一系列边频带成分。随着负载扭矩的增加，齿轮副啮合弹性变形逐渐增大，啮合频率及其倍频成分逐渐增强。当负载扭矩小于 1400N·m 时，边频带成分明显大于啮合频率成分。当负载扭矩大于 5000N·m 时，啮合频率的幅值大于边频带的幅值。与动态传递误差不同的是，在轴承振动加速度的频谱中几乎观察不到轴频成分。

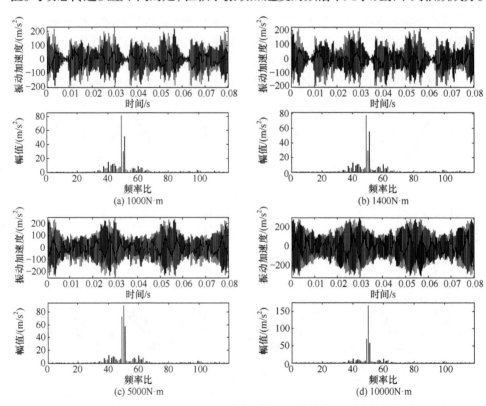

图 5-50　含随机形式齿距累积偏差的齿轮副在不同负载扭矩下的轴承振动加速度

2. 精度等级对齿轮系统准静态及动态特性的影响

1) 准静态特性分析

考虑随机形式的齿距累积偏差，当负载扭矩为 6000N·m 时，不同精度等级下人字齿轮副的时变啮合刚度如图 5-51 所示,静态传递误差如图 5-52 所示,综合啮合误差如图 5-53 所示。可以发现,不同精度等级下齿轮副的时变啮合刚度曲线完全一致,这是因为不同精度等级下啮合齿面在该负载工况下始终处于完全接触状态。理想齿轮副静态传递误差曲线的各个啮合周期完全一致,且综合啮合误差一直为零。随着精度等级的降低,齿距累积偏差和相应齿距偏差均逐渐增加,静态传递误差和综合啮合误差曲线出现明显的轴频成分,且幅值逐渐增大。

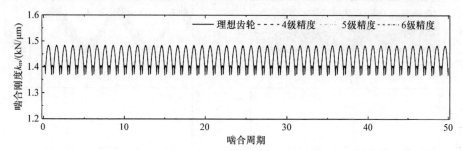

图 5-51　含随机形式齿距累积偏差的齿轮副在不同精度等级下的时变啮合刚度

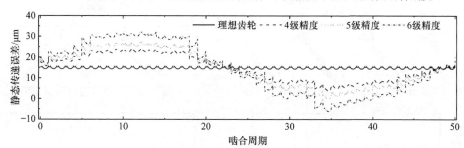

图 5-52　含随机形式齿距累积偏差的齿轮副在不同精度等级下的静态传递误差

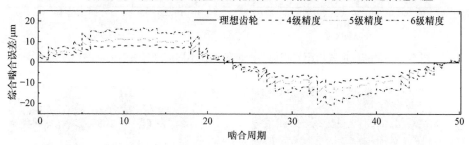

图 5-53　含随机形式齿距累积偏差的齿轮副在不同精度等级下的综合啮合误差

2) 动态特性分析

考虑随机形式的齿距累积偏差,当负载扭矩为 6000N·m,输入转速为 4500r/min 时,不同精度等级下人字齿轮系统的时域和频域动态传递误差如图 5-54 所示,轴承沿径向的时域和频域振动加速度如图 5-55 所示。可以发现,对于理想齿轮系统,动态传递误差和轴承振动加速度频谱中仅存在齿轮副啮合频率及其倍频

　　成分。当引入随机形式的齿距累积偏差后，动态传递误差频谱中出现明显的轴频成分，而轴承振动加速度频谱中并无此现象。在动态传递误差和轴承振动加速度频谱中，齿轮副啮合频率及其倍频的两侧均出现了一系列边频带，且随着精度等级的降低，边频带成分逐渐增强。当精度等级为 6 级时，部分边频的幅值大于齿轮副啮合频率的幅值。

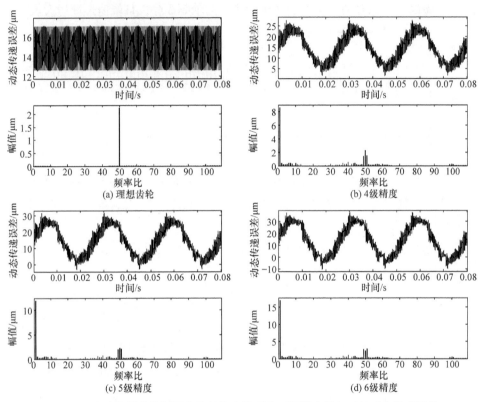

图 5-54　含随机形式齿距累积偏差的齿轮副在不同精度等级下的动态传递误差

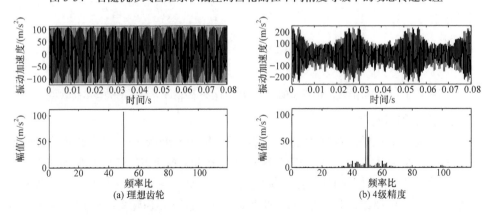

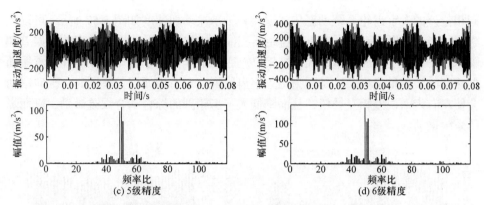

图 5-55 含随机形式齿距累积偏差的齿轮副在不同精度等级下的轴承振动加速度

3. 齿距累积偏差相位对齿轮系统的影响

考虑到制造误差的随机性，人字齿轮副左右齿面的齿距累积偏差并不完全一致。在图 5-45 所示随机齿距累积偏差的基础上，假设人字齿轮副右齿面的误差相位相对左齿面分别滞后 0°、90° 和 180°，如图 5-56 所示，进一步考察左右齿面误差相位对人字齿轮轴向窜动和动态特性的影响。当精度等级为 4 级，负载扭矩为 10000N·m 时，不同相位差下人字齿轮副的轴向窜动量如图 5-56 所示。可以观察到，当左、右齿面误差相位差为 0° 时，人字齿轮不发生轴向窜动。当左、右齿面误差相位差分别为 90° 和 180° 时，人字齿轮副左、右齿面在每一啮合位置的误差将不同，从而使左、右齿面承担的载荷有所差异。然而，由于人字齿轮副通常对小齿轮所在轴采用轴向浮动安装，此时人字齿轮副将自动发生轴向窜动从而平衡左、右齿轮副的轴向力，进而保证左、右齿面承担的载荷相等。同时可以观察到，左、右齿面误差相位差为 180° 时的轴向窜动量幅值最大。

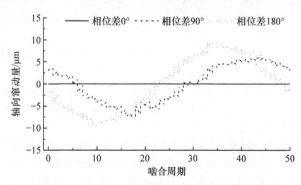

图 5-56 不同相位差下人字齿轮副的轴向窜动量

当精度等级为 4 级，负载扭矩为 10000N·m，输入转速为 4500r/min 时，不同相位差的人字齿轮系统动态传递误差和轴承振动加速度如图 5-57 所示。可以观察到，当人字齿轮副左、右齿面齿距累积偏差的相位差为 0°时，动态传递误差和轴承振动加速度的波动量最大，当相位差达到 180°时，动态传递误差和轴承振动加速度的波动量最小。这是因为当人字齿轮副左、右齿面误差不同时，轴向窜动会使左右齿面误差相互补偿，从而降低人字齿轮副的综合啮合误差激励，进而降低系统振动。

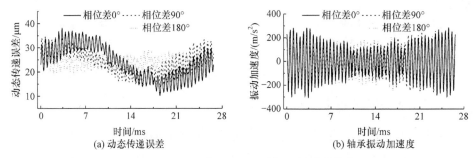

图 5-57　不同相位差下人字齿轮系统动态响应

参 考 文 献

[1] LEES A W. Dynamic loads in gear teeth[C]. Proceedings of the Third International Conference on Vibrations Rotating Machinery, Heslington, England, 1984, 73-79.

[2] KUBO A, KIYONO S, FUJINO M. On analysis and prediction of machine vibration cased by gear meshing (1st Report, Nature of gear vibration and the total vibrational excitation)[J]. Bulletin of the JSME, 1986, 29(258): 4424-4429.

[3] KAHRAMAN A, SINGH R. Interactions between time-varying mesh stiffness and clearance non-linearities in a geared system[J]. Journal of Sound and Vibration, 1991, 146(1): 135-156.

[4] LIN J, PARKER R G. Planetary gear parametric instability caused by mesh stiffness variation[J]. Journal of Sound and Vibration, 2002, 249(1): 129-145.

[5] LIN J, PARKER R G. Mesh stiffness variation instabilities in two-stage gear systems[J]. Journal of Vibration and Acoustics, 2002, 124(1): 68-76.

[6] KUANG J H, LIN A D. Theoretical aspects of torque responses in spur gearing due to mesh stiffness variation[J]. Mechanical Systems and Signal Processing, 2003, 17(2): 255-271.

[7] HAN Q K, WANG J J, LI Q H. Theoretical analysis of the natural frequency of a geared system under the influence of a variable mesh stiffness[J]. Proceedings of the Institution of Mechanical Engineers, Part D: Journal of Automobile Engineering, 2009, 223: 221-231.

[8] 刘更, 何大为, 沈允文, 等. 高速双联斜齿轮中的动应力与离心应力分析[J]. 齿轮, 1991, 15(2): 1-4.

[9] 刘更, 沈允文, 方宗德, 等. 航空高速双联斜齿圆柱齿轮行波共振的研究[J]. 西北工业大学学报, 1992, 10(3): 344-350.

[10] 刘更, 沈允文, 何大为. 齿轮参数对斜齿轮传动振动特性的影响[J]. 西北工业大学学报, 1992, 10(1): 67-73.

[11] 刘更, 朱浩, 沈允文, 等. 动载下的圆柱齿轮接触应力分析[J]. 航空动力学报, 1993, 8(3): 245-249.

[12] 刘更, 蔺天存, 沈允文. 圆柱齿轮啮合过程齿根应力数值计算方法研究[J]. 西北工业大学学报, 1993, 11(4):

482-486.

[13] 刘更, 蔺天存, 沈允文. 斜齿轮齿根动应力数值计算与实验研究[J]. 航空动力学报, 1994, 9(1): 59-62.

[14] 刘更, 彭雄奇. 齿轮参数对内啮合斜齿轮传动振动特性的影响[J]. 机械科学与技术, 1994(1): 65-69.

[15] 刘更, 蔺天存, 方宗德, 等. 斜齿轮啮合过程齿根应力的实验研究[J]. 机械传动, 1994, 18(1): 39-44.

[16] 刘更, 沈允文, 蔺天存, 等. 具有不同腹板布置的薄轮缘圆柱齿轮的模态实验[J]. 机械科学与技术, 1995(4): 90-92.

[17] 彭雄奇, 刘更. 内啮合斜齿轮副柔度的计算公式[J]. 机械科学与技术, 1995(1): 61-64.

[18] 沈允文, 刘更, 朱均. 具有不同辐板布置斜齿轮传动系统的动态特性研究[J]. 西北工业大学学报, 1995, 13(2): 235-239.

[19] 张永才, 刘更, 蔺天存, 等. 薄轮缘斜齿轮结构动应力的实验研究[J]. 航空动力学报, 1995, 10(4): 391-394.

[20] 刘更, 蔺天存, 李树庭, 等. 三维修形对薄轮缘斜齿轮共振应力影响的实验研究[J]. 航空动力学报, 1996, 11(1): 41-44.

[21] 马尚君, 刘更, 周建星, 等. 辐板式人字齿轮结构稳态响应特性研究[J]. 机械科学与技术, 2010, 29(2): 229-233.

[22] 卜忠红, 刘更, 吴立言. 斜齿轮啮合刚度变化规律研究[J]. 航空动力学报, 2010, 25(4): 957-962.

[23] 常乐浩, 刘更, 郑雅萍, 等. 一种基于有限元法和弹性接触理论的齿轮啮合刚度改进算法[J]. 航空动力学报, 2014, 29(3): 682-688.

[24] LIU L, DING Y F, WU L Y, et al. Effects of contact ratios on mesh stiffness of helical gears for lower noise design[C]. Proceedings of International Gear Conference, Lyon, France, 2014:320-329.

[25] 丁云飞, 刘岚, 吴立言, 等. 斜齿圆柱齿轮啮合刚度波动的变化规律研究[J]. 机械传动, 2014, 38(5): 24-27.

[26] KUBO A, KIYONO S. Vibrational excitation of cylindrical involute gears due to tooth form error[J]. Bulletin of the JSME, 1980, 23(183): 1536-1543.

[27] UMEZAWA K, SATO T, KOHNO K. Influence of gear errors on rotational vibration of power transmission spur gears (1st Report, pressure angle error and normal pitch error)[J]. Bulletin of the JSME, 1984, 27(225): 569-575.

[28] UMEZAWA K, SATO T. Influence of gear error on rotational vibration of power transmission spur gear (2nd Report, waved form error)[J]. Bulletin of the JSME, 1985, 28(243): 2143-2148.

[29] UMEZAWA K, SATO T. Influence of gear error on rotational vibration of power transmission spur gear (3rd Report, accumulative pitch error)[J]. Bulletin of the JSME, 1985, 28(246): 3018-3024.

[30] UMEZAWA K, SUZUKI T, HOUJOH H. Estimation of vibration of power transmission helical gears by means of performance diagrams on vibration[J]. Transactions of the Japan Society of Mechanical Engineers, Part C,1988,54(498):458-467.

[31] MATSUMURS S, UMEZAWA K, HOUJOH H. Rotational vibration of a helical gear pair having tooth surface deviation during transmission of light load[J]. JSME International Journal, Series C, 1996, 39(3): 614-620.

[32] CAI Y, HAYASHI T. The linear approximated equation of vibration of a pair of spur gears(theory and experiment)[J]. Journal of Mechanical Design, 1994, 116(2): 558-570.

[33] OGAWA Y, MATSUMURS S, HOUJOH H, et al. Rotational vibration of a spur gear pair considering tooth helix deviation (Development of simulator and verification)[J]. JSME International Journal, Series C, 2000, 43(2): 423-431.

[34] BONORI G, PELLICANO F. Non-smooth dynamics of spur gears with manufacturing errors[J]. Journal of Sound and Vibration 2007, 306(1-2): 271-283.

[35] ÖZGÜVEN H N, HOUSER D R. Dynamic analysis of high speed gears by using loaded static transmission error[J]. Journal of Sound and Vibration, 1988, 125(1), 71-83.

[36] 常山, 徐振忠, 李威, 等. 用静态传递误差法进行高速宽斜齿轮振动分析[J]. 机械设计, 1997, 14(1): 32-34.

[37] TAMMINANA V K, KAHRAMAN A, VIJAYAKAR S. A study of the relationship between the dynamic factor and the dynamic transmission error of spur gear pairs[C]. Proceedings of the ASME International Design Engineering Technical Conferences and Computers and Information in Engineering Conference, Long Beach, USA,2005: 917-927.

[38] VELEX P, AJMI M. On the modeling of excitations in geared systems by transmission errors[J]. Journal of Sound and Vibration, 2006, 290(3-7): 882-909.

[39] 常乐浩, 刘更, 吴立言, 等. 不同形式齿廓偏差对直齿轮副振动的影响规律[J]. 振动与冲击, 2014, 33(19): 22-27.

[40] 常乐浩, 刘更, 吴立言. 齿轮综合啮合误差计算方法及对系统振动的影响[J]. 机械工程学报, 2015, 51(1): 123-130.

[41] 常乐浩, 贺朝霞, 刘更. 螺旋线偏差对圆柱齿轮副振动的影响规律研究[J]. 振动与冲击, 2016, 35(22): 80-85.

[42] 常乐浩, 贺朝霞, 刘岚, 等. 一种确定斜齿轮传递误差和啮合刚度的快速有效方法[J]. 振动与冲击, 2017, 36(6): 157-162, 174.

[43] 常乐浩, 刘更, 贺朝霞. 圆柱齿轮副静态传递误差的变化规律研究[J]. 机械传动, 2017, 41(7): 7-11, 21.

[44] 袁冰, 常山, 吴立言, 等. 对角修形对斜齿轮系统准静态及动态特性的影响研究[J]. 西北工业大学学报, 2017, 35(2): 232-239.

[45] 袁冰, 常山, 刘更, 等. 考虑齿距累积误差的人字齿轮系统动态特性分析[J]. 振动与冲击, 2020, 39(3): 120-126.

[46] MATSUMURA S, UMEZAWA K, HOUJOH H. Rotational vibration of a helical gear pair having tooth surface deviation during transmission of light load[J]. JSME International Journal, Series C, 1996, 39(3): 614-620.

[47] 石照耀, 康焱, 林家春. 基于齿轮副整体误差的齿轮动力学模型及其动态特性[J].机械工程学报, 2010, 46(17): 55-61.

[48] BORNER J, MAIER M, JOACHIM FJ. Design of transmission gearings for low noise emission: loaded tooth contact analysis with automated parameter variation [C]. Proceedings of International Conference on Gears, Munich, Germany, 2013: 719-730.

[49] 常乐浩. 平行轴齿轮传动系统动力学通用建模方法与动态激励影响规律研究[D]. 西安: 西北工业大学, 2014.

[50] CHANG L H, CAO X P, HE Z X, et al. Load-related dynamic behaviors of a helical gear pair with tooth flank errors[J]. Journal of Mechanical Science and Technology, 2018, 32(4): 1473-1487.

[51] YUAN B, YIN X M, LIU L, et al. Robust optimization of tooth surface modification of helical gear with misalignment[C]. Proceedings of International Gear Conference, Lyon, France,2018:38-45.

[52] YUAN B, CHANG S, LIU G, et al. Quasi-static analysis based on generalized loaded static transmission error and dynamic investigation of wide-faced cylindrical geared rotor system[J]. Mechanism and Machine Theory, 2019, 134: 74-94.

[53] 张金梅, 刘更, 周建星, 等. 人字齿轮减速器振动噪声影响因素仿真分析研究[J]. 振动与冲击, 2014, 33(11): 161-166, 183.

[54] 张金梅, 刘更, 周建星, 等. 考虑啮入冲击作用下减速器的振动噪声分析[J]. 振动与冲击, 2013, 32(13): 118-122, 141.

[55] GOU X F, ZHU L Y, QI C J. Nonlinear dynamic model of a gear-rotor-bearing system considering the flash temperature[J]. Journal of Sound and Vibration, 2017, 410: 187-208.

[56] CHEN S, TANG J, WU L. Dynamics analysis of a crowned gear transmission system with impact damping: Based on experimental transmission error[J]. Mechanism and Machine Theory, 2014, 74: 354-369.

[57] LIU Z X, LIU Z S, ZHAO J M, et al. Study on interactions between tooth backlash and journal bearing clearance nonlinearity in spur gear pair system[J]. Mechanism and Machine Theory, 2017, 107: 229-245.

[58] BAGUET S, JACQUENOT G. Nonlinear couplings in a gear-shaft-bearing system[J]. Mechanism and Machine Theory, 2010, 45(12): 1777-1796.

[59] 刘更, 南咪咪, 刘岚, 等. 摩擦对齿轮振动噪声影响的研究进展[J]. 振动与冲击, 2018, 37(4): 35-41, 48.

[60] 卜忠红, 刘更, 吴立言. 滑动轴承支承人字齿轮行星传动固有特性分析[J]. 机械工程学报, 2011, 47(1): 80-88.

[61] 国家技术监督局. 圆柱齿轮　精度制　轮齿同侧齿面偏差的定义和允许值: GB/T 10095.1—2008[S]. 北京: 中国标准出版社.

[62] 袁冰. 船舶高速重载齿轮啮合及系统动态特性研究[D]. 西安: 西北工业大学, 2019.

第6章 轴系参数对齿轮系统动态特性的影响

齿轮啮合状况的优劣是齿轮寿命长短及系统振动噪声大小的决定因素之一。啮合错位是影响轮齿啮合的一个普遍且不可避免的因素[1]，标准 DS/ISO 6336-1—2006 将在制造/装配误差及系统变形影响下齿轮副非理想的啮合状态称为啮合错位[2]。作为影响齿轮副啮合错位的主要因素之一，轴系变形与制造/装配误差的影响有所不同。一般来说，制造/装配误差导致的齿轮啮合错位可以通过控制加工/装配精度以及采用装配补偿处理使其影响达到最小。然而，由于齿轮传动装置通常均在负载下工作，轴系发生的弯扭耦合变形是不可避免的，而轴系变形会对齿面实际接触状况产生显著影响，对于重载工况下船用大齿宽斜齿轮和人字齿轮的影响则更为突出。目前，考虑轴系变形和轮齿啮合耦合关系的齿轮系统准静态和动态特性研究并不多见。针对该问题的研究方法以解析法和有限元法为主[3-8]。基于解析法的数学模型虽然求解速度较快，然而其计算精度难以保证。三维接触有限元法具有较高的计算精度，但是其计算模型复杂且求解效率较低。

基于多点啮合基本假设[9]，将 Timoshenko 梁理论和齿面承载接触分析方法结合，本章介绍一种考虑轴系变形的齿轮系统多点啮合准静态接触模型，该方法引入齿轮副广义传递误差的概念，并给出考虑轴系变形的齿轮副啮合错位量和齿面载荷分布确定方法[10]。通过将考虑轴系变形的齿轮副动态啮合激励引入齿轮系统动力学模型，可求解得到考虑轴系变形的齿轮系统动态响应。该模型研究轴系结构参数、支承布局形式和功率传递路径对齿轮系统准静态及动态特性的影响，并可应用于多级以及分/汇流等复杂构型的齿轮传动系统。

在第 3 章介绍的广义有限元法进行齿轮系统动力学建模方法以及求解方法基础上，本章介绍滑动轴承人字齿轮系统动力学模型，并进行动态特性分析，总结轴承宽径比和半径间隙对齿轮动态啮合力、动态传递误差和动态轴承力影响的规律。通过联轴器耦合的双齿轮箱传动系统耦合振动模型，研究双齿轮箱传动系统通过联轴器耦合的动态特性变化，重点讨论联轴器的结构参数和联轴器刚度对系统动态响应的影响规律。

6.1 考虑轴系变形的齿轮系统多点啮合准静态接触模型

6.1.1 切片式啮合作用面和分布式啮合刚度

图 6-1 所示为一对相啮合的斜齿轮副。其中，r_{b1} 和 r_{b2} 分别为主动轮和从动轮

的基圆半径；ω_1 和 ω_2 分别为两齿轮的回转角速度；O_1 和 O_2 分别为主动轮和从动轮的回转中心；N_1N_2 为理论端面啮合线；$B_1B_2B_3B_4$ 为啮合作用面；P_{bt} 为端面基节；ε_α 和 ε_β 分别为端面重合度和轴向重合度；β_b 为齿轮基圆螺旋角。将主动轮和从动轮沿齿宽方向分别离散为一系列齿轮切片，并沿齿轮齿宽方向建立切片式啮合面。以总重合度在 2～3 的斜齿轮副为例，在一个啮合周期内，齿轮副处于双齿和三齿交替啮合状态。对于三齿啮合区的某一个啮合位置，啮合作用面上的接触线布置如图 6-1 所示。将每条接触线根据齿轮切片离散为一系列接触点，对于某一啮合位置，其所有接触点须满足如下变形协调条件：

$$\begin{cases} -[\lambda_b]\{F\} - \{u_c\} + \text{TLSTE} + \{d\} = \{\varepsilon\} \\ \sum_{i=1}^{n} F_i = \{I\}\{F\} = P \\ d_i = 0, \quad F_i > 0 \\ d_i > 0, \quad F_i = 0 \end{cases} \tag{6-1}$$

式中，$[\lambda_b]$ 为接触点的宏观变形柔度矩阵；$\{u_c\}$ 为接触点的局部接触变形；TLSTE 为两弹性体的刚体接近量，对于齿轮副来说，即传统的静态传递误差；$\{d\}$ 为加载后接触点之间的剩余间隙；$\{\varepsilon\}$ 为接触点之间的剩余间隙。采用迭代法求解可获取 TLSTE 和齿面载荷分布 $\{F\}$。

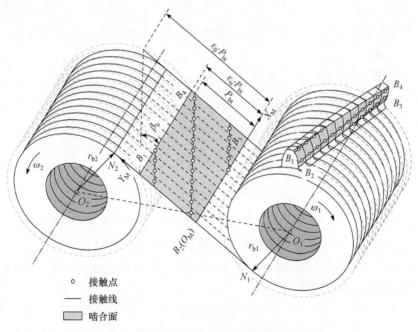

○ 接触点
—— 接触线
▨ 啮合面

图 6-1　斜齿轮副切片式啮合面及接触点布置

每对接触点的刚度为

$$k_i = \frac{F_i}{\text{TLSTE} - \varepsilon_i} \tag{6-2}$$

斜齿轮副第 j 个齿轮切片的啮合刚度为

$$k_j = \sum_{i=1}^{N} k_i \tag{6-3}$$

式中，N 为第 j 个齿轮切片的接触点数目；对于直齿轮副，当齿轮副处于单齿啮合区时，$N=1$；当齿轮副处于双齿啮合区时，$N=2$。

6.1.2　广义静态传递误差和啮合错位

根据轴系结构、功率输入、输出位置和轴承支承位置，将齿轮-轴-轴承系统离散为一系列轴系单元和非线性接触单元，如图 6-2 所示。其中，B_g 为齿宽；B_b 为轴承宽度。轴系单元采用 2 节点 12 自由度空间 Timoshenko 梁单元建模，轴系通过一系列由分布式啮合刚度和分布式间隙组成的非线性接触单元相连接。

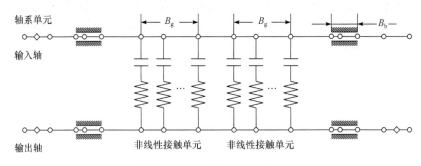

图 6-2　人字齿轮-轴-轴承系统多点啮合准静态接触模型

第 i 个 Timoshenko 梁单元的广义坐标可定义为

$$\boldsymbol{q}_s^i = \{x_s^i, y_s^i, z_s^i, \theta_{xs}^i, \theta_{ys}^i, \theta_{zs}^i, x_s^{i+1}, y_s^{i+1}, z_s^{i+1}, \theta_{xs}^{i+1}, \theta_{ys}^{i+1}, \theta_{zs}^{i+1}\}^{\text{T}} \tag{6-4}$$

式中，x_s^i、y_s^i、z_s^i、x_s^{i+1}、y_s^{i+1}、z_s^{i+1} 为单元节点沿各坐标轴的横向位移；θ_{xs}^i、θ_{ys}^i、θ_{zs}^i、θ_{xs}^{i+1}、θ_{ys}^{i+1}、θ_{zs}^{i+1} 为单元节点绕各坐标轴的扭转角。

两节点 12 自由度的空间 Timoshenko 梁单元如图 6-3(a)所示，第 i 个轴系单元的静力学平衡方程可写为

$$\boldsymbol{K}_s^i \boldsymbol{q}_s^i(t) = 0 \tag{6-5}$$

式中，K_s^i 为第 i 个轴系单元的刚度矩阵。

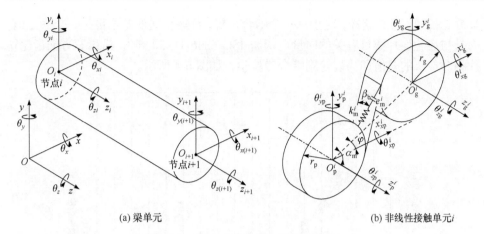

(a) 梁单元　　　　　　　　　　　　　　　　　(b) 非线性接触单元 i

图 6-3　轴系单元和非线性接触单元

两节点 12 自由度的非线性接触单元如图 6-3(b)所示。其中，r_p 和 r_g 分别为主动轮和从动轮的基圆半径，φ 为安装相位角，α_m 为齿轮副啮合角，k_m^i 为第 i 个齿轮切片的啮合刚度，e_m^i 为轴系变形、齿面修形以及制造/装配误差导致的啮合间隙。加载后，当第 i 个齿轮切片的相对位移大于啮合间隙时，则接触刚度有效，反之，接触刚度为零。$x_j^i, y_j^i, z_j^i\ (j=\mathrm{p,g})$ 为第 i 个齿轮切片沿各坐标轴的横向位移，$\theta_{xj}^i, \theta_{yj}^i, \theta_{zj}^i\ (j=\mathrm{p,g})$ 为第 i 个齿轮切片绕各坐标轴的扭转角。

第 i 个非线性接触单元的广义坐标可定义为

$$\boldsymbol{q}_m^i = \{x_p^i, y_p^i, z_p^i, \theta_{xp}^i, \theta_{yp}^i, \theta_{zp}^i, x_g^i, y_g^i, z_g^i, \theta_{xg}^i, \theta_{yg}^i, \theta_{zg}^i\}^{\mathrm{T}} \tag{6-6}$$

第 i 个齿轮切片沿法向啮合线方向的相对位移可写为

$$\tau_m^i = \boldsymbol{V}\boldsymbol{q}_m^i \tag{6-7}$$

式中，$\boldsymbol{V}$ 为节点广义坐标向法向啮合线方向的投影矢量，可写为

$$
\begin{aligned}
\boldsymbol{V} = \{&\cos\beta_b\sin\phi, \pm\cos\beta_b\cos\phi, \mp\sin\beta_b, \\
&r_p\sin\beta_b\sin\phi, \pm r_p\sin\beta_b\cos\phi, \pm r_p\cos\beta_b, \\
&-\cos\beta_b\sin\phi, \mp\cos\beta_b\cos\phi, \pm\sin\beta_b, \\
&r_g\sin\beta_b\sin\phi, \pm r_g\sin\beta_b\cos\phi, \pm r_g\cos\beta_b\}
\end{aligned}
\tag{6-8}
$$

式中，$\phi = \alpha_m \mp \varphi$，符号"$\pm$"和"$\mp$"的上半部分表示主动轮逆时针旋转，下半部分表示主动轮顺时针旋转。

考虑轴系变形对齿轮啮合的影响时，加载后沿齿宽方向各齿轮切片在啮合线方向的相对位移是不同的，将其定义为广义传递误差，在准静态条件下，即为广

义静态传递误差。这样，对于每一个啮合位置，静态传递误差不再是一个固定值，而是与齿轮切片数目有关的向量。依据 ISO 6336-1—2006[2]，沿齿宽方向齿轮切片相对位移的差值即为齿轮副啮合错位量，如图 6-4 所示。

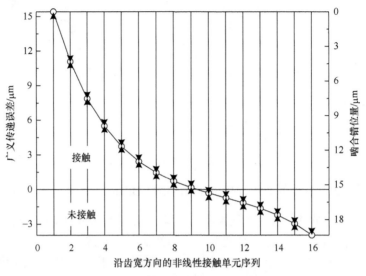

图 6-4　齿轮副啮合错位量示意图[10]

对于无误差的齿轮副，当第 i 个齿轮切片的广义传递误差大于零时，说明该齿轮切片参与啮合；当第 i 个齿轮切片的广义传递误差小于零时，说明在轴系变形的影响下该齿轮切片没有参与啮合，发生了脱啮现象。因此，齿轮副啮合错位量可定义为[10]

$$\xi_{\mathrm{m}}^{i} = \max(\tau_{\mathrm{m}}) - \tau_{\mathrm{m}}^{i} \tag{6-9}$$

非线性接触单元静力学平衡方程的矩阵形式可写为

$$\begin{cases} \boldsymbol{K}_{\mathrm{m}}^{i} q_{\mathrm{m}}^{i}(t) = 0 \\ \boldsymbol{K}_{\mathrm{m}}^{i} = 0, \quad q_{\mathrm{m}}^{i}(t) \leqslant 0 \end{cases} \tag{6-10}$$

式中，$\boldsymbol{K}_{\mathrm{m}}^{i}$ 为第 i 个非线性接触单元的啮合刚度矩阵。

当完成所有单元的静力学方程推导之后，根据单元连接关系，采用有限单元法可组装得到系统刚度矩阵，系统静力学平衡方程可写为

$$\boldsymbol{K}_{\mathrm{GS}}\boldsymbol{X}_{\mathrm{GS}}(t) = \boldsymbol{F}_{\mathrm{ex}} \tag{6-11}$$

式中，$\boldsymbol{K}_{\mathrm{GS}}$ 为考虑轮齿啮合时变性的系统时变刚度矩阵；$\boldsymbol{X}_{\mathrm{GS}}(t)$ 为考虑轮齿啮合时变性的系统静位移向量；$\boldsymbol{F}_{\mathrm{ex}}$ 为外载荷向量。

考虑到非线性接触单元和广义静态传递误差的耦合关系，系统刚度矩阵和节

点静位移存在非线性耦合。因此，为了得到广义静态传递误差和啮合错位量，必须采用迭代法求解静力学平衡方程。求解时，对轴承支承位置轴节点的三个扭转自由度和两个摆动自由度施加零位移约束，同时约束功率输出节点的扭转自由度，在功率输入节点的扭转自由度上施加扭矩。考虑轴系变形的齿面准静态接触分析模型的建立与求解流程如图 6-5 所示。当完成考虑轴系变形的啮合错位量分布计算以后，可根据齿面承载接触分析方法确定考虑轴系变形的齿轮副综合啮合刚度和综合啮合误差。

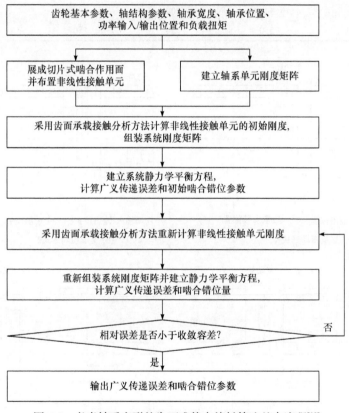

图 6-5　考虑轴系变形的齿面准静态接触算法基本流程[10]

6.2　支承布局形式对齿轮系统准静态/动态特性的影响

以单级人字齿轮-轴-轴承系统为例，本节深入考察支承方式对齿面准静态接触特性及系统动态特性的影响。人字齿轮-轴-轴承系统的支承布局参数如表 6-1 所示，结构简图如图 6-6 所示。支承布局形式 1 表示轴承相对于主动轮和从动轮完全对称布置；支承布局形式 2 表示齿轮副靠近左端轴承，远离右端轴承；支承布局形式 3 表示齿轮副靠近右端轴承，远离左端轴承；支承布局形式 4 表示系统为悬臂支承。当负载扭矩为 2000N·m 时，功率从输入轴左端输入，从输出轴右端输出，分别考察四种支承布局形式下的齿轮系统准静态和动态特性。

表 6-1　支承布局参数

轴参数	支承布局形式			
	1	2	3	4
L_1/mm	100	100	100	300
L_2/mm	300	200	400	500
L_3/mm	550	550	550	400

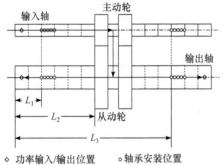

(a) 支承布局形式1

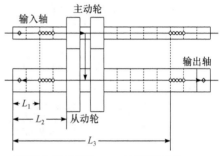

(b) 支承布局形式2

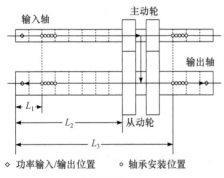

(c) 支承布局形式3

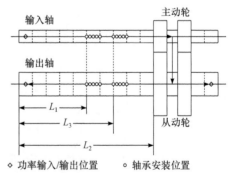

(d) 支承布局形式4

图 6-6　不同支承方式下人字齿轮-轴-轴承系统结构简图

　　分别采用多点啮合准静态接触模型和三维接触有限元模型计算不同支承布局形式下齿轮副在单齿啮合区的加载接触印痕，如图 6-7 所示。接触印痕长度对比结果如表 6-2 所示。可以发现，在不同支承布局形式下，采用多点啮合准静态接触模型计算得到的接触印痕偏载方向与有限元模型计算结果完全一致，接触印痕长度也非常接近。在不同支承布局形式下，采用两种模型计算所得到的接触印痕长度的相对误差均在 5%以内。与此同时，采用多点啮合准静态接触模型完成齿轮一个啮合周期的求解一般只需要几十秒，而采用传统接触有限元法通常需要数小时。可见，多点啮合准静态接触模型在保证足够计算精度的前提下，极大地提高了计算效率。

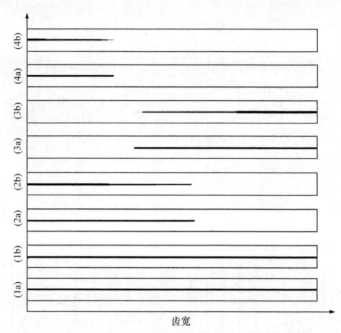

图 6-7　不同支承布局形式下多点啮合准静态接触模型和有限元模型的计算结果

表 6-2　接触印痕计算结果对比

支承布局形式	接触印痕长度/mm		相对误差/%
	有限元模型	多点啮合准静态接触模型	
1	140	140	0
2	86	84	2.3
3	95	91	4.2
4	44	42	4.6

6.2.1　不同螺旋角齿轮副准静态特性分析

在不同支承布局形式下，不同螺旋角齿轮副的啮合错位量分布如图 6-8 所示，齿面载荷分布如图 6-9 所示。可以观察到，当轴承对称支承时，由于大齿宽齿轮

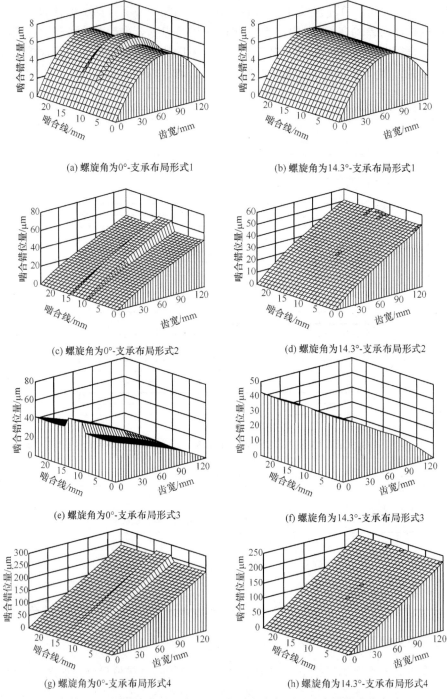

(a) 螺旋角为0°-支承布局形式1　　　　　(b) 螺旋角为14.3°-支承布局形式1

(c) 螺旋角为0°-支承布局形式2　　　　　(d) 螺旋角为14.3°-支承布局形式2

(e) 螺旋角为0°-支承布局形式3　　　　　(f) 螺旋角为14.3°-支承布局形式3

(g) 螺旋角为0°-支承布局形式4　　　　　(h) 螺旋角为14.3°-支承布局形式4

图 6-8　不同支承布局形式下不同螺旋角齿轮副的啮合错位量分布

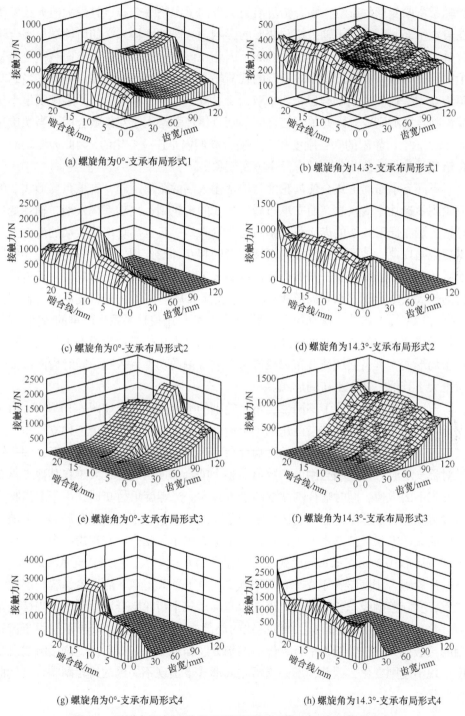

(a) 螺旋角为0°-支承布局形式1　　　　　　(b) 螺旋角为14.3°-支承布局形式1

(c) 螺旋角为0°-支承布局形式2　　　　　　(d) 螺旋角为14.3°-支承布局形式2

(e) 螺旋角为0°-支承布局形式3　　　　　　(f) 螺旋角为14.3°-支承布局形式3

(g) 螺旋角为0°-支承布局形式4　　　　　　(h) 螺旋角为14.3°-支承布局形式4

图 6-9　不同支承布局形式下不同螺旋角齿轮副的齿面载荷分布

受轴系弯曲变形的影响,啮合错位沿齿宽方向呈抛物线分布,且最大值大致发生在齿宽中部。同时由于轴系扭转变形的影响,远离功率输入端的齿轮端面啮合错位量大于靠近功率输入端的齿轮端面。因此,该支承布局形式下齿面载荷分布呈中凹形式分布,且靠近功率输入端的载荷略大于远离功率输入端。另外,当螺旋角为0°时,齿轮副的啮合过程为单双齿交替啮合,且单齿啮合区的刚度明显小于双齿啮合区的刚度,因此单齿啮合区的啮合错位量略大于双齿啮合区。当螺旋角为14.3°时,齿轮副的啮合刚度在一个啮合周期内是连续变化的,因此齿轮副的啮合错位量和齿面载荷分布没有发生突变现象。

不同支承布局形式会使齿轮副与功率输入端的距离不同,支承布局形式2的齿轮副靠近功率输入端,而支承布局形式3的齿轮副远离功率输入端,轴系变形导致支承布局形式2的齿面载荷偏向功率输入端,且远离功率输入端的齿面部分出现脱啮现象。轴系弯曲变形与扭转变形的相互补偿作用使支承布局形式3的齿面载荷分布则刚好相反,其啮合错位量最大值略小于支承布局形式2,且齿面载荷的最大值略小于支承布局形式2。由于支承布局形式4为悬臂支承,齿轮副仅在靠近功率输入端的一侧有径向支承,齿轮载荷作用使轴系发生严重的弯曲变形,并与沿齿宽方向的扭转变形叠加,因此齿轮的最大啮合错位量远大于其他三种支承布局形式,其齿面载荷分布偏载最为严重且偏向功率输入端,同时齿面最大载荷也大于其他三种支承布局形式。

不同支承布局形式下不同螺旋角齿轮副的啮合刚度曲线如图6-10所示。由于支承布局形式1下的啮合齿面达到了全齿面接触状态,而在其余三种支承布局形式下,齿面均出现了不同程度的脱啮现象,因此,在支承布局形式1下,即当轴承对称支承时,齿轮啮合刚度的数值在整个啮合周期内均远远大于在其他支承布局形式下的数值,同时啮合刚度波动量也较大。当螺旋角为0°时,由于双齿啮合区接触线总长度总是单齿啮合区接触线总长度的两倍,不同支承布局形式下啮合刚度曲线的形状保持基本一致,可以清楚地看出单齿啮合区和双齿啮合区。因为支承布局形式3比支承布局形式2的接触印痕长度略大,所以,支承布局形式3下的齿轮啮合刚度略大于支承布局形式2。由于悬臂支承下的齿轮偏载程度最为严重,实际接触线总长度最短,该支承布局形式下齿轮啮合刚度最小。当螺旋角为14.3°时,齿轮副时变啮合刚度曲线的局部放大图如图6-10(c)所示。由于齿轮副的接触线方向与轴线不平行,齿面的部分脱啮现象将导致斜齿轮副接触线总长度呈现不规则变化,因此,不同支承布局形式下出现不一致的齿轮副啮合刚度曲线形状。

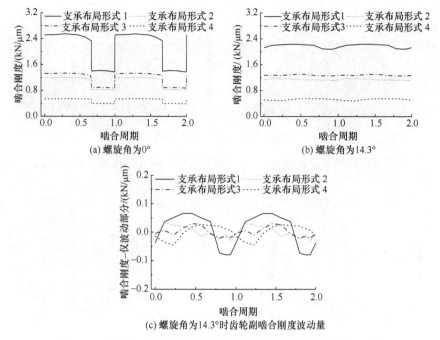

(a) 螺旋角为0°　　　　　　　　(b) 螺旋角为14.3°

(c) 螺旋角为14.3°时齿轮副啮合刚度波动量

图 6-10　不同支承布局形式下不同螺旋角齿轮副的啮合刚度曲线

6.2.2　人字齿轮副准静态特性分析

不同支承布局形式下人字齿轮副啮合错位量分布如图 6-11 所示，齿面载荷分布如图 6-12 所示。可以观察到，不同支承布局形式下人字齿轮副左、右齿面的啮合错位量分布和齿面载荷分布均有明显差异。当轴承采用对称支承时，人字齿轮副受轴系弯曲变形的影响，左、右齿面的啮合错位量分布大致呈对称分布，且最大啮合错位量靠近退刀槽。同时，由于轴系扭转变形的影响，靠近功率输入端的左齿面啮合错位量略大于右齿面。齿面载荷分布形式则与啮合错位量分布形式刚好相反，左、右啮合齿面的最大载荷均远离退刀槽。由于算例人字齿轮系统的轴系弯曲变形较大，在左、右啮合齿面靠近退刀槽的位置，均出现了不同程度的脱啮现象。人字齿轮副的重合度较高，轮齿进入啮合与退出啮合过渡平缓，因此，与螺旋角为 14.3°的齿轮副啮合错位量分布和齿面载荷分布类似，人字齿轮副的啮合错位量分布和齿面载荷分布均未出现突变现象。

在支承布局形式 2 中，左齿面和右齿面的最大啮合错位量均位于齿面右侧，且左齿面啮合错位量明显大于右齿面，而在支承布局形式 3 中，左齿面和右齿面的最大啮合错位量均位于齿面左侧，且右齿面的啮合错位量明显大于左齿面。这是由于在支承布局形式 2 中，人字齿轮副的左齿面靠近轴承支承位置而右齿面远离轴承支承位置，轴系弯曲变形对左齿面啮合错位量和齿面载荷分布的影响将大

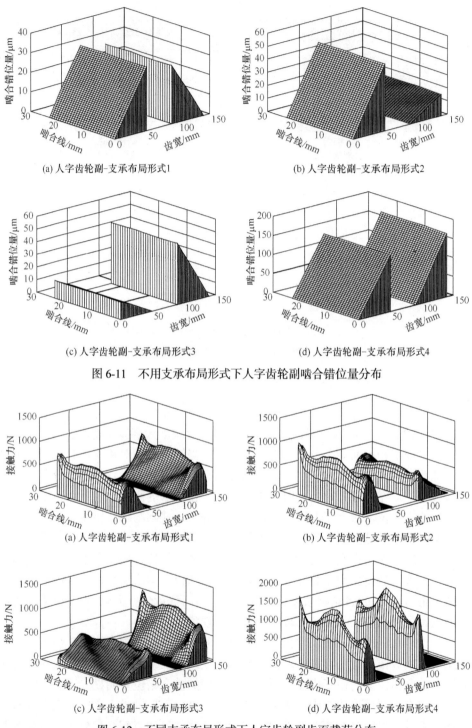

(a) 人字齿轮副-支承布局形式1

(b) 人字齿轮副-支承布局形式2

(c) 人字齿轮副-支承布局形式3

(d) 人字齿轮副-支承布局形式4

图 6-11　不用支承布局形式下人字齿轮副啮合错位量分布

(a) 人字齿轮副-支承布局形式1

(b) 人字齿轮副-支承布局形式2

(c) 人字齿轮副-支承布局形式3

(d) 人字齿轮副-支承布局形式4

图 6-12　不同支承布局形式下人字齿轮副齿面载荷分布

于对右齿面的影响，从而使支承布局形式 2 中的左齿面和支承布局形式 3 中的右齿面均出现了一定程度的脱啮现象。支承布局形式 4 为悬臂支承，轴系将发生严重的弯曲变形并与扭转变形叠加，因此，左、右啮合齿面的最大啮合错位量均位于齿面右侧，且远远大于其他三种支承布局形式，同时，左、右啮合齿面均出现了极其严重的脱啮现象。由于左齿面靠近轴承支承位置而右齿面远离轴承支承位置，右齿面的最大啮合错位量大于左齿面，从而使右齿面的脱啮现象比左齿面更加严重。

　　不同支承布局形式下的人字齿轮副啮合刚度曲线如图 6-13 所示。可以发现，由于不同支承布局形式下人字齿轮副的左右啮合齿面实际接触状态有所差异，不同支承布局形式下左右啮合齿面的啮合刚度并不相同。与螺旋角为 14.3°的齿轮副类似，脱啮现象导致人字齿轮副实际接触线长度呈不规则变化，不同支承布局形式下的啮合刚度曲线形状各异。由于支承布局形式 2 中右啮合副与支承布局形式 3 中的左啮合副均未出现脱啮现象，支承布局形式 2 中右啮合副的啮合刚度曲线与支承布局形式 3 左啮合副的啮合刚度曲线非常接近，而接触变形随载荷的非线性变化特性导致二者刚度值略有差异。啮合齿面脱啮区域的增加将导致啮合刚度的降低，因此，对于左啮合副，在支承布局形式 1 下的啮合刚度数值仅次于在支承布局形式 3 下的数值，在支承布局形式 2 下的啮合刚度数值小于在支承布局形式 1 下的数值，在支承布局形式 4 下的啮合刚度数值最小。对于右啮合副也有类似的结论。

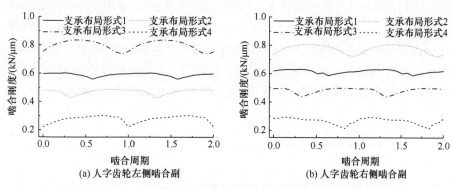

(a) 人字齿轮左侧啮合副　　　　　　　　(b) 人字齿轮右侧啮合副

图 6-13　不同支承布局形式下人字齿轮副啮合刚度曲线

6.2.3　齿轮系统动态特性分析

　　在不同支承布局形式下，螺旋角为 14.3°的斜齿轮系统和人字齿轮系统的动态传递误差均方根随输入转速的变化如图 6-14 所示。可以发现，对于螺旋角为 14.3°的斜齿轮系统，支承布局形式 1 到支承布局形式 4 齿轮啮合刚度逐步减小，因此系统主共振转速依次下降，而由于齿轮副最大啮合错位量逐渐增加，系统振动逐渐增强。由于支承布局形式 2 和支承布局形式 3 下的齿轮副实际接触状况差别较小，系统振动响应非常接近。对于螺旋角为 14.3°的人字齿轮系统，结论类似。

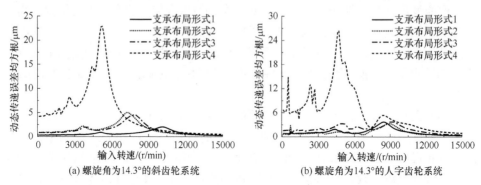

(a) 螺旋角为14.3°的斜齿轮系统　　(b) 螺旋角为14.3°的人字齿轮系统

图 6-14　不同支承布局形式下齿轮系统的动态传递误差均方根随输入转速的变化

6.3　功率流向对齿轮传动系统准静态/动态特性的影响

功率传递路径的不同将导致轴系弯扭耦合变形发生变化，本节以支承布局形式 2 为例，当负载扭矩为 2000N·m 时，考察功率传递路径对齿面准静态接触特性及系统动态特性的影响。齿轮-轴-轴承系统存在两种功率传递路径，两种功率传递路径的功率均从小齿轮所在轴左端输入。将功率从大齿轮所在轴左端输出定义为功率传递路径 1，将功率从大齿轮所在轴右端输出定义为功率传递路径 2。

分别采用多点啮合准静态接触模型和三维接触有限元模型计算不同功率传递路径下螺旋角为 0°的齿轮系统在单齿啮合区的加载接触印痕，如图 6-15 所示。接触印痕长度计算结果对比如表 6-3 所示。可以发现，在不同功率传递路径下，采用多点啮合准静态接触模型和有限元法计算得到的接触印痕长度非常接近。

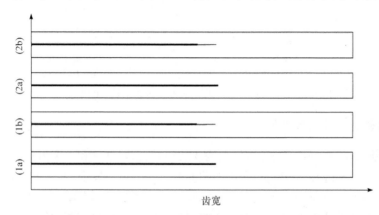

图 6-15　不同功率传递路径下多点啮合准静态接触模型和有限元模型的计算结果

表 6-3　接触印痕长度计算结果对比

功率传递路径	接触印痕长度/mm		相对误差/%
	有限元模型	多点啮合准静态接触模型	
1	86	84	2.3
2	88	85	3.4

6.3.1　不同螺旋角齿轮副准静态特性分析

　　功率传递路径 1 下不同螺旋角齿轮副的啮合错位量分布如图 6-8 所示，齿面载荷分布如图 6-9 所示。功率传递路径 2 下不同螺旋角齿轮副的啮合错位量分布如图 6-16 所示，齿面载荷分布如图 6-17 所示。通过对比可以发现，两种功率传递路径下的齿轮副啮合错位量和齿面载荷分布差异均非常小，因此，两种功率传递路径下的齿轮啮合刚度曲线也非常接近，如图 6-18 所示。功率传递路径 1 下的齿轮啮合错位量略大于功率传递路径 2 下的齿轮啮合错位量，因此，功率传递路径 2 下的齿轮啮合刚度略大于功率传递路径 1 下的齿轮啮合刚度。

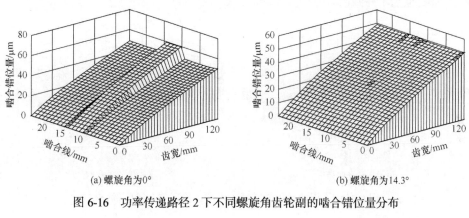

(a) 螺旋角为0°　　　　　　　　　　　　　　　(b) 螺旋角为14.3°

图 6-16　功率传递路径 2 下不同螺旋角齿轮副的啮合错位量分布

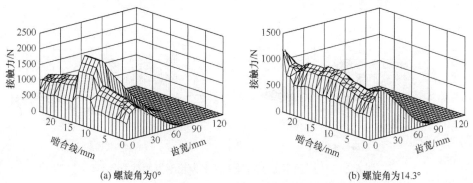

(a) 螺旋角为0°　　　　　　　　　　　　　　　(b) 螺旋角为14.3°

图 6-17　功率传递路径 2 下不同螺旋角齿轮副的齿面载荷分布

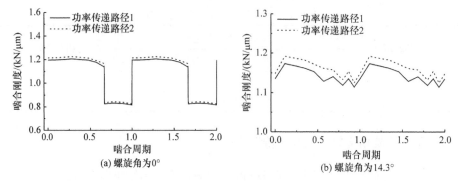

图 6-18　不同功率传递路径下不同螺旋角齿轮副的啮合刚度曲线

6.3.2　人字齿轮副准静态特性分析

不同功率传递路径下人字齿轮副啮合错位量分布、齿面载荷分布和啮合刚度曲线分别如图 6-19、图 6-20 和图 6-21 所示。不同功率传递路径下人字齿轮副啮合错位量分布和齿面载荷分布非常接近，不同功率传递路径下人字齿轮副的啮合刚度曲线也基本一致。

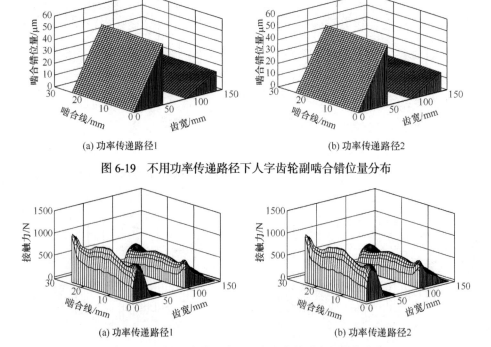

图 6-19　不用功率传递路径下人字齿轮副啮合错位量分布

图 6-20　不同功率传递路径下人字齿轮副齿面载荷分布

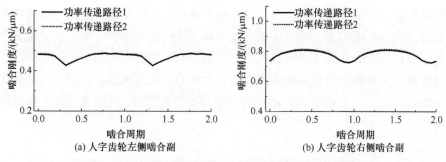

图 6-21　不同功率传递路径下人字齿轮副啮合刚度曲线

6.3.3　齿轮系统动态特性分析

在不同功率传递路径下,螺旋角为 14.3° 的斜齿轮系统和人字齿轮系统的动态传递误差随输入转速的变化历程如图 6-22 所示。由于齿轮系统的动态特性很大程度上取决于啮合齿面的准静态接触状况,而功率传递路径对齿轮副准静态特性的影响极小,可以观察到,两种功率传递路径下的动态传递误差均方根曲线非常接近。在齿轮-轴-轴承系统设计时,可忽略功率传递路径对系统动态特性的影响。

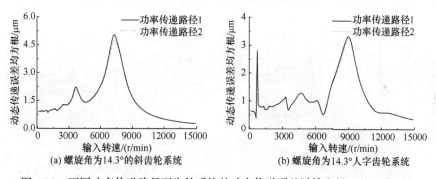

图 6-22　不同功率传递路径下齿轮系统的动态传递误差随输入转速的变化历程

6.4　轴系结构参数对齿轮系统准静态/动态特性的影响

理论上,对于每一个啮合位置,齿轮副的啮合错位量均有所不同。为便于分析,本节通过考察一个啮合位置的啮合错位量变化来分析轴系结构参数对齿轮系统准静态特性的影响,进而分析其对系统动态特性的影响。

当负载扭矩为 2000N·m,主动轮所在轴的直径分别为 35mm、45mm、70mm 和 100mm 时,人字齿轮副啮合错位量如图 6-23 所示。可以发现,随着轴直径增加,轴系刚度逐渐增大,弯扭耦合变形量逐渐减小,因此,随着轴直径的增加,人字齿轮副左、右啮合副的啮合错位量均显著减小，且呈非线性变化。当轴的直径较大时，轴的刚度较大，轴直径的变化对啮合错位量的影响较小。主动轮所在轴的直径分别为 35mm 和 100mm 时，人字齿轮副齿面载荷分布如图 6-24 所示。可以观察到，随着啮合错位量的降低，啮合齿面的脱啮区域逐渐减小，当轴的直径为 100mm 时，左、右啮合齿面的偏载程度得到显著改善，且啮合齿面不再出现脱啮区域。

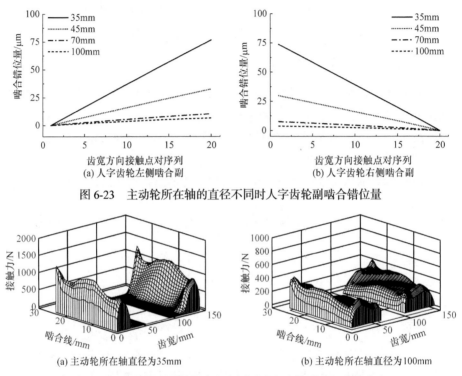

图 6-23　主动轮所在轴的直径不同时人字齿轮副啮合错位量

图 6-24　主动轮所在轴的直径不同时人字齿轮副齿面载荷分布

当负载扭矩为 2000N·m，从动轮所在轴的直径分别为 65mm、85mm、150mm 和 200mm 时，人字齿轮副啮合错位量如图 6-25 所示。可以发现，从动轮分度圆直径较大导致结构刚度较大，因此，虽然从动轮所在轴直径的增加也会使人字齿轮副左右啮合副的啮合错位量得到一定程度的减小，但是，从动轮所在轴的直径变化对啮合错位量的影响程度远远小于主动轮所在轴的直径变化对啮合错位量的影响程度。

当主动轮退刀槽的直径分别为 35mm、45mm、70mm 和 100mm 时，人字齿轮副啮合错位量如图 6-26 所示。可以发现，船用人字齿轮副的退刀槽较宽，轴系弯曲变形对人字齿轮副左、右齿面的实际接触状态影响较大，因此，当轴系其他结构参数不变时，随着主动轮退刀槽直径的增加，人字齿轮副左、右啮合副的啮合错位量显著减小，进而改善齿面的实际接触状态。当从动轮退刀槽的直径分别为 65mm、85mm、150mm 和 200mm 时，人字齿轮副的啮合错位量如图 6-27 所示。与从动轮所在轴的直径变化对啮合错位量的影响规律类似，从动轮退刀槽的直径变化对左、右啮合副的啮合错位量影响较小。

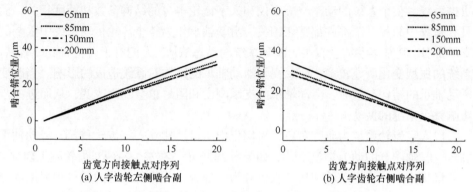

图 6-25 从动轮所在轴的直径不同时人字齿轮副啮合错位量

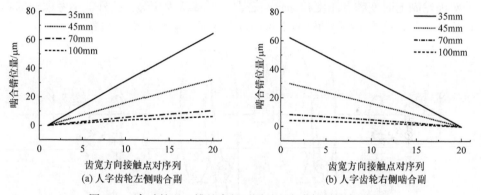

图 6-26 主动轮退刀槽的直径不同时人字齿轮副啮合错位量

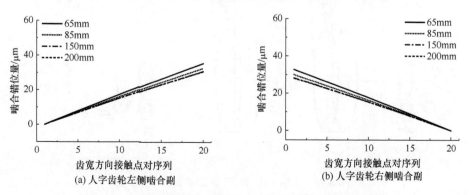

图 6-27 从动轮退刀槽的直径不同时人字齿轮副啮合错位量

6.5　支承参数对齿轮系统动态特性的影响

　　人字齿轮-转子-滑动轴承传动系统是由不同部件相互连接、相互作用的复杂机械系统。整个系统的动态响应不仅和人字齿轮本身的结构参数和精度相关，而且和系统中的每一个部件都密切相关。滑动轴承作为整个齿轮传动系统中重要的支承部分，其基本参数会直接影响到系统的动态响应。人们对于齿轮-轴承耦合后系统的振型变化研究较多，而忽视了滑动轴承的结构对系统造成的影响。当改变滑动轴承的结构参数时，滑动轴承的支承刚度和阻尼也会随之改变，从而进一步影响整个系统的振动。

　　以人字齿轮系统为研究对象，采用集中质量法建立人字齿轮-转子-滑动轴承的弯-扭-轴耦合的动力学模型[11]，如图 6-28 所示，在左、右两对齿轮副上建立 4 个质量集中点，将主动轴和从动轴也分为 4 部分，并将各部分的质量和惯量耦合在对应的集中点上。由于人字齿轮可被看作两个参数相同而旋向相反的斜齿轮，两对齿轮副的时变啮合刚度和综合啮合误差可被认为相等。此外，不考虑轴的不对称分布，即认为主(从)动轴两个集中点上的质量和转动惯量相等。

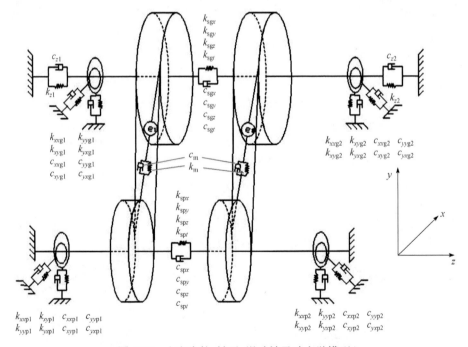

图 6-28　人字齿轮-转子-滑动轴承动力学模型

　　图 6-28 中，k_{spx}、k_{spy}、k_{spz}、k_{spt}、k_{sgx}、k_{sgy}、k_{sgz}、k_{sgt} 分别表示主动轴

和从动轴上两对齿轮中间连接轴的弯曲、抗压和扭转刚度；下标 1 表示人字齿轮右旋齿轮副；下标 2 表示人字齿轮左旋齿轮副；下标 p 表示主动轴；下标 g 表示从动轴；k_{xxp1}、k_{xyp1}、k_{yxp1}、k_{yyp1} 表示靠近右旋主动轮的滑动轴承刚度；k_{z1}、k_{z2} 分别表示从动轴上左、右两边起固定作用的轴向刚度；k_m 和 c_m 分别表示人字齿轮副法向的啮合刚度和阻尼；e_1、e_2 分别表示人字齿轮左、右齿轮副的综合啮合误差；T_p 和 T_g 分别表示整个人字齿轮系统的输入扭矩和输出扭矩。

根据牛顿第二定律，列出整个人字齿轮系统的动力学微分方程组：

$$m_{p1}\ddot{x}_{p1} + (c_m\dot{\delta}_1 + k_m\delta_1)\cos\beta_{b1}\sin\phi + k_{spx}(x_{p1} - x_{p2}) + c_{spx}(\dot{x}_{p1} - \dot{x}_{p2})$$
$$+ k_{xxp1}x_{p1} + k_{xyp1}y_{p1} + c_{xxp1}\dot{x}_{p1} + c_{xyp1}\dot{y}_{p1} = 0$$

$$m_{p1}\ddot{y}_{p1} + (c_m\dot{\delta}_1 + k_m\delta_1)\cos\beta_{b1}\cos\phi + k_{spy}(y_{p1} - y_{p2}) + c_{spy}(\dot{y}_{p1} - \dot{y}_{p2})$$
$$+ k_{yxp1}x_{p1} + k_{yyp1}y_{p1} + c_{yxp1}\dot{x}_{p1} + c_{yyp1}\dot{y}_{p1} = 0$$

$$m_{p1}\ddot{z}_{p1} + (c_m\dot{\delta}_1 + k_m\delta_1)\sin\beta_{b1} + k_{spz}(z_{p1} - z_{p2}) + c_{spz}(\dot{z}_{p1} - \dot{z}_{p2}) = 0$$

$$I_{zp1}\ddot{\theta}_{p1} + (c_m\dot{\delta}_1 + k_m\delta_1)r_p\cos\beta_{b1} + k_{spt}(\theta_{p1} - \theta_{p2}) + c_{spt}(\dot{\theta}_{p1} - \dot{\theta}_{p2}) = T_p$$

$$m_{g1}\ddot{x}_{g1} - (c_m\dot{\delta}_1 + k_m\delta_1)\cos\beta_{b1}\sin\phi + k_{sgx}(x_{g1} - x_{g2}) + c_{sgx}(\dot{x}_{g1} - \dot{x}_{g2})$$
$$+ k_{xxg1}x_{g1} + k_{xyg1}y_{g1} + c_{xxg1}\dot{x}_{g1} + c_{xyg1}\dot{y}_{g1} = 0$$

$$m_{g1}\ddot{y}_{g1} - (c_m\dot{\delta}_1 + k_m\delta_1)\cos\beta_{b1}\cos\phi + k_{sgy}(y_{g1} - y_{g2}) + c_{sgy}(\dot{y}_{g1} - \dot{y}_{g2})$$
$$+ k_{yxg1}x_{g1} + k_{yyg1}y_{g1} + c_{yxg1}\dot{x}_{g1} + c_{yyg1}\dot{y}_{g1} = 0$$

$$m_{g1}\ddot{z}_{g1} - (c_m\dot{\delta}_1 + k_m\delta_1)\sin\beta_{b1} + k_{sgz}(z_{g1} - z_{g2}) + c_{sgz}(\dot{z}_{g1} - \dot{z}_{g2}) + k_{z1}z_{g1} + c_{z1}\dot{z}_{g1} = 0$$

$$I_{zg1}\ddot{\theta}_{g1} + (c_m\dot{\delta}_1 + k_m\delta_1)r_g\cos\beta_{b1} + k_{sgt}(\theta_{g1} - \theta_{g2}) + c_{sgt}(\dot{\theta}_{g1} - \dot{\theta}_{g2}) = 0$$

$$m_{p2}\ddot{x}_{p2} + (c_m\dot{\delta}_2 + k_m\delta_2)\cos\beta_{b2}\sin\phi + k_{spx}(x_{p2} - x_{p1}) + c_{spx}(\dot{x}_{p2} - \dot{x}_{p1})$$
$$+ k_{xxp2}x_{p2} + k_{xyp2}y_{p2} + c_{xxp2}\dot{x}_{p2} + c_{xyp2}\dot{y}_{p2} = 0$$

$$m_{p2}\ddot{y}_{p2} + (c_m\dot{\delta}_2 + k_m\delta_2)\cos\beta_{b2}\cos\phi + k_{spy}(y_{p2} - y_{p1}) + c_{spy}(\dot{y}_{p2} - \dot{y}_{p1})$$
$$+ k_{yxp2}x_{p2} + k_{yyp2}y_{p2} + c_{yxp2}\dot{x}_{p2} + c_{yyp2}\dot{y}_{p2} = 0$$

$$m_{p2}\ddot{z}_{p2} + (c_m\dot{\delta}_2 + k_m\delta_2)\sin\beta_{b2} + k_{spz}(z_{p2} - z_{p1}) + c_{spz}(\dot{z}_{p2} - \dot{z}_{p1}) = 0$$

$$I_{zp2}\ddot{\theta}_{p2} + (c_m\dot{\delta}_2 + k_m\delta_2)r_p\cos\beta_{b2} + k_{spt}(\theta_{p2} - \theta_{p1}) + c_{spt}(\dot{\theta}_{p2} - \dot{\theta}_{p1}) = 0$$

$$m_{g2}\ddot{x}_{g2} - (c_m\dot{\delta}_2 + k_m\delta_2)\cos\beta_{b2}\sin\phi + k_{sgx}(x_{g2} - x_{g1}) + c_{sgx}(\dot{x}_{g2} - \dot{x}_{g1})$$
$$+ k_{xxg2}x_{g2} + k_{xyg2}y_{g2} + c_{xxg2}\dot{x}_{g2} + c_{xyg2}\dot{y}_{g2} = 0$$

$$m_{g2}\ddot{y}_{g2} - (c_m\dot{\delta}_2 + k_m\delta_2)\cos\beta_{b2}\cos\phi + k_{sgy}(y_{g2} - y_{g1}) + c_{sgy}(\dot{y}_{g2} - \dot{y}_{g1})$$
$$+ k_{yxg2}x_{g2} + k_{yyg2}y_{g2} + c_{yxg2}\dot{x}_{g2} + c_{yyg2}\dot{y}_{g2} = 0$$

$$m_{g2}\ddot{z}_{g2} - (c_m\dot{\delta}_2 + k_m\delta_2)\sin\beta_{b2} + k_{sgz}(z_{g2} - z_{g1}) + c_{sgz}(\dot{z}_{g2} - \dot{z}_{g1}) + k_{z2}z_{g2} + c_{z2}\dot{z}_{g2} = 0$$

$$I_{zg2}\ddot{\theta}_{g2} + (c_m\dot{\delta}_2 + k_m\delta_2)r_g\cos\beta_{b2} + k_{sgt}(\theta_{g2} - \theta_{g1}) + c_{sgt}(\dot{\theta}_{g2} - \dot{\theta}_{g1}) = T_g$$

式中，m_{p1}、m_{g1}、m_{p2}、m_{g2}、I_{p1}、I_{g1}、I_{p2}、I_{g2} 分别表示两对齿轮副的质量和惯量。

两对齿轮副各方向位移在其各自啮合线方向转化的投影矢量分别为

$$V_1 = [\cos\beta_{b1}\sin\phi, \cos\beta_{b1}\cos\phi, \sin\cos\beta_{b1}, r_p\cos\beta_{b1},$$
$$-\cos\beta_{b1}\sin\phi, -\cos\beta_{b1}\cos\phi, -\sin\beta_{b1}, r_g\cos\beta_{b1}]$$

$$V_2 = [\cos\beta_{b2}\sin\phi, \cos\beta_{b2}\cos\phi, \sin\cos\beta_{b2}, r_p\cos\beta_{b2},$$
$$-\cos\beta_{b2}\sin\phi, -\cos\beta_{b2}\cos\phi, -\sin\beta_{b2}, r_g\cos\beta_{b2}]$$

两对齿轮副的位移向量分别为

$$q_1 = \{x_{p1}, y_{p1}, z_{p1}, \theta_{p1}, x_{g1}, y_{g1}, z_{g1}, \theta_{g1}\}^T$$

$$q_2 = \{x_{p2}, y_{p2}, z_{p2}, \theta_{p2}, x_{g2}, y_{g2}, z_{g2}, \theta_{g2}\}^T$$

δ_1、δ_2 分别为左右两对齿轮副在其各自啮合线方向上的相对位移：

$$\delta_1 = V_1q_1 - e_m, \quad \delta_2 = V_2q_2 - e_m$$

齿轮副之间沿啮合线的相对位移分别为

$$\delta_1 = \cos\beta_{b1}\sin\phi(x_{p1} - x_{g1}) + \cos\beta_{b1}\cos\phi(y_{p1} - y_{g1}) - \sin\beta_{b1}(z_{p1} - z_{g1})$$
$$+ (r_p\cos\beta_{b1} \cdot \theta_{p1} + r_g\cos\beta_{b1} \cdot \theta_{g1}) - e_m \tag{6-12}$$

$$\delta_2 = \cos\beta_{b2}\sin\phi(x_{p2} - x_{g2}) + \cos\beta_{b2}\cos\phi(y_{p2} - y_{g2}) - \sin\beta_{b2}(z_{p2} - z_{g2})$$
$$+ (r_p\cos\beta_{b2} \cdot \theta_{p2} + r_g\cos\beta_{b2} \cdot \theta_{g2}) - e_m \tag{6-13}$$

整个齿轮系统的动力学方程可以表示为矩阵形式：

$$M\ddot{x} + C\dot{x} + Kx = F \tag{6-14}$$

式中，$x = \{x_{p1}, y_{p1}, z_{p1}, \theta_{p1}, x_{g1}, y_{g1}, z_{g1}, \theta_{g1}, x_{p2}, y_{p2}, z_{p2}, \theta_{p2}, x_{g2}, y_{g2}, z_{g2}, \theta_{g2}\}^T$，整个齿轮系统包括 16 个自由度。

6.5.1　滑动轴承结构及工况参数的合理取值

1. 宽径比

轴承直径和轴颈直径的名义尺寸是相同的，宽径比指滑动轴承的长度和直径的关系，而轴颈尺寸一般由轴的尺寸和结构决定，除了要满足需要的刚度和强度外，还要满足润滑及散热等条件。小的宽径比减小了轴向尺寸从而减小了占用空间，且对于高速轻载轴承而言，有利于增大压力即单位面积载荷而提高运转稳定性，从而增加流量、降低温升，减小摩擦面积而降低摩擦功耗。相反，大的宽径比轴承的承载能力比较高，油膜压力分布曲线较为平缓，不会出现曲线突然变得陡峭的现象，因此不容易出现轴承材料局部过热的现象。目前，滑动轴承的 B/D 值有减小的趋势。通常宽径比选为 0.3~1.5。常用机器滑动轴承宽径比的选用原则见表 6-4。人字齿轮传动系统是高速重载，因此选取低宽径比较好。

表 6-4　滑动轴承宽径比的选用原则

工况条件	取较大 B	取较小 B
载荷	小	大
转速	低	高
轴的挠性	小	大
要求的转子系统刚度	大	小

2. 润滑油黏度

对滑动轴承进行润滑的目的主要是减小摩擦功耗，降低磨损率，同时还可以起冷却、防尘、防锈以及吸振等作用。绝大多数滑动轴承应用矿物润滑油或润滑脂作为润滑剂。润滑油的主要物理和化学性能指标有黏度、润滑性、闪点、凝点等，对于动压润滑轴承来说，黏度是最重要的指标，也是选择滑动轴承用油的主要依据。选择滑动轴承润滑油的黏度时，应考虑轴承压力、滑动速度、摩擦表面状况和润滑方式等条件。一般的原则如下：

(1) 在压力大或者冲击、变载等工作条件下，应该选用黏度较高的油；

(2) 滑动速度高时，容易形成油膜，为了减小摩擦功耗，应该选用黏度较低的油；

(3) 加工粗糙或者未经跑合的表面，应该选用黏度较高的润滑油；

(4) 循环润滑、油垫润滑或者油芯润滑，应该选用黏度较低的润滑油，而飞溅润滑应该选用高品质、能防止与空气接触而氧化变质或者因激烈搅拌而乳化的油。

如果选取的润滑剂黏度太低，会导致滑动轴承的承载能力不足，而黏度太高，流量就会减小，功率损耗增大，运转起来可能会出现温度过高的情况。但是随着油温的升高，润滑油的黏度会下降，因此提高润滑油的黏度来保证滑动轴承的高承载能力不是一个特别有效的方法。一般情况下润滑油的黏度选取和转速相关，有以下的关系：

$$\eta = \frac{0.068}{\sqrt[3]{n_{\mathrm{s}}}} \tag{6-15}$$

式中，η 为润滑油的黏度 (Pa·s)；n_s 为轴颈的转速 (r/s)。

3. 相对间隙

轴承间隙对轴承的运转也有很大的影响。由于轴径和轴瓦孔的制造误差，轴承间隙和相对间隙也有上下偏差。计算时通常以平均相对间隙为基础。轴承的相对间隙通常从下面的数值中选取：0.56‰、0.8‰、1.12‰、1.32‰、1.6‰、1.9‰、2.24‰、3.15‰。

在一般情况下，滑动轴承的相对间隙和所受的外载荷与转速有关。在转速较高的时候，应该取较大的相对间隙值，这样，可以减少滑动轴承的发热；当外载荷较大时，应该选取较小的相对间隙值来强化滑动轴承间隙内的楔形效应，从而提高承载能力。相对间隙和滑动速度有如下的关系：

$$\varepsilon_b = (0.6 \sim 1.0) \times 10^{-3} \sqrt[4]{v_t} \tag{6-16}$$

式中，ε_b 为滑动轴承相对间隙；v_t 为轴颈圆周速度。

选取平均相对间隙时要考虑很多影响因素，表 6-5 给出的考虑直径和滑动速度的经验许用值比较有价值。

表 6-5 选取平均相对间隙的经验许用值

轴的直径/mm	轴的滑动速度/(m/s)				
	<1	1~3	3~10	10~30	>30
<100	1.32	1.6	1.9	2.24	2.24
100~250	1.12	1.32	1.6	1.9	2.24
>250	1.12	1.12	1.32	1.6	1.9

6.5.2 结构参数对系统动态特性的影响

在轴的尺寸和结构不变的情况下，通过调整滑动轴承的宽度实现宽径比的变化；偏心率是偏心距和半径间隙的比值，而在运转过程中偏心距随着滑动轴承处的振动周期性的变化，因此可通过改变滑动轴承的半径间隙调整偏心率。在保证传动系统结构合理性的前提下，设计了六种宽径比和六种半径间隙进行对比分析。

1. 宽径比的影响

对于主动轴和从动轴上的四个轴承，以机械设计手册所给的常用宽径比为准则，设计了 0.5、0.75、1、1.25、1.5、1.75 六种宽径比。

不同宽径比下一个啮合周期内的齿轮动态啮合力见图 6-29，首先可以看到图中波动量较小的曲线为人字齿轮副中的右旋斜齿轮，波动量较大的曲线为人字齿轮副中的左旋斜齿轮。左、右旋齿轮副啮合力的不同是人字齿轮传动系统结构左右不对称造成的。在广义有限元模型中，计入了轴的弹性，轴尺寸和结构的不同造成同一根轴上的两个齿轮节点的位移量不同，在两对齿轮副啮合刚度和综合啮合误差相同的情况下，啮合力会出现偏差。其次，随着滑动轴承宽径比的增大，动态啮合力的均值基本不变。但是动态啮合力的波动量(即最大值和最小值的差值)略有区别，宽径比越小，动态啮合力的波动量越大，这与实际相符，原因是宽径比小，滑动轴承处的支承刚度就小，从而使得齿轮传动系统整体振动位移变大，齿轮啮合力波动量更为明显。图 6-30 是宽径比和动态传递误差的关系图。由图可知，随着宽径比的增大，齿轮副的动态传递误差反而减小。在宽径比小于 0.8 的区域内，动态传递误差减小的趋势很快，而在宽径比大于 0.8 的范围内，这种减

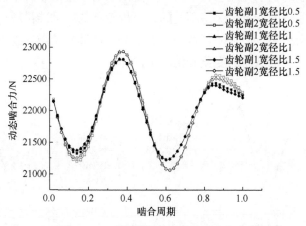

图 6-29　不同宽径比下的动态啮合力

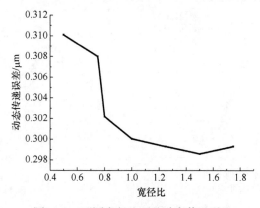

图 6-30　不同宽径比下的动态传递误差

小的现象越来越不明显。这是因为当宽径比较小时，滑动轴承的承载能力较小，而整个系统的外部激励并没有变化，所以整个系统的振动会比较大，齿轮的动态传递误差比较大，反之相反。但是当宽径比大到一定的程度时，宽径比的增大对整个系统的影响会减弱，甚至没有影响。在设计人字齿轮传动系统时，并不能一味地追求大承载量或者高平稳性，需要在实现基本需求的前提下，在合适的范围内选择偏大的宽径比来降低齿轮的动态传递误差。

　　图 6-31 展示的是在一个啮合周期内，4 个滑动轴承的动态轴承力在不同宽径比下的变化。由图可知，从动轴上两个滑动轴承的轴承力的变化比较明显，主动轴上的轴承力变化较小。这是因为从动轴上的扭矩大，转速低，相对主动轴而言，从动轴运转起来振动位移较大。另外，无论是主动轴还是从动轴，随着宽径比的增大，滑动轴承的轴承力波动量增大，这是因为对于整个系统来说，在不考虑摩擦的情况下，系统的能量是保持不变的，当齿轮处的振动能量减小时，滑动轴承处的振动能量会增大。但是随着宽径比的增大，这种现象越来越不明显，当宽径比大于 1 时，动态轴承力的变化开始趋于饱和。

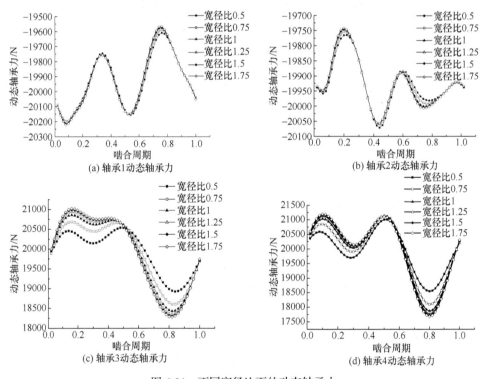

图 6-31　不同宽径比下的动态轴承力

2. 半径间隙的影响

半径间隙对于滑动轴承的动力特性影响较大，在其他参数不变的情况下，滑动轴承的动力特性系数随半径间隙的增大呈指数形式增加。因此滑动轴承的半径间隙应该在合适的区间内选取。以一般设计手册给出的常用相对间隙为准则，对比分析了半径间隙分别为85μm、90μm、95μm、100μm、105μm和110μm下的齿轮系统的动态响应。

不同半径间隙下的一个啮合周期内的齿轮动态啮合力见图6-32，与宽径比变化对动态啮合力的影响类似，随着滑动轴承的半径间隙增大，左旋和右旋斜齿轮副的动态啮合力的均值基本不变。轴承的半径间隙越小，齿轮副处动态啮合力的波动量越小。这是因为当半径间隙较小时，滑动轴承的动压性能更为显著，油膜压力更大，从而滑动轴承支承刚度和阻尼变大，整个齿轮系统在运转过程中也更平稳，齿轮动态啮合力的波动更小。

滑动轴承半径间隙和动态传递误差的关系如图6-33所示，随着半径间隙的增大，齿轮副的动态传递误差随之增大。这是因为随着半径间隙的增大，整个系统的振动会增大，齿轮副的动态传递误差比较大，反之相反。当半径间隙增大到一定的程度时，齿轮系统就会失稳，滑动轴承处的理论位移甚至会大于半径间隙，此时滑动轴承的轴瓦和轴颈发生尺寸干涉，导致整个齿轮系统运转不了。因此在设计传动系统的时候，应该尽量提高制造精度，减小滑动轴承的半径间隙，提高齿轮系统的稳定性。

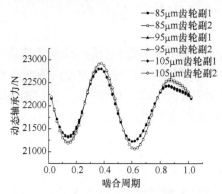

图 6-32　不同半径间隙下的动态啮合力

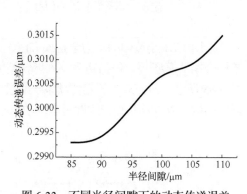

图 6-33　不同半径间隙下的动态传递误差

图6-34展示的是在一个啮合周期内，4个滑动轴承的动态轴承力在不同半径间隙下的变化。首先，与不同宽径比对动态轴承力的影响类似，从动轴上两个滑动轴承的轴承力变化比较明显，主动轴上的轴承力变化很小。其次，4个滑动轴承处的动态轴承力的波动量都随着半径间隙的增大而减小，这是由于齿轮副处的振动随着半径间隙的增大而增大，与前面提到的能量守恒理论一致。

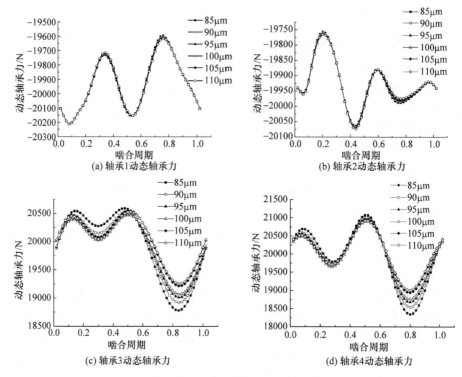

图 6-34　不同间隙下的动态轴承力

6.6　联轴器对齿轮系统动态特性的影响

采用 3.7.1 小节中的动力学建模方法，建立只通过联轴器耦合的双齿轮箱传动系统耦合振动模型[12]，包括功率输入齿轮箱(PI1)子系统和跨接齿轮箱(CC)子系统，如图 6-35 所示。研究双齿轮箱传动系统通过联轴器耦合的动态特性变化，并讨论联轴器的结构参数以及联轴器刚度对系统动态响应的影响规律。

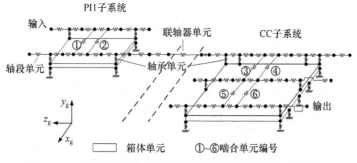

图 6-35　双齿轮箱耦合传动系统的广义有限元耦合振动模型

6.6.1　耦合联轴器对齿轮系统动态响应特性的影响

1. 耦合联轴器对齿轮动态啮合力的影响

求解双齿轮箱耦合振动系统的动态响应，得到各啮合单元的动态啮合力时域图，并与未耦合前的动态啮合力进行比较，如图 6-36(a)~(f)所示，分别为 1~6 号啮合单元的动态啮合力图。由图可知，耦合联轴器前后动态啮合力只有微小变化，其幅值基本相同。接近联轴器的 1 号与 2 号啮合单元、3 号与 4 号啮合单元，受到联轴器耦合作用相对较大，远离联轴器的 5 号与 6 号啮合单元的动态啮合力曲线则几乎完全吻合。

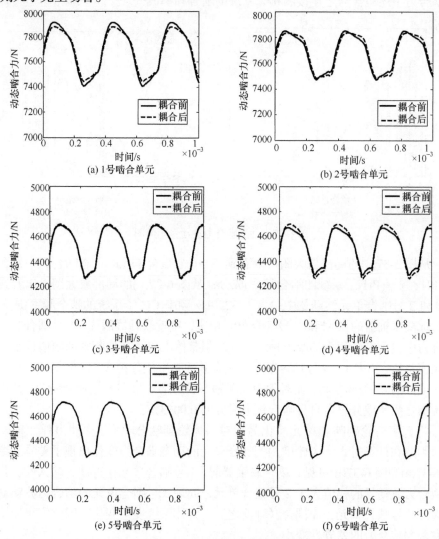

图 6-36　动态啮合力时域图

　　通过傅里叶变换，获得各频率下的动态啮合力波动量幅值图，并与未耦合联轴器时各齿轮副上的动态啮合力进行对比，如图 6-37(a)和图 6-37(b)所示分别是在 PI1 子系统啮合频率为 2650Hz 和 CC 子系统啮合频率为 3220Hz 时的动态啮合力波动量幅值图。由图可知，由于两个子系统通过联轴器相连，振动也通过联轴器传递，因此接近联轴器的啮合单元的动态啮合力波动量变化相对较显著。1 号和 2 号啮合单元的动态啮合力的主要频率为 2650Hz，即为 PI1 子系统啮合频率，而对于 3~6 号啮合单元，其动态啮合力的主要频率为 3220Hz，即为 CC 子系统啮合频率。此外，从局部放大图可以看到，除了主要频率成分外，各啮合单元的动态啮合力中还包含与之连接的相邻系统的啮合频率成分。

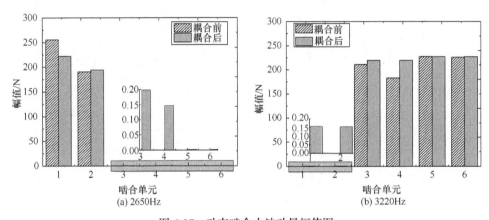

图 6-37　动态啮合力波动量幅值图

　　从图 6-37(a)的局部放大图可以看到，3~6 号啮合单元的动态啮合力中包含了 2650Hz 频率(PI1 子系统的啮合频率)成分；从图 6-37(b)的局部放大图可以看到，1 号和 2 号啮合单元波动量中包含了 3220Hz 频率(CC 子系统的啮合频率)成分，且与远离联轴器的 5 号和 6 号啮合单元相比，接近联轴器的 1~4 号啮合单元的啮合力中包含其他频率的幅值稍大一些。但整体上包含其他频率的幅值远小于自身频率幅值，其中 1~4 号啮合单元中包含其他频率成分稍多，但也仅占自身啮合频率成分的 0.008%左右，而对于距离联轴器较远的 5 号和 6 号啮合单元，其相邻系统啮合频率成分仅占自身啮合频率成分的 0.0003%。

　　将人字齿轮副啮合单元简化为两对斜齿轮副啮合单元，中间由弹性轴段相连，因此在计算时人字齿轮副两侧啮合单元的动态啮合力变化出现了差异。综合图 6-37(a)和图 6-37(b)可见，耦合联轴器前，1 号啮合单元接近动力输入端，其动态啮合力波动量的幅值大于 2 号啮合单元，同理 3 号啮合单元的啮合力波动量幅值大于 4 号啮合单元，而耦合联轴器之后，整体系统发生变化，因此人字齿轮副左右两侧啮合力的差异性变小。

2. 耦合联轴器对动态轴承力的影响

通过求解系统动力学方程，获得了各轴承的动态轴承力，并与未耦合联轴器时的 PI1、CC 子系统分别单独求解获得的动态轴承力进行了比较，图 6-38(a)～(f) 为不同轴承的动态轴承力时域图。由于轴承较多，其他轴承力曲线不再赘述。

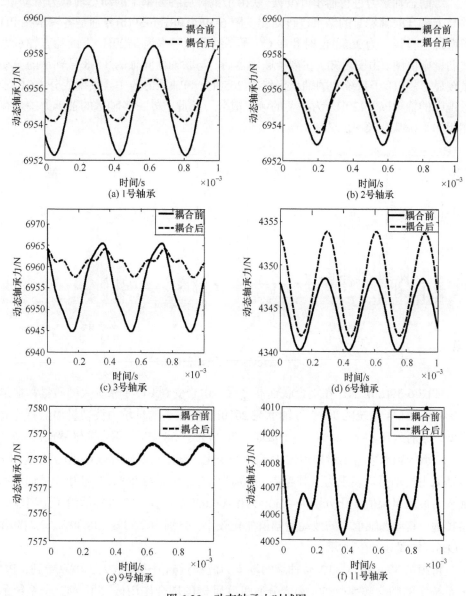

图 6-38　动态轴承力时域图

　　由图 6-38 可知，1 号和 2 号轴承的轴承力幅度变小，均值未发生显著变化；而 3 号和 6 号轴承由于联轴器的耦合效果，动态轴承力分布发生变化，因此，其动态轴承力曲线除了幅度变化外，均值也发生了偏移；远离联轴器的 9 号和 11 号轴承，轴承力的时域曲线变化很小。

　　对动态轴承力进行傅里叶变换，获得了耦合后各频率下的动态轴承力波动量，并与未耦合联轴器时的结果进行对比。图 6-39(a)和图 6-39(b)分别是各轴承在 PI1 子系统啮合频率为 2650Hz 时和在 CC 子系统啮合频率为 3220Hz 下的动态轴承力波动量幅值图。由图可知，在耦合联轴器后，与联轴器同轴的 3～8 号轴承的波动量较显著。PI1 子系统中的轴承仍然以 2650Hz 为轴承力的主要频率成分，CC 子系统中的轴承以 3220Hz 为主要的频率成分，除此之外，各轴承的轴承力中还存在相邻系统啮合频率成分。

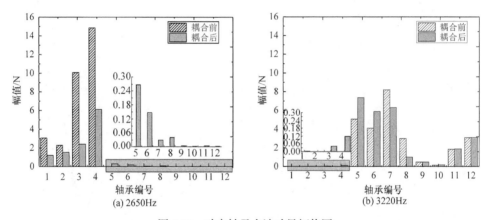

图 6-39　动态轴承力波动量幅值图

　　如图 6-39(a)所示，在耦合联轴器之后，由于受到 CC 子系统大的质量和惯量的影响，PI1 子系统的 1～4 号轴承在 2650Hz 频率下的轴承力波动量幅值有显著降低，分别达到了–60.88%、–32.98%、–76.17%、–58.85%。耦合联轴器前后，5～8 号轴承的轴承力波动量幅值发生了显著变化，其中与联轴器较接近的 5 号和 6 号轴承力波动量均表现为上升趋势，分别为 45.47%和 43.06%，7 号和 8 号轴承的轴承力波动量幅值变化分别为–23.24%和–66.02%，而 9～12 号轴承由于距离联轴器较远，其动态轴承力的波动量幅值变化较小，分别为 2.33%、38.39%、2.21%和 0.49%，如图 6-39(b)所示。

　　将图 6-39(a)中 5～12 号轴承的轴承力波动量幅值进行放大，可以看到，PI1 子系统中的啮合频率(2650Hz)成分通过联轴器的耦合作用传入了 CC 子系统的 5～12 号轴承的轴承力中。同理，对于 PI1 子系统的 1～4 号轴承而言，动态轴承力中也发现了 3220Hz 频率(CC 子系统啮合频率)成分，见图 6-39(b)的局部放大图。综合图 6-39(a)和图 6-39(b)可知，与联轴器同轴系的 3～8 号轴承的轴承力中相邻系统啮合频率成分在自身啮合频率成分中占比相对较大，最大达到了 3.89%。

3. 耦合联轴器对箱体结构振动的影响

对于双齿轮箱传动系统而言，齿轮的啮合刚度变化引起齿轮的振动，振动通过轴系被传递到轴承上，进而被传递到箱体机脚处，再传递到基础，最终传递给船体，引起船体振动并产生水中噪声。机脚处的振动越大，表明传递到基础的振动越大，因此在船舶齿轮箱的结构振动分析中，齿轮箱机脚处的振动尤为重要，常用加速度级来表征其振动的大小。本节通过将前文计算得到的动态轴承力激励施加到箱体轴承孔中心处，计算箱体机脚处的结构振动加速度级，并将耦合联轴器之后的箱体加速度级与未耦合联轴器的各独立子系统的计算结果进行比较，分析联轴器的耦合作用对箱体结构振动的影响。箱体结构加速度计算过程如图 6-40 所示。

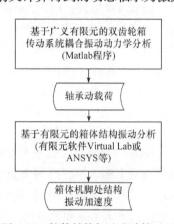

图 6-40　箱体结构加速度计算过程

1) PI1 子系统齿轮箱体的结构振动

PI1 子系统的箱体模型及机脚测点位置编号如图 6-41 所示，其中 1 号测点靠近动力输入端，4 号测点靠近动力输出端。计算可得 PI1 子系统箱体机脚测点处的加速度，根据加速度级计算公式计算机脚处的振动加速度级，并与未耦合联轴器时的独立子系统的计算结果进行对比，其中频率为 2650Hz(PI1 子系统啮合频率)和 3220Hz(CC 子系统啮合频率)时的振动加速度级如表 6-6 和表 6-7 所示。

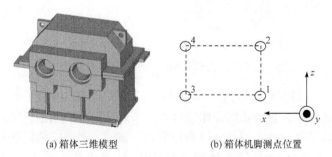

(a) 箱体三维模型　　　　　　　　(b) 箱体机脚测点位置

图 6-41　PI1 子系统箱体的结构振动模型

表 6-6　PI1 子系统自身啮合频率成分的振动加速度级(2650Hz)　(单位：dB)

编号	未计耦合的子系统	计入耦合的子系统	差值
1	89.37	84.00	−5.37
2	81.36	78.13	−3.23
3	79.78	70.18	−9.60
4	88.57	84.77	−3.80

表 6-7　PI1 子系统相邻啮合频率成分的振动加速度级(3220Hz)

编号	计入耦合的子系振动加速度级/dB	与自身频率成分比值/%
1	45.67	54.37
2	41.73	53.41
3	55.29	78.78
4	43.66	51.50

由表 6-6 可知，PI1 子系统箱体的结构振动中，2650Hz(PI1 子系统啮合频率)始终为主要振动频率。联轴器的耦合作用使得 PI1 子系统齿轮箱体的机脚加速度级在自身啮合频率处整体呈下降的趋势，其中 3 号测点的振动降低尤为明显，振动加速度级减小了 9.61dB。此外由表 6-7 可知，耦合联轴器之后，结构振动中出现了 3220Hz(即 CC 子系统啮合频率)的频率成分，其与自身啮合频率 2650Hz 的振动加速度级比值都在 50%以上。

2) CC 子系统齿轮箱体的结构振动

图 6-42 所示为 CC 子系统齿轮箱体的三维模型和机脚测点位置，其中 7 号测点靠近动力输入端，12 号测点靠近动力输出端。对机脚测点的振动加速度按照加速度级计算公式进行处理，得到箱体各测点在频率为 3220Hz 和 2650Hz 时的振动加速度级如表 6-8 和表 6-9 所示。

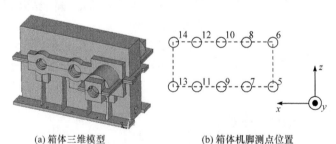

　　　(a) 箱体三维模型　　　　　　　(b) 箱体机脚测点位置

图 6-42　CC 子系统箱体的三维模型和机脚测点位置

由表 6-8 可以得到，耦合联轴器前后，3220Hz 始终为 CC 子系统箱体结构振动的主要振动频率，联轴器耦合作用对 CC 子系统箱体的结构振动的影响并不显著，最多降低了 3.14dB；从表 6-9 可以看到，除了 3220Hz 的振动外，箱体振动中还出现了 2650Hz(PI1 子系统啮合频率)的频率成分，其值与自身啮合频率 3220Hz 的振动加速度级比值都在 50%以上。

表 6-8　CC 子系统自身频率成分的振动加速度级(3220Hz)　（单位：dB）

编号	未计耦合的子系统	计入耦合的子系统	差值
5	87.77	89.04	1.27
6	93.50	91.81	−1.69
7	89.27	88.59	−0.68
8	90.13	87.35	−2.78
9	83.57	83.01	−0.56
10	80.45	80.68	0.23
11	89.98	88.54	−1.44
12	84.37	83.76	−0.61
13	91.11	87.98	−3.13
14	86.80	87.87	1.07

表 6-9　CC 子系统相邻频率成分的振动加速度级(2650Hz)

编号	计入耦合的子系统振动加速度级/dB	与自身频率成分比值/%
5	50.37	56.57
6	41.86	45.60
7	44.28	49.99
8	42.09	48.19
9	41.91	50.49
10	39.93	49.50
11	42.27	47.73
12	28.96	34.58
13	43.59	49.55
14	40.54	46.13

6.6.2　联轴器刚度对系统动态特性的影响

两个子系统之间主要通过联轴器建立耦合关系，所有的运动和动力传递均以联轴器为媒介完成，因此分析联轴器的刚度对系统耦合振动动态特性的影响十分必要。本节保持其他参数不变，分别取联轴器刚度为 $0.01K_{coupling}$、$K_{coupling}$ 和 $100K_{coupling}$ 以及通过轴段直接连接，计算联轴器刚度变化后的系统动态啮合力和动态轴承力，并与耦合前的计算结果进行对比分析。

1. 联轴器刚度对动态啮合力波动量的影响

计算采用不同刚度的联轴器进行耦合时系统的动态啮合力波动量，并取在自身子系统啮合频率和相邻子系统啮合频率处的幅值进行对比分析，结果如图 6-43 所示。

从图 6-43(a)中可以看到，在自身啮合频率处，动态啮合力波动量幅值随联轴器刚度的变化改变不大，接近联轴器的 1～4 号啮合单元随联轴器刚度的增大动态啮合力波动量幅值稍有变化，而远离联轴器的 5 号和 6 号啮合单元的啮合力波动量幅值几乎无变化。

由图 6-43(b)可知，在相邻子系统啮合频率处，随着联轴器刚度增加，啮合单元的动态啮合力波动量幅值增大,即相邻子系统间的相互影响变大。当联轴器取 $0.01K_{coupling}$ 刚度时,相邻子系统间动态啮合力的作用可以忽略。此外,远离联轴器的 5 号和 6 号啮合单元的啮合力波动量幅值与其他啮合单元相比很小,说明越远离联轴器的啮合单元受到的耦合作用影响越小。

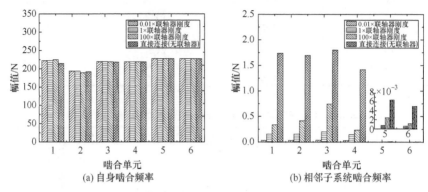

图 6-43　联轴器刚度对动态啮合力波动量幅值的影响

2. 联轴器刚度对动态轴承力的影响

计算采用不同联轴器刚度时的系统动态轴承力波动量,图 6-44 为动态轴承力波动量在自身啮合频率处和相邻子系统啮合频率处的幅值。

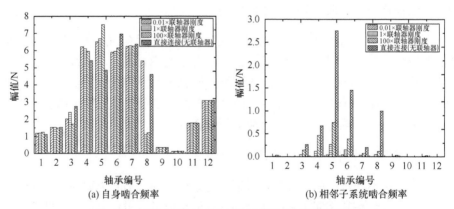

图 6-44　联轴器刚度对动态轴承力波动量幅值的影响

由图 6-44(a)可知,在自身啮合频率处,联轴器刚度的变化导致与联轴器同轴系的 3～8 号轴承的轴承力波动量变化显著,而远离联轴器的 1 号、2 号和 9～12 号轴承的动态轴承力变化不大。由图 6-44(b)可得,随着联轴器刚度的增加,各轴承的轴承力波动量中相邻子系统啮合频率成分随之增大;当联轴器刚度取 $0.01K_{coupling}$ 时,相邻子系统啮合频率下的轴承力波动量幅值很小,其幅值在 $K_{coupling}$

刚度时幅值的 5%以下。远离联轴器的 1 号、2 号、9～12 号轴承的动态轴承力在相邻子系统啮合频率处的幅值普遍很小，这说明联轴器的耦合对于距离其较远的轴承作用也较小。

综上可知，随着联轴器刚度的增大，动态啮合力的波动量在自身啮合频率下变化不大，与联轴器同轴的轴承在自身啮合频率处轴承力波动量变化明显；对啮合力和轴承力波动量中的相邻子系统啮合频率成分影响显著。当联轴器较大柔性时，各子系统趋于相互独立，彼此之间的相互耦合作用减弱。

6.6.3　联轴器结构参数对系统动态特性的影响

膜片的结构参数会影响膜片的刚度值，进而影响系统的动态响应。

1. 膜片的形状

为讨论膜片形状对系统动态特性的影响规律，保持膜片联轴器的其他参数不变，分别计算膜片为束腰型和圆环型时的动态啮合力和动态轴承力，并对其波动量中自身啮合频率成分和相邻子系统啮合频率成分进行对比分析。

图 6-45(a)为动态啮合力波动量在自身啮合频率处的幅值图，由图可知，膜片的形状对系统自身频率下的啮合力波动量影响不大，最多为–0.05%(2 号啮合单元)。图 6-45(b)为动态啮合力波动量在相邻子系统啮合频率处的幅值图，从图中可知，膜片形状对波动量中相邻子系统啮合频率成分有一定影响，与圆环型膜片相比，束腰型膜片使得动态啮合力波动量的幅值有一定幅度的降低，其中 1～6 号啮合单元分别降低–26.57%、–26.15%、–31.40%、–28.77%、–30.69%和–29.38%，即采用圆环型膜片联轴器使得相邻子系统间的相互耦合影响更为显著。

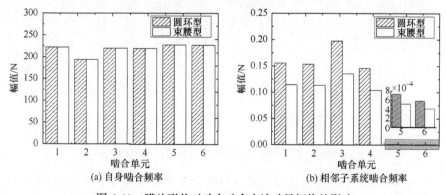

图 6-45　膜片形状对动态啮合力波动量幅值的影响

图 6-46 为动态轴承力波动量在自身啮合频率和相邻子系统啮合频率下的幅值图。从图 6-46(a)中可以得到，膜片形状的变化使得动态轴承力波动量的幅值在

自身啮合频率处的变化很小，其中变化最大的为 3 号轴承，仅为–2.89%。从图 6-46(b) 可知，与动态啮合力的变化相同，束腰型膜片对相邻子系统间的相互作用影响比圆环型膜片小，与圆环型膜片相比，束腰型膜片使得动态轴承力波动量在相邻子系统啮合频率下的幅值降低了约 30%。

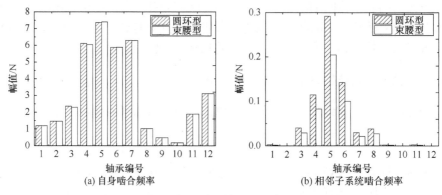

图 6-46　膜片形状对动态轴承力波动量幅值的影响

2. 膜片的厚度

保持膜片联轴器的其他参数不变，分别取膜片的厚度为 0.5mm、1mm 和 1.5mm，计算系统的动态啮合力和动态轴承力的变化。图 6-47 为动态啮合力波动量在自身啮合频率处和相邻子系统啮合频率处的幅值图。

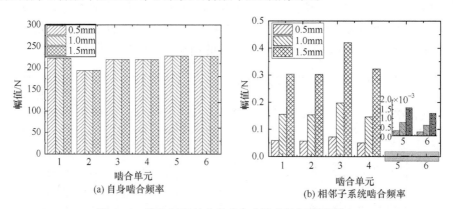

图 6-47　膜片厚度对动态啮合力波动量幅值的影响

图 6-48 为动态轴承力波动量在自身啮合频率处和相邻子系统啮合频率处的幅值图。从图 6-48(a)中可以看到，在自身啮合频率下，膜片厚度的改变使得系统轴承力波动量变化不大，与联轴器同轴的 3～8 号轴承略有改变。从图 6-48(b)中可以得到，在相邻子系统啮合频率下，膜片厚度的增大使得轴承力波动量的幅值

显著增加，即子系统间的相互影响随之增强，与厚度为 0.5mm 的膜片相比，当膜片联轴器的膜片厚度为 1mm 时，1～4 号轴承的轴承力波动量约增大 60%，5～12号轴承的轴承力波动量约增大 80%，当膜片联轴器的膜片厚度为 1.5mm 时，1～4 号轴承的波动量约为原来的 4 倍，5～12 号轴承波动量约为原来的 5 倍。

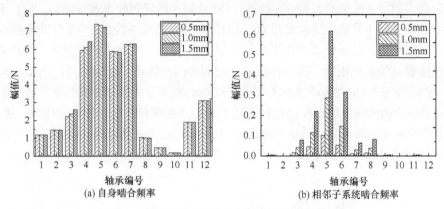

(a) 自身啮合频率　　　　　　　　　(b) 相邻子系统啮合频率

图 6-48　膜片厚度对动态轴承力波动量幅值的影响

3. 膜片的连接螺栓数

保持膜片联轴器的其他参数不变，取膜片的连接螺栓个数分别为 4 个、6 个和 8 个，计算系统的动态啮合力和动态轴承力。

图 6-49 为自身啮合频率和相邻子系统啮合频率下的啮合力波动量幅值图。由图 6-49(a)可知，在自身啮合频率处，各啮合单元的动态啮合力波动量变化不大，较大的变化发生在 2 号啮合单元，与 4 个连接螺栓的膜片联轴器相比，随膜片连接螺栓个数的增多，啮合力波动量变化分别达到了 0.04%和 0.31%。图 6-49(b)为各啮合单元在相邻子系统啮合频率下的波动量幅值，从图中可以得到，随膜片连

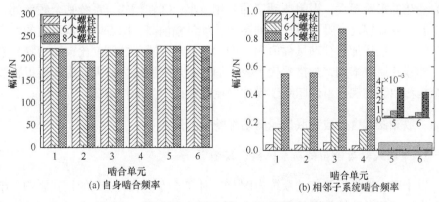

(a) 自身啮合频率　　　　　　　　　(b) 相邻子系统啮合频率

图 6-49　螺栓数对动态啮合力波动量幅值的影响

接螺栓个数的增加，各啮合单元的啮合力波动量随之增大，与连接螺栓个数为 4 个相比，当连接螺栓个数为 6 个时，波动量幅值的变化量达 2.6～3.5 倍，当螺栓连接个数增加为 8 个时，波动量变化为 13.0～20.6 倍。

图 6-50 为各轴承在自身啮合频率和相邻子系统啮合频率下的动态轴承力波动量幅值图。从图 6-50(a)中可以看到，随着膜片连接螺栓个数的增多，PI1 子系统中的 3 号和 4 号轴承的波动量有上升趋势，而 CC 子系统的 5～8 号轴承的波动量有下降趋势，其他轴承变化不是很明显，其中 3 号轴承变化较突出，与具有 4 个连接螺栓的膜片相比，随连接螺栓个数的增多，轴承力波动量变化达 6.98%和 39.98%。图 6-50(b)为各轴承在相邻子系统啮合频率下的波动量幅值图，从图中可以看到，各轴承的轴承力波动量幅值随着膜片连接螺栓个数的增多而增大，其中，6 个连接螺栓的膜片比 4 个连接螺栓的膜片的轴承力波动量约大 3 倍，8 个连接螺栓的波动量幅值增大了 11.2～17.5 倍。

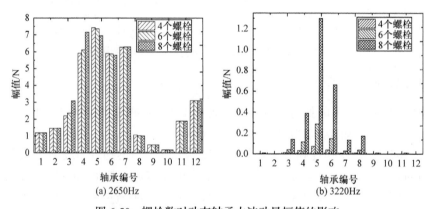

图 6-50 螺栓数对动态轴承力波动量幅值的影响

综上所述，可以得出以下结论：①在各子系统自身啮合频率处，联轴器结构参数变化的影响不大，引起波动量的变化较小；②在相邻子系统啮合频率处，圆环型膜片联轴器比束腰型膜片联轴器的波动量幅值高，随着联轴器厚度的增大，连接螺栓个数增加，波动量幅值随之增大。圆环型膜片的刚度比束腰型膜片刚度大，随膜片厚度增大，连接螺栓个数增加，膜片刚度随之增大，由此可得，膜片的结构参数影响规律可以归结于膜片刚度改变而产生的作用。

6.6.4 联轴器耦合效应串联齿轮箱动态特性的影响

1. 串联式双齿轮箱传动系统耦合模型

以串联式双齿轮箱传动系统为例[13]，研究子传动系统之间的相互影响。串联式双齿轮箱传动系统简图如图 6-51 所示。图中包含 A、B 两个子系统，子系统之间通过膜片联轴器连接，其中 B 子系统与 A 子系统相连的传动轴上有 4 个轴承，为超静定结构。

A 子系统包含箱体、输入轴、输出轴以及一对人字齿轮；B 子系统包含箱体、输入轴、中间轴、输出轴和两对人字齿轮。一对人字齿轮包含两对啮合单元，啮合单元编号以及每根轴上的轴承单元编号(1～12)见图 6-51。A、B 子系统的人字齿轮基本参数如表 6-10 所示。串联式双齿轮箱传动系统额定输入功率为 600kW，工作转速为 1500r/min。

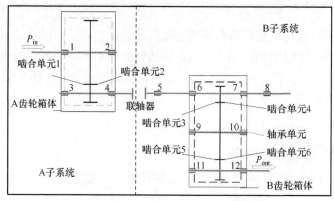

图 6-51　串联式双齿轮箱传动系统简图

表 6-10　A、B 子系统的人字齿轮基本参数

参数	啮合单元 1	啮合单元 2	啮合单元 3
齿数	106/37	45/150	150/54
法向模数/mm	5	5	7
螺旋角/(°)	23	23	23
压力角/(°)	20	20	20
单侧齿宽/mm	100	100	100

串联式双齿轮箱传动系统采用的轴承支承刚度和阻尼如表 6-11 和表 6-12 所示。

表 6-11　串联式双齿轮箱传动系统采用的轴承支承刚度

轴承编号	k_{xx}/(N/m)	k_{xy}/(N/m)	k_{yx}/(N/m)	k_{yy}/(N/m)
1、2	1.686×10^8	2.248×10^7	2.248×10^7	3.091×10^8
3、4	1.897×10^8	6.164×10^7	6.164×10^7	6.638×10^8
5、6、7、8	1.253×10^8	5.013×10^7	5.013×10^7	5.570×10^8
9、10	8.466×10^7	2.228×10^7	2.228×10^7	2.673×10^8
11、12	1.114×10^8	3.899×10^7	3.899×10^7	4.456×10^8

表 6-12 串联式双齿轮箱传动系统采用的轴承支承阻尼

轴承编号	c_{xx}/(N·s/m)	c_{xy}/(N·s/m)	c_{yx}/(N·s/m)	c_{yy}/(N·s/m)
1、2	1.431×10^6	7.155×10^5	7.155×10^5	3.936×10^6
3、4	8.430×10^5	1.581×10^5	1.581×10^5	2.107×10^6
5、6、7、8	7.426×10^5	9.283×10^4	9.283×10^4	1.857×10^6
9、10	1.238×10^6	2.475×10^5	2.475×10^5	2.970×10^6
11、12	8.911×10^5	1.114×10^5	1.114×10^5	2.228×10^6

建立串联式双齿轮箱传动系统刚柔耦合动力学模型，如图 6-52 所示。A 子系统和 B 子系统之间为采用 Timoshenko 梁法建立的柔性联轴器，各系统内分别为轴和人字齿轮。为方便显示内部结构，对齿轮箱做隐藏处理。图 6-53 为串联式双齿轮箱传动系统的二维拓扑图。

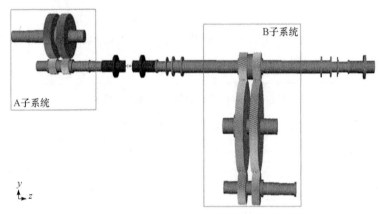

图 6-52 串联式双齿轮箱传动系统刚柔耦合动力学模型

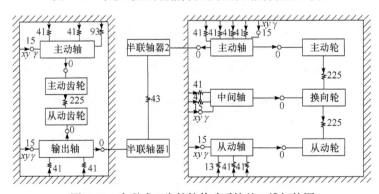

图 6-53 串联式双齿轮箱传动系统的二维拓扑图

图 6-53 中，采用力元 225 描述齿轮之间的啮合关系，计算时变啮合刚度的方

法源于 ISO 6366-1—2006；采用 41 号力元描述轴承的弹性支承效果，能够考虑轴承支承刚度的耦合项；采用 43 号力元描述半联轴器 1 和半联轴器 2 之间的刚度和阻尼；传动系统采用 93 号力元添加输入扭矩；采用 13 号力元描述输出负载。各个部件之间采用铰连接，0 号铰接表示部件之间固定连接，用于齿轮与传动轴的连接；15 号铰接表示传动轴与基础之间非固定连接，传动轴相对基础存在沿 x、y 方向的平动自由度和绕 z 方向转动的自由度 γ。最后得到串联式双齿轮箱传动系统刚柔耦合模型，柔性体现在齿轮的时变啮合刚度、轴承的柔性支承以及联轴器柔性连接处。

2. 串联式双齿轮箱传动系统刚柔耦合动力学分析

对串联式双齿轮箱传动系统刚柔耦合进行多体动力学分析，可得到联轴器处传递的动载荷。以输入功率为 600kW，输入转速为 1500r/min 的工况为例，分析联轴器处的动载荷。此时 A 子系统啮合频率为 2650Hz，B 子系统啮合频率为 3223Hz。表 6-13 为建模采用膜片联轴器的主要参数。理论推算可知，联轴器上传递的扭矩为 10000.47N·m，即联轴器上的螺栓孔受到的力约为 83337.25N。

表 6-13　膜片联轴器的主要参数表

单膜片厚度/mm	膜片个数	外径/mm	螺栓孔中心所在直径/mm	内径/mm	螺栓孔直径/mm
1	10	285	240	190	20

图 6-54 为联轴器传递的动载荷，取系统稳态时 0.2s 内的受力情况分析。

图 6-54(a)、(c)、(e)分别为在联轴器处提取的横向力 F_x、横向力 F_y 和转矩 T_z 的时域图，F_x、F_y 的最大值约为 7574N，转矩 T_z 均值约为 9999.1N·m。图 6-54(b)、(d)、(f)分别为在联轴器处提取的横向力 F_x、横向力 F_y 和转矩 T_z 的频域图。横向力 F_x 和横向力 F_y 的主要频率成分为轴频以及 A、B 子系统的啮合频率与轴频调制产生的边频。转矩 T_z 的主要频率成分为 A、B 子系统的啮合频率，没有轴频成分。建立的模型中未设置几何偏心误差等产生轴频激励的因素，产生图 6-54 所示的轴频成分的原因在于串联式双齿轮箱传动系统在运行过程中，膜片联轴器产生了振动错位现象。

如图 6-55 所示，两个柔性半联轴器通过弹簧柔性连接，半联轴器分别与 A 子系统的输出轴、B 子系统的输入轴相连，连接点为图中 1、2 节点；系统整体坐标系为坐标系 O，半联轴器的局部坐标系分别为坐标系 O_1、O_2。串联传动系统处于未加载状态时，两个半联轴器以及对应相连的传动轴的轴线处于同一直线上，即图中的理论轴线；在运行过程中，A 子系统的输出轴和 B 子系统的输入轴上的轴

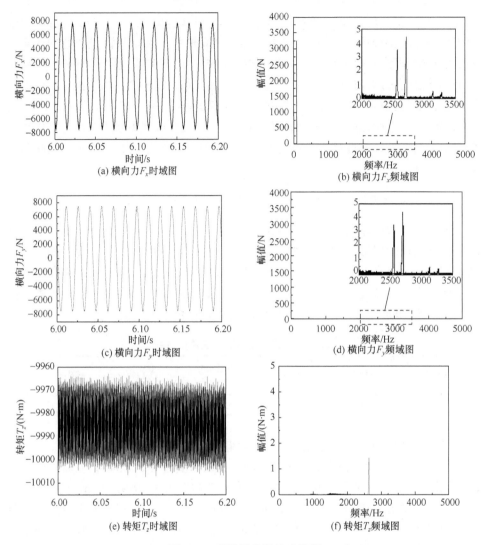

图 6-54 联轴器传递的动载荷

承支承刚度不同，传动轴的实际轴线与理论轴线发生一定偏移，与其相连的半联轴器的实际轴线也发生变化；且半联轴器为柔性体，从而导致半联轴器的实际轴线相对理论轴线在 x、y 方向上均发生偏移。传动系统的传动轴每转动一圈，半联轴器的实际轴线相对理论轴线周期变化一次。此时测量两个半联轴器的局部坐标原点 O_1、O_2 之间的沿 x 轴、y 轴的相对位移，与联轴器的刚度相乘，即可得到主要激励频率为轴频的联轴器波动横向力 F_x、F_y；两个半联轴器的轴线也都存在绕 x 轴和绕 y 轴的微小的角位移，可忽略不计。

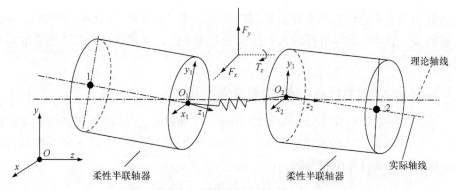

图 6-55　联轴器振动错位现象

　　此外，联轴器的动载荷中同时存在轴频、A、B 子系统啮合频率与轴频调制产生的边频，频率成分较多，说明该动载荷包含了串联式双齿轮箱传动系统中子系统之间的相互影响信息，因此将该动载荷作为外激励引入解耦后的单个齿轮箱传动系统模型中，求解得到的单个传动系统的动力学响应能够反映出一些子系统之间的相互影响规律。

　　轴频和啮合频率均与系统的转速有关，且串联式双齿轮箱传动系统在工作状态时，联轴器产生振动错位现象。因此有必要研究输入转速的变化对联轴器动载荷的影响，为后续研究奠定基础。串联式双齿轮箱传动系统输入功率恒定为600kW，以输入转速为变量，每隔 20r/min 从 0 r/min 逐渐增加到 1500r/min，分别对系统进行多体动力学分析。定义联轴器横向力波动量为横向力的最大值减去其平均值。

　　图 6-56 所示为联轴器横向力波动量随输入转速的变化曲线。由于横向力 F_x 和 F_y 的波动相同，仅以横向力 F_x 波动量为代表进行说明。从图中可知，横向力

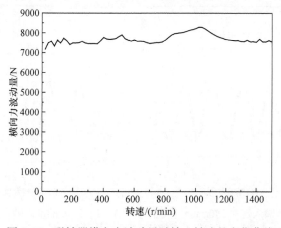

图 6-56　联轴器横向力波动量随输入转速的变化曲线

F_x 的波动量并未随转速的变化而出现相关性，其值大多处于 7000～8000N。这表明联轴器处的动载荷与外部输入条件无明显相关性，转速变化不会改变联轴器轴线的偏移程度。

3. 耦合效应对齿轮动态啮合力的影响

选取三处典型转速 240r/min、720r/min、1040r/min，分析 B 子系统的动态响应。表 6-14 所示为三种典型转速下，系统的主要激励频率，包括 A 子系统啮合频率、B 子系统啮合频率和轴频。

表 6-14　系统在不同转速下的主要激励频率

转速/(r/min)	A 子系统啮合频率/Hz	B 子系统啮合频率/Hz	轴频/Hz
240	424	517.67	11.46
720	1272	1547.02	34.38
1040	1837.33	2234.59	49.66

1) 输入转速为 240r/min

图 6-57 为在输入转速 240r/min 下啮合单元 3、4、5、6 的动态啮合力时域图，由图可知，耦合前后 B 子系统的动态啮合力变化不大，子系统之间的相互

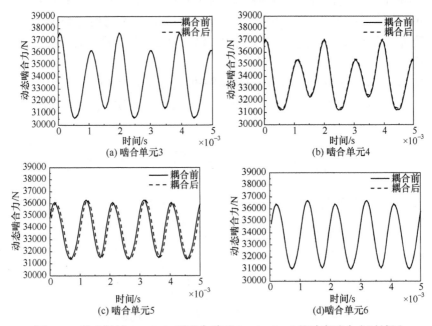

图 6-57　输入转速 240r/min 下啮合单元 3、4、5、6 的动态啮合力时域图

影响在 4 号、5 号啮合单元处相对明显。啮合单元 3 和啮合单元 4 动态啮合力幅值略有差异，这是由于建立人字齿轮模型时，将其简化为两个斜齿轮，用柔性轴段连接，柔性轴段使传递到啮合单元 3 和啮合单元 4 的动态啮合力略有差异。图 6-58 所示为在输入转速 240r/min 下啮合单元 3 的动态啮合力频域图。图 6-58(a) 和图 6-58(b) 分别表示耦合后 B 子系统和作为独立传动系统的 B 子系统动态响应。从图 6-58(a) 中可知，耦合后 B 子系统的动态啮合力频率中主要包括自身啮合频率 517.67Hz 及其倍频、轴频 11.46Hz 及其倍频，以及相邻子系统的啮合频率 424Hz 及其结合轴频所产生的边频。从图 6-58(b) 中可知，耦合前 B 子系统的动态啮合力频率中仅包括自身啮合频率 517.67Hz 及其倍频。

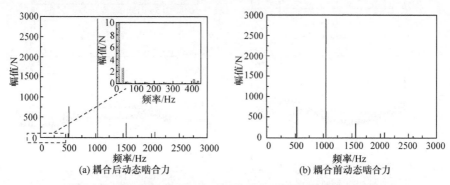

图 6-58　输入转速 240r/min 下啮合单元 3 的动态啮合力频域图

　　综合来看，A、B 子系统通过联轴器耦合传动时，B 子系统的输入载荷为时变载荷，各子系统啮合频率振动会相互传递；同时，由于联轴器振动错位，子系统动态啮合力中存在轴频成分。输入转速较低时，耦合后 B 子系统的动态啮合力中主要频率成分为 B 子系统的啮合频率和啮合频率的倍频，从相邻子系统传入的振动幅值远小于 B 子系统啮合频率振动幅值；轴频振动幅值较相邻子系统啮合频率的幅值大。

　　2) 输入转速为 720r/min

　　在输入转速为 720r/min 时，系统发生共振，如图 6-59 所示，耦合后 B 子系统的动态啮合力出现了明显的长周期波动。由于啮合单元 3 更接近载荷输入端，其动态啮合力波动量幅值大于其他啮合单元的幅值。啮合单元 3 的动态啮合力频域图如图 6-60 所示。

　　从图 6-60(a) 可知，耦合后 B 子系统的动态啮合力频率成分包含轴频 34.38Hz，自身啮合频率 1547.02Hz 和倍频，相邻子系统的啮合频率 1272Hz 结合轴频所产生的边频。从图 6-60(b) 可知，耦合前 B 子系统的动态啮合力频率成分仅包含自身啮合频率 1547.02Hz 和倍频。对比图 6-60(a) 和图 6-60(b) 可以发现，B 子系统动态啮合力耦合前后的差异主要由轴频激励引起，自身啮合频率成分对应的幅值十分接近；同时，耦合后 B 子系统啮合力频率中还包含相邻子系统啮合频率结合轴频产生的边频，但该频率对应的幅值很小。

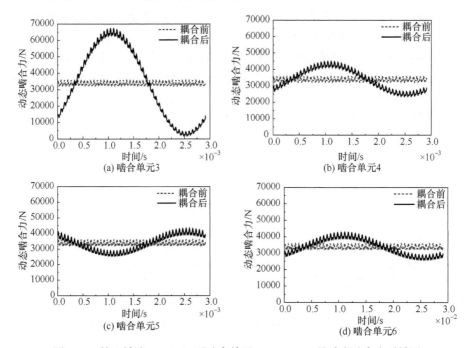

图 6-59　输入转速 720r/min 下啮合单元 3、4、5、6 的动态啮合力时域图

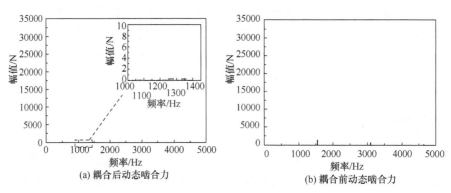

图 6-60　输入转速 720r/min 下啮合单元 3 的动态啮合力频域图

对多齿轮箱传动系统而言，子系统之间通过联轴器连接，使得系统的激励频率不仅包括各子系统的啮合频率，也包括联轴器振动错位产生的轴频激励，此时若系统存在低阶固有频率，容易导致轴频与低阶固有频率相近，产生共振现象。

3) 输入转速为 1040r/min

图 6-61 所示为 B 子系统在输入转速为 1040r/min 下的动态啮合力时域图。从图中可以看出，啮合单元 3 和啮合单元 4 的动态啮合力波动量明显大于啮合单元 5 和啮合单元 6 的动态啮合力波动量。耦合前后啮合单元 4 和啮合单元 5 的波动较小，说明啮合单元受到轴频激励的影响较小，与其远离联轴器有关。

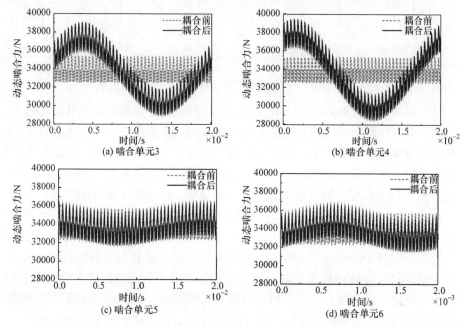

图 6-61　输入转速 1040r/min 下啮合单元 3、4、5、6 的动态啮合力时域图

对波动量明显的啮合单元 3 的啮合力进行傅里叶变换，得到图 6-62 所示的输入转速 1040r/min 下啮合单元 3 的动态啮合力频域图。由图 6-62(a)可知，耦合后 B 子系统的动态啮合力频率中主要包含轴频 49.66Hz，自身啮合频率 2234.59Hz 和倍频，相邻子系统的啮合频率 1837.33Hz 结合轴频产生的边频。由图 6-62(b)可知，耦合前 B 子系统的动态啮合力频率成分仅包含自身啮合频率 2234.59Hz 和倍频。在该转速下，系统虽未发生共振，但轴频成分对应的啮合力幅值与自身啮合频率成分相比较大，说明当系统工作在较高转速时，轴频对系统的影响不可忽略；从图 6-62(a)的局部放大图来看，从相邻子系统传来的啮合频率产生了较明显的边频带。除此之外，B 子系统啮合频率附近也产生了边频，这表明对 B 子系统而言，外部传入的频率与自身啮合频率的振动发生了耦合，产生了新的耦合振动频率。

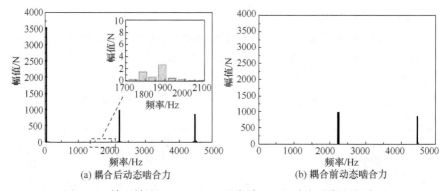

(a) 耦合后动态啮合力　　　　(b) 耦合前动态啮合力

图 6-62　输入转速 1040r/min 下啮合单元 3 的动态啮合力频域图

结合图 6-58、图 6-60 和图 6-62，综合对比分析三个典型转速下的动态啮合力频域图，可以发现在系统输入转速为 240r/min 时，B 子系统的动态啮合力主要以自身啮合频率及其倍频为主，此时从相邻子系统传入的啮合频率与轴频发生叠加形成边频带，且该啮合频率产生的边频和轴频对应的幅值占比均较小；当系统输入转速为 720r/min 时，轴频激励为主要激励频率，系统中出现共振现象；当系统输入转速为 1040r/min 时，轴频、自身啮合频率和倍频成为 B 子系统动态啮合力的主要激励频率，从相邻子系统传入的啮合频率结合轴频产生的边频对应的幅值占比较小，但与 240r/min 时相比，其幅值有所增加，轴频对应的幅值明显增大。

为分析轴频随转速的变化对系统的影响，以啮合单元 3 的动态啮合力为例，绘制不同转速下动态啮合力中轴频对应幅值在整体啮合力波动量中所占比例随转速的变化曲线，如图 6-63 所示。从图中可以看出，在转速低于 500r/min 时，B 子系统的动态啮合力中轴频幅值占比低于 10%，说明此时动态啮合力的波动主要由

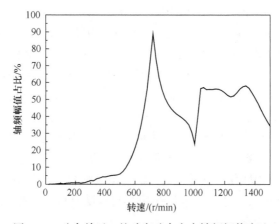

图 6-63　啮合单元 3 的动态啮合力中轴频幅值占比

啮合频率及其倍频引起，轴频激励影响较小；当转速达到 720r/min 时，系统发生共振，轴频对应的幅值占比约为 90%；当转速逐渐升高，动态啮合力中的轴频对应的幅值比例也逐渐增加。总体来看，去除共振点 720r/min，轴频占比随转速的升高逐渐增加，这说明，在转速较低时轴频的影响较小，转速逐渐增大，轴频所占比例增加，影响不可忽略。

4. 耦合效应对齿轮动态轴承力的影响

同上，选取三种转速：240r/min、720r/min、1040r/min，分析不同输入转速下的系统动态轴承力。首先对三种转速下的串联式双齿轮箱模型进行动力学分析，得到不同转速下的联轴器动载荷；其次将动载荷作为外激励添加到 B 子系统全柔体模型中，求解不同转速下耦合后的 B 子系统的动力学结果。分别取三根传动轴上 6 号、10 号、12 号轴承的动态轴承力进行分析，并与未耦合的 B 子系统的动态轴承力进行对比研究。

1) 输入转速为 240r/min

如图 6-64 所示，耦合前后 6 号轴承的轴承力差异最大，10 号轴承次之，12 号轴承最小。统计耦合前后各个轴承的动态轴承力的均值和波动量，见表 6-15。

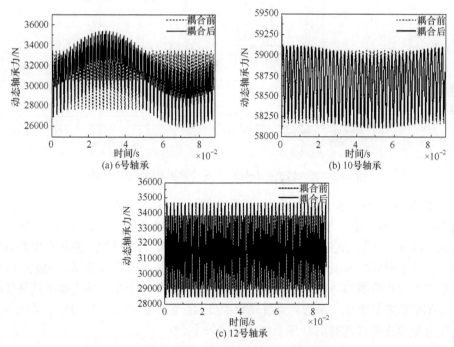

图 6-64 输入转速 240r/min 下动态轴承力时域图

表 6-15　输入转速 240r/min 下动态轴承力的均值和波动量

模型类型	轴承力	6 号轴承	10 号轴承	12 号轴承
耦合后	均值/N	30025.79	58842.17	29706.33
	波动量/N	9441.47	1007.98	6176.05
耦合前	均值/N	30902.92	58793.36	29702.29
	波动量/N	5752.06	890.63	6163.43

　　结合图 6-64 和表 6-15 发现，耦合后 6 号轴承的轴承力均值降低了 2.84%，但波动量增加了 64.14%；耦合后 10 号和 12 号轴承的轴承力均值增加了 0.08%和 0.01%，波动量增加了 13.18%和 0.20%。由于 10 号和 12 号轴承位于未与联轴器连接的传动轴上，远离动载荷输入端，耦合前后轴承力差异较小。6 号轴承位于与联轴器相连的传动轴上，受到轴频激励影响相对较大，故耦合后子系统的动态轴承力波动量明显增大。以 6 号轴承的动态轴承力为例对其进行傅里叶变换，得到如图 6-65 所示的轴承力频域图。

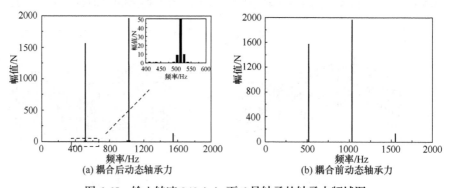

(a) 耦合后动态轴承力　　　　(b) 耦合前动态轴承力

图 6-65　输入转速 240r/min 下 6 号轴承的轴承力频域图

　　如图 6-65(a)所示，耦合后 B 子系统轴承力的频率成分包括自身啮合频率 517.67Hz 及其倍频、轴频 11.46Hz、相邻子系统啮合频率 424Hz 产生的边频 (424±11.46Hz)等。从放大图来看，A、B 子系统的啮合频率均与轴频发生调制作用，出现了明显的边频带。如图 6-65(b)所示，耦合前 B 子系统轴承力的频率成分仅包含自身啮合频率 517.67Hz 及其倍频。耦合前后 B 子系统啮合频率及其倍频对应的幅值差异不大，耦合后系统轴频成分对应的幅值较大，从相邻子系统传入的啮合频率在低转速时对 B 子系统的影响较小。

通过对比耦合前后 B 子系统的动态轴承力频域图,可以发现耦合后子系统频率组成成分较复杂,说明分析多齿轮箱系统的动态特性时,不能简单将其拆分为单个系统计算,需要考虑子系统间的影响;同时可发现在低速时,子系统之间的联轴器产生了轴频激励。

2) 输入转速为 720r/min

图 6-66 所示的是当串联式双齿轮箱传动系统输入转速为 720r/min 时,B 子系统 6 号、10 号和 12 号轴承产生的一个啮合周期内的动态轴承力。从图中看到耦合前后系统的轴承力波动量均明显增大,统计各个轴承的动态轴承力均值以及波动量如表 6-16 所示。

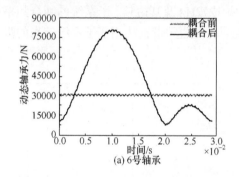

(a) 6号轴承

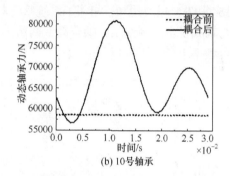

(b) 10号轴承

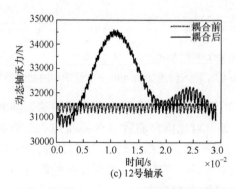

(c) 12号轴承

图 6-66 输入转速 720r/min 下动态轴承力时域图

从表 6-16 可发现,耦合后子系统 6 号、10 号和 12 号轴承的均值较耦合前分别增加了 29.1%、14.5%和 2.8%;耦合后子系统各轴承力波动量远大于耦合前。由于输入耦合后子系统的载荷具有复杂频率成分的动载荷,各个轴承力的均值均有所增大;且在输入转速为 720r/min 时,系统发生了共振,造成各个轴承的轴承力波动量明显增大。

表 6-16　输入转速 720r/min 下动态轴承力均值和波动量

模型类型	轴承力	6 号轴承	10 号轴承	12 号轴承
耦合后	均值/N	40161.76	67226.24	32321.77
	波动量/N	72934.39	24118.20	3975.50
耦合前	均值/N	31101.54	58690.13	31426.70
	波动量/N	1110.45	193.968	393.8918

对 6 号啮合单元的动态轴承力进行频域分析，如图 6-67 所示。由图可知，耦合后 6 号轴承的轴承力主要频率成分为轴频 34.38Hz 及其倍频、自身啮合频率 1547.02Hz 以及边频、相邻子系统啮合频率 1272Hz 及其边频。子系统的啮合频率与轴频发生调制作用，啮合频率两边出现明显的边频带；从相邻子系统传来的啮合频率也产生了边频。

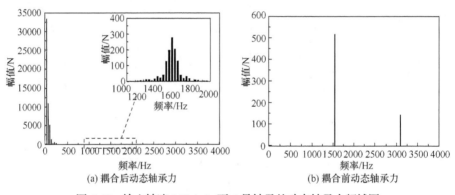

(a) 耦合后动态轴承力　　　　　　　(b) 耦合前动态轴承力

图 6-67　输入转速 240r/min 下 6 号轴承的动态轴承力频域图

从图 6-67(b)中可以看出，耦合前 B 子系统的动态轴承力仅包含自身啮合频率 1547.02Hz 及其倍频。对比耦合前后 B 子系统的动态轴承力频域图可以发现，耦合后 B 子系统啮合频率对应的幅值较耦合前有所降低；轴频及其倍频对应的幅值远远大于自身啮合频率对应的幅值，此时系统的低阶固有频率与轴频的 2 倍频相近，激起共振，轴频的影响被放大。

综上可知，耦合后子系统的轴承力频率组成更加复杂，耦合前子系统轴承力频率成分单一；当系统中同时存在轴频与啮合频率激励时，在动力学响应中频率间容易发生调制现象，生成不同于激励频率的其他频率成分，从而引起系统共振。

3) 输入转速为 1040r/min

图 6-68 为输入转速为 1040r/min 时，B 子系统各个轴承的动态轴承力时域图。从图中可以看出耦合前后 B 子系统的轴承力出现明显差异。统计各个轴承的动态

轴承力均值与波动量如表 6-17 所示。

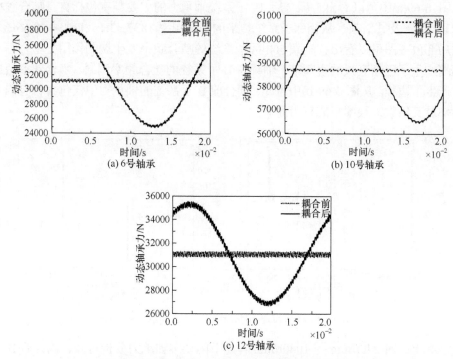

图 6-68　输入转速 1040r/min 下动态轴承力时域图

表 6-17　输入转速 1040r/min 下动态轴承力均值和波动量

模型类型	轴承力	6 号轴承	10 号轴承	12 号轴承
耦合后	均值/N	31711.36	57725.74	31099.53
	波动量/N	13366.23	4535.71	8973.68
耦合前	均值/N	31034.97	58339.27	31125.37
	波动量/N	408.87	87.62	787.19

　　从表 6-17 可知，耦合后 B 子系统的 6 号轴承的轴承力均值较耦合前增加了 2.2%，耦合后的波动量为耦合前的 32.7 倍。10 号轴承和 12 号轴承的轴承力均值耦合后较耦合前分别减小了 1.55%和 0.08%，耦合后的波动量分别为耦合前的 51.8 倍和 11.4 倍。总体来看，耦合后的各轴承力均值变化不大，轴承力的波动量大幅增加，这是因为耦合后 B 子系统除受自身啮合激励作用外，还受联轴器振动错位产生的轴频激励影响。以 6 号轴承的轴承力为例，对其进行傅里叶变换，分析耦合前后 B 子系统的轴承力频域性质。

图 6-69 所示为系统输入转速为 1040r/min 时 6 号轴承的动态轴承力频域图。从图 6-69(a)中可以看出，耦合后 B 子系统轴承力的主要频率包括自身啮合频率2234.59Hz 及其倍频、从相邻子系统传来的啮合频率 1837.33Hz 和轴频 49.66Hz。从局部放大图可以看出，轴频与相邻子系统的啮合频率发生调制作用，啮合频率两端产生了逐渐衰减的边频带；轴频与 B 子系统的啮合频率调制，啮合频率两边也产生了边频。从图 6-69(b)中可知，耦合前 B 子系统的轴承力中仅包含自身啮合频率及其倍频，频率组成较为简单。

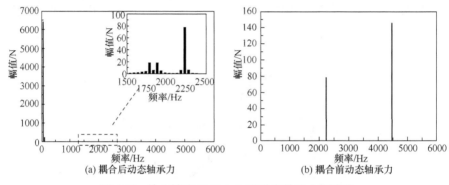

(a) 耦合后动态轴承力　　　　　　(b) 耦合前动态轴承力

图 6-69　输入转速 1040r/min 下动态轴承力频域图

综上，对 240r/min 与 1040r/min 转速下的动态轴承力分析可知，耦合后 B 子系统靠近联轴器载荷输入端的轴承处的动态轴承力波动量大于远离载荷输入端的轴承处的动态轴承力波动量，说明子系统之间的相互影响随传递链的增长而减弱。当系统输入转速为 240r/min 时，轴承力中轴频对应的幅值与齿轮啮合频率对应幅值相当；当系统输入转速为 1040r/min 时，轴承力中轴频为主要激励频率，轴频对应幅值远远大于齿轮啮合频率对应幅值。当系统输入转速为 1040r/min 时，与系统输入转速为 240r/min 时相比较，轴承力中从相邻子系统传入的啮合频率成分及其边频对应的幅值较大，说明在系统输入转速较高时，子系统之间影响增大。

参 考 文 献

[1] HOUSER D R, HARIANTO J, TALBOT D. Gear mesh misalignment [J]. Gear Solutions, 2006, 6: 34-43.

[2] International Organization for Standardization. Calculation of load capacity of spur and helical gears　Part 1: Basic principles, introduction and general influence factors: ISO 6336-1—2006 [S]. Geneva: ISO copyright office.

[3] KOIDE T, ODA S, MATSUURA S,et al. Equivalent misalignment of gears due to deformation of shafts, bearings and gears [J]. JSME International Journal Series C, 2003, 46(4): 1563-1571.

[4] 李杰, 张磊, 赵旗, 等. 变速器齿轮变形对齿轮接触状态的影响[J]. 汽车工程, 2012, 34(2): 138-142.

[5] 白恩军, 谢里阳, 佟安时, 等. 考虑齿轮轴变形的斜齿轮接触分析[J]. 兵工学报, 2015, 36(10): 1975-1981.

[6] TIAN Y T, LI C X, TONG W, et al. A finite-element-based study of the load distribution of a heavily loaded spur gears system with effects of transmission shafts and gear blanks [J]. Journal of Mechanical Design, 2003, 125(3): 625-631.

[7] IGNACIO G P, VICTOR R C, ALFONSO F. A finite element model for consideration of the torsional effect on the bearing contact of gear drives [J]. Journal of Mechanical Design, 2012, 134(7): 071007.

[8] VICTOR R C, FRANCISCO T S M, IGNACIO G P, et al. Determination of the ISO face load factor in spur gear drives by the finite element modeling of gears and shafts [J]. Mechanism and Machine Theory, 2013, 65: 1-13.

[9] ZHOU C, CHEN C L, GUI L J, et al. A nonlinear multi-point meshing model of spur gears for determining the face load factor [J]. Mechanism and Machine Theory, 2018, 126: 210-224.

[10] YUAN B, CHANG S, LIU G, et al. Quasi-static analysis based on generalized loaded static transmission error and dynamic investigation of wide-faced cylindrical geared rotor systems [J]. Mechanism and Machine Theory, 2019, 134: 74-94.

[11] 段瑞杰. 考虑滑动轴承时变刚度的齿轮动态特性研究[D]. 西安: 西北工业大学, 2018.

[12] 赵颖. 船舶联合动力传动装置耦合振动特性研究[D]. 西安: 西北工业大学, 2018.

[13] 李雪凤. 多齿轮箱动力学分析方法及相互影响规律研究[D]. 西安: 西北工业大学, 2020.

第 7 章　低噪声齿面修形设计方法

作为齿轮系统减振降噪的主要手段之一，齿面修形技术被广泛应用于齿轮的设计与制造中[1-5]。齿面修形的最佳修形参数和轮齿变形量紧密相关，而负载扭矩决定了轮齿变形量的大小，因此不同负载扭矩下最佳修形参数也会有所不同。在船舶动力传动装置中，齿轮传动装置的负载会随着船舶航行工况的变化而产生较大变化。与此同时，安装误差和系统变形等因素也会不可避免使齿轮副的实际啮合状况与理想状态有所差异[6-7]。对于重合度较高的船用大齿宽斜齿轮和人字齿轮，其齿面啮合状况对装配误差和系统变形则更加敏感。深入考察修形齿轮系统在不同负载扭矩和非理想啮合状态下的减振效果，建立考虑负载扭矩区间和啮合错位容差的齿面修形稳健设计方法具有重要的工程实际意义。

以单级人字齿轮-轴-轴承系统为例，本章通过设计齿廓修形、齿向修形和对角修形三种修形齿面，采用振动激振力影响图谱确定设计负载扭矩和理想啮合状况下三种修形方式的最佳修形参数，深入考察不同修形方式对齿面承载接触特性的影响，对比分析在负载扭矩区间、啮合错位容差和多转速工况下不同修形方式的减振效果。基于稳健优化设计理论，本章介绍考虑负载扭矩区间和啮合错位容差的齿面修形稳健设计方法，分析齿面修形稳健解对负载扭矩和啮合错位的敏感性。通过进一步分析轴系变形对齿面承载接触状况的影响，建立考虑轴系变形的补偿修形齿面。通过将补偿修形齿面与已有修形齿面叠加，得到最终修形齿面。

7.1　齿面修形基本原理和方法

对于直齿轮传动系统，通常采用小齿轮齿廓修形或一对齿轮同时齿顶修缘的方式来降低系统振动噪声，而采用齿向修形来改善齿面载荷分布。对于斜齿轮传动系统，主要修形方式有齿廓修形、齿向修形、对角修形以及同时采用多种修形方式进行组合修形。其中，齿廓修形和对角修形均可以被直接用来降低斜齿轮传动系统的振动噪声，而齿向修形则多被用来改善齿面载荷分布。齿向修形实际上是一种人为引入的主动螺旋线偏差，已有研究表明螺旋线偏差对斜齿轮系统振动噪声的影响不容忽视[8]。因此，齿向修形对斜齿轮系统动态特性也有显著影响，合理地利用齿向修形可以有效改善斜齿轮传动系统的动态性能。斜齿轮副的三种齿面修形方式如图 7-1 所示。若不考虑轴系变形对齿面承载接触特性的影响，则人字齿轮副可被视为螺旋角相反的两对斜齿轮副。

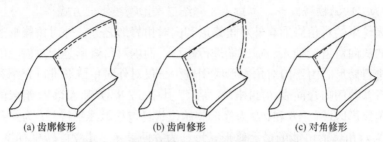

(a) 齿廓修形　　　　　　(b) 齿向修形　　　　　　(c) 对角修形

图 7-1　斜齿轮副的三种齿面修形方式示意图

　　图 7-1 所示的三种齿面修形方式均需要已知修形曲线、修形量和修形长度三个基本要素才可确定相应的修形齿面。其中，修形曲线一般需要进行预设定，而修形量和修形长度可通过估算公式或求解数学规划被确定。本章采用齿面承载接触分析方法对修形齿轮副进行准静态承载接触分析，因此，需将修形参数转换到齿轮副啮合面，齿廓修形和齿向修形参数的啮合面表达如图 7-2 所示。由于齿廓修形是沿齿廓方向对齿顶和齿根进行修形，而齿向修形是沿齿宽方向对齿轮两端进行修形，为方便描述，齿廓修形参数采用新建坐标系 X_1OY_1 描述，如图 7-2(a)所示；齿向修形参数采用啮合面原始坐标系 XOY 描述，如图 7-2(b)所示。对于齿廓修形，可能的最大修形长度即为端面啮合线长度 B_1B_2；对于齿向修形，可能的最大修形长度即为齿宽 B_2B_3。修形曲线一般有直线和抛物线等，其通用表达式可写为

$$e_i = e_{\max} \left(\frac{x_i}{L} \right)^n \tag{7-1}$$

式中，$e_{\max}$ 为最大修形量；x_i 表示接触点 i 距离修形起始位置的距离；L 表示修

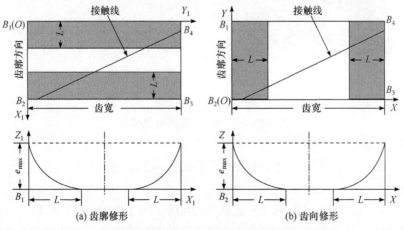

(a) 齿廓修形　　　　　　　　　　　(b) 齿向修形

图 7-2　齿廓修形和齿向修形参数的啮合面表达

形长度；e_i 为接触点处的修形量；n 表示修形曲线的类型，$n=1$ 时为直线修形，$n=2$ 时为二次抛物线修形。本章主要介绍二次抛物线修形方式。

　　斜齿轮副的对角修形有外对角修形和内对角修形之分，外对角修形通常指沿接触线的法向对齿轮啮入、啮出端进行修形，而内对角修形是指对齿轮的另外两个对角进行修形。由于内对角修形应用较少，仅对外对角修形进行介绍和讨论。对角修形参数的啮合面表达如图 7-3 所示，其中，ΔB_1AB 和 ΔB_3CD 组成的阴影部分为对角修形区域，AB 和 CD 为修形起始位置且与接触线平行，L 为对角修形长度，L_a 为对角修形可能的最大修形长度。为方便表示，建立旋转坐标系 X_2OY_2，如图 7-3 所示，则对角修形曲面方程可写为

$$e_i = \begin{cases} e_{max}\left(\dfrac{x_i + \overline{OG}}{\overline{EG}}\right)^n, & x_i < -\overline{OG} \\ 0, & -\overline{OG} \leqslant x_i \leqslant \overline{OH} \\ e_{max}\left(\dfrac{x_i - \overline{OH}}{\overline{FH}}\right)^n, & x_i > \overline{OH} \end{cases} \tag{7-2}$$

式中，E_1 和 E_2 分别表示齿轮啮入、啮出端的修形量；x_i 为接触点 i 在旋转坐标系 X_2OY_2 中的横坐标；EG 和 FH 分别为沿接触线法向啮入和啮出端的修形长度；e_i 为接触点 i 的修形量；与齿廓修形和齿向修形类似，n 表示修形曲线类型。

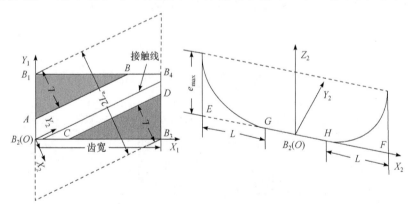

图 7-3　对角修形参数的啮合面表达

7.2　不同修形方式的参数敏感性

　　图 7-4 为单级人字齿轮-轴-轴承传动系统，该系统由两根阶梯轴、一对人字齿轮副和两组轴承组成，功率由主动轮所在轴的左端输入，从动轮所在轴的右端

输出。齿轮基本参数如表 7-1 所示，主动轮所在轴的结构参数如表 7-2 所示，从动轮所在轴的结构参数如表 7-3 所示。人字齿轮副总额定负载扭矩为 15000N·m，单边啮合副的额定负载扭矩为 7500N·m。本章以下讨论均采用该算例参数。

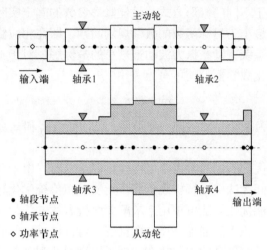

图 7-4　单级人字齿轮-轴-轴承传动系统

表 7-1　齿轮基本参数

齿数	法向模数/mm	法向压力角/(°)	螺旋角/(°)	齿宽/mm
26/106	5	20	25.5	85

表 7-2　主动轮所在轴的结构参数

参数	序号								
	1	2	3	4	5	6	7	8	9
长度/mm	110	66.5	170.5	85	80	85	170	44.5	43
外径/mm	90	110	120	120	120	120	110	98	60

表 7-3　从动轮所在轴的结构参数

参数	序号						
	1	2	3	4	5	6	7
长度/mm	200.5	44.5	85	80	85	252	30
外径/mm	200	230	320	350	320	200	280
内径/mm	102	102	102	102	102	102	102

7.2.1　不同修形方式下齿面准静态接触特性

对于齿廓修形、齿向修形和对角修形三种修形方式，当修形曲线确定后，由修形量和修形长度两个参数即可确定修形曲面。通过采用近似变换将参变的齿轮系统动力学方程定常化，从而可以确定系统振动激振力的表达式，其由齿轮副时变啮合刚度均值和静态传递误差波动量的乘积构成，且直接决定了系统振动的剧烈程度。因此，对于不同的修形方式，最佳修形参数的确定实际上是求解以系统振动激振力波动量最小为目标函数的数学规划问题，即在相应修形参数可能的变化区间内，寻求使系统振动激振力波动量最小的最优解。对于不同的修形方式，相应修形参数的优化数学模型均可写为

$$\min \ f(x_1, x_2) \tag{7-3}$$

式中，目标函数 f 为系统振动激振力波动量；设计变量 x_1 和 x_2 分别为修形量和修形长度。

式(7-3)描述的优化问题通常需要采用优化算法求解。由于系统振动激振力波动量和修形参数之间无法建立解析表达式，无法采用传统优化算法求解该问题。虽然遗传算法等智能优化算法可被用来求解无解析表达的优化问题，但是通常存在局部收敛等问题，且无法捕捉到设计变量变化对目标函数值的影响趋势。齿面承载接触分析方法具有极高的求解效率。为了更直观地观察不同修形方式下修形参数的变化对目标函数值的影响，将修形参数的可能取值区域格点化，并逐一计算各点的目标函数值，可得到齿廓修形参数、齿向修形参数和对角修形参数对系统振动激振力波动量的影响。

图 7-5 为不同修形参数对系统振动激振力波动量的影响图谱。可以观察到，不同修形参数的系统振动激振力波动量影响图谱存在明显差异，但均存在一条明显窄带区域使系统振动激振力波动量较小，远远小于未修形齿轮副，该窄带区域即为最佳修形参数的选择区域，在该区域内任意选取一组修形参数均可使系统振动激振力波动量较小。齿廓修形和齿向修形系统振动激振力波动量影响图谱中的最佳修形参数选择区域均呈现"准抛物线"形式。对于齿廓修形，当选取的修形量越大时，要求选取的修形长度越小，反之亦然。对于齿向修形，当修形量较大时，随着修形长度的增加，系统振动激振力波动量呈现先减小后增大的趋势。在工程应用中，考虑到制造误差和齿面修形的耦合关系并尽可能保证齿面渐开线特征的完整性，可适当选择较大的修形量和较小的修形长度。不同于齿廓修形和齿向修形，对角修形齿轮系统振动激振力波动量影响图谱中的最佳修形参数选择区域呈"蛇形"分布。

不同修形方式下人字齿轮副单边啮合副的齿面载荷分布如图 7-6 所示，可以观察到，对于未修形的齿轮副，齿面所承担的载荷分布于整个齿面，且齿轮啮入、啮出端承担较大载荷。由于齿廓修形沿齿廓方向对齿顶和齿根位置去除材料，采用齿廓修形后，齿轮齿顶和齿根位置承担的载荷显著降低，且出现了轻微的部分

脱啮现象。齿向修形沿齿宽方向对齿轮两端去除材料,因此采用齿向修形后,齿轮沿齿宽方向两端位置承担的载荷显著减小,同样出现了轻微的部分脱啮现象。由于对角修形沿接触线法向从齿轮啮入、啮出位置去除材料,采用对角修形后,齿轮啮入、啮出位置承担的载荷明显降低。

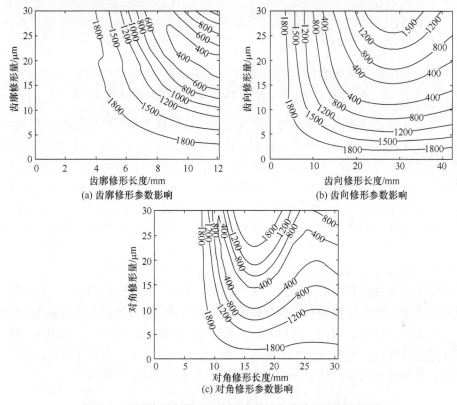

(a) 齿廓修形参数影响　　　　　　　　　(b) 齿向修形参数影响

(c) 对角修形参数影响

图 7-5　不同修形参数对系统振动激振力波动量的影响图谱

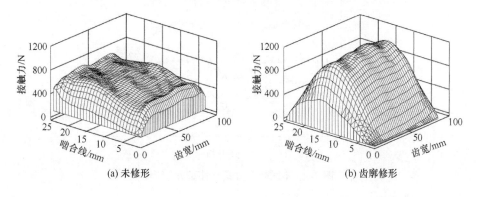

(a) 未修形　　　　　　　　　　　　(b) 齿廓修形

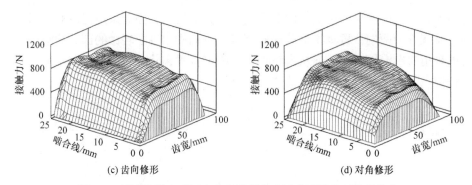

(c) 齿向修形　　　　　　　　　　　　　(d) 对角修形

图 7-6　不同修形方式下人字齿轮副单边啮合副的齿面载荷分布

　　在额定负载扭矩下，未修形、齿廓修形、齿向修形和对角修形的齿轮副时变啮合刚度如图 7-7 所示。可以观察到，齿廓修形和齿向修形引入的齿面主动误差使啮合齿面上部分可能接触点不再参与接触，即出现部分脱啮现象，因此齿廓修形和齿向修形后齿轮副啮合刚度均明显降低。与齿廓修形相比，齿向修形造成的齿面部分脱啮区域更小，啮合齿面参与接触的接触点更多，齿轮副啮合刚度更大。对角修形的齿轮副啮合刚度曲线与未修形齿轮副啮合刚度曲线非常接近，在三齿啮合区，啮合刚度数值几乎完全相等，即使在四齿啮合区，对于大多数啮合位置，对角修形的齿轮副啮合刚度和未修形齿轮副的啮合刚度也非常接近。这是由于对角修形的最大修形量位于齿轮的啮入、啮出位置，在额定负载扭矩下，仅有啮入、啮出位置的少量可能接触点未参与接触，而其他啮合位置的齿面接触状态与未修形齿轮副非常接近，因此，对角修形的齿轮副啮合刚度仅在啮入、啮出位置略小于未修形齿轮副，同时，在齿轮啮入、啮出位置进行修形，有利于降低齿轮啮合冲击，使齿轮副在多齿啮合区和少齿啮合区的交替过渡更加平缓。

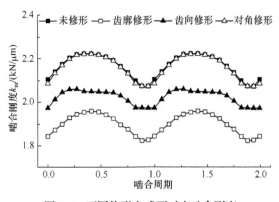

图 7-7　不同修形方式下时变啮合刚度

　　在额定负载扭矩下，不同修形方式下齿轮副静态传递误差和综合啮合误差分别如图 7-8 和图 7-9 所示。可以观察到，与未修形齿轮副相比，三种修形方式下的齿轮副静态传递误差波动量均显著降低。齿廓修形的最佳修形量大于齿向修形和对角修形的最佳修形量，因此齿廓修形引入的齿面分布式误差更大，而静态传递误差是轮齿弹性变形和齿面误差的综合反映，因此齿廓修形的静态传递误差均值最大。由于综合啮合误差是齿面分布式误差实际作用量的综合反映，齿廓修形的齿轮副综合啮合误差也最大。从图 7-9 中还可以看出，三种修形方式下的齿轮副综合啮合误差曲线与相应的时变啮合刚度曲线形状非常接近，且综合啮合误差均明显小于相应修形方式的修形量。

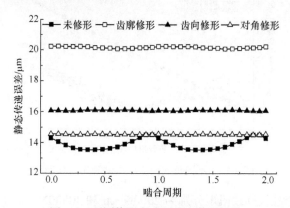

图 7-8 不同修形方式下静态传递误差

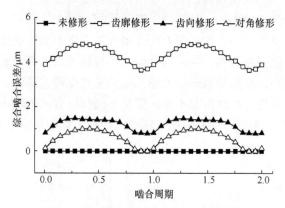

图 7-9 不同修形方式下综合啮合误差

7.2.2 不同修形方式对负载扭矩的敏感性

系统振动激振力波动量随负载扭矩的变化如图 7-10 所示。对于未修形齿轮副，随着负载扭矩的增加，轮齿弹性变形逐渐增大，因此，可以发现未修形齿轮副的系统振动激振力波动量随着负载扭矩的增加呈线性增大趋势。对于修形齿轮副, 随着负载扭矩的增加, 系统振动激振力波动量呈先增大后减小再增大的趋势。当负载扭矩等于额定负载扭矩 7500N·m 时, 不同修形方式下的系统振动激振力波动量均达到最小且非常接近, 其中齿廓修形齿轮副的振动激振力波动量略大。当负载扭矩较小时, 由于修形量过大, 修形齿轮副的系统振动激振力波动量均可能大于未修形齿轮副。当负载扭矩大于额定负载扭矩时, 随着负载扭矩的增加, 修形齿轮副的系统振动激振力波动量呈线性增加趋势, 但均明显小于未修形齿轮副。

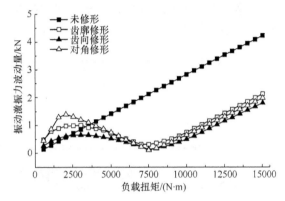

图 7-10　不同负载扭矩下振动激振力波动量

当人字齿轮副总负载扭矩分别为 2000N·m 和 30000N·m 时, 采用不同修形方式的齿轮系统在不同输入转速下的动态传递误差均方根如图 7-11 所示。可以看到, 当负载扭矩为 2000N·m 时, 由于修形量相对过大, 三种修形齿轮系统在大多数输入转速工况下的动态传递误差均方根大于未修形齿轮系统。过大的修形量将引入过大的主动误差激励, 导致啮合齿面出现较严重的部分脱啮现象, 齿轮副啮合刚度均值减小, 进而导致修形齿轮系统的主共振转速降低。当总负载扭矩为 30000N·m 时, 虽然存在修形量不足, 但是不同修形方式依然表现出较好的减振效果, 相应的动态传递误差均方根在不同输入转速下均明显小于未修形齿轮系统。

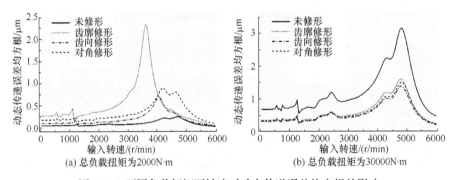

(a) 总负载扭矩为2000N·m

(b) 总负载扭矩为30000N·m

图 7-11　不同负载扭矩下转速对动态传递误差均方根的影响

7.2.3　不同修形方式对啮合错位的敏感性

　　齿轮传动系统是一个包含多间隙多接触的复杂机械装置，键和轴承间隙、制造误差和装配误差等不可避免又难以被精确测量的因素会使啮合齿面产生啮合错位，进而使齿面的实际啮合状况发生改变。对于斜齿轮副和人字齿轮副，齿轮实际啮合状况的优劣不仅影响齿轮系统的寿命还会严重影响系统的动态性能，而船用斜齿轮和人字齿轮一般均具有较大的齿宽，啮合错位对齿面实际啮合状况的影响更为突出。齿轮的啮合错位主要可以分为三种类型，包括中心距误差、垂直于啮合线方向的角度误差和平行于啮合线方向的角度误差[9]。由于平行于啮合线方向的角度误差直接影响啮合齿面的法向间隙，其影响等效于齿轮螺旋线偏差，对齿面接触状况的影响最大。考虑平行于啮合线方向的角度误差并采用螺旋线偏差建立齿轮啮合错位模型，如图 7-12 所示。

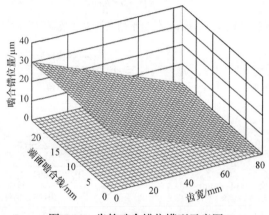

图 7-12　齿轮啮合错位模型示意图

　　工程中可以根据实际的装配情况确定空载下齿轮副啮合错位量的大致区间。考察采用不同修形方式的齿轮系统在不同啮合错位工况下的系统振动激振力波动量，从而分析修形齿轮系统的动态性能对具有不确定性的啮合错位的敏感性。不同啮合错位量下的系统振动激振力波动量如图 7-13 所示。可以观察到，对于未修形齿轮副，当啮合错位量小于 30μm 时，系统振动激振力波动量随错位量缓慢增长。当啮合错位量大于 30μm 时，系统振动激振力波动量增长加快。由于作为齿面主动误差的齿面修形和作为齿面被动误差的啮合错位存在交互耦合关系，随着啮合错位量的增加，不同修形方式下的系统振动激振力波动量交替上升，并逐渐逼近未修形齿轮系统。

　　当啮合错位量为 12μm 和 48μm 时，采用不同修形方式的齿轮系统在不同输入转速下的动态传递误差均方根如图 7-14 所示。可以观察到，当啮合错位量为

12μm 时，三种修形方式均有显著的减振效果。当啮合错位量达到 48μm 时，三种修形齿轮系统振动增强，且由于啮合齿面出现较严重的部分脱啮现象，系统共振转速明显降低，在部分输入转速工况下，三种修形方式均几乎不再有减振效果。

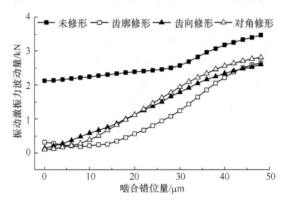

图 7-13　不同啮合错位量下的系统振动激振力波动量

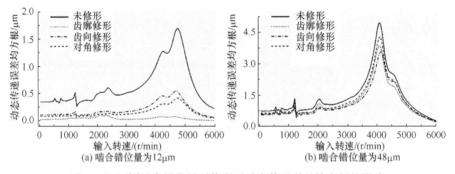

(a) 啮合错位量为12μm　　　　　　　　(b) 啮合错位量为48μm

图 7-14　不同啮合错位量时修形对动态传递误差均方根的影响

7.3　齿面组合修形稳健设计

7.3.1　稳健优化设计和 Pareto 解集

在工程实际中，复杂机械系统中往往存在诸多对系统性能有显著影响的不确定性因素。为了考虑不确定性因素的影响，稳健优化设计理论应运而生。所谓机械系统性能的稳健性，是指系统抵抗不确定性因素引起的性能波动的能力，高稳健性是现代机械产品追求的目标之一。与传统的确定性优化设计不同，稳健性优化设计不仅要求设计变量使系统性能尽可能最优，还要求系统性能具有较高的稳健性。因此，稳健优化设计是求解目标函数最优和系统性能稳健性最高的多目标优化问题，其基本思想就是通过调整设计变量，使系统性能尽可能最佳且对不确定性因素的变化不敏感。不确定性因素对系统性能的影响如图 7-15 所示,其中,x_1 和 x_2 分别是常规最优解和稳健解,Δx 为不确定性因素的波动范围,Δf_1 和 Δf_2 分别为常规最优解和稳健解对应目标函数值的波动量。从图 7-15 中可以看出,在相同的不确定性因素波动范围内,稳健解对应的系统性能的波动量明显小于常规最优

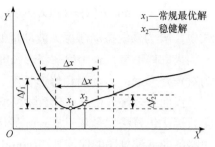

图 7-15 考虑不确定性因素的稳健解

解对应的系统性能的波动量。因此,通过稳健优化设计来寻求设计变量的稳健解,不仅可以改善系统性能,还可以使其具有较强的抵抗不确定性因素影响的能力。

一般来说,工程实际中的优化问题大多数是多目标优化问题。传统的多目标优化方法通常是将各个目标函数进行加权叠加,从而使多目标优化问题转化为单目标问题,而各目标函数权重因子的选择通常具有很强的主观性,优化结果也与权重因子有很大的关系。实际上,多目标优化问题中各目标函数通过设计变量相互制约,某一目标函数的优化通常会使其他目标函数劣化,因此通常并不存在一组解可以使所有目标函数同时达到最优。解决多目标优化问题的有效手段是在各目标函数之间进行协调权衡处理,使各目标函数均尽可能达到最优,即寻求一组均衡解,而不是单个的全局最优解。与单目标优化问题不同,多目标优化问题的解实际上不是唯一的,而是存在一组最优解的集合,即 Pareto 解集,其在平面或空间上形成的曲线或曲面,称为 Pareto 前沿,该集合中的元素被称为 Pareto 最优解或非劣解,其基本特征为无法在改进任何一个目标函数的同时不削弱其他至少一个目标函数。Pareto 最优的概念是法国经济学家 Pareto 在 1896 年提出的,并被应用于经济学领域中的多目标优化[10]。由于多目标优化问题的 Pareto 最优解通常是一个集合,在工程实际应用中,设计人员必须结合一定的工程经验从 Pareto 最优解集中挑选出一个或多个解作为所求多目标优化问题的最优解。

7.3.2 齿面修形稳健优化数学模型的建立及求解

对于船舶等领域的齿轮传动系统,负载工况的多样性和啮合错位的不确定性均可被视为稳健优化设计中的不确定性因素,将齿面修形方法和稳健优化设计理论结合,即可建立齿面修形稳健优化数学模型。虽然齿廓修形、齿向修形和对角修形的修形方式各异,但均可显著降低齿轮系统振动。为了综合考虑不同修形方式各自的优点,同时采用齿廓修形、齿向修形和对角修形进行齿面组合修形设计,并考虑负载工况的多样性和啮合错位的不确定性,以降低系统振动激振力波动量的均值和方差为优化目标,建立齿面组合修形稳健优化数学模型,其表达式可写为[11]

$$\min F(x) = \{f_1(x_1, x_2, x_3, x_4, x_5, x_6), f_2(x_1, x_2, x_3, x_4, x_5, x_6)\} \tag{7-4}$$

式中，f_1 为系统振动激振力波动量的均值；f_2 为系统振动激振力波动量的方差；x_1 为齿廓修形量；x_2 为齿廓修形长度；x_3 为齿向修形量；x_4 为齿向修形长度；x_5 为对角修形量；x_6 为对角修形长度。

齿面组合修形稳健优化数学模型的求解需要借助于多目标优化算法，而现有多目标优化算法大多基于 Pareto 最优解机制，其中 Deb 于 2002 年提出的带精英策略的非支配排序的遗传算法(non-dominated sorting genetic algorithm-Ⅱ，NSGA-Ⅱ)是迄今为止最优秀且应用最广泛的进化多目标优化算法之一。在 NSGA 的基础上，NGSA-Ⅱ进一步提出了快速非支配排序和拥挤距离的概念，并引入了精英保留机制，从而大大降低了计算的复杂度，提高了种群的整体进化水平，并且更好地保证了种群的多样性。由于 NSGA-Ⅱ源自遗传算法，对目标函数并无连续可微等特殊要求，可以有效解决各种多维、非线性的复杂优化问题，因此，非常适合用于求解齿面组合修形稳健优化设计的多目标优化问题。

将 NSGA-Ⅱ和齿面承载接触分析方法结合，可建立齿面修形稳健优化数学模型的求解方法。齿面组合修形稳健设计基本流程如图 7-16 所示。其基本思路为：首先，确定齿轮基本参数、负载扭矩区间或啮合错位容差，将齿廓修形量和修形长度、齿向修形量和修形长度、对角修形量和修形长度定义为齿面组合修形稳健优化数学模型的设计变量；其次，设定遗传代数和种群规模并生成修形参数的初

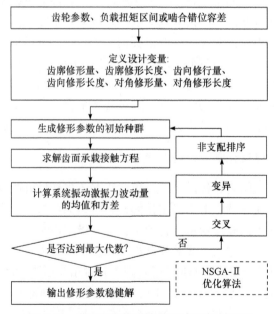

图 7-16　齿面组合修形稳健设计基本流程[11]

始种群,非支配排序后通过遗传算法的选择、交叉和变异基本操作得到第一代子代种群;再次,将父代种群和子代种群合并,进行快速非支配排序,同时对每个非支配层中的个体进行拥挤度计算,根据非支配关系和个体的拥挤度选取适合的个体组成新的父代种群;最后,通过遗传算法的选择、交叉和变异基本操作生成新的子代种群。如此循环,直到满足最大代数。

7.3.3 齿面修形稳健解分析

当人字齿轮系统单边齿轮副的实际负载扭矩位于 2500～12500N·m 范围内时,齿面修形参数的 Pareto 前沿解集如图 7-17(a)所示,当齿轮系统的啮合错位容差范围在 0～48μm 时,齿面修形参数的 Pareto 前沿解集如图 7-17(b)所示。可以观察到,当考虑负载扭矩的实际工作区间和啮合错位容差时,均存在使系统振动激振力波动量的均值和方差同时取得较小值的均衡解。当考虑负载扭矩变化时,可直接从修形参数的 Pareto 前沿解集中选取使系统振动激振力波动量的均值和方差分别为 260.48N 和 4390.26N² 的最优解,其相应的齿廓修形量和修形长度分别为 13μm 和 7.1mm;齿向修形量和修形长度分别为 50μm 和 5.2mm;对角修形量和修形长度分别为 15μm 和 22mm。当考虑啮合错位容差时,可直接从修形参数的 Pareto 前沿解集中选取使系统振动激振力波动量的均值和方差分别为 235.42N 和 405.49N² 的最优解,其相应的齿廓修形量和修形长度分别为 8μm 和 12mm;齿向修形量和修形长度分别为 50μm 和 41mm;对角修形量和修形长度分别为 7μm 和 24.8mm。

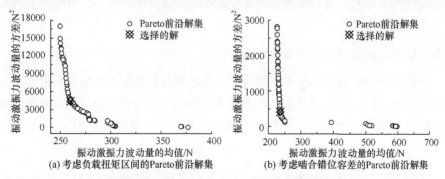

图 7-17 考虑负载扭矩区间和啮合错位容差的齿面修形参数 Pareto 前沿解集

分别考察修形参数稳健解对负载扭矩和啮合错位的敏感性。不同修形方式下齿轮系统振动激振力波动量随负载扭矩的变化如图 7-18(a)所示,不同修形方式下齿轮系统振动激振力波动量随啮合错位量的变化如图 7-18(b)所示。从图中可以看出,分别考虑负载扭矩区间和啮合错位容差时得到的修形参数稳健解对负载扭矩和啮合错位变化均具有较低的敏感性。当负载扭矩在 7500N·m 附近时,与齿向修形和对角修形相比,虽然修形参数稳健解对应的振动激振力波动量略高,但是在其他负载工况下，修形参数稳健解对应的振动激振力波动量始终保持在一个较低的水平。当齿轮副啮合错位量较小时，虽然修形参数稳健解对应的振动激振力波动量并不是最小的，但在整个啮合错位容差范围内，修形参数稳健解对应的振动激振力波动量变化很小，且始终保持在较低的水平。

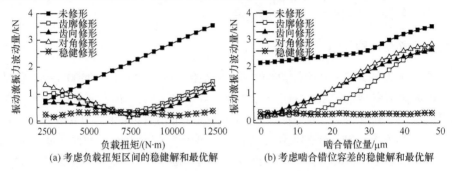

(a) 考虑负载扭矩区间的稳健解和最优解　　　　(b) 考虑啮合错位容差的稳健解和最优解

图 7-18　考虑负载扭矩区间和啮合错位容差的齿面修形参数稳健解和最优解对比

7.4　考虑轴系变形的齿面补偿修形

对于齿宽较大的齿轮副，轴系变形对齿面接触状态有较大影响。对于人字齿轮副，轴系的弯曲扭转变形会使左右啮合齿面的实际接触状态有较大差异。因此，对于齿宽较大的齿轮副，还需进一步考虑轴系变形的齿面补偿修形。本节在以上修形设计的基础上，进一步考虑轴系变形引起的齿面啮合错位，并对已有修形齿面追加补偿修形设计。

7.4.1　轴系变形引起的啮合错位分析

采用齿轮-轴-轴承系统多点啮合准静态接触分析模型考察轴系变形作用下人字齿轮副的齿面实际接触状态。考虑轴系变形的人字齿轮副齿面载荷分布和啮合错位量分布如图 7-19 所示。可以观察到，在轴系弯扭耦合变形作用下，人字齿轮

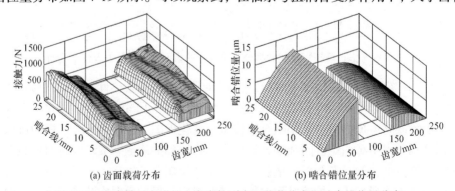

(a) 齿面载荷分布　　　　　　　　(b) 啮合错位量分布

图 7-19　考虑轴系变形的人字齿轮副齿面载荷分布和啮合错位量分布

副左右啮合齿面的实际接触状况并不对称。由于功率从人字齿轮副左侧输入，轴系弯扭耦合变形将使左右啮合齿面出现不同程度的偏载现象，且左侧齿面的最大啮合错位量达到 12μm，而右侧齿面的最大啮合错位量为 3.6μm。

7.4.2　齿面补偿修形设计与分析

根据人字齿轮副齿面载荷分布和啮合错位量分布，分别对其左右啮合齿面进行补偿修形设计，左右齿面的补偿修形曲面与相应齿面的啮合错位量分布完全对称。对于左侧啮合齿轮副，修形起始位置为齿轮右端面，最大修形量位于齿轮左端面，修形量为 12μm；对于右侧啮合齿轮副，修形起始位置位于啮合错位量最大值所在的位置，最大修形量位于齿轮右端面，修形量为 3.6μm，如图 7-20(a)所示。补偿修形后齿面载荷分布如图 7-20(b)所示，可以发现，补偿修形后齿面载荷分布更加均匀，且人字齿轮副左右啮合齿面的载荷分布非常接近。补偿修形前后人字齿轮副时变啮合刚度和静态传递误差如图 7-21 所示。可以发现，补偿修形的主要作用在于改善轴系变形引起的人字齿轮副齿面载荷分布不均现象，补偿修形前后人字齿轮副左右啮合齿面均达到完全接触状态，因此，补偿修形前后人字齿轮副时变啮合刚度和静态传递误差非常接近，而由于接触变形随载荷增加呈非线性增加趋势，齿面载荷分布的变化使补偿修形前后啮合刚度略有差异。

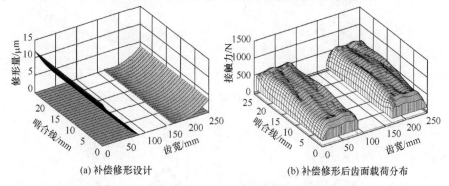

(a) 补偿修形设计　　　　　　　(b) 补偿修形后齿面载荷分布

图 7-20　考虑轴系变形的人字齿轮副齿面补偿修形

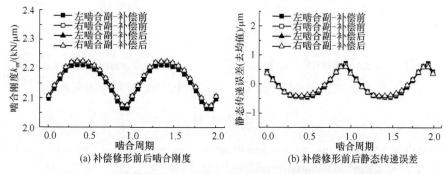

(a) 补偿修形前后啮合刚度　　　　　　　(b) 补偿修形前后静态传递误差

图 7-21　补偿修形前后人字齿轮副时变啮合刚度和静态传递误差

在稳健修形设计的基础上追加补偿修形，可得到人字齿轮副的最终修形曲面。分别考察轴系变形作用下稳健修形的人字齿轮副和稳健修形追加补偿修形的人字齿轮副的齿面准静态接触特性。叠加补偿修形前后人字齿轮副齿面载荷分布如图 7-22 所示。可以发现，由于稳健修形设计综合采用齿廓修形、齿向修形和对角修形，修形前后人字齿轮副左右啮合齿面的载荷均向齿面中央集中，而由于轴系弯扭耦合变形的影响，人字齿轮副的左侧啮合齿面依旧存在明显的偏载现象。通过叠加补偿修形，人字齿轮副左侧啮合齿面的偏载现象得到了明显改善，左右啮合齿面载荷分布呈"中凸"的对称分布形式。叠加补偿修形前后人字齿轮副时变啮合刚度和静态传递误差如图 7-23 所示。可以观察到，补偿修形主要改善人字齿轮副左侧齿面载荷分布的偏载程度，因此，补偿修形前后人字齿轮副左侧齿面的啮合刚度略有变化，而右侧齿面啮合刚度变化基本保持不变，同时，左侧啮合副的传递误差波动量得到了明显降低。

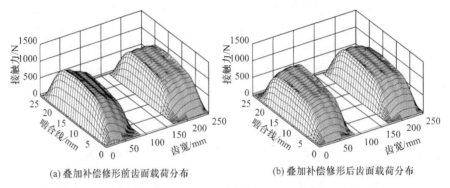

(a) 叠加补偿修形前齿面载荷分布　　　　　　(b) 叠加补偿修形后齿面载荷分布

图 7-22　叠加补偿修形前后人字齿轮副齿面载荷分布

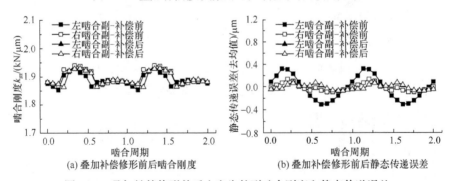

(a) 叠加补偿修形前后啮合刚度　　　　　　(b) 叠加补偿修形前后静态传递误差

图 7-23　叠加补偿修形前后人字齿轮副啮合刚度和静态传递误差

参 考 文 献

[1] MAATAR M, VELEX P. Quasi-static and dynamic analysis of narrow-faced helical gears with profile and lead modifications [J]. Journal of Mechanical Design, 1997, 119(4): 474-480.

[2] BONORI G, BARBIERI M, PELLICANO F. Optimum profile modifications of spur gears by means of genetic algorithms [J]. Journal of Sound and Vibration, 2008, 313(3): 603-616.

[3] GHOSH S S, CHAKRABORTY G. On optimal tooth profile modification for reduction of vibration and noise in spur gear pairs [J]. Mechanism and Machine Theory, 2016, 105: 145-163.

[4] 蒋进科, 方宗德, 苏进展. 拓扑修形斜齿轮的数控成型磨齿加工 [J]. 华南理工大学学报(自然科学版), 2014, 42(4): 97-104.

[5] JIANG J K, FANG Z D. High-order tooth flank correction for a helical gear on a six-axis CNC hob machine [J]. Mechanism and Machine Theory, 2015, 91: 227-237.

[6] 唐进元, 陈兴明, 罗才旺. 考虑齿向修形与安装误差的圆柱齿轮接触分析[J]. 中南大学学报(自然科学版), 2012, 43(5): 1703-1709.

[7] 王会良, 邓效忠, 徐恺, 等. 考虑安装误差的拓扑修形斜齿轮承载接触分析[J]. 西北工业大学学报, 2014, 32(5): 781-786.

[8] 常乐浩, 贺朝霞, 刘更. 螺旋线偏差对圆柱齿轮副振动的影响规律研究[J]. 振动与冲击, 2016, 35(22): 80-85.

[9] HOUSER D R, HARIANTO J, TALBOT D. Gear mesh misalignment [J]. Gear Solutions, 2006, 6: 34-43.

[10] 崔逊学. 多目标进化算法及其应用[M]. 北京: 国防工业出版社, 2006.

[11] 袁冰. 船舶高速重载齿轮啮合及系统动态特性研究[D]. 西安: 西北工业大学, 2019.

第 8 章　齿轮箱体结构噪声和空气噪声计算方法

　　齿轮系统的振动会通过轴和轴承传递到齿轮箱体，引起箱体振动并向空气中辐射噪声。通常将齿轮箱体的结构振动称为结构噪声，齿轮箱体结构振动向空气中辐射的噪声称为空气噪声。齿轮箱体的结构噪声和空气噪声是齿轮传动装置振动噪声的主要来源[1]，是研究齿轮传动装置振动噪声的关键之一。

　　齿轮箱体结构噪声的计算主要采用有限元法[2-4]；空气噪声的计算在低频段主要采用有限元/边界元法[5-7]，在高频段主要采用统计能量分析法[8-10]。通常为了降低齿轮箱体的噪声，会在箱体表面敷设阻尼材料；同时为了减少齿轮箱体结构噪声向其他机械设备的传递，会将箱体安装在具有减振降噪功能的支承系统上。阻尼材料特性和支承系统阻抗特性均会对齿轮箱体的结构噪声和空气噪声产生影响，因此在齿轮箱体结构噪声和空气噪声的计算分析中需要准确有效计入阻尼材料特性和支承系统阻抗特性。

　　本章首先介绍计算齿轮箱体结构噪声的有限元方法，给出结构噪声计算中阻尼材料特性和支承系统阻抗特性计入方法。其次，介绍适用于计算齿轮箱体低频段空气噪声的有限元/边界元法以及适用于计算高频段空气噪声的统计能量分析法。最后，给出可考虑精度等级的齿轮箱体空气噪声预估公式。

8.1　齿轮箱体结构噪声计算的有限元法

　　齿轮箱体的结构通常较为复杂，通过理论公式计算其结构噪声非常困难，一般采用数值方法计算其结构噪声。有限元法是齿轮箱体结构噪声计算中最常用的方法。常用的结构噪声计算模型包括两类：一类是建立齿轮系统和齿轮箱体装配一起的齿轮系统-箱体全有限元模型，在齿轮啮合处施加齿轮动态啮合力计算齿轮箱体的结构噪声[2-4]；另一类是只建立齿轮箱体结构的有限元模型，在齿轮箱体的轴承支承处通过施加齿轮系统动力学模型获得的轴承动载荷，计算齿轮箱体的结构噪声[5-6]。

8.1.1　齿轮系统-箱体全有限元模型

　　齿轮系统-箱体全有限元模型可按照以下流程和步骤建立。

　　步骤 1：考虑齿轮系统中的刚度激励、误差激励和冲击激励，根据齿轮参数

计算获得齿轮的动态激励 $f_g(t)$ [4]为

$$f_g(t) = \Delta k_m(t) e_c(t) + f_s(t) \tag{8-1}$$

式中，$\Delta k_m(t)$ 为全齿宽齿轮啮合刚度的波动量；$e_c(t)$ 为齿轮综合误差，由基节偏差和齿形误差组成，可用简谐函数表示；$f_s(t)$ 为冲击力函数。

步骤 2：分别将齿轮系统和齿轮箱体离散成有限个单元，通过轴承将齿轮系统和齿轮箱体进行耦合，建立整个系统的有限元模型，如图 8-1 所示。

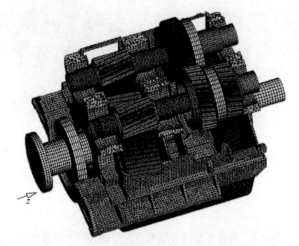

图 8-1　齿轮系统和齿轮箱体全有限元模型[2]

步骤 3：将齿轮动态激励施加在对应轮齿的啮合线上[7]，用附录 A 中的模态叠加法对齿轮系统和齿轮箱体的全有限元模型求解，即可获得齿轮箱体表面各节点的结构噪声。

8.1.2　齿轮系统动力学和箱体有限元混合模型

在已知齿轮系统和齿轮箱体尺寸参数和结构参数时，也可根据以下流程建立齿轮箱体的结构噪声计算模型。

步骤 1：根据齿轮系统尺寸参数和结构参数建立其动力学方程，求解该方程可获得各轴承处的位移、速度和加速度；再根据各轴承的刚度和阻尼即可求得各轴承处的动载荷。

步骤 2：将齿轮箱体离散成有限个单元，在箱体上每个轴承孔的中心建立节点，并在各中心节点和对应的轴承孔内壁节点之间建立刚性耦合[5]，将轴承动载荷施加于对应的中心节点上，如图 8-2 所示，可以得到齿轮箱体的运动方程为

$$M_{gb}\ddot{x}_{gb} + C_{gb}\dot{x}_{gb} + K_{gb}x_{gb} = F_{gb} \tag{8-2}$$

$$\boldsymbol{F}_{gb}=\left\{0,0,\cdots,0,\ f_{bix},f_{biy},f_{biz},0,0,\cdots,0\right\}^{T}\ (i=1,2,\cdots,N_{b}) \tag{8-3}$$

式中，$\boldsymbol{M}_{gb}$、$\boldsymbol{C}_{gb}$ 和 $\boldsymbol{K}_{gb}$ 分别表示齿轮箱体的质量、阻尼和刚度矩阵；$\ddot{\boldsymbol{x}}_{gb}$、$\dot{\boldsymbol{x}}_{gb}$ 和 $\boldsymbol{x}_{gb}$ 分别为齿轮箱体的加速度、速度和位移向量；$\boldsymbol{F}_{gb}$ 为齿轮箱体载荷向量；f_{bix}、f_{biy} 和 f_{biz} 分别表示第 i 个轴承处 x 方向、y 方向和 z 方向上的动载荷，这些动载荷施加在与第 i 个轴承对应的轴承孔的中心节点上；N_{b} 为轴承个数。

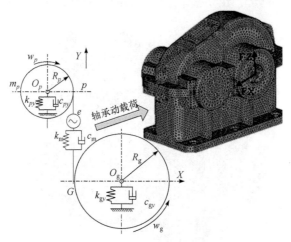

图 8-2　齿轮系统动力学和齿轮箱体有限元混合模型

　　采用附录 A 中的模态叠加法对运动方程进行求解，即可获得齿轮箱体各节点上的结构噪声。取齿轮箱体的所有阶模态计算结构噪声，可以得到最为准确的结果，但计算时间过长。一般来说，当某阶模态对应的固有频率远大于激励频率时，该阶模态对结构噪声的影响非常小。因此在兼顾计算精度和计算效率的前提下，对于齿轮箱体这种大型复杂结构，通常只取前 $N_{f}(0<N_{f}<N)$ 阶模态计算其结构噪声。

8.1.3　全有限元模型和动力学-有限元混合模型的对比

　　齿轮系统-箱体全有限元模型可全面考虑箱体与齿轮系统间的耦合作用，但对齿轮系统和箱体均进行了网格划分，网格数量多，计算规模大，可计算的上限频率低。因此该模型主要适用于结构简单、尺寸小且箱体刚性小的齿轮传动装置。

　　齿轮系统动力学和箱体有限元混合模型只对齿轮箱体进行了网格划分，网格数量少，计算规模小，可计算的上限频率高，但对齿轮系统和箱体采用了不同方法建模，对箱体与齿轮系统间耦合作用的考虑不全面。因此该模型主要适用于结构复杂、尺寸大且箱体刚性大的齿轮传动装置。

8.1.4　结构噪声计算中支承系统阻抗特性的计入方法

1. 计入支承系统阻抗特性的结构噪声计算流程

为了减少齿轮箱体结构噪声向其他设备的传递，多数情况下齿轮箱体不会直接刚性安装，而是会通过支承系统弹性连接在机座上。这时，在齿轮箱体结构噪声的计算中需要计入支承系统阻抗特性的影响。虽然通过建立支承系统的有限元模型可以准确计入其影响[11-12]，但会增大箱体结构噪声计算的规模。同时采用有限元方法只有在支承系统结构确定的情形下才可以完成，而在设计的初始阶段或支承系统结构未确定时，有限元方法的应用会受到限制。这时，通过采用阻抗特性研究支承系统的影响更方便。支承系统的阻抗特性包括其质量特性、刚度特性和阻尼特性，通过建立质量和弹簧单元可计入支承系统质量和刚度特性，在模态叠加法中设定模态阻尼比可计入支承系统阻尼特性。计入支承系统阻抗特性的箱体结构噪声计算具体步骤如下。

步骤 1：根据支承系统的结构尺寸和材料特性，通过实验或仿真获得支承系统与齿轮箱体各连接点处的自导纳。

步骤 2：在支承系统与齿轮箱体每个连接点处的 x、y、z 方向上，都可根据支承系统的自导纳参数将其等效为无阻尼约束二自由度系统，如图 8-3 所示。从图 8-3 中可以看出，每个等效系统中包含两个质量点和两个弹簧单元，其中第一个质量点 m_{sj1} 有三个方向上的质量和位移，第二个质量点 m_{sj2x}、m_{sj2y} 和 m_{sj2z} 分别只有 x、y 和 z 方向上的质量和位移[13]。等效系统中各质量单元和弹簧单元的参数均可根据支承系统在各连接点处的自导纳，采用附录 B 中物理参数识别的骨架线方法求解获得。

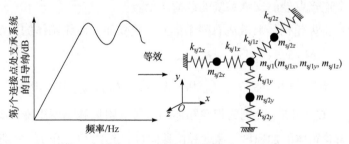

图 8-3　支承系统的等效

获得了每个等效系统中质量单元和弹簧单元的参数后，可以建立各等效系统的运动方程：

$$
\begin{cases}
m_{sj1x}\ddot{x}_{sj1x} + k_{sj1x}(x_{sj1x} - x_{sj2x}) = f_{sj1x} \\
m_{sj2x}\ddot{x}_{sj2x} - k_{sj1x}(x_{sj1x} - x_{sj2x}) + k_{sj2x}x_{sj2x} = 0 \\
m_{sj1y}\ddot{y}_{sj1y} + k_{sj1y}(y_{sj1y} - y_{sj2y}) = f_{sj1y} \\
m_{sj2y}\ddot{y}_{sj2y} - k_{sj1y}(y_{sj1y} - y_{sj2y}) + k_{sj2y}y_{sj2y} = 0 \\
m_{sj1z}\ddot{z}_{sj1z} + k_{sj1z}(z_{sj1z} - z_{sj2z}) = f_{sj1z} \\
m_{sj2z}\ddot{z}_{sj2z} - k_{sj1z}(z_{sj1z} - z_{sj2z}) + k_{sj2z}z_{sj2z} = 0
\end{cases}
\tag{8-4}
$$

式中，m_{sj1x}、m_{sj1y} 和 m_{sj1z} 分别为第 j 个连接点处，质量点 m_{sj1} 在 x、y、z 方向上的质量；x_{sj1x}、y_{sj1y} 和 z_{sj1z} 分别为第 j 个连接点处，质量点 m_{sj1} 在 x、y、z 方向上的位移；$\ddot{x}_{sj1x}$、$\ddot{y}_{sj1y}$ 和 $\ddot{z}_{sj1z}$ 分别为第 j 个连接点处，质量点 m_{sj1} 在 x、y、z 方向上的加速度；f_{sj1x}、f_{sj1y} 和 f_{sj1z} 分别为第 j 个连接点处，质量点 m_{sj1} 在 x、y、z 方向上所受的载荷；m_{sj2x}、x_{sj2x} 和 $\ddot{x}_{sj2x}$ 分别为第 j 个连接点处，质量点 m_{sj2x} 在 x 方向上的质量、位移和加速度；m_{sj2y}、y_{sj2y} 和 $\ddot{y}_{sj2y}$ 分别为第 j 个连接点处，质量点 m_{sj2y} 在 y 方向上的质量、位移和加速度；m_{sj2z}、z_{sj2z} 和 $\ddot{z}_{sj2z}$ 分别为第 j 个连接点处，质量点 m_{sj2z} 在 z 方向上的质量、位移和加速度；k_{sj1x}、k_{sj2x}、k_{sj1y}、k_{sj2y}、k_{sj1z} 和 k_{sj2z} 分别为第 j 个连接点处各弹簧的刚度。

式(8-4)用矩阵形式表示为

$$
\boldsymbol{M}_{sej}\ddot{\boldsymbol{x}}_{sej} + \boldsymbol{K}_{sej}\boldsymbol{x}_{sej} = \boldsymbol{F}_{spj}
\tag{8-5}
$$

式中，$\boldsymbol{M}_{sej}$ 和 $\boldsymbol{K}_{sej}$ 分别为第 j 个连接点处，支承系统的等效质量和等效刚度矩阵；$\ddot{\boldsymbol{x}}_{sej}$ 和 $\boldsymbol{x}_{sej}$ 分别为第 j 个连接点处，支承系统的等效加速度向量和等效位移向量；$\boldsymbol{F}_{spj}$ 为第 j 个连接点处的支承系统的载荷向量。

步骤 3：将齿轮箱体离散成有限个单元，建立如下齿轮箱体的运动方程：

$$
\begin{aligned}
&\boldsymbol{M}_{gb}\ddot{\boldsymbol{x}}_{gb} + \boldsymbol{C}_{gb}\dot{\boldsymbol{x}}_{gb} + \boldsymbol{K}_{gb}\boldsymbol{x}_{gb} \\
&= \left\{0,\cdots,0,\ f_{bix},f_{biy},f_{biz},0,\cdots,0,\ f_{gbjx},f_{gbjy},f_{gbjz},0,\cdots,0\right\}^{\mathrm{T}}
\end{aligned}
\tag{8-6}
$$

式中，$\boldsymbol{M}_{gb}$、$\boldsymbol{C}_{gb}$ 和 $\boldsymbol{K}_{gb}$ 分别为齿轮箱体的质量、阻尼和刚度矩阵；$\ddot{\boldsymbol{x}}_{gb}$、$\dot{\boldsymbol{x}}_{gb}$ 和 $\boldsymbol{x}_{gb}$ 分别为齿轮箱体的加速度、速度和位移向量；f_{bix}、f_{biy} 和 f_{biz} 分别为第 i 个轴承处 x、y 和 z 方向上的动载荷；f_{gbjx}、f_{gbjy} 和 f_{gbjz} 分别为第 j 个连接点处，支承系统作用在齿轮箱体上的载荷。

步骤 4：每个连接点处，齿轮箱体的位移与支承系统的位移相等；齿轮箱体的载荷与支承系统的载荷大小相等，方向相反。该边界条件可表示为

$$\begin{cases} x_{sj1x} = x_{gbjx} \\ y_{sj1y} = y_{gbjy} \qquad (j=1,2,\cdots,N_{cp}) \\ z_{sj1z} = z_{gbjz} \end{cases} \tag{8-7}$$

$$\begin{cases} f_{sj1x} + f_{gbjx} = 0 \\ f_{sj1y} + f_{gbjy} = 0 \qquad (j=1,2,\cdots,N_{cp}) \\ f_{sj1z} + f_{gbjz} = 0 \end{cases} \tag{8-8}$$

式中，x_{gbjx}、y_{gbjy} 和 z_{gbjz} 分别为第 j 个连接点处，齿轮箱体在 x、y 和 z 方向上的位移；N_{cp} 为连接点的个数。

步骤 5：根据式(8-7)和式(8-8)所示的边界条件，将齿轮箱体的运动方程式(8-6)与各连接点处支承系统的运动方程式(8-4)进行组装，可以得到整个系统的运动方程：

$$M_{gbs}\ddot{x}_{gbs} + C_{gbs}\dot{x}_{gbs} + K_{gbs}x_{gbs} = F_{gbs} \tag{8-9}$$

$$F_{gbs}=\{F_{gb},0,0,\cdots,0\}^{T} \tag{8-10}$$

式中，M_{gbs}、C_{gbs} 和 K_{gbs} 分别为齿轮箱体-支承耦合系统的质量、阻尼和刚度矩阵；$\ddot{x}_{gbs}$、$\dot{x}_{gbs}$ 和 x_{gbs} 分别为齿轮箱体-支承耦合系统的加速度、速度和位移向量；F_{gbs} 为齿轮箱体-支承耦合系统的载荷向量；F_{gb} 为齿轮箱体载荷向量。

步骤 6：采用附录 A 中的模态叠加法，对齿轮箱体-支承耦合系统的运动方程式(8-9)进行求解，即可获得考虑支承阻抗特性时齿轮箱体的结构噪声。

2. 计入支承系统阻抗特性的结构噪声计算实例

图 8-4 所示的齿轮传动装置，齿轮副为人字齿轮副，主动轮和从动轮的齿数分别为 37 和 106，法向模数为 5mm，螺旋角为 26.65°，单齿宽为 71mm，精度等级为 3 级。齿轮系统通过 4 个滑动轴承安装于齿轮箱体中。齿轮箱体的弹性模量 $E = 2.1\times10^{5}\mathrm{MPa}$，泊松比 $\mu=0.3$，密度 $\rho=7800\mathrm{kg/m^3}$，基本尺寸为：长×宽×高=1250(mm)×600(mm)×900(mm)。

齿轮箱体通过 14 个螺栓与支承系统相连，对应的连接点编号如图 8-4 所示。支承系统在各连接点处原点加速度导纳的半对数幅频图如图 8-5 所示，图中 Y_{jjAx}、Y_{jjAy} 和 Y_{jjAz} 分别表示连接点 j 处 x、y 和 z 方向上的加速度导纳。x、y、z 的具体方向如图 8-4 所示。

采用 3.2.3 小节中的广义有限元法建立的图 8-4 中单级人字齿轮系统有限元模型如图 8-6 所示。

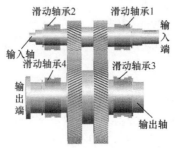

(a) 齿轮系统模型

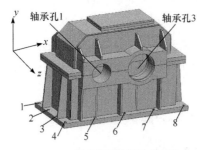

(b) 齿轮箱体模型-输入端

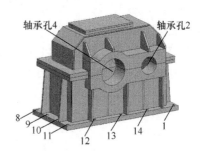

(c) 齿轮箱体模型-输出端

图 8-4　单级人字齿轮传动装置实体模型

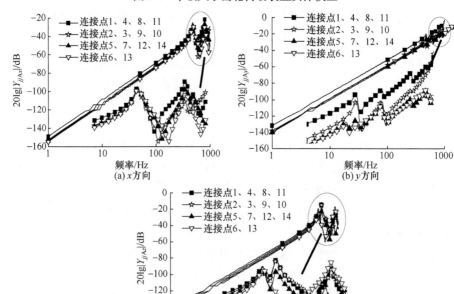

图 8-5　支承系统在各连接点处原点加速度导纳的半对数幅频图

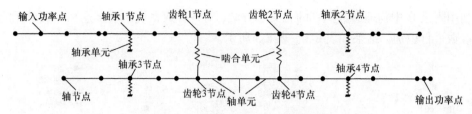

输入功率点　　　轴承1节点　　　齿轮1节点　　　齿轮2节点　　　轴承2节点

轴承单元　　　　　　　　　　　啮合单元

轴承3节点　　　　　　　　　　　　　　　　　　　　轴承4节点

轴节点　　　　　　　齿轮3节点　　轴单元　齿轮4节点　　　　　　输出功率点

图 8-6　单级人字齿轮系统有限元模型

采用傅里叶级数法可获得图 8-6 中各节点处的位移。根据轴承节点处的位移计算得各轴承处的动载荷：

$$\begin{cases} f_{bix} = k_{bxxi}x_{bi} + k_{bxyi}y_{bi} + c_{bxxi}\dot{x}_{bi} + c_{bxyi}\dot{y}_{bi} \\ f_{biy} = k_{byxi}x_{bi} + k_{byyi}y_{bi} + c_{byxi}\dot{x}_{bi} + c_{byyi}\dot{y}_{bi} \end{cases} \tag{8-11}$$

式中，f_{bix} 和 f_{biy} 分别表示第 i 个轴承处 x 和 y 方向上的动载荷（x 和 y 方向如图 8-4 所示）；k_{bxxi}、k_{byyi}、k_{bxyi} 和 k_{byxi} 表示第 i 个轴承的油膜刚度系数；c_{bxxi}、c_{byyi}、c_{bxyi} 和 c_{byxi} 表示第 i 个轴承的油膜阻尼系数；$\dot{x}_{bi}$ 和 x_{bi} 分别表示第 i 个轴承对应的轴承节点在 x 方向上的速度列向量和位移列向量；$\dot{y}_{bi}$ 和 y_{bi} 分别表示第 i 个轴承对应的轴承节点在 y 方向上的速度列向量和位移列向量。

当输入转速为 2000r/min，输出扭矩为 9000N·m 时，各轴承动载荷频谱如图 8-7 所示。当输入转速为 4000r/min，输出扭矩为 15000N·m 时，各轴承动载荷频谱如图 8-8 所示。在动力学模型中人字齿轮副被等效为两个螺旋角大小相等、旋向相反的斜齿轮副，并且忽略了两斜齿轮副的啮合差异，使得它们产生的轴向力相互抵消。从图 8-7 和图 8-8 中可以看出，不同工况下各轴承上动载荷的峰值均出现在啮合频率处（输入转速为 2000r/min 时的啮合频率为 1233.33Hz，输入转速为 4000r/min 时的啮合频率为 2466.67Hz）。

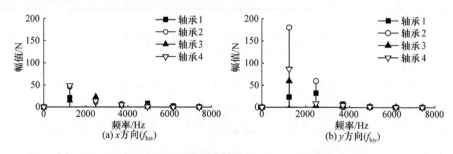

图 8-7　轴承动载荷频谱（2000r/min，9000N·m）

结构噪声计算中，在每个连接点处的 x、y、z 方向上都将支承系统等效为了无阻尼约束二自由度系统。根据支承系统在各连接点处不同方向上的自导纳参数，利用附录 B 中物理参数识别的骨架线方法，对各等效系统中质量点和弹簧单元的参数进行识别，结果如表 8-1～表 8-3 所示。

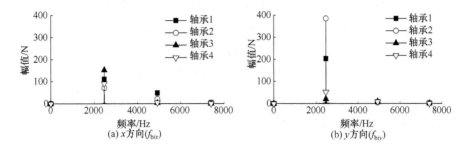

图 8-8　轴承动载荷频谱(4000r/min，15000N·m)

表 8-1　支承系统在各连接点处 x 方向上的物理参数识别结果

连接点	m_{sj1x}/kg	k_{sj1x}/(N/m)	m_{sj2x}/kg	k_{sj2x}/(N/m)
1、4、8、11	60.49	$1.33×10^9$	600.91	$6.44×10^9$
2、3、9、10	100.97	$2.06×10^9$	748.41	$8.51×10^9$
5、7、12、14	123.62	$2.39×10^9$	705.26	$8.63×10^9$
6、13	159.11	$2.76×10^9$	689.26	$9.42×10^9$

表 8-2　支承系统在各连接点处 y 方向上的物理参数识别结果

连接点	m_{sj1y}/kg	k_{sj1y}/(N/m)	m_{sj2y}/kg	k_{sj2y}/(N/m)
1、4、8、11	11.21	$1.55×10^8$	608.03	$5.77×10^9$
2、3、9、10	24.17	$3.29×10^8$	972.20	$9.46×10^9$
5、7、12、14	29.16	$4.09×10^8$	1855.60	$1.74×10^{10}$
6、13	29.94	$4.23×10^8$	1712.40	$1.33×10^{10}$

表 8-3　支承系统在各连接点处 z 方向上的物理参数识别结果

连接点	m_{sj1z}/kg	k_{sj1z}/(N/m)	m_{sj2z}/kg	k_{sj2z}/(N/m)
1、4、8、11	54.74	$5.17×10^8$	3189.80	$2.62×10^{10}$
2、3、9、10	70.67	$6.51×10^8$	4574.40	$3.79×10^{10}$
5、7、12、14	91.24	$8.04×10^8$	4681.70	$4.07×10^{10}$
6、13	54.10	$1.33×10^9$	344.46	$3.23×10^9$

　　将图 8-4 中的齿轮箱体进行离散，用质量单元和弹簧单元对每个连接点处支承系统的等效系统进行模拟，并将齿轮箱体有限元模型与等效系统进行耦合，建

立了齿轮箱体-支承耦合系统的结构噪声计算模型。以轴承动载荷为激励，对该模型进行求解，即可获得齿轮箱体各节点处的振动加速度级。

当输入转速为 2000r/min，输出扭矩为 9000N·m 时，齿轮箱体与支承系统各连接点在 y 方向上的加速度级频谱如图 8-9 所示。输入转速为 4000r/min，输出扭矩为 15000N·m 时，齿轮箱体与支承系统各连接点在 y 方向上的加速度级频谱如图 8-10 所示。从图 8-9 和图 8-10 中可以看出，不同工况下加速度级的最大值均出现在啮合频率处，与轴承动载荷的分布一致。

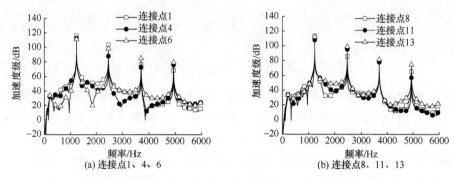

图 8-9　各连接点在 y 方向上的加速度级频谱(2000r/min, 9000N·m)

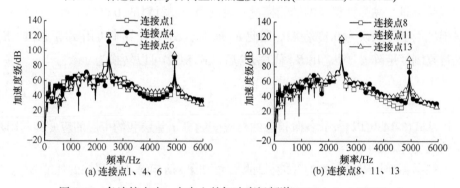

图 8-10　各连接点在 y 方向上的加速度级频谱(4000r/min, 15000N·m)

8.1.5　结构噪声计算中阻尼材料特性的计入方法

为了减小齿轮箱体的结构噪声，可在其表面敷设阻尼材料。对于敷设有阻尼材料的齿轮箱体结构噪声计算，需要计入阻尼材料特性的影响。计算复杂结构的结构噪声目前主要采用模态叠加法，而模态阻尼比是模态叠加法中一个非常重要的参数，其数值与阻尼材料的特性直接相关。因此敷设阻尼材料后，准确确定齿轮箱体各阶模态的模态阻尼比，是结构噪声计算中计入阻尼材料特性的关键，其中模态应变能法是计算结构模态阻尼比的一种常用方法。

1. 模态应变能法的基本原理

模态应变能法的基本思想是：在计算约束阻尼复合结构的模态应变能时，假设附加阻尼不会影响结构的模态振型。因此对于同一个结构，可以用无阻尼模态近似代替有阻尼模态；通过无阻尼下结构的模态分析，得到各阶模态下阻尼层的模态应变能和总的模态应变能的分布情况，从而求得各阶模态的模态阻尼比。

将约束阻尼复合结构离散成有限个单元，并对其进行模态分析，可以得到第 i 阶模态的总应变能 E_{sti} 为

$$E_{sti} = \frac{1}{2}\boldsymbol{\varphi}_i^{\mathrm{T}}\boldsymbol{K}^*\boldsymbol{\varphi}_i \tag{8-12}$$

$$\boldsymbol{K}^* = \boldsymbol{K}_{\mathrm{R}}^* + \mathrm{j}\boldsymbol{K}_{\mathrm{I}}^* = \boldsymbol{K}_{\mathrm{mR}}(1+\mathrm{j}\eta_{\mathrm{lm}}) + \boldsymbol{K}_{\mathrm{vR}}(1+\mathrm{j}\eta_{\mathrm{lv}}) \tag{8-13}$$

式中，$\boldsymbol{\varphi}_i$ 为系统的第 i 个特征向量，即第 i 阶主振型；$\boldsymbol{K}^*$ 为结构复刚度矩阵[14]；$\boldsymbol{K}_{\mathrm{R}}^*$ 和 $\boldsymbol{K}_{\mathrm{I}}^*$ 分别为结构复刚度矩阵的实部和虚部；j 为复数单位；$\boldsymbol{K}_{\mathrm{mR}}$ 为约束阻尼复合结构中基层和约束层刚度矩阵的实部；$\boldsymbol{K}_{\mathrm{vR}}$ 为约束阻尼复合结构中黏弹性材料刚度矩阵的实部；η_{lm} 为弹性材料的损耗因子；η_{lv} 为黏弹性材料的损耗因子。

约束阻尼复合结构中基层和约束层通常采用金属材料，阻尼层通常采用黏弹性橡胶材料。黏弹性材料的储能模量一般仅为金属材料的 0.05%左右，且金属材料损耗因子一般仅为 0.1%左右，因此 $\boldsymbol{K}_{\mathrm{I}}$ 远小于 $\boldsymbol{K}_{\mathrm{R}}$，计算中可用实刚度矩阵 $\boldsymbol{K}_{\mathrm{R}}^*$ 代替复刚度矩阵 $\boldsymbol{K}^*$[14]。用 $\boldsymbol{K}_{\mathrm{R}}$ 代替 $\boldsymbol{K}^*$ 后，式(8-12)可以转换为

$$E_{sti} = \frac{1}{2}\boldsymbol{\varphi}_i^{\mathrm{T}}\boldsymbol{K}_{\mathrm{mR}}\boldsymbol{\varphi}_i + \frac{1}{2}\boldsymbol{\varphi}_i^{\mathrm{T}}\boldsymbol{K}_{\mathrm{vR}}\boldsymbol{\varphi}_i \tag{8-14}$$

从式(8-14)可以看出，各阶模态的总应变能等于基层和约束层的应变能与阻尼层的应变能之和。

根据黏弹性阻尼材料的耗能机理[15]，可知第 i 阶模态中阻尼层的耗能 ΔE_{stiv} 为

$$\Delta E_{stiv} = \frac{1}{2}\beta_{\mathrm{v}}\boldsymbol{\varphi}_i^{\mathrm{T}}\boldsymbol{K}_{\mathrm{vR}}\boldsymbol{\varphi}_i \tag{8-15}$$

式中，β_{v} 表示黏弹性阻尼材料的材料损耗因子。

附加阻尼复合结构的模态损耗因子等于该阶模态中阻尼层耗能与总应变能之比，其表达式为

$$\eta_{\mathrm{mi}} = \frac{\Delta E_{stiv}}{E_{sti}} = \frac{\dfrac{1}{2}\beta_{\mathrm{v}}\boldsymbol{\varphi}_i^{\mathrm{T}}\boldsymbol{K}_{\mathrm{vR}}\boldsymbol{\varphi}_i}{\dfrac{1}{2}\boldsymbol{\varphi}_i^{\mathrm{T}}\boldsymbol{K}_{\mathrm{mR}}\boldsymbol{\varphi}_i + \dfrac{1}{2}\boldsymbol{\varphi}_i^{\mathrm{T}}\boldsymbol{K}_{\mathrm{vR}}\boldsymbol{\varphi}_i} \tag{8-16}$$

式中，η_{mi} 为第 i 阶模态的模态损耗因子。

在获得了各阶模态的模态损耗因子后，可换算得到模态阻尼比：

$$\zeta_{mi} = 2\eta_{mi} \tag{8-17}$$

式中，η_{mi} 为第 i 阶模态的模态损耗因子。

2. 考虑黏弹性材料动态特性的模态应变能法

模态应变能法用实特征向量替代复特征向量计算模态阻尼，可以大大减小计算量，但是没有考虑黏弹性阻尼材料的温变和频变特性，使得附加阻尼结构模态损耗因子的计算结果存在较大误差。为了提高模态阻尼比的计算精度，国内外学者先后对模态应变能法进行了修正[16-18]。在相关研究的基础上，建立了可考虑黏弹性材料动态特性的模态应变能法，计算流程如下[19-20]。

步骤 1：确定黏弹性阻尼材料的类型、结构形式、边界条件、工作温度及激振力频率范围。

步骤 2：令 $i=1$；根据工作温度，选取阻尼材料在频率 f_{di} 处对应的弹性模量和损耗因子作为初始参数(初次计算时 f_{di} 等于激振频率均值)，对结构进行模态分析，得到第 i 阶固有频率 f_{ni} 与振型。

步骤 3：判定 $\left|(f_{ni} - f_{di})\right| / f_{ni} \leqslant \varepsilon$ (f_{ni} 为第 i 阶固有频率)，如果不满足该条件，令 $f_{ni} = f_{di}$，并返回步骤 2 重新进行模态分析，直至满足该条件。

步骤 4：如果判定条件满足，利用模态应变能法即可求出第 i 阶模态损耗因子，进而求出模态阻尼比。

步骤 5：将 i 加 1 返回步骤 2 再开始进行计算，直至所需的模态阻尼比全部计算完成。

以正方形平板为例，采用上述流程计算其各阶模态阻尼比。平板的长度和宽度均为 400mm，厚度为 2mm，材料为钢，弹性模量为 2.01×10^5MPa，泊松比为 0.3，密度为 7850kg/m³。平板的固定方式为四边固定，中心敷设有约束阻尼，约束阻尼材料居中，其长度和宽度均为 300mm。约束阻尼的约束层厚度为 1mm，材料为铝，弹性模量为 6.89×10^4MPa，泊松比为 0.3，密度为 2700kg/m³。阻尼层的厚度为 2mm，材料为 SA-3C 型黏弹性阻尼材料。在仿真计算的基础上，通过试验测量了上述平板的各阶模态阻尼比，并与仿真计算结果进行了对比，结果如表 8-4 所示。从表 8-4 可以看出，固有频率仿真结果和实验结果间的最大相对差值为 5.29%；第 5 阶模态阻尼比仿真结果和实验结果间的相对差值为 43%，其余各阶模态阻尼比仿真结果和实验结果间的相对差值均未超过 20%。

表 8-4　仿真和试验获得的正方形平板的模态参数

阶数	固有频率/Hz		模态阻尼比/%	
	实验结果	仿真结果	实验结果	仿真结果
1	100.00	100.48	6.73	6.98
2	193.68	198.62	5.64	5.80
3	279.14	288.66	5.05	5.60
4	351.28	363.93	5.39	4.50
5	430.81	408.00	3.23	4.62
6	548.44	528.50	4.32	4.72

3. 计入阻尼材料特性的齿轮箱体结构噪声分析

齿轮箱体的结构通常比较复杂，在采用模态叠加法计算其结构噪声时通常只取前 N_f 阶模态。敷设阻尼材料后把所有 N_f 阶模态的模态阻尼比都计算出来，规模会非常大。为了提升计算效率，在分析敷设阻尼材料后齿轮箱体的结构噪声时，可只计算振动峰值频率附近模态的模态阻尼比，其余模态的模态阻尼比可按未敷设阻尼材料处理(齿轮箱体的材料通常为金属材料，不考虑阻尼材料特性时其模态阻尼比可在 3%以下取值)。对应的振动分析流程如下。

步骤 1：不考虑阻尼材料特性，根据齿轮系统参数和齿轮箱体结构，按照 8.1.2 小节中的方法计算齿轮箱体的结构噪声，并确定结构噪声峰值对应的频率。

步骤 2：确定固有频率离结构噪声峰值频率最近的前 20 阶模态对应的阶数，采用提出的考虑黏弹性材料动态特性的模态应变能法计算这 20 阶模态对应的模态阻尼比。

步骤 3：在第 1 步建立的振动分析模型中，将步骤 2 中计算获得的模态阻尼比赋值给相应的模态，其余模态的模态阻尼布不变，采用附录 A 中的模态叠加法重新求解模型，可获得计入阻尼材料特性后齿轮箱体的结构噪声。

8.2　齿轮箱体空气噪声计算的有限元/边界元法

8.2.1　有限元/边界元法计算空气噪声的原理和流程

通常情况下结构振动和声压之间存在相互耦合。结构的刚性较小时，需要考虑结构振动和声压之间的耦合作用[21-23]。齿轮箱体通常具有较大的结构刚度，声压变化很难引起其结构振动，可忽略不计。齿轮箱体在空气中的稳态声学响应可用如下 Helmholtz 方程表示[24]：

$$\nabla^2 p(r) + k_{\text{wn}}^2 p(r) = 0 \tag{8-18}$$

式中，∇^2 为拉格朗日算子，$\nabla^2 = \dfrac{\partial^2}{\partial x^2} + \dfrac{\partial^2}{\partial y^2} + \dfrac{\partial^2}{\partial z^2}$；$p(r)$ 为声场中任意位置 r 处的声压，如图 8-11 所示；k_{wn} 为波数，$k_{\text{wn}} = \omega/c$，其中 ω 为角频率，c 为音速。

齿轮箱体的振动会向外辐射产生空气噪声，属于外声场问题。外声场的边界主要包括封闭边界和无穷远处的边界。齿轮箱体表面的振动速度可通过有限元法求得，属于速度边界。在该边界上 Helmholtz 方程的解应满足如下方程：

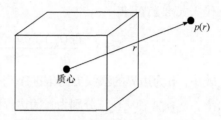

图 8-11　任意位置 r 处的声压示意图

$$v_{\text{n}}(r_{\text{a}}) = \frac{\text{j}}{\rho_0 \omega} \frac{\partial p(r_{\text{a}})}{\partial n} \tag{8-19}$$

式中，n 为边界的法线方向(法向)；$v_{\text{n}}(r_{\text{a}})$ 和 $p(r_{\text{a}})$ 分别为封闭边界上任意位置 r_{a} 处的法向速度和声压；j 为复数单位；ρ_0 为声学介质密度。

在无穷远边界 Ω_{∞} 处，Helmholtz 方程的解应满足如下方程：

$$\lim_{|r| \to \infty} |r| \left(\frac{\partial p(r)}{\partial |r|} + \text{j} k_{\text{wn}} p(r) \right) = 0 \tag{8-20}$$

根据边界条件对 Helmholtz 方程进行求解，可以得到声场中任意场点处的声压 $p(r)$ 为

$$p(r) = \int_{\Omega_{\text{a}}} \left[\mu(r_{\text{a}}) \cdot \frac{\partial G(r, r_{\text{a}})}{\partial n} - \sigma(r_{\text{a}}) \cdot G(r, r_{\text{a}}) \right] \cdot \text{d}\Omega(r_{\text{a}}) \tag{8-21}$$

式中，$\Omega(r_{\text{a}})$ 为任意位置 r_{a} 处封闭边界的形状；$G(r, r_{\text{a}})$ 为格林函数，其物理意义为场点 r 上由位置 r_{a} 处的声源产生的自由场声压，可根据如下方程计算：

$$G(r, r_{\text{a}}) = \frac{\text{e}^{-\text{j} k_{\text{wn}} |r - r_{\text{a}}|}}{4\pi |r - r_{\text{a}}|} \tag{8-22}$$

式中，e 为自然底数。

式(8-21)中的 $\sigma(r_{\text{a}})$ 是单层势，表示封闭边界两侧声压法向梯度的差值，其计算公式为

$$\sigma(r_{\text{a}}) = \frac{\partial p(r_{\text{a}}^+)}{\partial n} - \frac{\partial p(r_{\text{a}}^-)}{\partial n} \tag{8-23}$$

式中，$p(r_{\text{a}}^+)$ 和 $p(r_{\text{a}}^-)$ 分别表示封闭边界两侧任意位置 r_{a} 处的声压。

式(8-21)中的 $\mu(r_a)$ 为双层势，表示封闭边界两侧声压的差值，其计算公式为

$$\mu(r_a) = p(r_a^+) - p(r_a^-) \tag{8-24}$$

齿轮箱体外表面两侧具有相同的振动速度，即 $v_n(r_a^+) = v_n(r_a^-)$。因此将式(8-19)代入式(8-23)可得

$$\sigma(r_a) = \frac{\partial p(r_a^+)}{\partial n} - \frac{\partial p(r_a^-)}{\partial n} = -\mathrm{j}\rho_0\omega[v_n(r_a^+) - v_n(r_a^-)] = 0 \tag{8-25}$$

式中，n 为边界的法线方向(法向)；j 为复数单位；ρ_0 为声学介质密度；ω 为角频率；$v_n(r_a^+)$ 和 $v_n(r_a^-)$ 分别为封闭边界两侧任意位置 r_a 处的法向速度。

将式(8-25)代入式(8-21)，可得

$$p(r) = \int_{\Omega_a} \mu(r_a) \cdot \frac{\partial G(r,r_a)}{\partial n} \cdot \mathrm{d}\Omega(r_a) \tag{8-26}$$

式中，$p(r)$ 为声场中任意位置 r 处的声压；$G(r,r_a)$ 为格林函数；$\Omega(r_a)$ 为任意位置 r_a 处封闭边界的形状。

将齿轮箱体外表面离散成有限个单元，则外表面上任意位置处的单层势可由节点处的单层势组合获得，其组合方程为

$$\mu(r_a) = \sum N_{\mu_k} \mu_k = \boldsymbol{N}_\mu^{\mathrm{T}} \boldsymbol{\mu} \tag{8-27}$$

式中，N_{μ_k} 为形函数；μ_k 为节点 k 上的单层势；$\boldsymbol{N}_\mu$ 和 $\boldsymbol{\mu}$ 分别为形函数向量和单层势向量。

单层势向量 $\boldsymbol{\mu}$ 的计算公式为

$$\boldsymbol{\mu} = \boldsymbol{Q}^{-1}\boldsymbol{D}\boldsymbol{v}_n \tag{8-28}$$

式中，$\boldsymbol{Q}$ 和 $\boldsymbol{D}$ 为系数矩阵；v_n 为结构表面上的法向振动速度向量。

将式(8-27)和式(8-28)代入式(8-26)，可得

$$p(r) = \int_{\Omega_a} \boldsymbol{N}_\mu^{\mathrm{T}} \boldsymbol{\mu} \cdot \frac{\partial G(r,r_a)}{\partial n} \cdot \mathrm{d}\Omega(r_a) = \mathbf{ATV}(r)^{\mathrm{T}} v_n \tag{8-29}$$

式中，$\mathbf{ATV}(r)$ 为结构表面各节点对位置 r 处的声学传递向量，单位为 $\mathrm{N} \cdot \mathrm{s/m^3}$，代表了声场中某点处的声压与结构表面法向振动速度间的关系。场点位置不同，对应的声学传递向量也不同。

根据声压计算公式(8-29)，可采用以下步骤计算齿轮箱体的空气噪声。

步骤1：提取齿轮箱体表面，并采用边界元网格将其表面离散成有限个单元。

步骤2：插入声场，求解齿轮箱体表面单元对声场中各场点的声学传递向量。

步骤3：利用8.1节中的有限元法求解齿轮箱体的振动速度，并将其表面的法向振动速度映射到边界元网格上。

步骤 4：将声学传递向量与齿轮箱表面的法向振动速度相乘，获得声场中各场点上的空气噪声。

8.2.2　齿轮箱体空气噪声计算实例

采用上述流程，计算了图 8-4 中齿轮箱体的空气噪声。根据表 8-1～表 8-3 中支承系统的等效物理参数以及图 8-7 和图 8-8 中的轴承动载荷频谱分析获得的不同工况下场点 1 和场点 2(具体位置如图 8-12 所示)的声压级频谱，如图 8-13 所示。从图 8-13 中可以看出，不同工况下场点 1 和场点 2 上的声压级峰值均出现在啮合频率处，与轴承动载荷的分布规律一致。

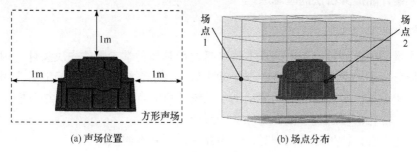

(a) 声场位置　　　　　　　　　　　(b) 场点分布

图 8-12　声场位置和场点分布

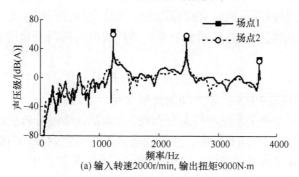

(a) 输入转速2000r/min, 输出扭矩9000N·m

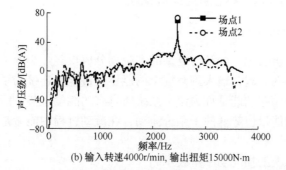

(b) 输入转速4000r/min, 输出扭矩15000N·m

图 8-13　不同工况下齿轮箱体声场中各场点上的声压级频谱

8.3　齿轮箱体空气噪声计算的统计能量分析法

　　边界元法在解决工程结构空气噪声问题时，由于受到网格大小和计算量的限制，其分析误差和求解规模会随着频率的升高而增加，目前主要应用于结构中低频空气噪声的计算。为了解决高频空气噪声的计算，国内外学者引入统计模态的概念，把能量作为可以相互交换的动力学变量，并根据振动波和模态间存在的内在联系，建立了高频噪声的统计能量分析(statistical energy analysis，SEA)法[25-26]。

8.3.1　统计能量分析法的基本原理

1. 统计能量分析法的基本假设

　　能量是统计能量分析中的基本量，是求得其他力学参数的先决条件，因此统计能量分析中的子系统必须可贮存振动能量并且子系统间可以交换能量。因为只有一些相似共振模态组成的共振运动子系统才可贮存能量，所以在统计能量分析法中，一群相似模态就可被视为一个子系统。

　　在建立统计能量分析模型时，普遍存在以下基本假设[27]。

　　(1) 统计能量分析中的系统为保守弱耦合系统。保守弱耦合系统中各子系统在连接处没有能量损耗；同时直接相连的子系统之间存在能量交换，间接连接的子系统不存在能量交换；并且两个子系统各自的内损耗因子远远大于它们之间的耦合损耗因子。

　　(2) 系统所受的力为互不相关的宽带随机激励，满足线性叠加原理。

　　(3) 在 $\Delta\omega$ 频段内子系统模态间的能量交换对等进行。

　　(4) 在 $\Delta\omega$ 频段内子系统的模态分布均匀，即统计能量分析法认为一个振型群内每个振型都对应一个固有频率，并且固有频率在带宽内按均匀概率分布。

　　(5) 在 $\Delta\omega$ 频段内子系统的振动能量均匀分布在各模态中。

　　(6) 在 $\Delta\omega$ 频段内各模态阻尼是相等的。

2. 功率流平衡方程

　　统计能量分析法把一个结构复杂的系统划分成很多个小的子系统，子系统之间相互耦合连接在一起，输入到系统中的能量通过这些连接关系在各子系统之间流动。将子系统储存的能量称为该子系统所具有的能量位势，能量位势高的子系统中的能量会向能量位势低的子系统流动，在流动过程中能量是守恒的，遵守功率流平衡方程。

　　单自由度系统的损耗功率可表示为

$$P_\mathrm{d} = C\dot{x}^2 = 2\xi\omega_\mathrm{n} M\dot{x}^2 = 2\xi\omega_\mathrm{n} E_\mathrm{to} = \omega_\mathrm{n}\eta_\mathrm{IL} E_\mathrm{to} \tag{8-30}$$

式中，P_d 为损耗功率；C 为系统阻尼；ξ 为系统的阻尼比；η_{IL} 为系统的内损耗因子，$\eta_{IL}=2\xi$；$\dot{x}$ 为系统的振动速度；ω_n 为系统固有角频率；M 为系统质量；E_{to} 为系统具有的能量。

在一定频段内，对于多个相似模态构成的子系统，其损耗功率为

$$P_d = \omega_m \eta_{IL} E_{to} \tag{8-31}$$

式中，ω_m 为分析频段的中心角频率。

图 8-14 所示的统计能量分析模型由两个子系统组成，其中一个子系统消耗的能量加上传递给其他子系统的能量，应等于该子系统的输入能量，即

$$P_{in1} + \omega_m \eta_{21} E_{to2} = \omega_m \eta_{IL1} E_{to1} + \omega_m \eta_{12} E_{to1} \tag{8-32}$$

$$P_{in2} + \omega_m \eta_{12} E_{to1} = \omega_m \eta_{IL2} E_{to2} + \omega_m \eta_{21} E_{to2} \tag{8-33}$$

式中，P_{ini} 为子系统 i 由外界输入的功率；E_{toi} 为子系统 i 在分析频段内具有的能量；η_{ILi} 为子系统 i 的内损耗因子；η_{ij} 为子系统 i 到子系统 j 传输能量的耦合损耗因子。

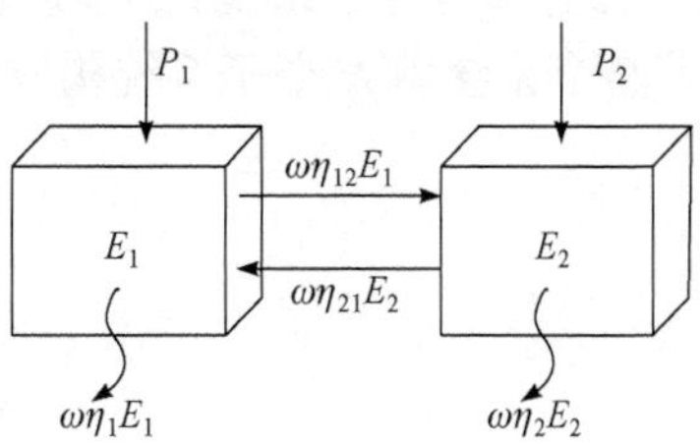

保守耦合系统的功率流可逆，子系统间的耦合损耗因子满足表达式

$$n_{d1}\eta_{12} = n_{d2}\eta_{21} \tag{8-34}$$

式中，n_{di} 为子系统 i 的模态密度。

图 8-14　两子系统组成的统计能量分析模型

将式(8-34)代入式(8-32)和式(8-33)，可得

$$\begin{bmatrix} (\eta_{IL1} + \eta_{12})n_{d1} & -\eta_{12}n_{d1} \\ -\eta_{21}n_{d2} & (\eta_{IL2} + \eta_{21})n_{d2} \end{bmatrix} \begin{Bmatrix} \dfrac{E_{to1}}{n_{d1}} \\ \dfrac{E_{to2}}{n_{d2}} \end{Bmatrix} = \begin{Bmatrix} \dfrac{P_{in1}}{\omega_m} \\ \dfrac{P_{in2}}{\omega_m} \end{Bmatrix} \tag{8-35}$$

将式(8-35)由两个子系统推广到 N 个子系统，可以得到由 N 个子系统构成的统计能量分析模型的功率流平衡方程：

$$\begin{bmatrix} (\eta_{IL1} + \sum\limits_{i \neq 1}^{N} \eta_{1i})n_{d1} & -\eta_{12}n_{d1} & \cdots & -\eta_{1N}n_{d1} \\ -\eta_{21}n_{d2} & (\eta_{IL2} + \sum\limits_{i \neq 2}^{N} \eta_{2i})n_{d2} & \cdots & -\eta_{2N}n_{d2} \\ \vdots & \vdots & & \vdots \\ -\eta_{N1}n_{dN} & -\eta_{N2}n_{dN} & \cdots & (\eta_{ILN} + \sum\limits_{i \neq N}^{N} \eta_{Ni})n_{dN} \end{bmatrix} \begin{Bmatrix} \dfrac{E_{to1}}{n_{d1}} \\ \dfrac{E_{to2}}{n_{d2}} \\ \vdots \\ \dfrac{E_{toN}}{n_{dN}} \end{Bmatrix} = \begin{Bmatrix} \dfrac{P_{in1}}{\omega_m} \\ \dfrac{P_{in2}}{\omega_m} \\ \vdots \\ \dfrac{P_{inN}}{\omega_m} \end{Bmatrix}$$

$$\tag{8-36}$$

计算式(8-36)可以得到第 i 个子系统贮存的能量 E_{toi}。统计能量分析中的能量包括动能和应变能，假定一个子系统中的动能和应变能近似相等，可以求得子系统 i 的均方速度响应：

$$\left\langle v_i^2 \right\rangle = \frac{E_{toi}}{M_i} \tag{8-37}$$

式中，$\left\langle v_i^2 \right\rangle$ 为子系统 i 在时间和空间上的均方速度响应。

根据子系统 i 的均方速度响应，可求解获得子系统 i 的声辐射功率：

$$W_i = \rho_0 c \sigma_{ri} A_{\sigma i} \left\langle v_i^2 \right\rangle \tag{8-38}$$

式中，W_i 为子系统 i 的辐射声功率；ρ_0 为声学介质密度；c 为音速；σ_{ri} 为子系统 i 的辐射比；$A_{\sigma i}$ 为子系统 i 的辐射表面积。

若整个系统由 N 个子系统构成，则整个系统的辐射声功率和声功率级为

$$W_{total} = \sum_{i=1}^{N} W_i \tag{8-39}$$

$$L_W = 10 \lg \frac{W_{total}}{W_0} \tag{8-40}$$

式中，W_{total} 为整个系统的总辐射声功率；L_W 为声功率级(dB)；W_0 为基准声功率，$W_0 = 1 \times 10^{-12}\,\mathrm{W}$。

根据总声功率级，可以得到整个系统在声场中某一位置处声压级的计算方程：

$$L_p = L_W + 10 \lg \left(\frac{Q}{4\pi r^2} + \frac{4(1-\bar{\alpha})}{A_r \bar{\alpha}} \right) \tag{8-41}$$

式中，L_p 为整个系统的声压级(dB)。Q 为考虑声源位置影响的系数，与声源辐射的自由空间大小有关，当声源悬挂于空中，向整个自由空间辐射时，$Q=1$；放在地上，向半自由空间辐射时，$Q=2$；置于墙边，向 1/4 自由空间辐射时，$Q=4$；置于墙角，向 1/8 自由空间辐射时，$Q=8$；齿轮箱的辐射声压问题与齿轮箱基座的边界条件有关。r 为场点与声源之间的距离。A_r 为房间的面积。$\bar{\alpha}$ 为吸收系数。

从式(8-37)～式(8-41)可以看出，统计能量分析法给出的是空间和频率的平均量，因此在统计能量分析中得不到系统内特殊位置上和特殊频率处响应的详细信息，即统计能量分析法不能预示子系统某个局部位置处的精确响应，但能较精确地从统计意义上预示整个子系统的响应级。

3. 统计能量分析法的适用范围

在统计能量分析过程中，根据子系统在带宽内含有的模态个数 N，可以将整

个频域分成三个频率区：当 $N \leqslant 1$ 时，定义为低频区；当 $1 < N < 5$ 时，定义为中频区；当 $N \geqslant 5$ 时，定义为高频区。

统计能量分析法是一种统计方法，在高频段结构的模态密集，计算过程中会有足够的模态参与平均，从而保证计算结果满足一定的精度要求。因此统计能量分析法适用于解决高频区内的振动噪声问题。

8.3.2　统计能量分析中的基本参数

由式(8-36)可知，计算子系统的能量必须已知模态密度、内损耗因子、耦合损耗因子和输入功率，其中模态密度、内损耗因子和耦合损耗因子与子系统的特性密切相关，是统计能量分析中的基本参数。

1. 模态密度

在统计能量分析法中，用模态密度描述振动系统储能的能力。对于梁、板和圆柱壳等简单结构，模态密度一般用理论公式计算[26]，但是对于一些复杂的结构，模态密度可以通过有限元计数法和导纳实部平均法计算获得，也可以通过试验测量获得。

1) 有限元计数法

对于复杂结构，可以通过有限元计数法的方式估算子系统的模态密度，即

$$n_d(\omega_m) = \frac{N}{\Delta \omega} \tag{8-42}$$

式中，$n_d(\omega_m)$ 为结构在中心频率为 ω_m 的频段内的模态密度；$\Delta \omega$ 为带宽；N 为带宽 $\Delta \omega$ 内的模态数。

2) 导纳实部平均法

对于复杂结构，可以将其离散成有限个单元并建立其动力学方程，求解动力学方程可获得结构在各激励点处速度导纳的实部：

$$\mathrm{Re}(Y_V) = -\frac{X_0 \omega_0 \sin\varphi}{F_0} \tag{8-43}$$

式中，Re 为复数的实部；Y_V 为结构在激励点处的速度导纳；X_0 为位移幅值；ω_0 为激励角频率；φ 为位移响应的相位；F_0 为载荷幅值。

利用激励点处速度导纳的实部可获得结构的模态密度为

$$n_d(\omega_m) = \frac{4M}{\Delta \omega} \int_{\omega_1}^{\omega_2} \overline{\mathrm{Re}(Y_V)} \mathrm{d}\omega \tag{8-44}$$

式中，M 为结构的质量；ω_1 和 ω_2 分别为带宽的下限角频率和上限角频率；$\overline{\mathrm{Re}(Y_V)}$

为 $\mathrm{Re}(Y_V)$ 在空间上的平均值。

在复杂结构模态密度计算的两种方法中，导纳实部平均法的计算精度高于有限元计数法，但计算效率要低于有限元计数法[27]。

2. 内损耗因子

内损耗因子也被称为阻尼损耗因子，是指子系统在单位频率内单位时间损耗能量与储存能量之比。内损耗因子主要由三部分组成，即

$$\eta_{\mathrm{IL}i} = \eta_{is} + \eta_{ir} + \eta_{ib} \tag{8-45}$$

式中，η_{is} 为结构损耗因子，与结构本身的材料属性有关；η_{ir} 为声辐射损耗因子，与结构子系统振动时的声辐射阻尼有关；η_{ib} 为边界损耗因子，与结构子系统在边界处的连接阻尼有关。

常用材料结构损耗因子的数值量级如表 8-5 所示。

表 8-5　常用材料结构损耗因子的数值量级[26]

材料		结构损耗因子
非金属材料	砖、混凝土	1.5×10^{-2}
	玻璃	1.0×10^{-3}
	PVC(聚氯乙烯)	3.0×10^{-1}
	石膏	5.0×10^{-3}
	胶合板	1.5×10^{-2}
金属材料	铝	1.0×10^{-4}
	铜	2.0×10^{-3}
	钢	$(1.0 \sim 6.0) \times 10^{-4}$
	铸铁	1.0×10^{-3}

声辐射损耗因子满足如下方程：

$$\eta_{ir} = \frac{\rho_0 c \sigma_{ri}}{\omega_m \rho A_{\sigma i}} \tag{8-46}$$

式中，ρ_0 为声学介质密度；c 为音速；σ_{ri} 为子系统的辐射比；ω_m 为频带的中心频率；ρ 为子系统的材料密度；$A_{\sigma i}$ 为子系统的辐射面积。

如果子系统之间的连接方式是刚性连接，η_{ib} 可以忽略不计；如果子系统之间的连接方式是非刚性连接，η_{ib} 不能忽略。

结构的内损耗因子与材料特性以及与其他结构的连接方式等因素都有直接关

系, 对于一些常见的材料, 其结构损耗因子可以根据经验在 0.0001～0.1 取值。准确的内损耗因子需要通过实验测量得到。

3. 耦合损耗因子

耦合损耗因子表示一个子系统到另一个子系统的功率流传输特性, 用来表征两个子结构之间的耦合效应。通常, 子系统之间的耦合连接可以分为点连接、线连接和面连接三种形式。

齿轮箱体中最常见的连接方式是板子系统之间的线连接, 这种连接方式的耦合损耗因子满足表达式

$$\eta_{12} = \frac{2l_p \sqrt{\omega_m R_p c_l}}{\pi \omega_m A_{p1}} \tau_{12} \tag{8-47}$$

式中, η_{12} 为子系统 1 到子系统 2 传输能量的耦合损耗因子; l_p 为板的长度; R_p 为板的弯曲回转半径, $R_p = \frac{h}{2\sqrt{3}}$, 其中 h 为板的厚度; c_l 为板的纵向波速, $c_l = \sqrt{\frac{E}{\rho(1-\mu^2)}}$, 其中 ρ 为板的材料密度, μ 为泊松比, E 为板的弹性模量; A_{p1} 为板 1 的面积; τ_{12} 为波从第一个子系统传播到第二个子系统时的传播系数, 对于不同的线连接形式, τ_{12} 可参考相应的公式进行计算[26]。

点连接和面连接的耦合损耗因子也可通过相应的经验公式进行估算[26]。

上述公式可用于估算理想连接形式的耦合损耗因子, 如果对结果精度要求较高, 就需要通过试验来测定结构的耦合损耗因子。

8.3.3 等效统计能量分析法

采用统计能量分析法计算空气噪声需要借助商用软件实现, 而齿轮箱体中通常存在厚壁结构和复杂结构, 对于复杂结构, 无法利用统计能量分析软件准确建模, 只能近似建模, 导致分析模型无法正确反映齿轮箱体结构的实际特性。厚壁结构的刚度通常相对较大, 模态密度较小, 无法满足统计能量分析计算的要求, 会造成较大的误差。因此, 在统计能量分析法的基础上, 提出了适用于齿轮箱体类厚壁复杂结构高频噪声分析的等效统计能量分析(equivalent statistical energy analysis, E-SEA)法。

1. 等效统计能量分析法的基本原理和建模步骤

等效统计能量分析法是通过获取原始结构的统计能量分析参数, 将其植入一个简单的统计能量分析模型中, 作为实际结构参数的载体, 并保证等效前后模型

具有相同的动力学特性，进而进行结构噪声和空气噪声的相关计算。采用该方法可以将任意结构等效为简单平板结构[28]。

等效统计能量分析模型可根据以下步骤建立。

步骤1：提取原始结构的模态密度。

步骤2：建立原始结构的等效模型。保持模型的表面积不变，通过改变材料密度的方式保证等效前后模型的质量相等，并将通过步骤1计算得到的统计能量分析基本参数和等效材料密度置入等效模型之中，使得等效前后模型具有相同的动力学特性。

2. 复杂结构等效统计能量分析模型建立方法及验证

为了增加齿轮箱体的刚度，其表面一般布置肋板。以图8-15所示的加肋平板为例，采用提出的等效统计能量分析模型的建立方法建立其等效模型。加肋平板的尺寸和结构参数如表8-6所示。

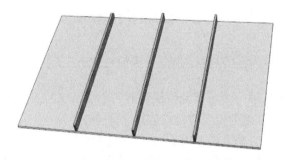

图8-15　齿轮箱体中的典型加肋平板

表8-6　加肋平板的尺寸和结构参数

参数	数值	参数	数值
加肋平板基本尺寸(长×宽×厚)	600mm×400mm×6mm	弹性模量	$2.1×10^5$MPa
肋板尺寸(长×宽×高)	400mm×5mm×24mm	泊松比	0.3
密度	7800kg/m³	质量	12.3552kg

采用有限元法对加肋平板进行离散并随机选取9个激励点，在每个激励点上依次施加载荷，载荷方向垂直于平板表面，大小为10N。每一次激励时，采用有限元法对加肋平板进行结构噪声分析，并提取激励点处的速度响应，计算得到激励点处的速度导纳。在9个点全部激励完成后，对得到的速度导纳进行平均，根据式(8-44)计算得到加肋平板的模态密度曲线，如图8-16所示。

保持模型的表面积不变，通过改变材料密度的方式，在保证等效前后模型的质量相等的条件下建立加肋平板的等效模型,如图 8-17 所示。加肋平板等效模型的尺寸和结构参数如表 8-7 所示。将计算得到的加肋平板的模态密度赋予该等效模型。

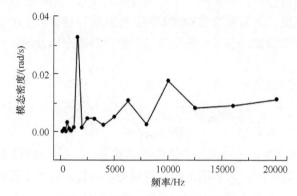

图 8-16　加肋平板的模态密度曲线

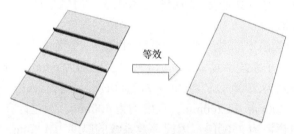

图 8-17　加肋平板的等效模型

表 8-7　加肋平板等效模型的尺寸和结构参数

参数	数值	参数	数值
模型尺寸(长×宽×厚)	600mm×400mm×6mm	弹性模量	$2.1×10^5$MPa
密度	8580kg/m³	泊松比	0.3
质量	12.3552kg		

对等效模型施加大小为 10N,方向垂直于平板表面的载荷,采用统计能量分析法对 16~20000Hz 频段内的等效模型的结构噪声进行计算,得到三分之一倍频程上的速度响应。采用有限元法对加肋平板的结构噪声进行计算(激励位置与等效模型中的激励位置相同),对各点速度平均后,得到加肋平板在相同频域范围内的平均速度响应。结果表明,利用等效统计能量分析模型计算的平均速度响应曲线和有限元的计算结果在 2000Hz 以上高频段的平均误差为 4.25%,具有较好的一致性,证明了提出的复杂结构等效统计能量分析模型建立方法的有效性。

3. 等效模型厚度的确定

将各种结构都等效为简单的平板结构之后，增大子系统的模态密度，使其适用于进行统计能量分析，并将同一平面内各等效子系统的厚度进行统一，然后耦合成为一个子系统。因为复杂结构的等效是在其临界频率以上的频段内进行，所以统一的等效厚度需要综合考虑各复杂结构的临界频率以及统计能量分析的频率下限进行确定。

对于空气中的钢结构，统一等效厚度的估算方程为

$$h_{\text{E}} = \frac{12}{\max(f_{c1}, f_{c2}, \cdots, f_{s})} \tag{8-48}$$

式中，h_{E} 为等效厚度；f_{ci} 为第 i 个结构的临界频率，可按照 12 除以各结构的厚度(单位为 m)近似计算；f_{s} 为满足统计能量分析条件的频率下限值，得到每个子系统的模态密度后，将其进行叠加，得到一个面内总的模态密度，计算三分之一倍频程内每个频带内的模态数，确定模态数大于 5 时的最低频率，即为统计能量分析频率的下限值。

图 8-18 所示为由不同厚度平板子系统组成的一个简单系统，根据以上方法确定了其等效厚度。子系统 A1、A2 和 A3 的厚度分别为 6mm、10mm 和 8mm，对应的临界频率分别为 2000Hz、1200Hz 和 1500Hz。子系统 A1、A2 和 A3 的长度分别为 100mm、200mm 和 200mm，宽度均为 400mm，经过计算，得到对应的统计能量分析下限频率为 2500Hz。因此等效系统的厚度为 4.8mm，长度为 500mm，宽度为 400mm。

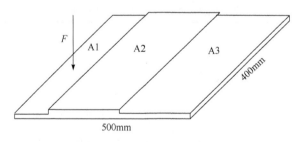

图 8-18　变厚度板的实体模型

8.3.4　齿轮箱体空气噪声等效统计能量分析步骤

采用等效统计能量分析法计算齿轮箱体的空气噪声可按照以下步骤进行。

步骤 1：根据齿轮箱体的实体模型，划分子系统。

步骤 2：采用 8.3.2 小节中的方法确定各子系统的模态密度和内损耗因子。

步骤 3：采用 8.3.3 小节中的方法对各子系统进行等效，并建立齿轮箱体的全

局等效统计能量分析模型。

步骤 4：根据等效前各子系统的基本参数计算齿轮箱体全局等效统计能量分析模型中各子系统的模态密度、内损耗因子和耦合损耗因子。

步骤 5：对齿轮箱体全局等效统计能量分析模型进行求解，获得主要场点上的声压级。

8.3.5 齿轮箱体空气噪声等效统计能量分析实例

图 8-19 所示为两级齿轮传动装置箱体模型，主要尺寸为长×宽×高=480mm×250mm×290mm；齿轮的主要参数如表 8-8 所示。采用上述步骤对该齿轮箱体的空气噪声进行分析。

图 8-19 两级齿轮传动装置箱体模型

表 8-8 两级齿轮传动装置中齿轮的主要参数

类别		齿数	法向模数/mm	齿宽/mm	材料	螺旋角/(°)
高速级	齿轮 1	29	1.5	50	40Gr	13.96
	齿轮 2	111	1.5	45	45 钢	13.96
低速级	齿轮 3	31	2	70	40Gr	14.47
	齿轮 4	91	2	65	45 钢	14.47

根据齿轮箱体的结构特点将其划分为 20 个子系统，部分子系统如图 8-20 所示。

接着根据梁、板和圆柱壳等简单结构模态密度的计算公式[26]计算齿轮箱体中结构规则的子系统的模态密度，如子系统 1、子系统 2、子系统 8、子系统 12 等。采用 8.3.2 小节中的导纳实部平均法计算齿轮箱体中复杂结构子系统的模态密度，如子系统 3、子系统 6 等。

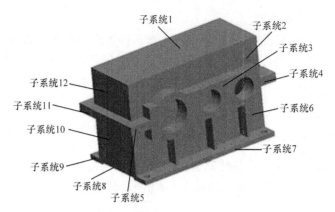

图 8-20　两级齿轮传动装置箱体子系统划分

内损耗因子由结构损耗因子、声辐射损耗因子和边界损耗因子组成。齿轮箱各子系统之间刚性连接，因此忽略各子系统之间的边界损耗因子。由表 8-5 可知钢的结构损耗因子为$(1.0\sim6.0)\times10^{-4}$，本次计算中取值为 4.0×10^{-4}。由于本次计算中的等效在各子系统临界频率以上频段内进行，各子系统的辐射效率近似取值为 1。齿轮箱体噪声辐射过程中的声学介质为空气，其密度为 1.21kg/m^3，空气中的声速为 343m/s。再利用各子系统的面积和质量采用式(8-46)计算获得声辐射损耗因子。将结构损耗因子和声辐射损耗因子求和获得各子系统的内损耗因子。

统计能量分析的前提条件是子系统在分析频带内的模态数$\geqslant5$，经过计算发现只有子系统 1 在 5000Hz 以上的频段满足模态数大于的条件，这是因为子系统 1 的面积大且厚度相对较小，模态密度大。其他各子系统在分析频段内均达不到统计能量分析法对模态数的要求。因此采用等效统计能量分析建模方法，将在一个面上的各子系统等效为统一厚度的平板，再将等效后耦合连接的各平板子系统合并为一个子系统，以增大计算模态密度，使模型的模态密度满足统计能量分析的要求。子系统 2、子系统 3、子系统 4、子系统 5、子系统 6 和子系统 7 均位于齿轮箱的前表面，因此分别将这 6 个子系统等效为同样厚度的平板，并将各平板合并成为齿轮箱体的前面子系统。采用同样方法获得齿轮箱体的左面子系统、右面子系统、后面子系统和下面子系统。

将每个面内等效前各子系统的模态密度相加，获得了等效后各子系统的模态密度。根据等效后各子系统的模态密度从分析软件中提取得到此时统计能量分析频率下限值为 1250Hz，因为箱体壁厚的最小值为 8mm，各子系统临界频率的最大值为 12/0.008=1500Hz，取 1250~1500Hz 的最大值，所以等效分析的频率下限值为 1500Hz。根据等效模型厚度的确定方法，最终等效模型的厚度值取为 8mm，然后通过保持结构表面积不变，改变材料密度建立齿轮箱体的等效统计能量分析模型，等效模型的具体尺寸参数如表 8-9 所示。

表 8-9　齿轮箱体等效模型中各子系统的基本参数

结构面	质量/kg	尺寸/(mm×mm)	材料密度/(kg/m³)
前面、后面	13.984	480×290	12557.5
左面、右面	4.626	210×290	9495.1
上面	6.289	480×210	7798.9
下面	15.613	480×210	19361.3

　　将每个面内等效前各子系统的内损耗因子相加，获得了等效后各子系统的内损耗因子，如图 8-21 所示。

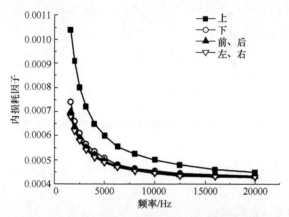

图 8-21　齿轮箱体等效模型中各子系统的内损耗因子

　　耦合损耗因子是统计能量分析中最难确定的参数。由于耦合损耗因子与子系统的模态密度也有关系，在确定了子系统模态密度的基础上，通过统计能量分析软件计算得到各子系统之间的耦合损耗因子，如图 8-22 所示。

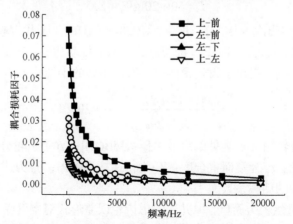

图 8-22　齿轮箱体等效模型中各子系统间的耦合损耗因子

以求解齿轮系统动力学模型获得轴承动载荷作为齿轮箱体的激励，采用统计能量分析软件对齿轮箱体等效统计能量分析模型进行求解，获得齿轮箱体的空气噪声频谱。输出扭矩为 4000N·m，输入转速为 5000r/min 时，齿轮箱体上表面中心上方 1m 处的空气噪声频谱如图 8-23 所示。

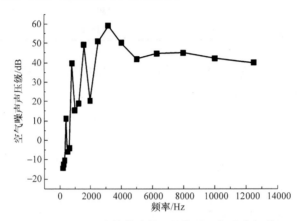

图 8-23　两级齿轮传动装置箱体的空气噪声频谱

8.4　齿轮箱体空气噪声的预估公式

8.4.1　空气噪声预估的经验公式

1965 年，为了快速预测齿轮减速器的振动噪声，Niemann 提出齿轮噪声与 $20\lg W_t$（W_t 为传递功率）呈一定比例，并提出了预估单级齿轮减速器箱体空气噪声的经验公式，即[29]

$$L = 50 + 20\lg W_t + \Sigma K \tag{8-49}$$

式中，L 为有效声压级[dB(A)]；W_t 表示传递功率(HP)；K 代表修正值。

1975 年，Kato 按照 Niemann 的思路，考虑了传动功率、速度、重合度、传动比和螺旋角的影响，提出了齿轮箱体空气噪声预估的半经验公式[29]：

$$L = \frac{20[1 - \tan(\beta / 2)] \cdot \sqrt[8]{i}}{f_v \sqrt[4]{\varepsilon_a}} + 20\lg W_t \tag{8-50}$$

式中，L 为距齿轮箱 1m 远处的有效声压级[dB(A)]；β 为齿轮分度圆螺旋角；i 为齿轮副传动比；ε_a 为端面重合度；W_t 为传递功率(HP)；f_v 为速度系数，类似于齿轮强度计算中的动载系数。

Kato 公式虽然较为简单，但并未考虑齿轮误差形式对空气噪声的影响，以及误差与转速及负载的耦合作用关系。在实际应用中，该公式计算精度并不高，只在部分情况下与试验结果吻合较好。

Nakamura、Opitiz 和 Yuiuzume 的研究表明，齿廓误差在大小和形状上具有特定的误差特性。为考虑各种加工方法的影响，1986 年 Masuda 在大量试验的基础上，提出了 Kato 公式的修正公式，但该公式中不仅需要知道误差的形状和大小，还要通过齿轮系统动力学计算齿轮振动位移，求解过程较为复杂，不适合工程应用。

8.4.2　计入误差的齿轮箱体噪声预估公式拟合流程

为了能在齿轮箱体空气噪声预估公式中方便有效地计入加工误差，需要在 Kato 公式的基础上拟合加入误差项，建立的拟合流程如下[29]。

步骤 1：在不考虑齿轮误差影响的情况下，采用 8.2 节中的有限元/边界元方法计算齿轮箱体的空气噪声，并与 Kato 公式的计算结果进行对比，修正计算模型。确保在不考虑误差时两种计算模型的统一性。

步骤 2：分析齿轮箱体空气噪声随转速与负载的变化规律，与 Kato 公式描述的规律进行对比，验证计算模型噪声变化规律与 Kato 公式的一致性。

步骤 3：对齿轮误差进行等价，采用齿轮系统动力学方法计算考虑误差的轴承动载荷和不同齿轮精度下齿轮箱体的空气噪声。依据齿轮箱体空气噪声随齿轮精度等级的变化规律，建立齿轮精度与齿轮箱体空气噪声的函数关系。

8.4.3　模型匹配性验证

在 Kato 公式中，取 $f_v = f_{v0}$，f_{v0} 是高精度齿轮的速度系数，因此可以近似认为 Kato 公式的计算结果为无误差时齿轮箱体的空气噪声。在不考虑齿轮误差的条件下采用 8.2 节中的有限元/边界元法对图 8-24 中齿轮传动装置的空气噪声进行计算，并与 Kato 公式的计算结果进行对比。传动装置中齿轮的模数 m=3mm；主动轮和从动轮均为直齿轮，齿数分别为 20 和 80。齿轮箱体的主要结构尺寸为：长×宽×高=370(mm)×190(mm)×310(mm)；材料为钢材，弹性模量为 $2.0×10^5$MPa；泊松比为 0.3；密度为 7800kg/m³。

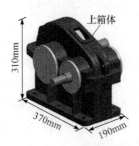

图 8-24　单级齿轮传动装置模型

1. 输入转速对空气噪声的影响

随着输入转速的变化，不仅齿轮啮合状态会产生变化，系统啮合频率及其倍频成分也会发生改变。为研究转速对齿轮箱体空气噪声的影响，采用 8.2 节中的方法计算了输入转速在 500～3000r/min 时图 8-24 中齿轮箱体的空气噪声。

图 8-25 表示出了各转速下齿轮箱空气噪声有效声压级有限元/边界元法与 Kato 公式的计算结果对比。Kato 公式中速度系数与齿轮的线速度有关，为了更好地进行对比，图 8-25 中的横坐标为齿轮线速度，并非输入转速。从图 8-25 中可以看出，Kato 公式的计算结果随齿轮线速度的变化趋势较为平滑，主要因为 Kato 公式中并未体现传动系统及齿轮箱体的固有频率。有限元/边界元法的计算结果不仅考虑了传动系统及齿轮箱体的固有特性，还引入了齿轮啮合频率及其倍频激励的作用，故空气噪声曲线伴随有一定的波动。在 750r/min 时，由于激励六倍齿频与传动系统第一阶固有频率较为接近，传动系统产生了较大的振动，空气噪声曲线 a、b 偏离 7dB；在 2100r/min 时，齿轮啮合力二次谐波成分(1398Hz)与齿轮箱第二阶固有频率较为接近，引起了齿轮箱较大的振动，使噪声辐射曲线偏离 5dB。若去除这两个共振位置，其他位置两曲线相差均未超过 3dB，因此可以认为有限元/边界元法的计算结果与 Kato 公式的计算结果基本吻合。

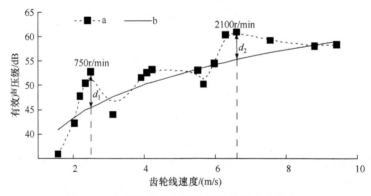

图 8-25　齿轮箱体空气噪声随齿轮线速度的变化

a 为有限元/边界元法的计算结果；b 为 Kato 公式的计算结果

2. 负载扭矩对振动噪声的影响

对于齿轮传动系统，负载扭矩不改变各激励频率成分的分布，仅影响各频率成分的幅值，并呈线性规律。采用有限元/边界元法计算了 3 种负载扭矩(额定工况负载扭矩 T、$0.5 \times T$ 和 $3 \times T$)作用下图 8-24 中齿轮箱体的空气噪声，其中箱体上方 1m 处的空气噪声频谱如图 8-26 所示。从图 8-26 中可以看出，随着负载扭矩的增加，各频率峰值处齿轮箱体的空气噪声均有所增加。

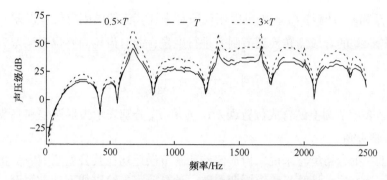

图 8-26　不同负载扭矩下齿轮箱体的空气噪声频谱

表 8-10 中给出了不同负载扭矩下，齿轮箱体上方 1m 处的有效声压级。

表 8-10　不同负载扭矩齿轮箱有效声压级

负载扭矩	$0.5 \times T$	T	$3 \times T$
有效声压级/dB	43.662	49.536	58.838

从表 8-10 中可以看出，不同负载作用下齿轮箱体的空气噪声满足如下关系：

$$L(T) = L(2 \times 0.5T) \approx 20\lg2 + L(0.5T)$$
$$L(3T) = L(6 \times 0.5T) \approx 20\lg6 + L(0.5T)$$

(8-51)

式中，T 为负载扭矩。

从式(8-51)可以看出，当转速不变时，齿轮箱体空气噪声与负载扭矩的变化符合 Niemann 和 Kato 提出的减速器噪声与 $20\lg W_t$ 呈比例关系的结论。

8.4.4　齿轮箱体空气噪声预估公式误差项拟合

1. 误差合成方法

轮齿啮合误差由齿轮加工误差和安装误差引起，是齿轮啮合过程的主要激励之一。齿轮系统动力学中，这些误差在本质上均被看作是由齿廓表面偏离理想齿廓所产生的轮齿啮合的位移动态激励。因此，研究加工误差的动态激励时，往往避开齿轮精度标准中具体的精度测量误差，直接定义实际齿廓表面对理想齿廓的偏移量，称其为啮合偏差，并研究啮合偏差产生的动态激励的基本原理。

在轮齿误差中直接引起啮合偏差的主要有齿形误差和基节偏差。齿形误差和基节偏差均按照齿面交线间的法向距离理论值与实际值差值的最值度量，等同于在啮合线上度量，故可直接合成两项误差。

齿形误差和基节偏差的组合可用来评定齿轮的短周期误差，若已知齿轮的齿

形误差 f_f 和基节偏差 f_pb，则可以用代数和来计算齿轮的固有位置误差。通常情况下齿轮误差的合成需转换到节圆上进行度量，此时齿轮固有位置误差为

$$e' = \frac{f_\text{f}}{\cos\alpha_\text{m}} + \frac{f_\text{pb}}{\cos\alpha_\text{m}} \tag{8-52}$$

式中，e' 表示节圆上的合成位置误差；f_f 和 f_pb 分别表示齿形误差和基节偏差；α_m 表示啮合角。

对于一批合格齿轮来说，齿形偏差和基节误差均在其公差范围内变化，因此可以用统计方法来计算齿轮短周期误差。计算前需先给出如下基本假设。

(1) 齿轮误差是连续的随机变量。

(2) 各项误差为相互独立的。

(3) 由于齿形误差具有一个不能达到的非负极限，假设其服从瑞利分布。

(4) 基节偏差存在绝对值相等的正负偏差，具有对称的公差带，假设其服从正态分布。

假设齿形误差 f_f 服从瑞利分布，沿啮合线度量时齿形公差所引起的节圆上位置误差的均值和方差满足如下方程：

$$E(f_\text{f}) = a\sqrt{\frac{\pi}{2}} \tag{8-53}$$

$$D(f_\text{f}) = \left(2 - \frac{\pi}{2}\right)a^2 \tag{8-54}$$

式中，$E(f_\text{f})$ 和 $D(f_\text{f})$ 分别表示齿形误差产生的节圆上位置误差的均值和方差；a 为瑞利分布的分布参数，具体值应经过概率统计分析得出，在缺少概率统计数据的情况下，其计算公式为

$$a = \frac{f_\text{f}}{6} \tag{8-55}$$

此时，置信度约为 99.7%。

将式(8-55)代入式(8-53)，并将齿形误差 f_f 替换为考虑重合度影响的齿形误差 f_k，可求出齿形误差引起的位置误差的均值和方差：

$$E(f_\text{f}) = \frac{\sqrt{2\pi}}{12} f_\text{k} \tag{8-56}$$

$$D(f_\text{f}) = \left(\frac{1}{18} - \frac{\pi}{72}\right) f_\text{k}^2 \tag{8-57}$$

式中，f_k 为考虑重合度影响的齿形误差，$f_\text{k} = f_\text{f} / \varepsilon_\gamma$，其中 ε_γ 为齿轮总重合度。

假设基节偏差 f_pb 服从正态分布。根据 3σ 准则，可按 $f_\text{pb} / 3$ 估计基节偏差分

布的均方差。沿啮合线度量时由基节偏差产生的节圆上位置误差的均值和方差满足如下方程：

$$E(f_{pb}) = 0 \tag{8-58}$$

$$D(f_{pb}) = \frac{1}{9} f_{pb}^2 \tag{8-59}$$

式中，f_{pb} 为基节偏差；$E(f_{pb})$ 和 $D(f_{pb})$ 分别表示基节偏差产生的节圆上位置误差的均值和方差。

为了能在预估公式中考虑齿轮各项误差的影响，需要对齿形误差和基节偏差进行合成，称为合成误差。合成误差的均值和方差为

$$E(E_f) = E(f_f) + E(f_{pb}) = \frac{\sqrt{2\pi}}{12} f_k \tag{8-60}$$

$$D(E_f) = D(f_f) + D(f_{pb}) = \left(\frac{1}{18} - \frac{\pi}{72}\right) f_k^2 + \frac{1}{9} f_{pb}^2 \tag{8-61}$$

式中，$E(E_f)$ 和 $D(E_f)$ 分别为齿轮短周期误差的均值和方差。

齿轮回转一周的过程中合成误差是随机变量，计算噪声时需要用一个确定量来表征合成误差的大小，称该确定量的值为合成误差值。假设齿轮回转一周的过程中合成误差服从正态分布。从安全角度考虑，取均值 $\mu_1 = \mu + 1.3\sigma = E(E_f) + 1.3\sqrt{D(E_f)}$（当误差为正态分布时，误差值不超过 $\mu_1 = \mu + 1.3\sigma$ 的概率达 90%以上）。考虑到同一齿轮上每个轮齿的啮合误差波动范围应小于齿轮啮合误差幅值的波动范围，取标准差 $\sigma_1 = 0.1\mu_1$，则最终合成误差值为 $\mu_1 + 1.3\sigma_1$。按照上述方法计算，可得不同齿轮精度等级对应的合成误差值，如图 8-27 所示。

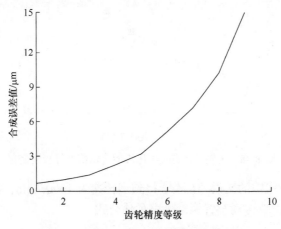

图 8-27 合成误差值随齿轮精度等级的变化

2. 误差对空气噪声的影响

外载荷决定着齿轮的静载弹性变形，在恒定载荷下，受传递误差激励的齿轮副弹性变形有一部分为静态弹性变形。误差激励为位移激励，在轻载下，静态弹性变形小，当误差激励的幅值大于齿轮副弹性静变形时，可能出现脱啮和齿背接触。为避免系统中齿轮副的啮合状态出现冲击或拍击等非线性现象，计算中取传动系统转速为 1000r/min，功率为 30kW。

采用 8.2 节中的有限元/边界元法分别计算齿轮精度为 5 级、6 级和 7 级时的减速器噪声谱，结果表明计入误差影响后齿轮箱噪声谱在齿轮啮合频率位置出现了明显的峰值，同时在其倍频位置(2 倍频、3 倍频和 4 倍频)的噪声也有一定的增加，并随着误差的增大，各峰值逐渐增大。但在倍频外的其他频率位置以及 1500Hz 以上的高频位置，误差的改变对振动噪声影响不大。

3. 误差项拟合

齿轮箱体有效声压级随齿轮精度等级的变化如图 8-28 所示。从图 8-28 中可以看出，随着齿轮精度等级增加，减速器有效噪声呈线性增大，通过拟合得到其函数为

$$L = A + B \cdot X \tag{8-62}$$

式中，L 为距齿轮箱 1m 远处的有效声压级；A 为无误差时齿轮箱有效声压级，为 58.84dB；B 为有效声压级随齿轮精度等级变化的梯度，值为 2.85。

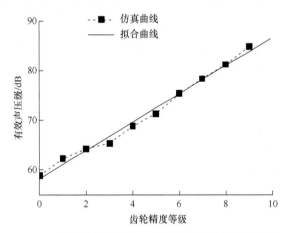

图 8-28　齿轮箱体有效声压级随齿轮精度等级的变化

结合 Kato 公式中的无误差部分，得到当转速为 1000r/min，功率为 30kW 时，考虑精度等级的齿轮传动装置振动噪声预估公式：

$$L = \frac{20\left(1 - \tan\frac{\beta}{2}\right)\sqrt[8]{i}}{f_{\mathrm{v}}\sqrt[4]{\varepsilon_{\mathrm{a}}}} + 20\lg W_{\mathrm{t}} + 2.85Q \tag{8-63}$$

式中，β 为齿轮分度圆螺旋角；i 为齿轮副传动比；ε_{a} 为端面重合度；W_{t} 为传递功率(HP)；f_{v} 为速度系数，类似于齿轮强度计算中的动载系数；Q 为精度等级。

4. 耦合性分析

传动系统转速与负载不仅影响误差激励在系统动载荷中的频率成分的分布，还影响各频率成分的数值，为分析不同工况条件对误差激励的影响，定义齿轮精度每变化一级，齿轮箱体空气噪声的变化量为空气噪声随齿轮精度等级的变化率，用 E_Q 表示，其计算方程为

$$E_Q = \frac{L(Q^{j+}) - L(Q)}{\Delta Q_j}, \quad j = 1, \cdots, m_Q \tag{8-64}$$

式中，$L(Q^{j+})$ 为精度等级为 Q^{j+} 时的声压级；$L(Q)$ 为精度等级为 Q 时的声压级；ΔQ_j 为精度等级 Q^{j+} 与精度等级 Q 之差；m_Q 为最高精度等级。

采用 8.2 节中的有限元/边界元法分别计算转速为 $500 \sim 3000\mathrm{r/min}$ 时齿轮箱体空气噪声随齿轮精度等级的变化率，如图 8-29 所示。从图 8-29 中可以看出变化率均分布在 2.85 附近，并未呈现出规律性，其中最小变化率为 2.7，误差为 5.3%；最大变化率为 2.93，误差为 2.8%。可以认为转速在该工况范围内对误差激励影响不大，在噪声预估公式拟合中可以不考虑转速对误差项的影响。

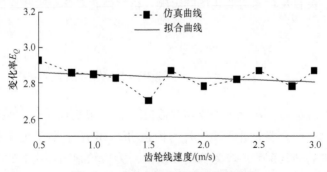

图 8-29　变化率随齿轮线速度的变化

采用 8.2 节中的有限元/边界元法分别计算负载扭矩为 $230 \sim 380\mathrm{N \cdot m}$ 时齿轮箱体的空气噪声，在描述空气噪声随精度等级的变化率时，引入相对变形量 δ_{r}(齿轮副静变形量与精度等级为 1 时的合成误差值的比值)，其表达式为

$$\delta_r = \frac{\delta_0}{e_1} \tag{8-65}$$

式中，δ_0 为齿轮副啮合线上的静变形量；e_1 为精度等级为 1 时的合成误差值。

图 8-30 表示了空气噪声随齿轮精度等级的变化率与相对变形量的关系。负载本身对误差激励并不会产生影响，但负载的增大会使齿轮弹性变形增加，从而使齿轮时变啮合刚度的影响加剧，误差激励的影响随之减弱，最终噪声随齿轮精度等级的变化率逐渐减小。

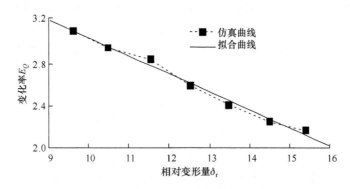

图 8-30　变化率随相对变形量的变化

通过拟合得到变化率随相对变形量的函数关系为

$$E_Q = A + B \cdot \delta_r \tag{8-66}$$

式中，A 为 4.78；B 为 -0.17。

综合考虑负载及转速对变化率的影响，得到齿轮箱体空气噪声的预估计算公式[29]：

$$L = \frac{20\left(1 - \tan\dfrac{\beta}{2}\right)\sqrt[8]{i}}{f_v \sqrt[4]{\varepsilon_a}} + 20\lg W_t + \left(4.78 - 0.17\dfrac{\delta_0}{e_1}\right)Q \tag{8-67}$$

式中，L 为距齿轮箱 1m 远处的噪声强度[dB(A)]；β 为齿轮分度圆螺旋角；i 为齿轮副传动比；ε_a 为端面重合度；W_t 为传递功率(HP)；f_v 为速度系数，类似于齿轮强度计算中的动载系数；Q 为精度等级；δ_0 为齿轮副啮合线上的静变形量；e_1 为精度等级为 1 时的合成误差值。

8.5　齿轮箱体空气噪声计算方法的对比

在齿轮箱体空气噪声计算的三种方法中，有限元/边界元法是目前最常用的方法，其准确性已经得到了验证[3,6]。但该方法可计算的上限频率会受到网格大小和计算规模的限制，网格划分越小，可计算的上限频率越高，相应的计算规模会明显增大。因此该方法主要适用于齿轮传动装置低频段空气噪声的计算。

等效统计能量法要求分析频段内各子系统的模态密度≥5。齿轮箱体中通常存在厚壁和复杂结构，这些结构的模态密度均较小；虽然将这些结构都等效为了平板子系统，但是只有当分析频段足够高时，这些等效子系统的模态密度才能达到此要求。因此等效统计能量法主要适用于齿轮传动装置高频段空气噪声的计算。

齿轮箱体空气噪声的预估公式中只包含了齿轮系统参数，并没有考虑齿轮箱体结构的影响，计算误差相对较大。因此该公式只适用于设计的初始阶段根据齿轮系统参数预估齿轮传动装置空气噪声的数量级。

参 考 文 献

[1] SNEZANA C K, MILOSAV O. The noise structure of gear transmission units and the role of gearbox walls [J]. FME Transactions, 2007, 35(2): 105-112.

[2] ZHU C C, LU B, SONG C S, et al. Dynamic analysis of a heavy duty marine gearbox with gear mesh coupling [J]. Journal of Mechanical Engineering Science, 2009, 223(11): 2531-2547.

[3] LIN T J, HE Z Y, GENG F Y, et al. Prediction and experimental study on structure and radiation noise of subway gearbox[J]. Journal of Vibroengineering, 2013, 15(4): 1838-1846.

[4] 林腾蛟, 曹洪, 吕和生. 4 级行星齿轮箱振动噪声预估及修形效果分析[J]. 重庆大学学报, 2018, 41(2): 1-9.

[5] 周建星, 刘更, 马尚君. 内激励作用下齿轮箱动态响应与振动噪声分析[J]. 振动与冲击, 2011, 30(6): 234-238.

[6] GUO Y, ERITENEL T, ERICSON T M, et al. Vibro-acoustic propagation of gear dynamics in a gear-bearing-housing system [J]. Journal of Sound and Vibration, 2014, 333(22): 5762-5785.

[7] 陆波, 朱才朝, 宋朝省, 等. 大功率船用齿轮箱耦合非线性动态特性分析及噪声预估[J]. 振动与冲击, 2009, 28(4): 76-80.

[8] 冯慧华, 赵志芳, 鲁守卫. 基于统计能量法的变速箱振动特性研究[J]. 噪声与振动控制, 2011, 31(5): 86-89.

[9] 赵蓓蕾, 吴立言, 周建星. 齿轮箱振动噪声预测的统计能量分析方法研究[J]. 机械传动, 2013, 37(2): 24-28.

[10] 王鑫, 张晓旭, 赵松涛. 统计能量法在齿轮箱声学性能预测中的应用研究[J]. 机械传动, 2016, 40(4): 168-171.

[11] 林腾蛟, 何泽银, 钟声, 等. 船用齿轮箱多体动力学仿真及声振耦合分析[J]. 湖南大学学报(自然科学版), 2015, 42(2): 22-28.

[12] 王文平, 项昌乐, 刘辉. 基于 FEM/BEM 变速器箱体空气噪声的研究[J]. 噪声与振动控制, 2007, 27(5): 107-111.

[13] 王晋鹏, 常山, 王鑫, 等. 计入基础导纳特性的船舶齿轮传动装置振动噪声分析方法研究[J]. 西北工业大学学报, 2017, 35(1): 90-97.

[14] 侯守武. 舰船减速器箱体及基座的减振技术研究[D]. 哈尔滨: 哈尔滨工业大学, 2012.

[15] 戴德沛. 阻尼减振降噪技术[M]. 西安: 西安交通大学出版社. 1986.

[16] JOHNSON C D, KIENHOLZ C A. Finite element predication of damping beams with constrained viscoelastic layer[J]. AIAA Journal, 1981, 20(9): 1284-1290.

[17] HU B G. A Modified MSE method for vscoelastic systems: A weighted stiffness matrix approach [J]. Journal of Vibration and Acoustics, 1995, 4(117): 226-231.

[18] FRANCESCA C, ANDREA M, FABRIZIO S. Modal strain energy based methods for the analysis of complex patterned free layer damped plates [J]. Journal of Vibration and Control, 2011, 18(9): 1291-1302.

[19] 刘超. 附加粘弹性约束阻尼结构的建模分析与优化设计[D]. 西安: 西北工业大学, 2018.

[20] 刘雨侬. 齿轮箱结构减振降噪优化设计方法及试验研究[D]. 西安: 西北工业大学, 2019.

[21] 赵冠军, 刘更, 吴立言. 基于模态叠加法的声固耦合噪声仿真与实验[J]. 机械科学与技术, 2007, 26(12): 1633-1636.

[22] 刘鹏, 刘更, 惠巍. 驾驶室结构振动及其声固耦合噪声响应分析[J]. 机械科学与技术, 2006, 25(7): 856-859.

[23] 惠巍, 刘更, 吴立言. 轿车声固耦合低频噪声的有限元分析[J]. 汽车工程, 2006, 28(12): 1070-1073, 1077.

[24] SCHENCK H A. Improved integral formulation for acoustic radiation problems [J]. Journal of the Acoustical Society of America, 1968, 44(1): 41-58.

[25] LYON R H. Statistical Energy Analysis of Dynamical Systems: Theory and Applications [M]. Massachusetts: MIP Press, 1975.

[26] 姚德源, 王其政. 统计能量分析原理及其应用[M]. 北京: 北京理工大学出版社, 1995.

[27] 宋毅. 基于等效 SEA 的齿轮箱高频噪声分析方法研究[D]. 西安: 西北工业大学, 2016.

[28] 马珊娜. 齿轮箱的等效统计能量分析建模方法研究[D]. 西安: 西北工业大学, 2018.

[29] 周建星, 孙文磊, 万晓静. 齿轮减速器振动噪声预估公式定制方法研究[J]. 振动与冲击, 2014, 33(7): 174-180.

第 9 章　齿轮箱体结构的低噪声拓扑优化设计方法

　　齿轮箱体振动产生的空气噪声是齿轮传动装置空气噪声的主要来源，同时齿轮传动装置的振动主要由齿轮箱体传递到支承系统并最终传递到其他设备，引起其他设备振动。可以看出，齿轮箱体在齿轮传动装置振动噪声的产生传递过程中起着重要作用，其结构对齿轮传动装置的振动噪声有明显影响，因此，合理设计齿轮箱体结构是降低齿轮传动装置振动噪声的重要手段之一。

　　声学贡献量分析和结构优化是低噪声齿轮箱体结构设计的两种主要方法。声学贡献量包括板面声学贡献量和模态声学贡献量。通过板面声学贡献量分析可以确定不同板面对目标场点上空气噪声的贡献量，对贡献量最大的板面进行结构改进即可降低目标场点上的空气噪声[1]。通过模态声学贡献量分析可以确定各阶模态对目标场点上空气噪声的贡献量，针对贡献量最大模态对应主振型中法向振型明显的区域进行改进设计即可降低目标场点上的空气噪声[2]。结构优化通常以固有频率最大、结构振动最小或声学响应最小等为优化目标，以结构振动方程、声学响应方程和体积约束等为约束条件建立优化模型，根据优化模型的求解结果进行结构改进设计即可降低齿轮箱体的结构噪声和空气噪声。声学贡献量分析的计算规模小，但只能确定需要改进的板面或区域，不能直接确定改进方式；而且声学贡献量分析只能控制空气噪声，不能控制结构噪声。结构优化可以直接确定结构改进设计方式，包括结构厚度应该如何变化、肋板布局的位置和尺寸等，并且既可以控制结构噪声又可以控制空气噪声，是目前低噪声结构设计中最常用的方法。

　　本章首先介绍结构优化的基本表达和低噪声结构设计中常用的拓扑优化模型。其次，分析齿轮箱体结构变化对声学传递向量的影响，介绍声学贡献量最大区域的确定流程，在此基础上以声学贡献量最大区域上的法向速度最小为优化目标和约束条件给出低噪声拓扑优化模型，并通过实验验证其有效性。最后，介绍齿轮箱体多场点低噪声结构设计流程，并以单级人字齿轮传动装置箱体为例进行详细说明。

9.1　结构优化的数学表达和分类

9.1.1　结构优化的数学表达

　　结构优化问题指在满足给定的几何条件、材料约束和状态约束(或响应约束)的所有可能结构中，寻求使得给定目标最优的设计，其模型通常包含以下要素[3]。

　　(1) 目标函数。目标函数代表结构优化问题指定的设计目标。优化模型中大多采用最小化目标函数这一标准表达，如果优化问题需最大化某目标函数，则在该目标函数前加负号即可转化为标准形式。常见的目标函数包括质量、刚度(或柔度)、强度、稳定性、动力学特性、声学特性和热学特性等。

(2) 设计变量。设计变量是指描述设计的函数或变量，其在优化过程中可以变化。

(3) 设计条件。设计条件是指优化过程中设计变量应该满足的条件，可分为等式约束和不等式约束。优化模型中常采用小于等于不等式作为不等式约束的标准形式，对于大于等于不等式，只需在两端同时乘以−1即可转换为标准形式。

一般的结构优化问题的数学表达为

$$
\begin{cases}
\min_{x} f(x) \\
\text{s.t.} : g_j(x) \leqslant 0, \quad j = 1, \cdots, n_g \\
\quad\quad h_k(x) = 0, \quad k = 1, \cdots, n_h
\end{cases}
\tag{9-1}
$$

式中，x 为设计变量；$f(x)$ 为目标函数；$g_j(x)$ 和 $h_k(x)$ 分别为不等式约束和等式约束；n_g 为不等式约束个数；n_h 为等式约束个数。

式(9-1)建立的优化模型中，如果目标函数和所有约束函数均为设计变量的线性函数，则优化问题被称为线性优化问题；反之，如果目标函数或任意一个约束函数为设计变量的非线性函数，则优化问题被称为非线性优化问题。优化模型的解对应的一组设计变量值代表所有可行设计中使目标函数值最小的一种设计，如果该解对应于一组具有确定值的设计变量，称这样的优化设计问题为离散参数优化问题；如果设计变量被表达为某些连续变化的参数的函数，优化模型的解则对应于设计变量关于这些参数的某种最优的函数形式，称此类优化问题为函数优化问题或分布参数优化问题。

9.1.2　结构优化的分类

大多数结构优化问题涉及结构几何形式的修正，根据结构几何形式的变化特征，结构优化问题可以分为以下三类[3-4]。

(1) 尺寸优化问题。尺寸优化问题的典型设计变量包括梁、杆和板等的横截面尺寸，结构上开孔的孔径大小等，这些参数在一定范围内的变化基本不会引起结构外形和连接方式的改变。

(2) 形状优化问题。形状优化问题的典型设计变量是结构主体部分的外形或某些边界轮廓的形状控制参数，对于离散后的结构可以是结构边界上的节点坐标参数。

(3) 拓扑优化问题。拓扑优化问题的典型设计变量是材料在空间区域内的设计分布。

在尺寸优化中，一些尺寸参数的变化会引起结构总体或局部的高矮、宽窄发生变化，此类参数也可以被视为形状控制参数。无论是尺寸优化还是形状优化，优化过程中要求结构的连接方式及拓扑保持不变，而拓扑优化则打破了这一限制，允许结构在优化过程中产生新的孔和新的连接，从而彻底改变其构型，因此拓扑优化被认为是一种具有最大设计自由度的优化手段。与尺寸优化和形状优化相比，拓扑优化对结构初始构型的依赖性最小，主要用于结构的早期概念性设计阶段，而在详细设计阶段常采用形状优化和尺寸优化[4]。

9.2 常用的低噪声拓扑优化模型

1970 年 Fox 等[5]将形貌优化用于动力学问题，此后结构优化在结构噪声和空气噪声控制中得到了广泛应用。与尺寸优化和形貌优化相比，拓扑优化可以获得更有效的结构形式，是应用最为广泛的方法。目前，面向低噪声结构设计的拓扑优化模型主要包括：结构特征频率设计的拓扑优化模型、结构振动特性设计的拓扑优化模型和声学特性设计的拓扑优化模型。

9.2.1 结构特征频率设计的拓扑优化模型

对于做强迫振动的线弹性结构，当激励频率与结构的特征频率接近时，结构会出现共振，结构的振动噪声会剧烈增大。在结构设计中，避免共振是重要目标之一，可以通过让结构的特征频率远离激励频率来实现。激励频率往往取决于工作环境和条件，不易受控制，因此通过优化结构的刚度和质量分布来改变结构的特征频率分布是一种可行的方法。拓扑优化技术出现后，已经被广泛用于特征频率的优化，常用的目标函数包括基础特征频率最大化[6]、某阶特征频率最大化(对振动噪声影响最大的模态对应的特征频率)[7-8]、任意指定阶次的特征频率与给定频率值差的最大化[9]等。

线弹性结构的基础特征频率最大化问题，可以以一个 max-min 模型描述，对设计区域进行有限元离散后的拓扑优化模型为

$$
\begin{cases}
\max\limits_{\rho_e, e=1,\cdots,N_E} \{\min\limits_{i=1,\cdots,I}\{\lambda_i\}\} \\
\text{s.t.}: \boldsymbol{K\varphi}_i = \omega_i^2 \boldsymbol{M\varphi}_i, \quad i=1,\cdots,N \\
\quad \boldsymbol{\varphi}_i^{\text{T}} \boldsymbol{M\varphi}_k = \boldsymbol{I}, \quad i \geqslant k, k=1,\cdots,N \\
\quad \sum\limits_{e=1}^{N_E} \rho_e V_e - V^* \leqslant 0, \quad V^* = aV_0 \\
\quad 0 < \rho_e \leqslant 1, \qquad e=1,\cdots,N_E
\end{cases} \tag{9-2}
$$

式中，ρ_e 为单元材料的相对体积密度，是拓扑优化模型中的设计变量；N_E 表示单元总数；$\lambda_i = \omega_i^2$，其中 ω_i 为结构的第 i 阶固有角频率；N 为结构的特征频率总数；K 和 M 分别为结构的总体刚度矩阵和质量矩阵；φ_i 为结构的第 i 阶主振型；I 为单位矩阵；V_e 为单元体积；V_0 为结构的总体积；V^* 为预先给定的材料体积上限；a 为体积约束系数。

在式(9-2)的优化模型中，第一个约束条件为结构振动的广义特征值方程；第二个约束条件为结构主振型关于质量矩阵的正交归一化条件；第三个约束条件为材料的体积约束；第四个约束条件为材料的体积密度约束。

9.2.2　结构振动特性设计的拓扑优化模型

线弹性结构在外激励作用下的响应由瞬态响应和稳态响应两部分构成，由于阻尼的存在，瞬态响应部分随着时间增长迅速衰减，在结构振动特性的优化设计中主要考虑稳态响应部分。在结构的低噪声设计中通常希望最小化结构的总体振动响应水平，常用的目标函数包括两类：一类是直接以稳态响应幅值最小作为优化目标[10-12]；另一类是将静力学中的柔度概念推广到动力学优化中，进行动柔度优化[13]。

动柔度的定义为外载荷幅值和载荷作用点处稳态位移响应幅值的乘积在整个设计区域内的积分。忽略阻尼特性，动柔度最小的优化模型为

$$
\begin{cases}
\min\limits_{\rho_e, e=1,\cdots,N_E} \{F = C_d^2\} \\
\text{s.t.} : C_d = \left| P^T U \right| \\
\quad (K - \omega_e^2 M)U = F_0 \\
\quad \sum\limits_{e=1}^{N_E} \rho_e V_e - V^* \leqslant 0, \quad V^* = a V_0 \\
\quad 0 < \rho_e \leqslant 1, \qquad e = 1, \cdots, N_E
\end{cases}
\tag{9-3}
$$

式中，P 为外载荷的幅值向量；U 为稳态位移响应的幅值向量；C_d 为动柔度；ω_e 为激励角频率；ρ_e 为单元材料的相对体积密度，是拓扑优化模型中的设计变量；N_E 为单元总数；K 和 M 分别为结构的总体刚度矩阵和质量矩阵；V_e 为单元体积；V_0 为结构的总体积；V^* 为预先给定的材料体积上限；a 为体积约束系数。

在式(9-3)的优化模型中，第一个约束条件为动柔度的计算方程；第二个约束条件为不考虑阻尼时结构的动力学方程；第三个约束条件为材料的体积约束；第四个约束条件为材料的体积密度约束。

9.2.3　声学特性设计的拓扑优化模型

工程中，结构振动产生的空气噪声对周围环境以及工作人员有着不利影响，因此在结构设计中通常希望能够最小化其声学响应，常用的目标函数包括声功率最小[14]和指定场点上的声压最小等[15-17]。

以指定场点上声压最小可建立如下拓扑优化模型：

$$
\begin{cases}
\min\limits_{\rho_e, e=1,\cdots,N_E} \{p^*(r)p(r)\} \\[2mm]
\text{s.t. : } p(r) = \mathbf{ATV}(r)\boldsymbol{v}_n \\[2mm]
\sum\limits_{e=1}^{N_E} \rho_e V_e - V^* \leqslant 0, \quad V^* = aV_0 \\[2mm]
0 < \rho_e \leqslant 1, \qquad e=1,\cdots,N_E
\end{cases}
\tag{9-4}
$$

式中，$p(r)$ 为任意位置 r 处的声压；$\mathbf{ATV}(r)$ 为结构表面各节点对位置 r 处的声学传递向量；$\boldsymbol{v}_n$ 为结构表面的法向振动速度向量；ρ_e 为单元材料的相对体积密度，是拓扑优化模型中的设计变量；N_E 为单元总数；V_e 为单元体积；V_0 为结构的总体积；V^* 为预先给定的材料体积上限；a 为体积约束系数。

在式(9-4)的优化模型中，第一个约束条件为声压的计算方程；第二个约束条件为材料的体积约束；第三个约束条件为材料的体积密度约束。

9.3　基于声学贡献量的低噪声拓扑优化模型

9.3.1　齿轮箱体结构对声学传递向量的影响

声学传递向量和法向振动速度是影响空气噪声的两个主要因素，均会随着齿轮箱体结构的变化而变化。在这两个因素中，声学传递向量的计算明显复杂于法向振动速度的计算。如果结构变化对声学传递向量的影响很小，则在以降低空气噪声为目标的拓扑优化设计(低噪声拓扑优化设计)过程中不考虑结构变化对声学传递向量的影响，可有效提升设计效率。否则，在低噪声拓扑优化设计过程中，必须同时考虑结构变化对声学传递向量和法向振动速度的影响。因此探明结构变化对声学传递向量的影响，是进行低噪声结构设计的基础。

增加厚度和添加肋板是结构改进设计中的常用手段。本章采用在保持原始结构不变的条件下添加肋板，这些肋板的作用是降低齿轮箱体的空气噪声，称为降噪肋板。齿轮箱体上常规肋板的主要作用是增加其刚度，降噪肋板虽然可以增加局部刚度，但主要目的是降低空气噪声，其结构形式更加多样。降噪肋板的添加会影响齿轮箱体表面的肋板布局，从而影响齿轮箱体的表面形状，并最终影响声学传递向量。以图 9-1 所示的齿轮箱体为对象，讨论齿轮箱体表面肋板布局对声学传递向量的影响(场点分布如图 9-2 所示)，获得的规律同样适用于其他结构。

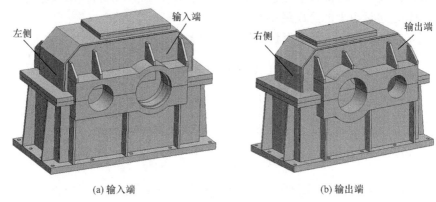

图 9-1　算例齿轮箱体实体模型

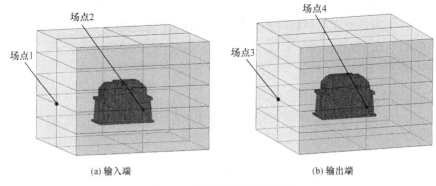

图 9-2　声场模型及场点分布

1. 肋板布局位置对声学传递向量的影响

在保证新添肋板数量、布局方式和厚度等参数不变的前提下，将肋板布置在齿轮箱体输入端表面，如图 9-3 所示。采用间接边界元法计算各模型的声学传递向量，并与原始模型的声学传递向量进行对比。结果表明，各模型间场点 2 上声学传递向量数值间的差值明显大于其余各场点，这主要是因为场点 2 位于齿轮箱输入端表面的对面，而新肋板都布置在齿轮箱的输入端表面。在位置 1 和位置 3 布局新肋板后，场点 2 上声学传递向量数值的相对变化均未超过 10%。在位置 2 布局新肋板后，场点 2 上声学传递向量数值的最大相对变化量为 20.94%。

2120Hz 处各模型间场点 2 上声学传递向量数值间的差值最大，图 9-4 为各模型对场点 2 的声学传递向量分布云图。从图 9-4 中可以看出，各模型对应的声学传递向量分布只在新肋板附近的区域内有所差别，并没有出现大面积急剧增大或急剧减小的情况；在其他区域上各模型对应的声学传递向量分布基本相同。

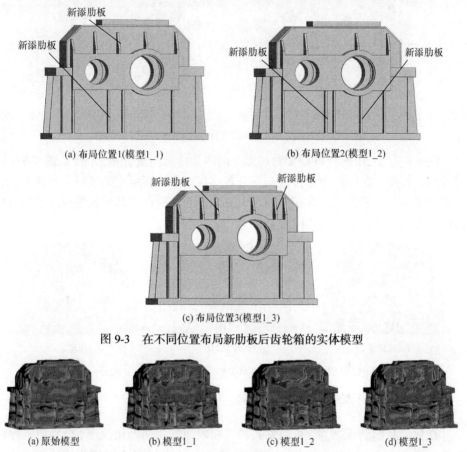

(a) 布局位置1(模型1_1)　　　　　　　　(b) 布局位置2(模型1_2)

(c) 布局位置3(模型1_3)

图 9-3　在不同位置布局新肋板后齿轮箱的实体模型

(a) 原始模型　　　　(b) 模型1_1　　　　(c) 模型1_2　　　　(d) 模型1_3

图 9-4　2120Hz 处模型 1_1～1_3 和原始模型对场点 2 的声学传递向量分布云图

2. 肋板布局方式对声学传递向量的影响

在保证新添肋板数量、厚度及所在表面均不变的前提下，改变其布局方式，如图 9-5 所示。在此基础上采用间接边界元法对新添肋板后各模型和原始模型的声学传递向量进行分析和对比。结果表明，各模型间场点 2 上声学传递向量数值间的差值明显大于其余各场点，这主要是因为场点 2 位于齿轮箱输入端表面的对面，而新肋板都布置在齿轮箱的输入端表面。按照方式 1 布局肋板后，场点 2 上声学传递向量数值的最大相对变化量为 15.65%；按照方式 2 布局肋板后，最大相对变化量为 14.60%；最大变化量均出现在 3120Hz 处。

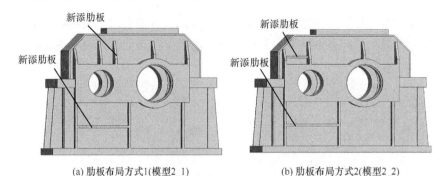

(a) 肋板布局方式1(模型2_1)　　　　　　　(b) 肋板布局方式2(模型2_2)

图 9-5　按不同方式布局新肋板后齿轮箱的实体模型

图 9-6 为 3120Hz 处各模型对场点 2 的声学传递向量分布云图。从图 9-6 中可以看出，各模型对应的声学传递向量分布只在新添肋板附近的区域内有所差别，并未出现声学传递向量大面积急剧增大或减小的情况；而其他区域内各模型对应的声学传递向量分布基本相同。

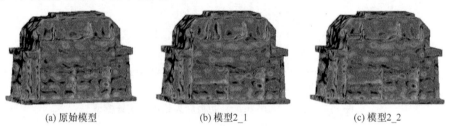

(a) 原始模型　　　　　　　(b) 模型2_1　　　　　　　(c) 模型2_2

图 9-6　3120Hz 处模型 2_1、2_2 和原始模型对场点 2 的声学传递向量分布云图

3. 肋板尺寸对声学传递向量的影响

在保证新添肋板数量、布局方式和所在表面均相同的情况下，分别将其厚度改为 25mm、35mm 和 45mm，如图 9-7 所示。在此基础上采用间接边界元法分别对新添肋板后各模型和原始模型的声学传递向量进行分析和对比。结果表明，各模型间场点 2 上声学传递向量数值间的差值明显大于其余各场点，这主要是因为场点 2 位于齿轮箱输入端表面的对面，而新肋板都布置在齿轮箱的输入端表面。当新添肋板厚度为 25mm 时，场点 2 上声学传递向量数值的最大相对变化量为 12.91%；当新添肋板厚度为 35mm 时，最大相对变化量为 13.80%；当新添肋板厚度为 45mm 时，最大相对变化量为 16.71%；且最大变化量均出现在 3120Hz 处。

在图 9-8 为 3120Hz 处各模型对场点 2 的声学传递向量分布云图。从图 9-8 中可以看出各模型对应的声学传递向量只在新添肋板附近的区域内有所差别，但差别都比较小(声学传递向量分布没有出现大面积急剧增大或减小的情况)，在其他区域内的分布基本相同。

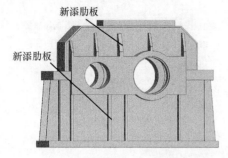

(a) 新肋板厚度为25mm(模型3_1)

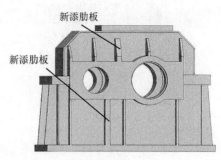

(b) 新肋板厚度为35mm(模型3_2)

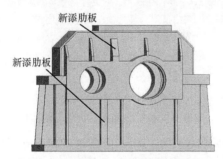

(c) 新肋板厚度为45mm(模型3_3)

图 9-7　布置不同厚度新肋板后齿轮箱的实体模型

(a) 原始模型

(b) 模型3_1

(c) 模型3_2

(d) 模型3_3

图 9-8　3120Hz 处模型 3_1～3_3 和原始模型对场点 2 的声学传递向量分布云图

4. 肋板数量对声学传递向量的影响

在保证新添肋板布局方式、肋板和所在表面均不变的情况下，将肋板数量由 2 块分别增加至 3 块、4 块和 5 块，如图 9-9 所示。在此基础上采用间接边界元法对新添肋板后各模型和原始模型对应的声学传递向量进行分析和对比。结果表明，各模型间场点 2 上声学传递向量数值间的差值明显大于其余各场点，这主要是因为场点 2 位于齿轮箱输入端表面的对面，而新肋板都布置在齿轮箱的输入端表面。新添 3 块肋板后，场点 2 上声学传递向量数值的最大变化量为 19.89%；新添 4 块肋板后，最大变化量为 25.67%；新添 5 块肋板后，最大变化量为 29.11%；最大变化量均出现在 3120Hz 处。

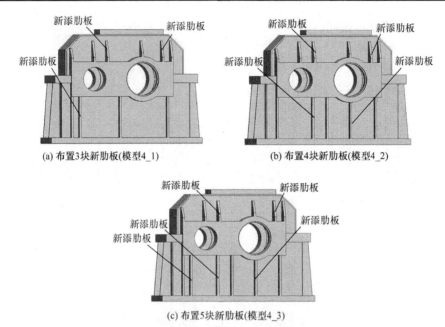

(a) 布置3块新肋板(模型4_1)　　　　　(b) 布置4块新肋板(模型4_2)

(c) 布置5块新肋板(模型4_3)

图 9-9　布置不同数量新肋板后齿轮箱的实体模型

图 9-10 为 3120Hz 处各模型对应的声学传递向量分布云图。从图 9-10 中可以看出,新添肋板的数量越多,声学传递向量分布变化越明显,但并没有出现大面积急剧增大或减小的情况。

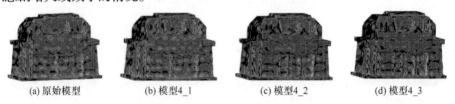

(a) 原始模型　　　　(b) 模型4_1　　　　(c) 模型4_2　　　　(d) 模型4_3

图 9-10　3120Hz 处模型 4_1~4_3 和原始模型对场点 2 的声学传递向量分布云图

上述分析表明,齿轮箱体结构变化对声学传递向量数值和分布的影响均比较小。

9.3.2　声学贡献量最大区域的确定

结构变化对声学传递向量的影响较小,因此在低噪声结构拓扑优化设计中可忽略结构变化对声学传递向量的影响,空气噪声的减小可以通过降低结构表面的法向振动速度实现。降低结构整个表面上的法向振动速度会极大地增加计算规模,造成计算资源浪费。结构表面可以划分成许多区域,不同区域对目标场点上空气噪声的贡献量也不同。贡献量越大,表明该区域振动产生的声压在目标场点上总声压中所占比例越大,降低该区域上的法向振动速度即可有效降低目标场点上的声压。因此,如何准确快速地确定声学贡献量最大的区域，是低噪声拓扑优化设计中的关键。

1. 模态声学贡献量

将利用模态叠加法求解获得的位移响应投影到法线方向，并求导，可以得到结构表面的法向振动速度向量 $v_n(\omega)$ 为

$$v_n(\omega) = j\omega \sum_{i=1}^{N} Q_i(\omega)\varphi_{ni} \tag{9-5}$$

式中，$Q_i(\omega)$ 为结构模态参与因子，代表了第 i 阶模态在振动响应中的重要程度；φ_{ni} 为第 i 阶模态振型在结构表面法线方向上的分量；j 为复数单位；N 为模态阶数。

将式(9-5)代入式(8-29)可以得到声场中 r 处场点在频域内的总声压：

$$\begin{aligned}
p(r,\omega) &= \mathbf{ATV}(r,\omega)^T j\omega \sum_{i=1}^{N} Q_i(\omega)\varphi_{ni} \\
&= \sum_{i=1}^{N} j\omega\mathbf{ATV}(r,\omega)^T Q_i(\omega)\varphi_{ni} = \sum_{i=1}^{N} p_{si}(r,\omega)
\end{aligned} \tag{9-6}$$

式中，$\mathbf{ATV}(r,\omega)$ 为频域中结构表面各节点对位置 r 处的声学传递向量；$p_{si}(r,\omega)$ 为第 i 阶结构模态产生的声压。

由式(9-6)可以看出，声场中任意场点处的总声压可由各阶模态产生的声压叠加获得。第 i 阶结构模态产生的声压在总声压上的投影可以表示为

$$D_{si}(r,\omega) = \frac{\left|p_{si}(r,\omega)\right|\cos(\theta_p - \theta_{pi})}{\left|p(r,\omega)\right|} \tag{9-7}$$

式中，θ_p 和 θ_{pi} 分别为 $p(r,\omega)$ 和 $p_{si}(r,\omega)$ 的相位；$D_{si}(r,\omega)$ 为第 i 阶模态产生的声压在总声压中所占的比例，称为模态声学贡献量。某阶模态的声学贡献量越大，说明该阶模态对总声压的影响越明显。

2. 板面声学贡献量

将 $\mathbf{ATV}(r,\omega)$ 和 φ_{ni} 展开，式(9-6)可以转换为如下形式：

$$\begin{aligned}
p(r,\omega) &= \sum_{i=1}^{N} j\omega Q_i(\omega) \sum_{k=1}^{m} \mathbf{ATV}_k(r,\omega)\varphi_{nik} \\
&= \sum_{k=1}^{m} \sum_{i=1}^{N} j\omega Q_i(\omega)\mathbf{ATV}_k(r,\omega)\varphi_{nik} \\
&= \sum_{k=1}^{m} \mathbf{ATV}_k(r,\omega)v_{nk}(\omega) = \sum_{k=1}^{m} p_k(r,\omega)
\end{aligned} \tag{9-8}$$

式中，k 为节点编号；m 为节点总数；$\mathbf{ATV}_k(r,\omega)$ 为频域中结构表面上第 k 个节点对位置 r 处的声学传递向量；φ_{nik} 为第 k 个节点在第 i 阶振型中的法向模态位移；$p_k(r,\omega)$ 为第 k 个节点振动产生的声压。

假设某个板面由 L 个节点组成，则该板面振动产生的声压可通过叠加这 L 个节点振动产生的声压获得，即

$$p_{\mathrm{c}}(r,\omega)=\sum_{k=1}^{L}p_k(r,\omega) \tag{9-9}$$

式中，$p_{\mathrm{c}}(r,\omega)$ 为该板面振动产生的声压。

$p_{\mathrm{c}}(r,\omega)$ 在总声压 $p(r,\omega)$ 上的投影可以表示为

$$D_{\mathrm{c}}(r,\omega)=\frac{\left|p_{\mathrm{c}}(r,\omega)\right|\cos(\theta_{\mathrm{p}}-\theta_{\mathrm{c}})}{\left|p(r,\omega)\right|} \tag{9-10}$$

式中，θ_{c} 为 $p_{\mathrm{c}}(r,\omega)$ 的相位；$D_{\mathrm{c}}(r,\omega)$ 为板面声学贡献量，其物理意义为板面振动产生的声压在总声压中所占的比例。某个板面的声学贡献量越大，说明该板面振动对总声压的影响越明显。

3. 声学贡献量最大区域的确定流程

目标场点上的声压等于声学传递向量乘以结构表面的法向振动速度。某个区域具有最大的声学贡献量时，通常具有较大的声学传递向量和法向振动速度。因此声学贡献量最大区域可通过以下步骤确定[18]。

步骤 1：通过计算结构的声学传递向量可以确定结构表面各节点上声学传递向量的数值，进而可以确定声学传递向量较大的区域(该区域上的声学传递向量均在声学传递向量最大值的 0.8 倍以上)。

步骤 2：由式(9-5)、式(9-6)和式(9-7)可知，当某阶模态具有较大的声学贡献量时，该阶模态对应的主振型中法向振动较为明显的区域一定具有较大的法向振动速度。因此可以通过计算各阶模态对应的模态声学贡献量确定贡献量较大的模态，这些模态对应的主振型中法向模态位移均在最大模态位移 0.8 倍以上的区域即为法向振动速度较大的区域。

步骤 3：通过声学传递向量分析和模态声学贡献量分析可以确定不止一个声学传递向量和法向振动速度均较大的区域。因此需要在这些区域上划分板面，通过板面声学贡献量分析确定出声学贡献量最大的区域。

9.3.3 拓扑优化方程及灵敏度分析

确定声学贡献量最大的区域后，减小该区域上的法向速度即可降低目标场点上的空气噪声。可以通过降低声学贡献量最大区域上的法向振动速度建立如下拓

拓扑优化方程[19]：

$$\begin{cases} \min\limits_{\rho_e, e=1,\cdots,N_E} \|v_{ns}(\omega)\| \\ \text{s.t.} : \boldsymbol{M}\ddot{\boldsymbol{x}}(\omega) + \boldsymbol{C}\dot{\boldsymbol{x}}(\omega) + \boldsymbol{K}\boldsymbol{x}(\omega) = \boldsymbol{f}(\omega) \\ \|v_{nk}(\omega)\| \leqslant \eta_v \|v_{n0}(\omega)\|, \quad k=1,2,3,\cdots,s-1,s+1,\cdots,N_{pe}, \quad \eta_v < 1 \\ 0 < \rho_e \leqslant 1, \qquad e=1,\cdots,N_E \end{cases} \tag{9-11}$$

式中，$v_{ns}(\omega)$ 为节点 s 上的法向振动速度，节点 s 位于声学贡献量最大的区域内，同时，在原始模型该区域内的各节点中，节点 s 的法向振动速度最大；$v_{nk}(\omega)$ 为节点 k 上的法向振动速度，该节点位于声学贡献量最大的区域内；η_v 为速度限制系数，用来控制声学贡献量最大区域内各节点的法向振动速度；$v_{n0}(\omega)$ 为常数，其数值等于原始模型中声学贡献量最大区域上的最小法向振动速度；$\boldsymbol{M}$、$\boldsymbol{C}$ 和 $\boldsymbol{K}$ 分别为系统的质量、阻尼和刚度矩阵；$\ddot{\boldsymbol{x}}(\omega)$、$\dot{\boldsymbol{x}}(\omega)$ 和 $\boldsymbol{x}(\omega)$ 分别为结构的加速度、速度和位移向量；$\boldsymbol{f}(\omega)$ 为系统的载荷向量；ρ_e 是单元体积密度；N_{pe} 表示声学贡献量最大区域内的节点总数。

本章根据拓扑优化结果进行结构设计时采用在保持原始结构不变的条件下增添降噪肋板。降噪肋板的添加并不会降低结构的强度和刚度，因此在拓扑优化方程(9-11)中没有包含强度约束和刚度约束。

在拓扑优化模型建立后，需要对目标函数关于设计变量的灵敏度进行分析。假设

$$D_i = (\omega_{ni}^2 - \omega^2 + 2\mathrm{j}\xi_i\omega_{ni}\omega)^{-1} \tag{9-12}$$

式中，ω_{ni} 为系统的第 i 阶固有角频率；ω 为角频率；ξ_i 为系统的第 i 阶模态阻尼比；j 为复数单位。

利用模态叠加法计算获得的系统速度向量可以表示为

$$\boldsymbol{v}(\omega) = \sum_{i=1}^{l} \mathrm{j}\omega\boldsymbol{\varphi}_i D_i \boldsymbol{\varphi}_i^{\mathrm{T}} \boldsymbol{f}(\omega) \tag{9-13}$$

式中，$\boldsymbol{v}(\omega)$ 为系统的速度向量；$\boldsymbol{\varphi}_i$ 为系统的第 i 阶主振型；$\boldsymbol{f}(\omega)$ 为系统的载荷向量。

对式(9-13)求导可以得到系统速度响应关于设计变量的灵敏度方程：

$$\frac{\partial \boldsymbol{v}(\omega)}{\partial \rho_e} = \sum_{i=1}^{l} \mathrm{j}\omega \left(\frac{\partial \boldsymbol{\varphi}_i}{\partial \rho_e} D_i \boldsymbol{\varphi}_i^{\mathrm{T}} + \boldsymbol{\varphi}_i \frac{\partial D_i}{\partial \rho_e} \boldsymbol{\varphi}_i^{\mathrm{T}} + \boldsymbol{\varphi}_i D_i \frac{\partial \boldsymbol{\varphi}_i^{\mathrm{T}}}{\partial \rho_e} \right) \boldsymbol{f}(\omega) \tag{9-14}$$

从式(9-14)可以看出，系统特征值和特征向量关于设计变量的灵敏度是获得速度响应灵敏度的前提。其中系统特征值的灵敏度满足如下方程：

$$\frac{\partial \omega_{\mathrm{n}i}}{\partial \rho_e} = \frac{\boldsymbol{\varphi}_i^{\mathrm{T}}\left(\dfrac{\partial \boldsymbol{K}}{\partial \rho_e} - \omega_{\mathrm{n}i}^2 \dfrac{\partial \boldsymbol{M}}{\partial \rho_e}\right)\boldsymbol{\varphi}_i}{2\omega_{\mathrm{n}i}} \tag{9-15}$$

系统特征向量的灵敏度满足如下方程:

$$\frac{\partial \boldsymbol{\varphi}_i}{\partial \rho_e} = \sum_{r=1}^{l} \beta_{ir}\boldsymbol{\varphi}_r \tag{9-16}$$

式中,

$$\beta_{ir} = \begin{cases} \dfrac{\boldsymbol{\varphi}_r^{\mathrm{T}}\left(\dfrac{\partial \boldsymbol{K}}{\partial \rho_e} - \dfrac{\partial \omega_{\mathrm{n}i}^2}{\partial \rho_e}\boldsymbol{M} - \omega_{\mathrm{n}i}^2 \dfrac{\partial \boldsymbol{M}}{\partial \rho_e}\right)\boldsymbol{\varphi}_i}{\omega_r^2 - \omega_{\mathrm{n}i}^2}, & r \neq i \\[6mm] -\dfrac{1}{2}\boldsymbol{\varphi}_i^{\mathrm{T}}\dfrac{\partial \boldsymbol{M}}{\partial \rho_e}\boldsymbol{\varphi}_i, & r = i \end{cases} \tag{9-17}$$

假设 a 为一个列向量,该向量中的第 s 个元素(该元素与节点 s 上的法向振动速度对应)为 1,而其他元素均为 0,则节点 s 上的法向振动速度可以表示为

$$\frac{\partial v_{\mathrm{n}s}(\omega)}{\partial \rho_e} = \boldsymbol{a}^{\mathrm{T}}\frac{\partial \boldsymbol{v}(\omega)}{\partial \rho_e} \tag{9-18}$$

根据式(9-18)可以求出拓扑优化模型中目标函数关于设计变量的灵敏度:

$$\begin{aligned}\frac{\partial \|v_{\mathrm{n}s}(\omega)\|}{\partial \rho_e} &= \frac{\partial \sqrt{\mathrm{Re}(v_{\mathrm{n}s}(\omega)) \cdot \mathrm{Re}(v_{\mathrm{n}s}(\omega)) + \mathrm{Im}(v_{\mathrm{n}s}(\omega)) \cdot \mathrm{Im}(v_{\mathrm{n}s}(\omega))}}{\partial \rho_e} \\[3mm] &= \left(\mathrm{Re}(v_{\mathrm{n}s}(\omega)) \cdot \mathrm{Re}\left(\frac{\partial v_{\mathrm{n}s}(\omega)}{\partial \rho_e}\right) + \mathrm{Im}(v_{\mathrm{n}s}(\omega)) \cdot \mathrm{Im}\left(\frac{\partial v_{\mathrm{n}s}(\omega)}{\partial \rho_e}\right)\right)\|v_{\mathrm{n}s}(\omega)\|^{-1}\end{aligned} \tag{9-19}$$

式中,Re 表示复数的实部;Im 表示复数的虚部。

为了获得理想的拓扑优化结果,采用带惩函数的固体各向同性材料(solid isotropic material with penalty,SIMP)差值方法来抑制中间密度。该方法中,单元质量矩阵和单元刚度矩阵可以表示为

$$\boldsymbol{M}_{\mathrm{ap}} = \boldsymbol{M}_{\mathrm{or}}\rho_e^p \tag{9-20}$$

$$\boldsymbol{K}_{\mathrm{ap}} = \boldsymbol{K}_{\mathrm{or}}\rho_e^p \tag{9-21}$$

式中,$\boldsymbol{M}_{\mathrm{ap}}$ 和 $\boldsymbol{K}_{\mathrm{ap}}$ 分别为惩罚后的单元质量矩阵和单元刚度矩阵;$\boldsymbol{M}_{\mathrm{or}}$ 和 $\boldsymbol{K}_{\mathrm{or}}$ 分别为原始模型中的单元质量矩阵和单元刚度矩阵;p 为惩罚因子。

9.3.4　拓扑优化模型的验证

图 9-11 所示的四边固定平板模型,基本尺寸为 a=400mm, b=400mm, t=5mm。

平板的材料为钢，对应的弹性模量 $E=2.1×10^5$MPa，泊松比 $\mu=0.3$，密度 $\rho=$ 7800kg/m³。在平板的中心有一个 $F(t)=F_0\sin(\omega_p t)$ 的简谐激励。采用有限元/边界元法对该平板的空气噪声进行计算。当激励幅值 F_0=100N，激励频率 ω_p= 200Hz 时，分析得到的各场点(各场点的位置如图 9-12 所示)上的声压级如表 9-1 所示。从表 9-1 中可以看出，场点 1 上的声压级最大。因此选择场点 1 为目标场点。

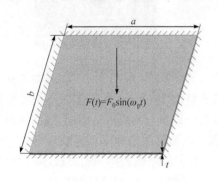

图 9-11　四边固定平板模型

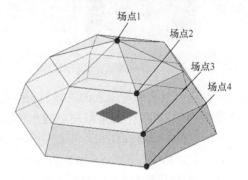

图 9-12　声场模型及场点位置

表 9-1　激励幅值为 100N、激励频率为 200Hz 时各场点上的声压级

场点 1	场点 2	场点 3	场点 4
94.53dB	88.32dB	78.38dB	75.77dB

　　通过声学传递向量分析可知，200Hz 处平板上表面对场点 1 的声学传递向量明显大于下表面，如图 9-13 所示。通过模态声学贡献量分析可知，第一阶模态对场点 1 上空气噪声的贡献量最大，该阶模态对应的法向振型如图 9-14 所示。从图 9-13 和图 9-14 中可以看出，区域 1 上同时具有较大的声学传递向量和法向振动速度，在该区域上划分板面(图 9-15)，并进行板面声学贡献量分析，结果表明板面 1 的面积只占平板总面积的 2.8%，但由该板面振动产生的声压占到了场点 1 上总声压的 14.3%，这表明板面 1(区域 1)对场点 1 上的声压级具有最大的贡献量。

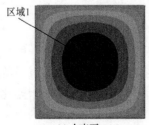

(a) 上表面

(b) 下表面

图 9-13　200Hz 处平板各表面对场点 1 的声学传递向量分布云图

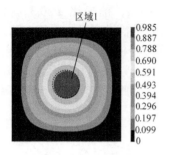

图 9-14　上表面的第一阶法向振型

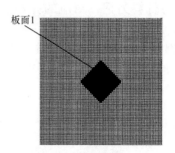

图 9-15　板面划分

确定声学贡献量最大的区域后,采用式(9-11)中的拓扑优化模型对平板进行拓扑优化。优化模型中速度限制系数 η 取值为 0.5。图 9-16(a)中表示出了激励频率为 200Hz 时的拓扑优化结果。不改变激励幅值,只改变激励频率,重新对平板进行拓扑优化,结果如图 9-16(b)～(f)所示。图 9-16 中灰色代表体积密度较小的材料,黑色代表体积密度较大的材料。材料的体积密度越大,表明这些材料越重要。

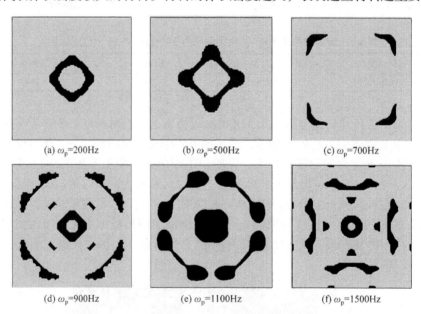

图 9-16　不同激励频率下的拓扑优化结果

根据不同激励频率下的拓扑优化结果在原始模型表面增添降噪肋板,如图 9-17 所示。为了便于加工,在改进设计时对降噪肋板的形状做规整化处理。

对拓扑优化设计后各平板的空气噪声重新进行计算,表 9-2 所示为不同激励频率下拓扑优化设计前后场点 1 上的声压级。从表 9-2 中可以看出不同激励频率下,拓扑优化设计后的平板在场点 1 上的声压级都有所减小。

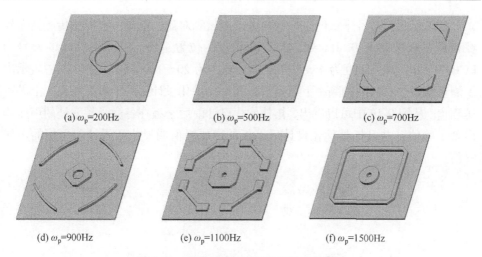

(a) ω_p=200Hz　　　　(b) ω_p=500Hz　　　　(c) ω_p=700Hz

(d) ω_p=900Hz　　　　(e) ω_p=1100Hz　　　　(f) ω_p=1500Hz

图 9-17　不同激励频率下的拓扑优化设计

表 9-2　不同激励频率下拓扑优化设计前后平板在场点 1 上的声压级对比

激励频率/Hz	声压级/dB		
	添加前	添加后	减小量
200	94.53	88.03	6.50
500	94.51	89.95	4.56
700	101.00	99.09	1.91
900	100.61	94.27	6.34
1100	113.67	104.11	9.56
1500	102.72	91.43	11.29

　　根据不同激励频率下的低噪声拓扑优化设计结果，加工了 4 块具有不同肋板布局形式的平板，如图 9-18 所示。图 9-18 中平板_200、平板_1100 和平板_1500分别表示根据激励频率为 200Hz、1100Hz 和 1500Hz 时的拓扑优化设计结果加工获得的平板。

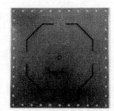

(a) 原始平板　　　　(b) 平板_200　　　　(c) 平板_1100　　　　(d) 平板_1500

图 9-18　加工获得的具有不同肋板布局形式的平板

　　加工完成后对各平板的空气噪声进行测量和对比，测量中将声压传感器布置在被测平板中心上方 1m 处，与目标场点的位置重合。声压传感器的型号为 PCB130E20，其灵敏度为 45mV/Pa；频率范围为 20～10000Hz。图 9-19 中表示出了测量获得的不同激励频率下原始平板和拓扑优化设计后的平板在场点 1 上的声压频谱。从图 9-19 中可以看出，拓扑优化设计前后平板在各激励频率处的声压均出现了峰值，并且拓扑优化设计后平板的声压峰值明显小于设计前平板的声压峰值。

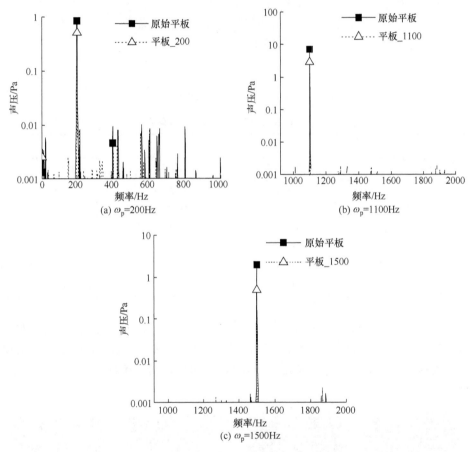

图 9-19　拓扑优化设计前后平板在场点 1 上的声压频谱对比

　　表 9-3 表示出了不同激励频率下通过测量得到的拓扑优化设计前后平板在场点 1 上的声压级峰值，从表中可以看出当激励频率分别为 200Hz、1100Hz 和 1500Hz 时，拓扑优化设计后场点 1 上的声压级峰值分别降低了 4.40dB(4.8%)、8.08dB(7.3%)和 11.95dB(12.0%)。

表 9-3　不同激励频率下拓扑优化设计前后平板在场点 1 上声压级的峰值对比

200Hz		1100Hz		1500Hz	
原始平板	92.57dB	原始平板	111.13dB	原始平板	99.85dB
平板_200	88.17dB	平板_1100	103.05dB	平板_1500	87.90dB
减小量	4.40dB	减小量	8.08dB	减小量	11.95dB

9.4　齿轮箱体结构的多场点低噪声设计

9.4.1　齿轮箱体结构的多场点低噪声设计流程

齿轮箱体在工作过程中会同时向多个方向辐射噪声，因此在齿轮箱体的低噪声设计中需要能够同时降低多个场点上的空气噪声。平均有效声压级可表征多个场点上空气噪声的水平，其表达式为

$$\overline{L}_{ep} = \frac{\sum_{i=1}^{n_f} L_{epi}}{n_f} \tag{9-22}$$

式中，$\overline{L}_{ep}$ 为平均有效声压级；L_{epi} 为场点 i 上的有效声压级；n_f 为场点总数。

当需要降低多个场点上的空气噪声时，在保证这些场点上的平均有效声压级最小的前提下，各场点上的最大有效声压级越小越好。根据该准则建立齿轮箱体低噪声拓扑优化设计流程[20]。

步骤 1：根据齿轮系统参数、齿轮箱体结构和支承系统导纳，采用 8.2 节中的方法计算齿轮箱体的空气噪声，获得各场点上的有效声压级，选择所关心场点中有效声压级最大的场点作为目标场点。

步骤 2：采用 9.3 节中的低噪声拓扑优化设计方法对齿轮箱体进行拓扑优化和结构改进设计。

步骤 3：采用 8.2 节中的方法计算改进设计后齿轮箱体的空气噪声，并与改进前的空气噪声进行对比。改进设计后，如果所关心场点上的平均有效声压级减小，则再次选择所关心场点中有效声压级最大的场点作为目标场点，返回步骤 2 继续对齿轮箱进行拓扑优化设计。如果平均有效声压级没有减小，则需要判断第 k 次改进设计前后所关心场点上的最大有效声压级是否减小。如果最大有效声压级减小，则选择第 k 步时的优化设计结果作为最终的低噪声拓扑优化设计结果，如果没有减小，则选择第 $k-1$ 步时的优化设计结果作为最终的低噪声拓扑优化设计结果。

9.4.2　齿轮箱体结构的多场点低噪声设计实例

图 9-20 所示的齿轮传动装置，齿轮副为人字齿轮副，通过 4 个滑动轴承安装

于齿轮箱体中。齿轮箱体的长为 1250mm，宽为 600mm，高为 900mm。

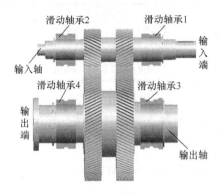

(a) 齿轮系统模型

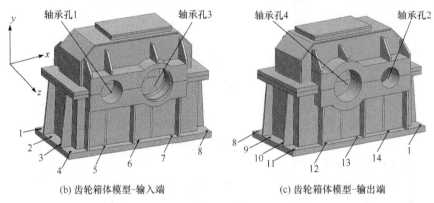

(b) 齿轮箱体模型−输入端　　　　　　(c) 齿轮箱体模型−输出端

图 9-20　单级人字齿轮传动装置实体模型

整个传动装置通过 14 个螺栓与支承系统相连，对应的连接点编号如图 9-20 所示。支承系统在各连接点处的原点加速度导纳的半对数幅频图如图 9-21 所示 (图中 Y_{jjAx}、Y_{jjAy} 和 Y_{jjAz} 分别表示连接点 j 处 x、y 和 z 方向上的加速度导纳)。

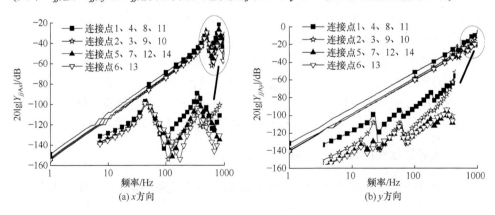

(a) x 方向　　　　　　　　　　　　(b) y 方向

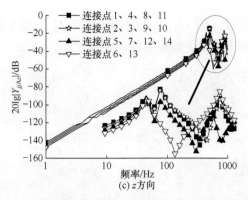

图 9-21　基础在各连接点处原点加速度导纳的半对数幅频图

采用 8.2 节中的方法计算图 9-20 中齿轮传动装置的空气噪声，场点分布如图 9-22 所示。输入转速为 4000r/min，输出扭矩为 15000N·m 时各场点上的有效声压级如表 9-4 所示。从表 9-4 中可以看出，场点 2 上的有效声压级最大，因此选择该场点为目标场点。

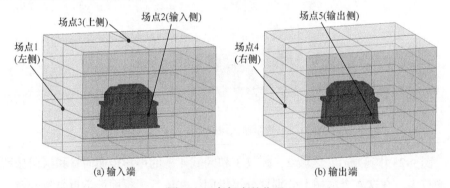

图 9-22　各场点的位置

表 9-4　输入转速为 4000r/min，输出扭矩为 15000N·m 时各场点上的有效声压级

	场点 1	场点 2	场点 3	场点 4	场点 5
有效声压级/[dB(A)]	67.91	71.23	51.70	63.90	70.68

由空气噪声的计算结果可知，在不同频率处，场点 2 上的声压级也不同。降低场点 2 上空气噪声的关键是降低声压级的峰值，即降低啮合频率处的声压级。首先进行声学传递向量分析，结果表明，啮合频率处，齿轮箱输入侧表面上的声学传递向量明显大于其他表面。然后进行模态声学贡献量分析，结果表明，第 208、210、211 阶模态的声学贡献量较大。图 9-23 所示为这 3 阶模态对应的齿轮箱输

入侧表面上的法向振型，可以看出，区域 1、区域 2、区域 3 和区域 4 上有明显的法向振动，表明这 4 个区域上的法向振动速度较大。

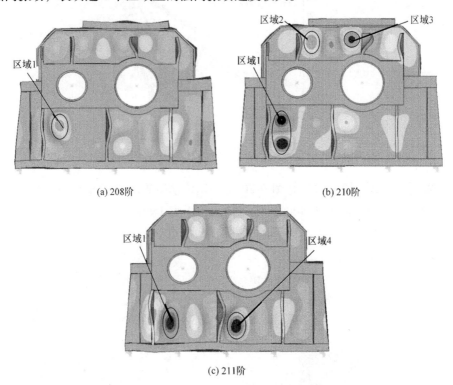

(a) 208阶　　　　　　　　　　　　　　　　(b) 210阶

(c) 211阶

图 9-23　齿轮箱输入侧表面的各阶法向振型

　　图 9-23 中区域 1、区域 2、区域 3 和区域 4 上的声学传递向量和法向振动速度均较大。在这 4 个区域上分别划分了板面，并进行了板面声学贡献量分析。结果表明，板面 1(即区域 1)的声学贡献量最大，降低板面 1 上的法向振动速度即可降低场点 2 上的声压级峰值。因此以减小板面 1 上的法向振动速度为目标和约束条件建立拓扑优化模型，并进行求解。为了提升优化效率，只将齿轮箱上包含板面 1 的部分表面作为了设计区域，如图 9-24 所示。第一次拓扑优化的结果如图 9-25 所示。根据该结果对齿轮箱体进行了改进设计，如图 9-26 所示。

　　采用 8.2 节中的方法计算第一次改进设计后齿轮箱体的空气噪声，获得了场点 2 上的声压级频谱，并与结构改进设计前场点 2 上的声压级频谱进行对比，如图 9-27 所示，可以看出，第一次改进设计后场点 2 上啮合频率处的声压级峰值降低了 13.56dB(A)，其他频率处的声压级变化很小。

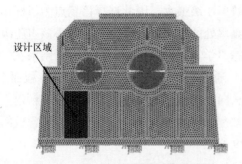

图 9-24　第一次优化时的设计区域

图 9-25　齿轮箱体第一次拓扑优化的结果

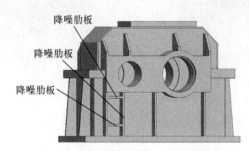

图 9-26　齿轮箱体的第一次改进设计

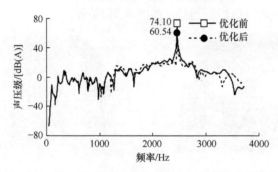

图 9-27　第一次改进设计前后场点 2 上的声压级频谱

表 9-5 中对比了齿轮箱第一次改进设计前后各场点上的有效声压级及对应的平均有效声压级，可以看出第一次改进设计后场点 2 上的有效声压级降低了13.49dB(A)，5 个场点上的平均有效声压级降低了 2.56dB(A)，表明齿轮箱的第一次改进设计有效。

表 9-5　第一次改进设计前后各场点上的有效声压级
及对应的平均有效声压级　　　　　[单位：dB(A)]

	场点 1	场点 2	场点 3	场点 4	场点 5	平均值
优化前	67.91	71.23	51.70	63.90	70.68	65.08
优化后	69.64	57.74	53.21	60.39	71.31	62.52

第一次改进设计后，场点 5 上的有效声压级最大，因此选择该场点为目标场点。由场点 5 上的声压频谱可知，啮合频率处的声压级最大。为了减小该声压级峰值，首先进行声学传递向量分析和模态声学贡献量分析，并根据分析结果在齿轮箱表面进行板面划分，如图 9-28 所示。通过板面声学贡献量分析可知，板面 1 的声学贡献量最大。以减小该板面上的法向振动速度为目标和约束条件重新建立拓扑优化模型[式(9-11)]。为了提升优化效率，优化模型中只将齿轮箱上包含板面 1 的部分表面选作了设计区域，如图 9-29 所示。

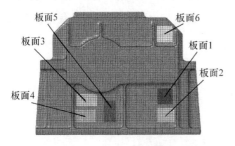
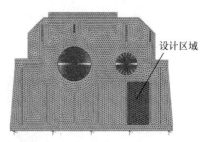

图 9-28　第二次优化前的板面划分　　　图 9-29　第二次优化时的设计区域

图 9-30 为齿轮箱体第二次拓扑优化的结果。根据该优化结果在齿轮箱体表面增添了降噪肋板(第二次改进设计)，如图 9-31 所示。

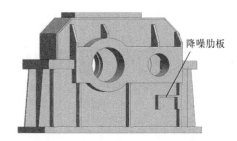

图 9-30　齿轮箱体第二次拓扑优化的结果　　　图 9-31　齿轮箱体的第二次改进设计

采用 8.2 节的方法计算了第二次改进设计后齿轮箱体的空气噪声，并与第二次改进设计前齿轮箱体的空气噪声进行了对比。图 9-32 中表示出了第二次改进设计前后场点 5 上的声压级频谱，可以看出第二次改进设计后场点 5 上啮合频率处的声压级峰值降低了 7.27dB(A)，而其他频率处的声压级变化很小。表 9-6 中对比了第二次改进设计前后各场点上的有效声压级以及 5 个场点上的平均有效声压级。从表 9-6 可以看出，改进设计后场点 5 上的有效声压级降低了 7.23dB(A)，5 个场点上的平均有效声压级降低了 2.13dB(A)，表明齿轮箱体的第二次改进设计有效。

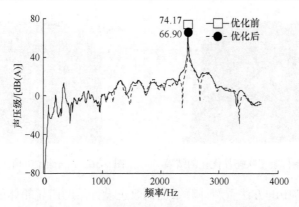

图 9-32　第二次改进设计前后场点 5 上的声压级频谱

表 9-6　第二次拓扑优化设计前后各场点上的有效声
压级及对应的平均有效声压级　　　　[单位：dB(A)]

	场点 1	场点 2	场点 3	场点 4	场点 5	平均值
优化前	69.64	57.74	53.21	60.39	71.31	62.52
优化后	66.22	58.46	53.86	59.35	64.08	60.39

　　第二次改进设计后，场点 1 上的有效声压级最大，因此选择场点 1 为目标场点。由场点 1 上的声压级频谱可知，啮合频率处的声压级最大，对此峰值进行抑制即可降低场点 1 上的空气噪声。首先进行声学传递向量分析和模态声学贡献量分析，并根据分析结果进行板面划分，如图 9-33 所示。其次进行板面声学贡献量分析，结果表明，板面 4 的声学贡献量最大。因此以减小板面 4 上的法向振动速度为优化目标和约束条件重新建立拓扑优化模型。为提升优化效率，拓扑优化模型中只将齿轮箱上包含板面 4 的部分表面作为了设计区域，如图 9-34 所示。

　　图 9-35 所示为齿轮箱体第三次拓扑优化的结果，根据该结果在齿轮箱体表面增添了降噪肋板(第三次改进设计)，如图 9-36 所示。

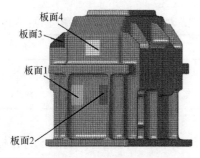

图 9-33　第三次优化前的板面划分

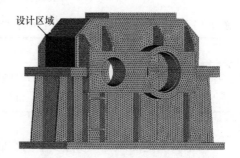

图 9-34　第三次优化时的设计区域

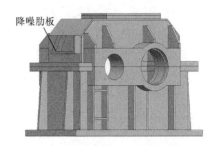

图 9-35　齿轮箱体第三次拓扑优化的结果　　　　图 9-36　齿轮箱体的第三次改进设计

　　采用 8.2 节中的方法重新计算第三次改进设计后的齿轮箱体的空气噪声，并与第三次改进设计前的空气噪声进行对比。图 9-37 中表示出了第三次改进设计前后场点 1 上的声压级频谱，可以看出第三次改进设计后场点 1 上啮合频率处的声压级峰值降低了 0.88dB(A)。表 9-7 中对比了第三次改进设计前后各场点上的有效声压级及对应的平均有效声压级，可以看出拓扑优化设计后场点 1 上的有效声压级降低了 0.88dB(A)，5 个场点上的平均有效声压级降低了 0.83dB(A)，表明齿轮箱体的第三次拓扑优化设计有效。

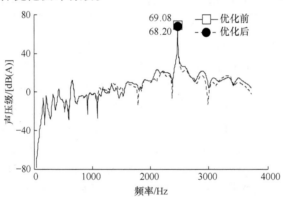

图 9-37　第三次改进设计前后场点 1 上的声压级频谱

表 9-7　第三次改进设计前后各场点上的有效声压级及对应的平均有效声压级[单位：dB(A)]

	场点 1	场点 2	场点 3	场点 4	场点 5	平均值
优化前	66.22	58.46	53.86	59.35	64.08	60.39
优化后	65.34	55.94	50.19	60.93	65.40	59.56

　　第三次改进设计后，场点 5 上的有效声压级最大，因此选择场点 5 为目标场点。由场点 5 上的声压级频谱可知，啮合频率处的声压级最大，对此声压级峰值

进行抑制即可降低场点 5 上的空气噪声。首先进行声学传递向量分析和模态声学贡献量分析，根据分析结果在齿轮箱的输出侧表面进行板面划分，如图 9-38 所示。由板面声学贡献量的分析结果可知，板面 4 的声学贡献量最大。以减小该板面上的法向振动速度为优化目标和约束条件建立拓扑优化模型。为提升优化效率，只选取了齿轮箱上包含板面 4 的部分表面作为设计区域，如图 9-39 所示。

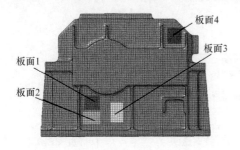
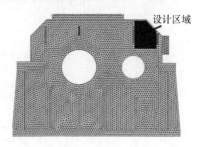

图 9-38　第四次优化前的板面划分　　　　图 9-39　第四次优化时的设计区域

　　齿轮箱体第四次拓扑优化的结果如图 9-40 所示，根据该结果在齿轮箱体表面增添了降噪肋板(第四次改进设计)，如图 9-41 所示。

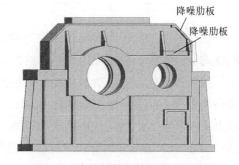

图 9-40　齿轮箱体第四次拓扑优化的结果　　图 9-41　齿轮箱体的第四次改进设计

　　采用 8.2 节中的有限元/边界元法对第四次改进设计后的齿轮箱体的空气噪声进行计算，并与第四次改进设计前的空气噪声计算结果进行对比。图 9-42 所示为第四次改进设计前后场点 5 上的声压级频谱，可以看出，第四次改进设计后场点 5 上的声压级峰值降低了 6.68dB(A)。表 9-8 中对比了第四次改进设计前后各场点上的有效声压级及对应的平均有效声压级，可以看出场点 5 上的有效声压级降低了 6.64dB(A)，5 个场点上的平均有效声压级却增加了 0.54dB(A)，肋板添加结束。虽然第四次拓扑优化设计后 5 个场点上的平均有效声压级有所增加，但 5 个场点上的最大有效声压级减小了 3.61dB(A)(图 9-42)，表明齿轮箱的第四次拓扑优化设计有效。

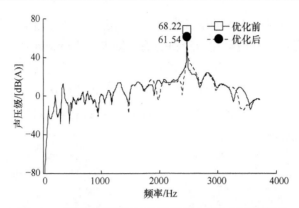

图 9-42 第四次改进设计前后场点 5 上的声压级频谱

表 9-8 第四次改进设计前后各场点上的有效声压级及
对应的平均有效声压级 [单位: dB(A)]

	场点 1	场点 2	场点 3	场点 4	场点 5	平均值
优化前	65.34	55.94	50.19	60.93	65.40	59.56
优化后	60.54	61.79	58.34	61.06	58.76	60.10

最终获得的低噪声齿轮箱体的结构如图 9-43 所示,可以看出,为了减小齿轮箱体的空气噪声,分别在齿轮箱体的四个表面上新添了降噪肋板。表 9-9 中对比了结构拓扑优化设计前后齿轮箱在各场点上的有效声压级及对应的平均有效声压级和均方差。从表 9-9 中可以看出,拓扑优化设计后齿轮箱体在场点 1、场点 2、场点 4 和场点 5 上的有效声压级均有明显减小;场点 3 上的有效声压级虽有所增加,但在 5 个场点上的有效声压级中仍为最小。拓扑优化设计后,5 个场点上的平均有效声压级和对应的均方差值均有所减小,这表明齿轮箱的拓扑优化设计不仅降低了 5 个场点上的空气噪声,还使 5 个场点上空气噪声分布得更为均匀。

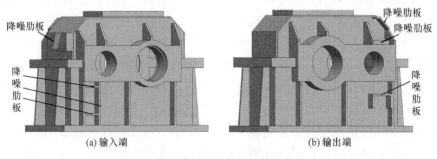

图 9-43 齿轮箱体低噪声结构拓扑优化设计结果

表 9-9　拓扑优化设计前后各场点上的有效声压级及
对应的平均有效声压级和均方差　　　[单位：dB(A)]

	场点 1	场点 2	场点 3	场点 4	场点 5	平均值	均方差
设计前	67.91	71.23	51.70	63.90	70.68	65.08	7.12
设计后	60.54	61.79	58.34	61.06	58.76	60.10	1.33
变化量	−7.37	−9.44	6.64	−2.84	−11.92	−4.98	−5.79

图 9-44 和图 9-45 对比了结构拓扑优化设计前后齿轮箱体声场上的声压级分布云图。从图 9-44 和图 9-45 中可以看出，齿轮箱体拓扑优化设计后虽然上侧声场和输入侧声场中部分区域上的声压级有所增加，但这部分区域的面积比较小，声压级的增量也较小；声场中其他区域上的声压级都有所减小。这表明齿轮箱体结构拓扑优化设计后，整个声场上的空气噪声都有所降低。

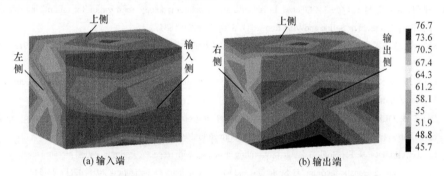

(a) 输入端　　　　　　　　　　　　　(b) 输出端

图 9-44　结构拓扑优化设计前齿轮箱声场上的声压级分布云图

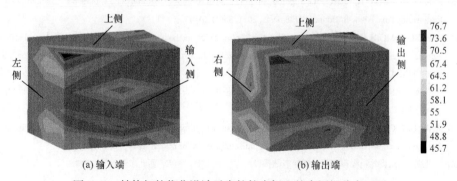

(a) 输入端　　　　　　　　　　　　　(b) 输出端

图 9-45　结构拓扑优化设计后齿轮箱声场上的声压级分布云图

参 考 文 献

[1] 刘更, 赵冠军, 吴立言, 等. 基于声学贡献量分析的振动噪声控制方法研究[J]. 机械科学与技术, 2009, 28(12): 1541-1545.

[2] 王晋鹏, 常山, 刘更, 等. 基于模态声学贡献量的减速箱降噪技术研究[J]. 振动与冲击, 2015, 34(17): 50-57.

[3] CHRISTENSEN P W, KLARBRING A. An Introduction to Structural Optimization[M]. 苏文政, 刘书田, 译. 北京: 机械工业出版社, 2017.

[4] 杜建镇. 结构优化及其在振动和声学设计中的应用[M]. 北京: 清华大学出版社, 2015.

[5] FOX R J, KAPOOR M P. Structural optimization in the dynamic regime: a computational approach [J]. AIAA Journal, 1970, 8(10): 1798-1804.

[6] 李民, 舒歌群, 卫海桥. 基于拓扑优化和形状优化的低噪声齿轮室罩盖设计[J]. 内燃机工程, 2008, 29(6): 55-59.

[7] PARK J, WANG S Y. Noise reduction for compressors by modes control using topology optimization of eigenvalue [J]. Journal of Sound and Vibration, 2008, 315(4-5): 836-848.

[8] 廖芳, 高卫民, 王承, 等. 基于模态扩展的变速器箱体振动识别级辐射噪声优化[J]. 同济大学学报, 2012, 40(11): 1698-1703.

[9] 卢兆刚, 郝志勇, 杨陈, 等. 基于模态分析及优化设计技术的低噪声齿轮室罩的设计[J]. 振动与冲击, 2010, 29(10): 239-243.

[10] TCHERNIAK D. Topology optimization of resonating structures using SIMP method [J]. International journal for numerical methods in engineering, 2002, 54(11): 1605-1622.

[11] SHU L, WANG M Y, FANG Z D, et al. Level set based structural topology optimization for minimizing frequency response [J]. Journal of Sound and Vibration, 2011, 330(24): 5820-5834.

[12] 杜宪锋, 李志军, 毕凤荣, 等. 基于拓扑与形状优化的柴油机机体低振动设计[J]. 机械工程学报, 2012, 48(9): 117-122.

[13] NANDY A K, JOG C S. Optimization of vibrating structures to reduce radiated noise [J]. Structural and Multidisciplinary Optimization, 2012, 45(5): 717-728.

[14] DU J B, OLHOFF N. Minimization of sound radiation from vibrating bi-material structures using topology optimization [J]. Structural and Multidisciplinary Optimization, 2007, 33: 305-321.

[15] DU J B, OLHOFF N. Topological design of vibrating structures with respect to optimum sound pressure characteristics in a surrounding acoustic medium [J]. Structural and Multidisciplinary Optimization, 2010, 42(1): 43-54.

[16] XU Z S, HUANG Q B, ZHAO Z G. Topology optimization of composite material plate with respect to sound radiation Engineering Analysis with Boundary Elements, 2011, 35(1): 61-67.

[17] IDE T, OTOMORI M, LEIVA J P, et al. Structural optimization methods and techniques to design light and efficient automatic transmission of vehicles with low radiated noise [J]. Structural and Multidisciplinary Optimization, 2014, 50(6): 1137-1150.

[18] 王晋鹏, 常山, 刘更, 等. 结合模态声学贡献量与板面声学贡献量的减速箱降噪技术研究[J]. 振动与冲击, 2016, 35(4): 210-216.

[19] WANG J P, CHANG S, LIU G, et al. Optimal rib layout design for noise reduction based on topology optimization and acoustic contribution [J]. Structural and Multidisciplinary Optimization, 2017, 56(5): 1093-1108.

[20] 王晋鹏. 船舶齿轮箱噪声预估及低噪声结构设计方法研究[D]. 西安: 西北工业大学, 2018.

第 10 章　齿轮-箱体-基础耦合振动特性

对于船舶或汽车等领域的齿轮箱，为了减小传动系统与基础之间振动的相互传递，通常采用柔性支承的方式进行安装，如图 10-1 和图 10-2 所示。一般化的模型为双层隔振齿轮系统，箱体、隔振器、筏架和基础共同组成了支承系统。支承系统的参数和性能不仅对抑制振动传递、控制振动响应具有显著的影响，而且会改变齿轮啮合状态及箱体的边界条件，进而影响系统的振动噪声。因此，将支承系统合理地计入齿轮系统动力学模型，分析齿轮-箱体-基础耦合系统动力学特性，对齿轮系统振动噪声的定量预测和传递控制具有重要的意义。

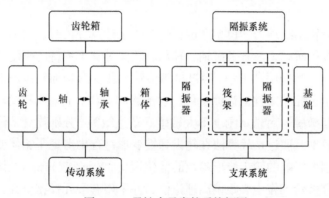

图 10-1　柔性支承齿轮系统框图

本章主要介绍计入支承系统刚度特性后齿轮啮合刚度的计算方法、齿轮-箱体-基础耦合系统动力学建模方法以及支承系统阻抗特性对耦合系统振动噪声的影响规律。

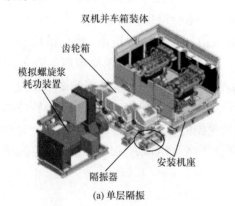

(a) 单层隔振

(b) 浮筏隔振

(c) 平板式隔振器隔振　　　　　　　　　　(d) 绞支式隔振器隔振

图 10-2　柔性支承齿轮系统实物图[1-3]

10.1　计入支承刚度特性的齿轮啮合刚度

　　传统的齿轮系统动力学模型在进行啮合刚度计算分析时，大多是将齿轮副作为孤立系统进行研究，没有考虑轴、轴承和箱体等支承系统的刚度特性对齿轮啮合状态的影响。尚振国和王华[4]通过将箱体轴承孔变形施加到传动系统有限元模型中，分析了齿轮箱柔性对齿面接触应力的影响规律。胥良等[5]发现齿轮接触应力对箱体刚度敏感，对轴承刚度不太敏感。董惠敏等[6]分别建立了传动系统和箱体的有限元模型，通过迭代算法在轮齿弹性变形过程中考虑了箱体变形，并建立了计入箱体刚度影响的轮齿修形参数的优化模型。Xue 和 Howard[7]认为齿轮的柔性支承会导致齿轮工作中心距偏离理论值，并采用有限元模型研究了齿轮中心距变化对啮合刚度的影响规律。Harris 等[8]发现箱体柔性会显著增大齿轮啮合错位和传递误差。郑光泽等[9]研究表明箱体柔性变形对齿轮副啮合斑点有明显影响，提高箱体刚度以后齿轮啮合特性得到了显著改善。何畅然等[10]建立了齿轮系统刚柔耦合模型，在齿轮传递误差和动态啮合力计算中考虑了箱体弹性的影响。

　　齿轮的柔性支承会引起啮合错位，进而对啮合刚度产生影响。啮合错位定义为两齿面啮合时沿啮合线方向偏差的最大值，如图 10-3 所示。啮合错位不仅会使齿轮产生偏载效果，降低啮合刚度，还会增大系统的振动响应。刘宝山等[11]通过有限元计算发现安装误差会降低啮合刚度，其中角度偏差的影响较为严重，而中心距偏差的影响很小。郭凡等[12]认为齿轮啮合错位对系统静动态特性都有不可忽略的影响。Wang 等[13]建立了斜齿轮副的分布式啮合动力学模型，分析了齿轮啮合错位的影响，认为啮合错位降低了啮合刚度，并增大了系统的振动响应。

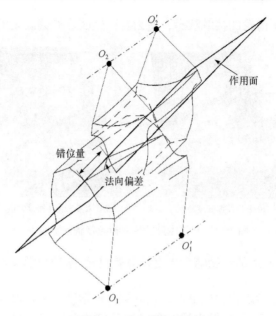

图 10-3　啮合错位示意图

10.1.1　计入支承刚度的齿轮啮合刚度计算有限元法

有限元法是一种常用的齿轮啮合刚度计算方法，可以有效考虑齿轮接触的非线性特性[14]，但当需要考虑支承系统刚度特性对齿轮接触特性的影响时，将支承系统直接划分成有限元网格会显著增大求解规模。尚振国[4]将系统划分为由齿轮-轴组成的轴系和由轴承-箱体组成的支承系统，对两个子系统分别进行计算，并采用迭代算法建立两个系统之间的联系，共 7 个步骤，具体如下。

步骤 1：将系统划分为轴系和支承系统，轴系由齿轮和轴组成，支承系统由轴承和箱体组成；

步骤 2：在轴系模型中，约束轴的支承点位移为 0；

步骤 3：对轴系模型进行齿轮接触分析；

步骤 4：提取轴系模型中支承点的支反力；

步骤 5：将轴承支反力施加到支承系统模型中，计算支承系统在轴承支承处的系统变形；

步骤 6：判断支承变形与前一次的相对误差是否小于 5%，如果没有，则将支承系统变形作为边界条件施加到轴系模型的支承点，并返回步骤 3，否则转步骤 7；

步骤 7：根据载荷和变形计算齿轮的啮合刚度。

考虑支承系统刚度特性前后，齿轮的接触状态如图 10-4 所示。可以看出支承系统的刚度改变了齿轮的接触状态，使齿轮产生明显的偏载效果。

　　　(a) 考虑箱体刚度特性　　　　　　　　　　　(b) 未考虑箱体刚度特性

图 10-4　箱体刚度特性对齿轮接触的影响[9]

10.1.2　计入支承刚度的齿轮啮合刚度计算有限元-接触力学混合法

　　有限元法可以考虑齿轮接触非线性问题，但精度受网格尺寸影响，不易收敛且计算效率低。有限元-接触力学混合法利用有限元模型计算轮齿整体弯曲-剪切变形，利用线接触解析公式计算局部接触变形，具有高精度和高计算效率的优点[15-21]。

　　2.2.7 小节介绍了一般齿轮啮合刚度计算的有限元-接触力学混合法。考虑支承系统刚度影响后，支承系统变形导致齿轮啮合错位，错位量与支承系统变形相互耦合，在齿轮承载接触分析模型中需要通过循环迭代进行考虑，根据整个系统的静变形求解错位角，进而得到接触方程组。求解过程具体分为以下 8 个步骤。

　　步骤 1：假设初始状态没有啮合错位，即啮合错位偏差为 0；

　　步骤 2：计算初始间隙 ε；

　　步骤 3：采用线性规划法，通过迭代求解非线性接触方程；

　　步骤 4：通过载荷向量和静态传递误差确定啮合刚度和啮合综合误差；

　　步骤 5：通过整个系统静力学求解得到齿轮静位移；

　　步骤 6：通过齿轮静位移确定啮合错位量[22]，并更新初始接触间隙；

　　步骤 7：重新求解非线性接触方程，得到啮合刚度和齿轮啮合错位角；

　　步骤 8：判断齿轮静位移是否收敛，若收敛则输出最终啮合刚度，否则转步骤 2。

　　图 10-5(a)和(b)所示分别为刚性支承和柔性支承系统中齿轮副的啮合错位法向偏差，可以看出柔性支承导致了明显的啮合错位。图 10-6 为对应的齿面载荷分布。柔性支承时啮合错位的影响使齿轮产生明显的偏载效果，齿面压实的一侧载荷较大，齿面放松的一侧载荷较小。

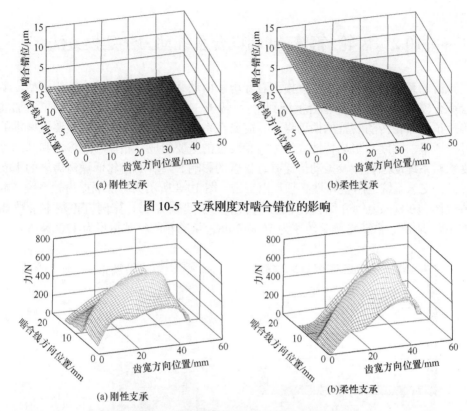

(a) 刚性支承　　　　　　　　　　(b) 柔性支承

图 10-5　支承刚度对啮合错位的影响

(a) 刚性支承　　　　　　　　　　(b) 柔性支承

图 10-6　支承刚度对齿面载荷分布的影响

图 10-7 所示为支承刚度对齿轮啮合刚度均值的影响。由于误差的影响，啮合刚度随负载非线性变化。在轻载情况下啮合刚度较低，但随载荷的变化率较大，当扭矩达到临界值后啮合刚度变化缓慢。随着精度等级的提高，即误差的增加，啮合刚度减小，啮合刚度随载荷的变化率也减小，临界扭矩后移。对比图 10-7(a) 和(b)可知，支承刚度降低使啮合刚度随扭矩的变化率减小，使临界扭矩增大。

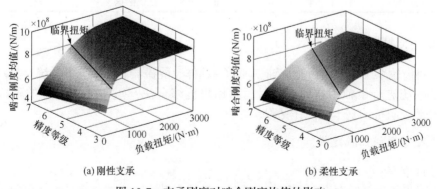

(a) 刚性支承　　　　　　　　　　(b) 柔性支承

图 10-7　支承刚度对啮合刚度均值的影响

10.2　　齿轮-箱体-基础耦合系统动力学建模方法

齿轮系统动力学模型从规模上看经历了由动载系数模型、啮合纯扭模型、啮合耦合模型、齿轮-转子耦合模型到齿轮-转子-支承系统模型的发展。为了更加准确地预测齿轮传动装置的振动噪声，需要在系统动力学模型中计入主要机械零部件的质量、刚度和阻尼特性。作为齿轮装置的重要组成，箱体、隔振器和基础等支承对系统动态特性及振动传递有着显著的影响。随着对齿轮低噪声需求的不断提升，支承系统的阻抗特性必须加以考虑。图 10-8 所示为单层隔振齿轮系统，本节以图 10-8(b)为例介绍齿轮耦合系统动力学建模方法。算例齿轮基本参数如表 10-1 所示。主动轮额定转速为 1000r/min，从动轮的负载扭矩为 1200N·m。

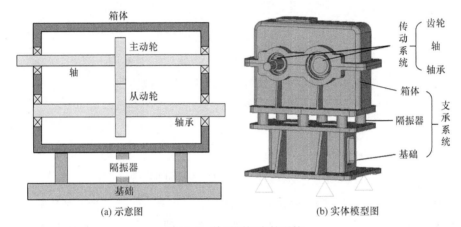

(a) 示意图　　　　　　　　　　　　　　　　(b) 实体模型图

图 10-8　单层隔振齿轮系统

表 10-1　算例齿轮基本参数

齿数	模数/mm	压力角/(°)	螺旋角/(°)	齿宽/mm
24/79	3	20	15.09	45

10.2.1　阻抗综合法

将齿轮系统划分为齿轮、轴、轴承、箱体、隔振器和基础等子系统，分别对各子系统进行单独阻抗建模，最后采用阻抗综合法[23]建立耦合系统的阻抗模型[15, 24]，阻抗的基本概念详见附录 C。

1. 子系统阻抗建模

1) 齿轮

对齿轮子系统而言，采用集中质量参数进行建模，忽略啮合冲击，可得齿轮系统动力学方程如下：

$$M^{GP}\ddot{x}^{GP}(t)+C^{GP}\dot{x}^{GP}(t)+K^{GP}(t)(x^{GP}(t)-e^{GP}(t))=f^{GP}(t) \tag{10-1}$$

式中，M^{GP}、C^{GP} 和 K^{GP} 分别为齿轮子系统的质量矩阵、阻尼矩阵和刚度矩阵；x^{GP}、$\dot{x}^{GP}$ 和 $\ddot{x}^{GP}$ 分别为齿轮子系统的位移、速度和加速度向量；e^{GP} 为误差向量；f^{GP} 为外部激励向量。

经过线性化处理后，可以得到

$$M^{GP}\ddot{x}^{GP}(t)+C^{GP}\dot{x}^{GP}(t)+K_0^{GP}x^{GP}(t)=f^{GP}(t)+f^{ext}(t) \tag{10-2}$$

式中，$f^{ext}(t)$ 为传递误差激振向量。

式(10-2)中 $x^{GP}(t)$、$f^{GP}(t)$ 和 $f^{ext}(t)$ 均是周期函数，因此式(10-2)可转为频域形式：

$$M^{GP}\ddot{X}^{GP}(\omega)+C^{GP}\dot{X}^{GP}(\omega)+K^{GP}X^{GP}(\omega)=F^{GP}(\omega)+F^{ext}(\omega) \tag{10-3}$$

式中，X^{GP} 为在频域内的位移列向量；F^{GP} 为在频域内的支反力列向量；F^{ext} 为在频域内的激振力列向量。

令 $Z^{GP}(\omega)=j\omega M^{GP}+C^{GP}+K_0^{GP}/(j\omega)$，$V^{GP}(\omega)=j\omega X^{GP}(\omega)$，则式(10-3)可以表示为阻抗形式：

$$Z^{GP}(\omega)V^{GP}(\omega)=F^{GP}(\omega)+F^{ext}(\omega) \tag{10-4}$$

式中，Z^{GP} 为齿轮副子系统的阻抗矩阵；V^{GP} 为频域内齿轮副子系统的速度列向量。

2) 轴

采用广义有限元法对轴子系统进行建模，将轴划分为一系列轴段，采用 Timoshenko 梁单元进行建模并组装可得轴系运动微分方程：

$$M^{Sh}\ddot{x}^{Sh}(t)+C^{Sh}\dot{x}^{Sh}(t)+K^{Sh}x^{Sh}(t)=f^{Sh}(t) \tag{10-5}$$

式中，M^{Sh}、C^{Sh} 和 K^{Sh} 分别为轴子系统的质量矩阵、阻尼矩阵和刚度矩阵；x^{Sh} 为轴子系统的节点位移列向量；f^{Sh} 为轴子系统的激振力向量，即齿轮和轴承对轴的反作用力。

在频域内可得轴子系统阻抗方程：

$$Z^{Sh}(\omega)V^{Sh}(\omega)=F^{Sh}(\omega) \tag{10-6}$$

式中，Z^{Sh} 为轴子系统的阻抗矩阵，$Z^{Sh}(\omega)=j\omega M^{Sh}+C^{Sh}+K^{Sh}/(j\omega)$；$V^{Sh}$ 为轴子系统的频域速度列向量，$V^{Sh}(\omega)=j\omega X^{Sh}(\omega)$；$X^{Sh}$ 为 x^{Sh} 的频域形式；F^{Sh} 为轴子系统的频域激振力列向量。

3) 轴承

轴承包含两个节点，其中一个节点与轴连接，另一个节点与箱体连接。双节点形式的轴承刚度矩阵通过式(10-7)描述：

$$K^{\mathrm{Br}} = \begin{bmatrix} K_{\mathrm{m}} & -K_{\mathrm{m}} \\ -K_{\mathrm{m}} & K_{\mathrm{m}} \end{bmatrix} \tag{10-7}$$

式中，K_{m} 为单节点形式的轴承刚度。

计入阻尼特性之后，得到轴承阻抗矩阵如下：

$$Z^{\mathrm{Br}}(\omega) = C^{\mathrm{Br}} + K^{\mathrm{Br}}/(\mathrm{j}\omega) \tag{10-8}$$

式中，C^{Br} 为轴承阻尼；j 为复数，$\mathrm{j} = \sqrt{-1}$。

计入外力作用，轴子系统的阻抗方程可表示为

$$Z^{\mathrm{Br}}(\omega)V^{\mathrm{Br}}(\omega) = F^{\mathrm{Br}}(\omega) \tag{10-9}$$

式中，Z^{Br} 为轴承子系统的阻抗矩阵；V^{Br} 为轴承子系统的速度列向量；F^{Br} 为轴承子系统的激振力列向量，此处为轴和箱体对轴的反作用力。

4) 箱体

建立箱体的有限元模型，如图 10-9 所示。采用分布力耦合方式建立每个轴承孔和隔振器螺栓孔的中心耦合节点，所有中心耦合节点共同组成了箱体的外部节点。

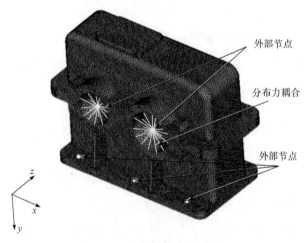

图 10-9　算例箱体有限元模型

箱体的导纳为 $n \times n$ 的矩阵，其中 n 为外部节点自由度个数。

$$Y = \begin{bmatrix} Y_{11} & Y_{12} & \cdots & Y_{1n} \\ & Y_{22} & \cdots & Y_{2n} \\ & & & \vdots \\ \mathrm{Sym.} & & & Y_{nn} \end{bmatrix} \tag{10-10}$$

每个导纳元素 Y_{lp} 可以通过式(10-11)进行计算。

$$Y_{lp}(\omega) = \mathrm{j}\omega \sum_{r=1}^{n} \frac{\phi_l^r \phi_p^r}{K_r - \omega^2 M_r + \mathrm{j}\omega C_r} \tag{10-11}$$

式中，K_r 为模态刚度；M_r 为模态质量；C_r 为模态阻尼；ϕ 为振型；r 为模态阶次；$l=1 \sim 10$；$p=x, y, z, \theta_x, \theta_y, \theta_z$。

箱体的阻抗可以通过对导纳进行矩阵求逆获取：

$$\boldsymbol{Z}^{\mathrm{GB}}(\omega) = \boldsymbol{Y}^{\mathrm{GB}}(\omega)^{-1} \tag{10-12}$$

箱体的阻抗方程可采用式(10-13)表达：

$$\boldsymbol{Z}^{\mathrm{GB}}(\omega)\boldsymbol{V}^{\mathrm{GB}}(\omega) = \boldsymbol{F}^{\mathrm{GB}}(\omega) \tag{10-13}$$

式中，$\boldsymbol{V}^{\mathrm{GB}}$ 为箱体的速度列向量；$\boldsymbol{F}^{\mathrm{GB}}$ 为轴承和隔振器对箱体的反作用力。

5) 隔振器

为了更好地表达振动传递，此处隔振器采用连续 Timoshenko 梁单元进行建模。将隔振器简化为圆柱体，综合考虑扭转、轴向和弯曲振动，可以得到传递矩阵形式表达的隔振器动力学方程(详见附录 D)：

$$\begin{Bmatrix} \boldsymbol{q} \\ \boldsymbol{F} \end{Bmatrix}_l = \begin{bmatrix} \boldsymbol{T}_{11} & \boldsymbol{T}_{12} \\ \boldsymbol{T}_{21} & \boldsymbol{T}_{22} \end{bmatrix} \begin{Bmatrix} \boldsymbol{q} \\ \boldsymbol{F} \end{Bmatrix}_0 = \begin{bmatrix} \boldsymbol{T} \end{bmatrix} \begin{Bmatrix} \boldsymbol{q} \\ \boldsymbol{F} \end{Bmatrix}_0 \tag{10-14}$$

变换后可得动刚度矩阵形式的动力学方程：

$$\begin{Bmatrix} \boldsymbol{F}_0 \\ \boldsymbol{F}_l \end{Bmatrix} = \begin{bmatrix} \boldsymbol{k}_{11} & \boldsymbol{k}_{12} \\ \boldsymbol{k}_{21} & \boldsymbol{k}_{22} \end{bmatrix} \begin{Bmatrix} \boldsymbol{q}_0 \\ \boldsymbol{q}_l \end{Bmatrix} = \begin{bmatrix} \boldsymbol{K}^{\mathrm{ISL}} \end{bmatrix} \begin{Bmatrix} \boldsymbol{q}_0 \\ \boldsymbol{q}_l \end{Bmatrix} \tag{10-15}$$

计入阻尼特性后，隔振器阻抗矩阵可表示为

$$\boldsymbol{Z}^{\mathrm{ISL}} = \frac{\boldsymbol{K}^{\mathrm{ISL}}(1 + \mathrm{j}\eta)}{\mathrm{j}\omega} \tag{10-16}$$

式中，η 为阻尼损耗因子；$\mathrm{j} = \sqrt{-1}$。

组装各隔振器阻抗矩阵，并计入外力作用，可得隔振器子系统的阻抗方程：

$$\boldsymbol{Z}^{\mathrm{ISL}}(\omega)\boldsymbol{V}^{\mathrm{ISL}}(\omega) = \boldsymbol{F}^{\mathrm{ISL}}(\omega) \tag{10-17}$$

式中，$\boldsymbol{Z}^{\mathrm{ISL}}$ 为隔振器子系统的阻抗矩阵；$\boldsymbol{V}^{\mathrm{ISL}}$ 为隔振器子系统的速度列向量；$\boldsymbol{F}^{\mathrm{ISL}}$ 为隔振器子系统的激励向量，此处为箱体、筏架或基础的反作用力。

6) 基础

以基座为例建立基础的有限元模型，如图 10-10 所示。在顶面每个螺栓孔中心建立耦合节点，并划分为质量单元，定义这些中心节点为外部节点。底面进行全自由度约束。导纳元素的计算与箱体类似，详见式(10-11)。

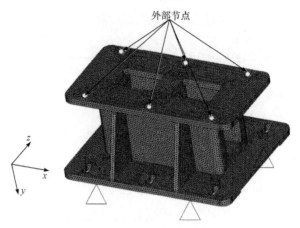

图 10-10　机座有限元模型

基础阻抗矩阵可以通过导纳获得:

$$\boldsymbol{Z}^{\mathrm{BS}}(\omega) = \boldsymbol{Y}^{\mathrm{BS}}(\omega)^{-1} \tag{10-18}$$

基础的阻抗方程如下所示:

$$\boldsymbol{Z}^{\mathrm{BS}}(\omega)\boldsymbol{V}^{\mathrm{BS}}(\omega) = \boldsymbol{F}^{\mathrm{BS}}(\omega) \tag{10-19}$$

式中, $\boldsymbol{V}^{\mathrm{BS}}$ 为基础的速度列向量; $\boldsymbol{F}^{\mathrm{BS}}$ 为隔振器对基础的激振力。

2. 耦合系统阻抗综合

阻抗综合法的基本原理详见附录 E。根据子系统之间的连接关系,对各子系统阻抗方程进行重新排序,相应的阻抗方程如式(10-20)~式(10-25)所示。其中, $\boldsymbol{Z}$ 为阻抗矩阵; $\boldsymbol{V}$ 为速度向量; $\boldsymbol{F}$ 为激励向量;上标 GP、Sh、Br、GB、ISL 和 BS 分别为齿轮、轴、轴承、箱体、隔振器和基础子系统,下标 t、m 和 b 分别为顶部节点、内部节点和底部节点。

齿轮副子系统的阻抗方程为

$$\left[\boldsymbol{Z}_{\mathrm{b}}^{\mathrm{GP}}\right]\left\{\boldsymbol{V}_{\mathrm{b}}^{\mathrm{GP}}\right\} = \left\{\boldsymbol{F}_{\mathrm{b}}^{\mathrm{GP}}\right\} + \left\{\boldsymbol{F}^{\mathrm{ext}}\right\} \tag{10-20}$$

轴子系统的阻抗方程为

$$\begin{bmatrix} \boldsymbol{Z}_{\mathrm{tt}}^{\mathrm{Sh}} & \boldsymbol{Z}_{\mathrm{tm}}^{\mathrm{Sh}} & \boldsymbol{Z}_{\mathrm{tb}}^{\mathrm{Sh}} \\ \boldsymbol{Z}_{\mathrm{mt}}^{\mathrm{Sh}} & \boldsymbol{Z}_{\mathrm{mm}}^{\mathrm{Sh}} & \boldsymbol{Z}_{\mathrm{mb}}^{\mathrm{Sh}} \\ \boldsymbol{Z}_{\mathrm{bt}}^{\mathrm{Sh}} & \boldsymbol{Z}_{\mathrm{bm}}^{\mathrm{Sh}} & \boldsymbol{Z}_{\mathrm{bb}}^{\mathrm{Sh}} \end{bmatrix} \begin{Bmatrix} \boldsymbol{V}_{\mathrm{t}}^{\mathrm{Sh}} \\ \boldsymbol{V}_{\mathrm{m}}^{\mathrm{Sh}} \\ \boldsymbol{V}_{\mathrm{b}}^{\mathrm{Sh}} \end{Bmatrix} = \begin{Bmatrix} \boldsymbol{F}_{\mathrm{t}}^{\mathrm{Sh}} \\ 0 \\ \boldsymbol{F}_{\mathrm{b}}^{\mathrm{Sh}} \end{Bmatrix} \tag{10-21}$$

轴承子系统的阻抗方程为

$$\begin{bmatrix} \boldsymbol{Z}_{\mathrm{tt}}^{\mathrm{Br}} & \boldsymbol{Z}_{\mathrm{tb}}^{\mathrm{Br}} \\ \boldsymbol{Z}_{\mathrm{bt}}^{\mathrm{Br}} & \boldsymbol{Z}_{\mathrm{bb}}^{\mathrm{Br}} \end{bmatrix} \begin{Bmatrix} \boldsymbol{V}_{\mathrm{t}}^{\mathrm{Br}} \\ \boldsymbol{V}_{\mathrm{b}}^{\mathrm{Br}} \end{Bmatrix} = \begin{Bmatrix} \boldsymbol{F}_{\mathrm{t}}^{\mathrm{Br}} \\ \boldsymbol{F}_{\mathrm{b}}^{\mathrm{Br}} \end{Bmatrix} \tag{10-22}$$

箱体子系统的阻抗方程为

$$\begin{bmatrix} Z_{tt}^{GB} & Z_{tb}^{GB} \\ Z_{bt}^{GB} & Z_{bb}^{GB} \end{bmatrix} \begin{Bmatrix} V_t^{GB} \\ V_b^{GB} \end{Bmatrix} = \begin{Bmatrix} F_t^{GB} \\ F_b^{GB} \end{Bmatrix} \tag{10-23}$$

隔振器子系统的阻抗方程为

$$\begin{bmatrix} Z_{tt}^{ISL} & Z_{tb}^{ISL} \\ Z_{bt}^{ISL} & Z_{bb}^{ISL} \end{bmatrix} \begin{Bmatrix} V_t^{ISL} \\ V_b^{ISL} \end{Bmatrix} = \begin{Bmatrix} F_t^{ISL} \\ F_b^{ISL} \end{Bmatrix} \tag{10-24}$$

基础子系统的阻抗方程为

$$\begin{bmatrix} Z_t^{BS} \end{bmatrix} \begin{Bmatrix} V_t^{BS} \end{Bmatrix} = \begin{Bmatrix} F_t^{BS} \end{Bmatrix} \tag{10-25}$$

子系统之间的相互作用关系如图 10-11 所示。各相邻子系统连接节点满足力平衡条件和运动协调条件。相邻界面处两个子系统作用力大小相等，方向相反，因此系统仅承受齿轮的传递误差激励。整个系统为线性系统，可以采用阻抗综合法建模[24-26]。

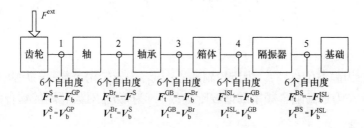

图 10-11　子系统耦合关系示意图

联立子系统的阻抗方程、力平衡方程和运动协调方程，可以得到耦合系统的阻抗方程：

$$ZV = F \tag{10-26}$$

$$Z = \begin{bmatrix} Z_b^{GP} + Z_{tt}^{Sh} & Z_{tm}^{Sh} & Z_{tb}^{Sh} \\ Z_{tm}^{Sh} & Z_{mm}^{Sh} & Z_{mb}^{Sh} \\ Z_{bt}^{Sh} & Z_{bm}^{Sh} & Z_{bb}^{Sh} + Z_{tt}^{Br} & Z_{tb}^{Br} \\ & & Z_{bt}^{Br} & Z_{bb}^{Br} + Z_{tt}^{GB} & Z_{tb}^{GB} \\ & & & Z_{bt}^{GB} & Z_{bb}^{GB} + Z_{tt}^{ISL} & Z_{tb}^{ISL} \\ & & & & Z_{bt}^{ISL} & Z_t^{BS} + Z_{bb}^{ISL} \end{bmatrix}$$

$$V = \begin{Bmatrix} V_b^{GP} & V_m^{Sh} & V_t^{Br} & V_b^{Br} & V_t^{ISL} & V_b^{ISL} \end{Bmatrix}^T$$

$$F = \left\{ F^{\text{ext}} \quad 0 \quad 0 \quad 0 \quad 0 \right\}^{\text{T}}$$

式(10-26)中阻抗矩阵 Z 和激励向量 F 是已知的，因此可以求出速度 V：

$$V(\omega) = Z(\omega)^{-1} F(\omega) \tag{10-27}$$

位移可以表示为

$$X(\omega) = \frac{V(\omega)}{\text{j} \cdot \omega} \tag{10-28}$$

加速度可表示为

$$A(\omega) = \text{j}\omega V(\omega) \tag{10-29}$$

时域内的位移、速度和加速度可分别通过式(10-30)～式(10-32)获得：

$$x(t) = x_0 + \sum_{i_{\text{GP}}=1}^{n_{\text{GP}}} \sum_{n=1}^{N} X(n \cdot \omega_{i_{\text{GP}}}) \cdot \text{e}^{\text{j}n\omega_{i_{\text{GP}}}t} \tag{10-30}$$

$$v(t) = \sum_{i_{\text{GP}}=1}^{n_{\text{GP}}} \sum_{n=1}^{N} V(n \cdot \omega_{i_{\text{GP}}}) \cdot \text{e}^{\text{j}n\omega_{i_{\text{GP}}}t} \tag{10-31}$$

$$a(t) = \sum_{i_{\text{GP}}=1}^{n_{\text{GP}}} \sum_{n=1}^{N} A(n \cdot \omega_{i_{\text{GP}}}) \cdot \text{e}^{\text{j}n\omega_{i_{\text{GP}}}t} \tag{10-32}$$

式中，x_0 为静态位移；i_{GP} 为齿轮副编号；n_{GP} 为齿轮副个数；n 为啮合频率的谐波阶次；N 为最高啮合频率的谐波阶次；$\omega_{i_{\text{GP}}}$ 为第 i_{GP} 对齿轮副的啮合圆频率。

10.2.2　有限元法

对于齿轮-箱体-基础耦合系统，直接采用接触有限元法计算其振动响应会使得模型规模庞大[27-28]，因此需要对模型进行简化，并采用模态叠加法进行求解[15,29-32]。以图 10-8 和表 10-1 所示的齿轮系统为例，在 ANSYS 软件中建立单层隔振齿轮系统的全耦合有限元模型，如图 10-12 所示。其中，齿轮处理为集中质量，采用式(10-2)中的质量矩阵和刚度矩阵进行描述，并施加式(10-2)中的传递误差激振力。轴承同样采用集中质量模型建模。轴、箱体、隔振器和基础采用四节点四面体单元进行网格划分，最大网格尺寸为 5mm，并对隔振器进行密化处理。基础底部进行全自由度约束。定义模态阻尼比为 2%。计算并提取 1500 阶模态参数，采用模态叠加法对系统的振动响应进行分析求解。

有限元模型和阻抗模型中箱体机脚结构噪声如图 10-13 所示。由于隔振器弹性模量远小于箱体和基础的弹性模量，会产生大量局部模态，增加计算量。有限元模型的求解精度受限于模态阶数的选取，当阶数较低时，仿真的结构噪声(即振动)偏低。随着模态阶数的提高，仿真值逐渐增大，并逐渐与阻抗模型计算结果靠

图 10-12　全耦合有限元模型

近。通过对比有限元模型 1500 阶模态的计算结果与阻抗模型的计算结果可知，二者整体吻合良好，但在 6000～8000r/min 及 12000r/min 以上有限元模型计算结果小于阻抗模型计算结果，并丢失了许多共振峰值，说明 1500 阶模态仍不足以取得理想的结果。

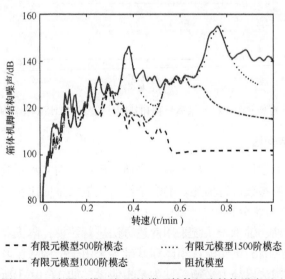

图 10-13　有限元模型与阻抗模型箱体机脚结构噪声对比

为减小模态截断的影响，此处将隔振器弹性模量改为 10^9Pa。有限元模型和阻抗模型的箱体机脚结构噪声和基础结构噪声对比如图 10-14 所示。可以发现二者结果吻合良好，在整个转速区间内误差不超过 5dB。

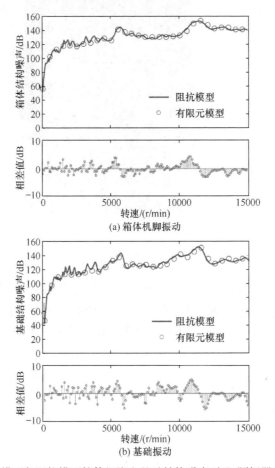

图 10-14　有限元模型与阻抗模型箱体机脚和基础结构噪声对比(隔振器弹性模量为 10^9Pa)

10.2.3　静态子结构法

　　齿轮系统动力学最常用的模型为集中质量模型，而支承系统往往形状复杂，很难采用集中质量参数进行描述。静态子结构法被大量应用在支承系统参数提取和齿轮-箱体耦合系统分析中[15,33-36]。

　　对齿轮副、轴、轴承子系统采用前述方法进行建模，隔振器也采用与轴段类似的离散 Timoshenko 梁建模，箱体和基础等采用子结构法提取质量矩阵和刚度矩阵。静态子结构法以静力平衡条件为基本假设，如式(10-33)所示。

$$\begin{bmatrix} \boldsymbol{K}_{\mathrm{II}} & \boldsymbol{K}_{\mathrm{IB}} \\ \boldsymbol{K}_{\mathrm{BI}} & \boldsymbol{K}_{\mathrm{BB}} \end{bmatrix} \begin{Bmatrix} \boldsymbol{U}_{\mathrm{I}} \\ \boldsymbol{U}_{\mathrm{B}} \end{Bmatrix} = \begin{Bmatrix} \boldsymbol{F}_{\mathrm{I}} \\ \boldsymbol{F}_{\mathrm{B}} \end{Bmatrix} \tag{10-33}$$

式中，下标 I 表示内部节点自由度；下标 B 表示外部节点自由度。

通常情况下内部节点不承受外部载荷，即 $\boldsymbol{F}_I = \boldsymbol{0}$，此时可得

$$\boldsymbol{K}_{II}\boldsymbol{U}_I + \boldsymbol{K}_{IB}\boldsymbol{U}_B = \boldsymbol{0} \tag{10-34}$$

因此存在以下坐标变换：

$$\boldsymbol{U} = \left\{ \begin{matrix} \boldsymbol{U}_I \\ \boldsymbol{U}_B \end{matrix} \right\} = \begin{bmatrix} -\boldsymbol{K}_{II}^{-1}\boldsymbol{K}_{IB} \\ \boldsymbol{I} \end{bmatrix} \{\boldsymbol{U}_B\} = \boldsymbol{T}_v\{\boldsymbol{U}_B\} \tag{10-35}$$

系统动能和势能可表示为

$$E_k = \frac{1}{2}\dot{\boldsymbol{U}}'\boldsymbol{M}\dot{\boldsymbol{U}} = \frac{1}{2}\dot{\boldsymbol{U}}_B'\boldsymbol{T}_v'\boldsymbol{M}\boldsymbol{T}_v\dot{\boldsymbol{U}}_B = \frac{1}{2}\dot{\boldsymbol{U}}_B'\boldsymbol{M}^*\dot{\boldsymbol{U}}_B \tag{10-36}$$

$$E_p = \frac{1}{2}\boldsymbol{U}'\boldsymbol{K}\boldsymbol{U} = \frac{1}{2}\boldsymbol{U}_B'\boldsymbol{T}_v'\boldsymbol{K}\boldsymbol{T}_v\boldsymbol{U}_B = \frac{1}{2}\boldsymbol{U}_B'\boldsymbol{K}^*\boldsymbol{U}_B \tag{10-37}$$

式中，E_k 为系统动能；E_p 为系统势能；$\boldsymbol{T}_v$ 为变换矩阵；$\boldsymbol{M}^*$ 为缩聚后的质量矩阵，$\boldsymbol{M}^* = \boldsymbol{T}_v'\boldsymbol{M}\boldsymbol{T}_v$，$\boldsymbol{M}$ 为原始质量矩阵；$\boldsymbol{K}^*$ 为缩聚后的刚度矩阵，$\boldsymbol{K}^* = \boldsymbol{T}_v'\boldsymbol{K}\boldsymbol{T}_v$；$\boldsymbol{K}$ 为原始刚度矩阵。

提取完支承系统的质量、刚度和阻尼矩阵之后，通过与传动系统对应的矩阵进行组装可以得到耦合系统的动力学方程，通过求解方程进而获得系统动态响应。

集中质量模型和阻抗模型箱体机脚结构噪声与基础结构噪声对比如图 10-15 所示。可以看出，两者仅在较低转速下吻合良好，而在中、高转速下集中质量模型的计算结果比阻抗模型的计算结果振动低，箱体机脚结构噪声差异可达 16.0dB，基础结构噪声差异可达 34.6dB。同时，相对于阻抗模型，集中质量模型丢失了许多共振峰值。这是由于静态子结构法提取箱体和基础的质量矩阵时存在近似处理，是以静力平衡为前提，仅适用于低频计算。同时对隔振器采用集中质量建模会忽略其驻波效应，导致计算结果存在差异。

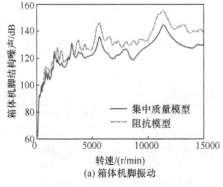 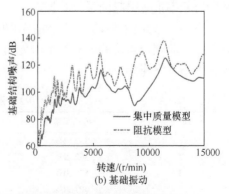

(a) 箱体机脚振动　　　　　　　　　(b) 基础振动

图 10-15　集中质量模型与阻抗模型箱体机脚结构噪声和基础结构噪声对比

10.3　支承系统阻抗对耦合系统动态特性的影响

10.3.1　箱体阻抗对耦合系统动态特性的影响

以刚性安装齿轮系统为对象，研究箱体阻抗对齿轮系统的影响。传动系统与箱体模型示意图如图 10-16 所示，箱体底面采用全自由度约束。利用传统的齿轮系统动力学分析时忽略箱体阻抗，仅针对传动系统进行建模并对轴承进行刚性约束，称该模型为非耦合模型。此处建立的传动系统-箱体耦合模型考虑了箱体阻抗特性。以下分析中将针对是否耦合箱体进行对比。齿轮基本参数见表 10-1。

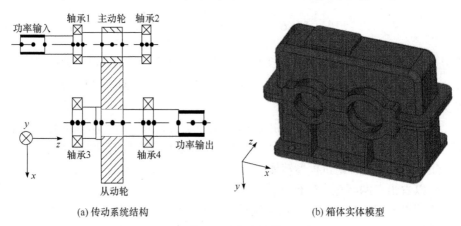

(a) 传动系统结构　　　　　　　　　　　　(b) 箱体实体模型

图 10-16　传动系统与箱体模型示意图

1. 对系统固有频率的影响

齿轮系统动力学分析的一项重要任务是计算系统的固有频率，避免激振频率和固有频率重叠引起的系统共振。

表 10-2 列出了传动系统、箱体和齿轮-箱体耦合系统的固有频率。从表中可以看出，非耦合系统的固有频率与传动系统的固有频率一致。耦合箱体后，系统固有频率将下降。

表 10-2　系统固有频率

阶次	传动系统	箱体	齿轮-箱体耦合系统
1	332.9Hz	614.8Hz	323.7Hz
2	362.2Hz	1082.9Hz	356.8Hz
3	500.3Hz	1249.5Hz	364.8Hz
4	697.9Hz	1442.5Hz	666.5Hz
5	741.1Hz	1491.0Hz	678.2Hz

2. 对动态啮合力的影响

耦合箱体前、后齿轮动态啮合力(用其均方根表示)如图 10-17 所示。耦合箱体前，系统位于 11900r/min 和 5950r/min 的两个主共振峰分别对应系统的第 15 阶固有频率和它的 1/2 倍频，两共振峰的峰值分别为 1782N 和 662N。耦合箱体后，两个主共振峰略微偏移至 11950r/min 和 6000r/min。由于箱体阻抗特性的影响，系统出现了更多的固有频率，这两个主共振峰分别对应耦合系统的第 47 阶固有频率和它的 1/2 倍频。

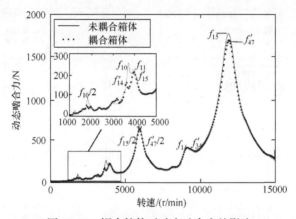

图 10-17　耦合箱体对动态啮合力的影响

耦合箱体后，两个主共振峰峰值分别变为 1701N 和 632N，各降低了 4.6%和 4.5%。在 1000～5000r/min 转速区间内箱体阻抗影响也较为显著。未耦合箱体时在 1850r/min、3750r/min 和 3950r/min 附近存在共振峰值，分别对应第 $f_{10}/2$、f_{10} 和 f_{11} 阶固有频率，幅值为 96.2N、261.4N 和 228.4N。耦合箱体后第一个峰值消失，第二个和第三个峰值分别在 3650r/min 和 4000r/min 附近，对应耦合系统第 14 阶和第 15 阶固有频率，峰值分别为 165.2N 和 216.3N，各降低了 36.8%和 5.3%。

3. 对轴承动态支反力的影响

耦合箱体前后不同转速下四个轴承的动态支反力波动量结果如图 10-18 所示。

对于轴承 1，耦合箱体前在 1850r/min、3750r/min、5950r/min 和 11950r/min 附近存在明显峰值，分别对应非耦合系统第 $f_{10}/2$ 阶、第 f_{10} 阶、第 $f_{15}/2$ 阶和第 f_{15} 阶固有频率，峰值为 146.1N、385.8N、103.0N 和 264.2N。耦合箱体后 1850r/min 附近的峰值不再突出；3250r/min 附近出现新的峰值，对应耦合系统第 f'_{10} 阶固有频率，幅值大小为 150.1N；原 3750r/min 附近的峰值移到 3650r/min，对应耦合系统第 f'_{14} 阶固有频率，峰值降为 158.8N，降低了 58.8%；5950r/min 处的峰值对应耦合系统第 $f'_{47}/2$ 阶固有频率，峰值为 100.4N，降低了 2.5%；原 11950r/min 附近峰值左移到

11850r/min，对应耦合系统第f'_{47}阶固有频率，峰值为256.7N，降低了2.8%。

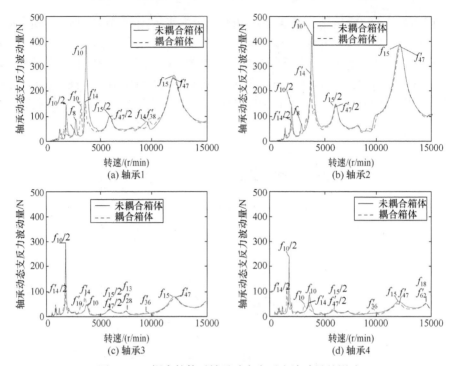

图 10-18　耦合箱体对轴承动态支反力波动量的影响

对于轴承 2，耦合箱体前在 1850r/min、3750r/min、5950r/min 和 11900r/min 附近存在共振峰，分别对应非耦合系统第$f_{10}/2$阶、第f_{10}阶、第$f_{15}/2$阶和第f_{15}阶固有频率，峰值为 151.6N、431.1N、150.4N 和 391.5N。耦合箱体后对应的共振转速变为 1800r/min、3650r/min、6000r/min 和 11950r/min，分别对应耦合系统第$f'_{14}/2$阶、第f'_{14}阶、第$f'_{47}/2$阶和第f'_{47}阶固有频率，峰值为 94.1N、281.9N、147.3N 和 386.8N，分别降低了 37.9%、34.6%、2.1%和 1.2%。

对于轴承 3，耦合箱体前在 1850r/min、3800r/min、5950r/min 和 11900r/min 附近峰值分别为 291.9N、43.2N、29.1N 和 77.8N。耦合箱体后共振转速变为 1800r/min、3650r/min、6000r/min 和 12000r/min，分别对应耦合系统第$f'_{14}/2$阶、第f'_{14}阶、第$f'_{47}/2$阶和第f'_{47}阶固有频率，峰值分别为 130N、87.6N、27.1N 和 72.8N，峰值变化了−55.5%、102.8%、−6.9%和−6.4%。在 3250r/min 附近出现新的共振峰，对于耦合系统第f'_{10}阶固有频率，峰值大小为 52.7N。

对轴承 4，耦合箱体前在 1850r/min、3750r/min、11950r/min 和 14550r/min 附近存在共振峰，分别对应非耦合系统第$f_{10}/2$阶、第f_{10}阶、第f_{15}阶和第f_{18}阶固有频率，峰值为 232.2N、81.9N、54.8N 和 45.0N。耦合箱体后对应共振转速变为

1650r/min、3650r/min、11800r/min 和 14550r/min，分别对应耦合系统第 $f'_{14}/2$ 阶、第 f'_{14} 阶、第 f'_{47} 阶和第 f'_{62} 阶固有频率，峰值为 114N、47.4N、45.7N 和 47.0N，改变了 −50.9%、−42.5%、−16.6% 和 4.4%。并且在 3250r/min 和 9600r/min 附近出现新的共振峰，对应耦合系统第 f'_{10} 阶和第 f'_{36} 阶固有频率，峰值分别为 44.3N 和 25.8N。

对比四个轴承的动态支反力可知，轴承 1 和轴承 2 的振动大于轴承 3 和轴承 4 的振动，这是因为轴承 1 和轴承 2 位于刚度较低的主动轴，更容易产生振动。轴承 1 和轴承 2 在由齿轮主导的主共振频率处(非耦合系统第 f_{15} 阶或耦合系统第 f_{47} 阶固有频率)峰值较突出，轴承 3 和轴承 4 在该共振频率下峰值不太突出。箱体阻抗特性对四个轴承的振动均有一定程度影响。

4. 对箱体振动的影响

采用非耦合模型分析箱体振动时建立箱体有限元模型，并将非耦合传动系统动力学模型计算的轴承激振力施加到箱体轴承孔处。对于耦合模型，采用阻抗耦合模型进行分析，可以直接得到箱体外部耦合节点的振动。分别计算非耦合模型和耦合模型中箱体各轴承孔处的振动，结果如图 10-19 所示。

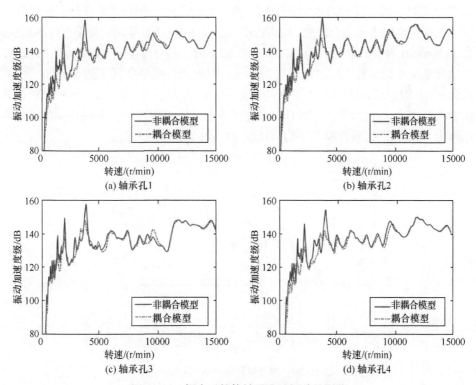

图 10-19　耦合对箱体轴承孔处振动的影响

由图 10-19 可知，与轴承振动类似，非耦合模型与耦合模型的区别主要体现在低速情况下。对于箱体轴承孔 1 处的振动，非耦合模型在 3700r/min 附近存在明显共振峰，峰值大小为 158.1dB；耦合模型中该共振峰轻微左移至 3650r/min，峰值降为 145.9dB，减小了 12.2dB；对于箱体轴承孔 2，非耦合模型在 3750r/min 附近的峰值为 158.0dB，在耦合模型中降低为 146.7dB，减小了 11.3dB，同时在 3250r/min 附近出现新的峰值，大小为 145.8dB；箱体轴承孔 3 在非耦合模型中 3700r/min 附近峰值大小为 159.0dB，在耦合模型中降低了 9.5dB，同时在 3250r/min 附近出现新的峰值，大小为 144.4dB；箱体轴承孔 4 在非耦合模型中 3750r/min 附近峰值为 158.1dB，在耦合模型中降低为 12.4dB，同时在 3250r/min 附近出现新的峰值，大小为 143.9dB。从整体上来看，耦合模型的计算结果略低于非耦合模型的计算结果，这是轴承激振力的差异导致的。在所有转速下对箱体振动取平均，耦合模型相对于非耦合模型在箱体四个轴承孔的振动平均加速度级分别降低了 1.4dB、1.1dB、0.8dB 和 1.8dB。

5. 对箱体空气噪声的影响

分别计算非耦合模型和耦合模型中箱体的空气噪声，结果如图 10-20 所示。非耦合模型和耦合模型的区别在于轴承激振力的不同，耦合模型在低转速情况下的空气噪声略低于非耦合模型，在高转速下二者基本一致。非耦合模型在 3750r/min 和 1850r/min 附近的峰值约为 101.4dB 和 92.2dB，耦合模型为 91.9dB 和 82.2dB，分别降低了 9.5dB 和 10.0dB。在 1250r/min 附近耦合模型降低了约 11.1dB。但在 3250r/min 附近耦合模型产生了新的共振峰，峰值大小为 88.9dB，导致噪声比非耦合模型增大了 11.4dB。对所有工作转速下的声压级取平均，非耦合模型平均声压级为 84.8dB，比耦合模型平均声压级 83.8dB 降低了 1.0dB。

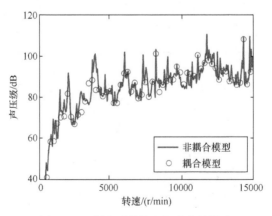

图 10-20 耦合对箱体空气噪声的影响

10.3.2　隔振器阻抗对耦合系统动态特性的影响

以单层隔振齿轮系统为研究对象，基于齿轮-箱体-基础耦合阻抗模型分析隔振器阻抗对齿轮系统的影响。由于隔振器的阻抗是其质量、刚度和阻尼的综合，而弹性模量又直接影响着隔振器的刚度，因此以下重点研究隔振器弹性模量变化对齿轮激振力、系统固有频率、传动系统动态响应和箱体振动噪声等的影响。模型如图 10-21 所示。齿轮基本参数见表 10-1。

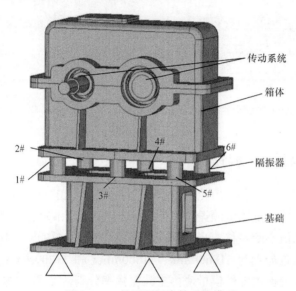

图 10-21　单层隔振齿轮系统模型

1. 对系统固有频率的影响

不同刚度隔振器支承条件下系统的前六阶固有频率如表 10-3 所示。由于前六阶模态为系统的整体模态，随着隔振器弹性模量的增加，固有频率显著增大。

表 10-3　不同隔振器弹性模量下系统固有频率　　　　（单位：Hz）

阶次	$E=5\times10^6$Pa	$E=1\times10^7$Pa	$E=2\times10^7$Pa	$E=1\times10^8$Pa	$E=1\times10^{12}$Pa
1	6.6	9.2	12.9	28.0	150.2
2	7.3	10.3	14.5	31.7	160.0
3	10.7	14.8	20.7	45.4	299.1
4	18.1	25.5	36.0	78.8	351.0
5	20.2	28.5	40.2	88.4	418.2
6	21.0	29.2	41.0	90.1	502.9

图 10-22 所示为不同隔振器弹性模量下系统 5000Hz 以内的固有频率。当隔

振器刚度较低时，增大弹性模量对前六阶固有频率影响很大，但对高阶固有频率几乎没有影响。当隔振器刚度较大时，增大隔振器弹性模量可以显著提高系统的固有频率。

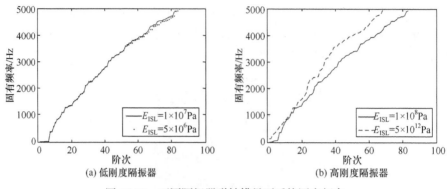

(a) 低刚度隔振器   (b) 高刚度隔振器

图 10-22　不同隔振器弹性模量下系统固有频率

2. 对齿轮动态啮合力的影响

不同隔振器弹性模量下齿轮的动态啮合力波动量如图 10-23 所示。图 10-23(a) 对应低刚度隔振器。低刚度隔振器使齿轮啮合刚度均值降低，因此随着弹性模量的降低，共振峰值不断左移。当隔振器弹性模量为 $2×10^7$Pa、$1×10^7$Pa 和 $5×10^6$Pa 时，主共振峰位置分别为 11800r/min、11600r/min 和 11200r/min，相对原始隔振器，增大和减小隔振器弹性模量使得主共振频率分别改变了 1.7%和-3.5%；次共振转速为 5900r/min、5800r/min 和 5600r/min，增大和减小隔振器弹性模量分别使次共振转速改变了 1.7%和-3.5%。由于低刚度隔振器增大了齿轮激振力，随着弹性模量的降低，共振峰的幅值不断增加。隔振器弹性模量为 $1×10^7$Pa 时主共振峰幅值为 1657N，次共振峰幅值为 745.1N。增大隔振器弹性模量到 $2×10^7$Pa 后主共振峰和次共振峰幅值分别为 1593N 和 614.6N，分别减小了 3.9%和 17.5%。减小隔振器弹性模量到 $5×10^6$Pa 后主共振峰和次共振峰幅值分别为 2559N 和 967N，分别增大了 54.4%和 29.8%。

图 10-23(b)对应高刚度隔振器，隔振器弹性模量对啮合刚度和齿轮激振力影响较小，因此改变弹性模量对齿轮动态啮合力波动量几乎没有影响。主共振转速为 11950r/min，主共振峰幅值为 1690N；次共振转速为 5950r/min，次共振峰幅值为 633.1N。通过对比图 10-23(a)和(b)可知，弹性模量由 $2×10^7$Pa 变为 $1×10^8$Pa 时，主共振转速和次共振转速分别增大了 1.3%和 0.9%，峰值也分别增大了 6.1%和 3.0%，说明齿轮动态啮合力波动量随隔振器弹性模量的增加先降低后增大，并不呈单调下降趋势。

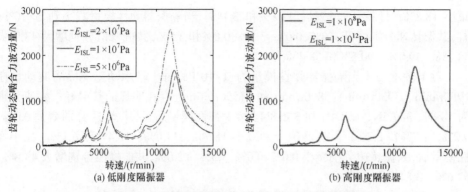

图 10-23　隔振器弹性模量对齿轮啮合力波动量的影响

3. 对轴承动态支反力的影响

低刚度隔振器支承时，各轴承动态支反力波动量如图 10-24 所示。对于轴承 1，当隔振器弹性模量为 $1×10^7$Pa 时，轴承动态支反力波动量在 1950r/min 处峰值为 135.6N，在 3950r/min 处峰值为 348.0N，在 5800r/min 处峰值为 118N，在 9150r/min 处峰值为 82.1N，在 11600r/min 附近峰值为 251.9N。当隔振器弹性模量增大到 $2×10^7$Pa 时，共振转速分别增大 0.0%、0.0%、1.2%、0.0%和 2.2%，共振峰值分别

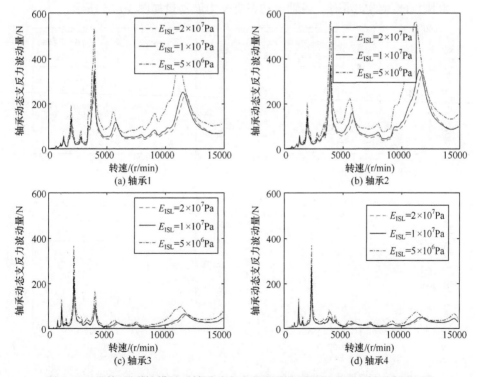

图 10-24　隔振器弹性模量对轴承动态支反力波动量的影响——低刚度隔振器

减小 18.8%、11.0%、16.2%、13.8%和 3.1%。当隔振器弹性模量减小到 5×10⁶Pa 时，共振转速分别降低 0.0%、0.0%、3.5%、0.0%和 3.5%，共振峰值分别增大 43.9%、53.1%、39.0%、90.5%和 58.4%。

对于轴承 2，当隔振器弹性模量为 1×10⁷Pa 时，轴承动态支反力波动量在 1950r/min、3950r/min、5800r/min 和 11550r/min 处存在明显的共振峰，幅值分别为 149N、387.5N、168.4N 和 365.8N。增大弹性模量后，共振转速分别增大 0.0%、0.0%、1.7%和 2.2%，共振峰值分别减小 18.7%、11.0%、18.4%和 6.1%。减小弹性模量后，共振转速分别减小 0.0%、0.0%、3.5%和 3.0%，共振峰值分别增大 43.8%、52.6%、39.1%和 60.5%。

对于轴承 3，隔振器弹性模量为 1×10⁷Pa 时，轴承动态支反力波动量在 1050r/min、2100r/min、3900r/min 和 11600r/min 附近存在共振峰，幅值分别为 95.8N、236.1N、105.8N 和 67.8N。增大弹性模量后，共振峰值分别减小 17.6%、11.4%、11.9%和 2.7%。减小弹性模量后，共振峰值分别增大 42.2%、60.3%、62.5%和 49.1%。

对于轴承 4，隔振器弹性模量为 1×10⁷Pa 时，轴承动态支反力波动量在 1100r/min、2200r/min、3750r/min 和 11600r/min 附近存在共振峰，幅值为 109.5N、267.9N、48.0N 和 46.4N。增大弹性模量后幅值分别改变了−17.5%、−11.2%、−12.7% 和 0.9%。减小弹性模量后幅值分别增大 24.8%、41.6%、62.5%和 54.1%。

高刚度隔振器支承时，各轴承动态支反力波动量如图 10-25 所示。

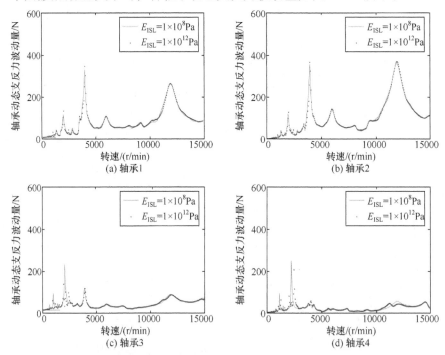

图 10-25　隔振器弹性模量对轴承动态支反力波动量的影响——高刚度隔振器

对于轴承 1，隔振器弹性模量为 $1×10^8$Pa 时，系统在 1950r/min、3950r/min、5950r/min 和 11900r/min 附近存在共振峰，幅值分别为 109.2N、324.7N、101.5N 和 260.1N。增加弹性模量到 $1×10^{12}$Pa 时，共振转速为 2000r/min、3950r/min、5950r/min 和 11900r/min，幅值分别为 126.0N、340.3N、100.6N 和 257.9N，分别改变了 15.4%、4.8%、−0.9%和−0.9%。对轴承 2，隔振器弹性模量为 $1×10^8$Pa 时，系统在 1950r/min、3950r/min、5950r/min 和 11900r/min 附近存在共振峰，幅值分别为 119.9N、361.3N、140.2N 和 363.4N。增加弹性模量后共振转速分别为 2000r/min、3950r/min、5950r/min 和 11900r/min，幅值分别增大 6.6%、2.3%、2.1% 和 2.5%。对于轴承 1 和轴承 2，增大隔振器弹性模量使得轴承振动增大。

对于轴承 3，弹性模量为 $1×10^8$Pa 时，系统在 1050r/min、2100r/min、3950r/min 和 11950r/min 附近存在共振峰，幅值分别为 75.7N、205.3N、96.1N 和 71.0N。增大弹性模量后，系统在 1000r/min、2000r/min、3950r/min 和 12000r/min 附近存在共振峰，幅值分别改变了−44.4%、−43.3%、0.3%和−4.1%。对轴承 4 而言，弹性模量为 $1×10^8$Pa 时，系统在 1100r/min、2200r/min 和 11900r/min 附近存在共振峰，幅值分别为 86.8N、233.5N 和 49.4N。增大弹性模量后，系统在 1250r/min、2450r/min 和 12050r/min 附近存在共振峰，幅值分别减小 35.8%、17.4%和 25.3%。对于轴承 3 和轴承 4，增大弹性模量使得轴承振动减小。

通过本节分析可知，对于低刚度隔振器支承，减小隔振器刚度会增大齿轮激振力，从而增大轴承振动；对于高刚度隔振器支承，改变隔振器刚度不会对齿轮激振力产生影响。受箱体边界条件变化的影响，隔振器刚度的影响需要具体分析。

4. 对箱体振动的影响

对于低刚度隔振器支承，箱体轴承孔处的振动加速度级如图 10-26(a)所示。对于轴承孔 1 处的振动加速度级，隔振器弹性模量为 $1×10^7$Pa 时，系统在 3950r/min、5450r/min 和 10950r/min 存在明显的共振，峰值分别为 143.7dB、144.1dB 和 151.1dB。增大隔振器弹性模量后，对应峰值变为 142.6dB、140.6dB 和 148.9dB，分别减小 1.1dB、3.5dB 和 2.2dB。减小弹性模量后，对应峰值为 147.3dB、149.8dB 和 158.2dB，分别增大 3.6dB、5.7dB 和 7.1dB。

对于高刚度隔振器支承，箱体轴承孔处的振动加速度级如图 10-26(b)所示。对于轴承孔 1 处的振动加速度级，隔振器弹性模量为 $1×10^8$Pa 时系统在 3950r/min、5500r/min 和 10950r/min 附近存在明显共振峰值，幅值分别为 143.0dB、139.6dB 和 148.2dB。增大隔振器弹性模量到 $1×10^{12}$Pa 时，3950r/min 处峰值增大 1.2dB，5650r/min 和 11350r/min 附近出现峰值，较原隔振器模型分别增大 5.4dB 和 5.5dB。

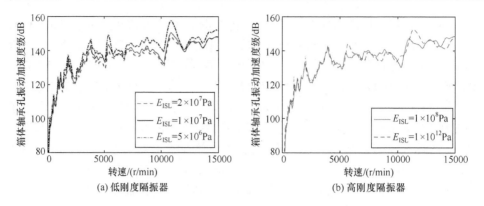

(a) 低刚度隔振器　　　　　　　(b) 高刚度隔振器

图 10-26　隔振器弹性模量对箱体轴承孔振动加速度级的影响

对于船舶齿轮系统，箱体机脚振动是齿轮箱验收的重要指标，研究隔振器刚度变化对箱体机脚振动的影响具有重要意义。不同隔振器对应的箱体机脚振动加速度级如图 10-27 所示。图 10-27(a)对应采用低刚度隔振器支承时箱体的机脚振动，隔振器弹性模量为 $1×10^7$Pa 时，系统在 5500r/min、5800r/min、10950r/min 和 11650r/min 处存在明显共振，峰值为 154.0dB、156.0dB、161.1dB 和 163.1dB。增大隔振器弹性模量后对应峰值分别减小 3.6dB、1.5dB、2.3dB 和 0.2dB。减小弹性模量后系统在 5500r/min 和 10950r/min 附近存在明显共振，幅值分别增大 5.7dB 和 7.0dB。在整个转速范围内对箱体机脚振动加速度级取平均值，对应弹性模量为 $5×10^6$Pa、$1×10^7$Pa 和 $2×10^7$Pa 的情况下，箱体机脚振动加速度级均值分别为 147.8dB、144.6dB 和 143.4dB。说明随着隔振器弹性模量的增大，箱体机脚振动加速度级逐渐减小。

图 10-27(b)为采用高刚度隔振器支承时箱体的机脚振动加速度级。当隔振器弹性模量为 $1×10^8$Pa 时，系统在 3950r/min、5900r/min 和 11850r/min 附近存在明显峰值，大小为 149.1dB、154.4dB 和 163.1dB，整个转速区间内平均振动加速度

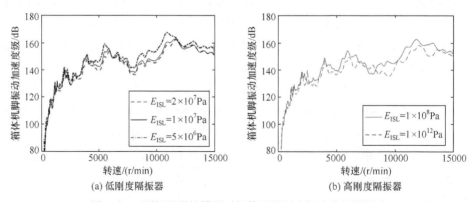

(a) 低刚度隔振器　　　　　　　(b) 高刚度隔振器

图 10-27　隔振器弹性模量对箱体机脚振动加速度级的影响

级为 143.4dB。增大隔振器弹性模量到 $1×10^{12}$Pa 时，对应峰值分别减小 1.9dB、4.6dB 和 4.4dB，平均振动加速度级减小 3.3dB。说明对于高刚度隔振器支承，增大隔振器弹性模量同样使得箱体机脚振动减小。

根据经典隔振理论，降低隔振器刚度会减小基础振动，但由图 10-27 可知，降低隔振器刚度会增大箱体机脚振动。机脚振动是船舶齿轮箱验收的重要指标，如果出厂试验采用刚性安装而在实船中采用柔性安装，会导致出厂检测合格而实际振动超标。

5. 对箱体空气噪声影响

改变隔振器弹性模量后，箱体的空气噪声如图 10-28 所示。对于低刚度隔振器，隔振器弹性模量分别为 $5×10^6$Pa、$1×10^7$Pa 和 $2×10^7$Pa，最大空气噪声分别为 103.7dB、98.1dB 和 98.1dB。整个转速区间内平均空气噪声分别为 81.6dB、77.9dB 和 76.8dB。说明对于低刚度隔振器支承，隔振器弹性模量越低箱体空气噪声越大。

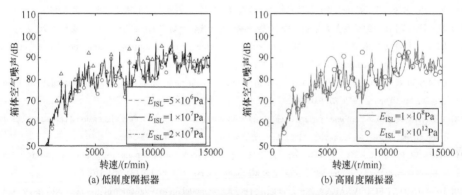

(a) 低刚度隔振器　　　　　　　　　　(b) 高刚度隔振器

图 10-28　隔振器弹性模量对箱体空气噪声的影响

对于高刚度隔振器支承，隔振器弹性模量为 $1×10^8$Pa 和 $1×10^{12}$Pa 时，最大空气噪声分别为 98.8dB 和 100.2dB，平均空气噪声分别为 76.9dB 和 77.0dB。说明对于高刚度隔振器，增加弹性模量使得整体空气噪声轻微增大。采用高刚度隔振器支承时会影响系统模态，在个别转速情况下增大隔振器弹性模量会使空气噪声显著增大。例如，在 5600r/min 附近和 11300r/min 附近，增大隔振器弹性模量使得空气噪声增大 6.5dB 和 9.4dB。

参 考 文 献

[1] 张懿时, 童宗鹏, 周炎, 等. 船舶齿轮箱硬弹性隔振技术研究[J]. 噪声与振动控制, 2013, 33(3): 153-155.

[2] 龚丽琴, 姚利锋. 带齿轮箱的主动力设备减振技术研究[J]. 噪声与振动控制, 2010, 30(6): 39-42.

[3] 沈建平, 周文建, 童宗鹏. 船舶传动装置振动控制技术研究现状与发展趋势[J]. 舰船科学技术, 2010, 32(8): 7-12.

[4] 尚振国, 王华. 基于齿轮箱整体模型的齿轮有限元接触分析[J]. 机械传动, 2012, 36 (5): 77-80.

[5] 胥良, 史春宝, 龙威. 轴承及箱体刚度对传动系统动态特性的影响[J]. 机械传动, 2015, 39 (7): 170-175.

[6] 董惠敏, 孙守林, 万艳丽, 等. 考虑箱体刚度耦合的齿形修整研究[J]. 机械科学与技术, 2012, 31 (4): 517-522.

[7] XUE S, HOWARD I. Dynamic modelling of flexibly supported gears using iterative convergence of tooth mesh stiffness[J]. Mechanical Systems and Signal Processing, 2016 (80): 460-481.

[8] HARRIS O J, DOUGLAS M, JAMES B M, et al. Predicting the effects of transmission housing flexibility and bearing stiffness on gear mesh misalignment and transmission error[C]. Proceedings of the 2nd MSC Worldwide Automotive Conference, Dearborn, MI, 2000:1-13.

[9] 郑光泽, 黄修鹏, 郭栋. 柔性壳体对变速器齿轮副动态啮合特性的影响分析[J]. 振动与冲击, 2017, 36 (13): 140-145.

[10] 何畅然, 贺敬良, 何渠. 箱体结构柔性对变速箱动态特性的影响分析[J]. 组合机床与自动化加工技术, 2015 (5): 31-37.

[11] 刘宝山, 杜群贵, 文奇. 考虑安装误差的斜齿轮啮合刚度计算与分析[J]. 机械传动, 2017, 41 (3): 33-37.

[12] 郭凡, 张冬冬, 赵恒文. 啮合错位和修形对斜齿轮副啮合特性的影响[J]. 佳木斯大学学报 (自然科学版), 2017, 35 (4): 596-599.

[13] WANG Q B, MA H B, KONG X G, et al. A distributed dynamic mesh model of a helical gearpair with tooth profile errors[J]. Journal of Central South University, 2018, 25 (2): 287-303.

[14] 孙玉凤. 基于有限元法的含裂纹故障齿轮传动系统动态特性研究[D]. 沈阳: 沈阳工业大学, 2019.

[15] 任亚峰. 基于阻抗的柔性支承齿轮传动装置振动耦合与传递特性研究[D]. 西安: 西北工业大学, 2019.

[16] REN Y F, WU L Y, WANG X, et al. Effects of gear manufacturing error on housing vibration considering foundation impedance[C]. International Gear Conference 2018, Lyon, France,2018:867-879.

[17] CHANG L H, LIU G, WU L Y. A robust model for determining the mesh stiffness of cylindrical gears[J]. Mechanism and Machine Theory, 2015, 87: 93-114.

[18] VIJAYAKAR S M. A combined surface integral and finite element solution for a three-dimensional contact problem[J]. International Journal for Numerical Method in Engineering, 1991, 72 (31): 525-545.

[19] PARKER R G, AGASHE V, VIJAYAKAR S M. Dynamic response of a planetary gear system using a finite element/contact mechanics model[J]. Journal of Mechanical Design, 2000, 122 (3): 304-310.

[20] HEDLUND J, LEHTOVAARA A. A parameterized numerical model for the evaluation of gear mesh stiffness variation of a helical gear pair[J]. Proceeding of the Institution of Mechanical Engineering, Part C: Journal of Mechanical Engineering Science, 2008, 22(C7): 1321-1327.

[21] DEL RINCON A F, VIADERO F, IGLESIAS M, et al. A model for the study of meshing stiffness in spur gear transmissions[J]. Mechanism and Machine Theory, 2013, 61: 30-58.

[22] VELEX P, MAATAR M. A mathematical model for analyzing the influence of shape deviations and mounting errors on gear dynamic behaviour[J]. Journal of Sound and Vibration, 1996, 191 (5): 629-660.

[23] 左鹤声. 机械阻抗方法与应用[M]. 北京: 机械工业出版社, 1987.

[24] REN Y F, CHANG S, LIU G, et al. Impedance synthesis based vibration analysis of geared transmission system[J]. Shock and Vibration, 2017, 4846532.

[25] REN Y F, CHANG S, LIU G, et al. Vibratory power flow analysis of a gear-housing-foundation coupled system[J]. Shock and Vibration, 2018, 5974759.

[26] 任亚峰, 常山, 刘更, 等. 箱体柔性对齿轮传动系统动态特性的影响分析[J]. 振动与冲击, 2017, 36 (14): 85-91, 103.

[27] 刘岚, 赵晨晴, 任亚峰, 等. 齿轮箱全耦合系统动力学建模与箱体影响分析[J]. 哈尔滨工程大学学报, 2018, 39 (3): 561-568.

[28] 梁明轩, 袁惠群, 李岩, 等. 齿轮箱耦合系统三维接触非线性动态特性仿真[J]. 东北大学学报 (自然科学版), 2014, 35 (1): 79-83.

[29] HAMBRIC S A, SHEPHERD M R, CAMPBELL R L. Effects of gears, bearings, and housings on gearbox transmission shafting resonances[C]. ASME 2010 International Mechanical Engineering Congress and Exposition, Vancouver, British Columbia, Canada, 2010: 229-238.

[30] GUO Y, ERITENEL T, ERICSON T M, et al. Vibro-acoustic propagation of gear dynamics in a gear-bearing-housing system [J]. Journal of Sound and Vibration, 2014, 333 (22): 5762-5785.

[31] 朱才朝, 陆波, 徐向阳, 等. 大功率船用齿轮箱传动系统和结构系统耦合特性分析[J]. 船舶力学, 2011, 15 (11): 1315-1321.

[32] 林腾蛟, 蒋仁科, 李润方, 等. 船用齿轮箱动态响应及抗冲击性能数值仿真[J]. 振动与冲击, 2007, 12 (14):162-168.

[33] 常乐浩. 平行轴齿轮传动系统动力学通用建模方法与动态激励影响规律研究[D]. 西安: 西北工业大学, 2014.

[34] 贺朝霞, 常乐浩, 刘岚. 耦合箱体振动的行星齿轮传动系统动态响应分析[J]. 华南理工大学学报 (自然科学版), 2015, 43 (9): 128-134.

[35] ZHU C C, XU X, LIU H, et al. Research on dynamical characteristics of wind turbine gearboxes with flexible pins [J]. Renewable Energy, 2014, 68: 724-732.

[36] 蒋立冬, 岳彦炯, 尹素格. 星型齿轮箱动响应的分析与计算[J]. 机械传动, 2012, 36 (8): 51-53.

第 11 章　齿轮传动装置振动传递特性

在齿轮传动装置中，齿轮产生的振动依次通过轴、轴承、箱体及隔振系统传递到基础，从而对环境或外部设备产生影响。控制基础的振动，一方面可以通过对齿轮进行修形以降低激励，另一方面可以通过添加隔振子系统以抑制振动传递。通过对齿轮传动装置的振动传递特性进行分析，可以有效地为齿轮系统的减振降噪提供指导。

本章研究内容为一般隔振系统振动传递分析、基于阻抗动力学模型和振动功率流评价指标的齿轮系统多分层多路径振动传递分析、齿轮系统振动传递参数影响规律以及不同隔振形式对振动传递的影响规律。

11.1　一般隔振系统振动传递分析

11.1.1　一般隔振系统动力学建模方法

一般隔振系统动力学分析建模时通常采用质量-弹簧模型，模型仅考虑竖直方向自由度，建模方法包括经典方法[1]、四端参数法[2]、机械阻抗法[3]、频响函数综合法[4]和模态机械阻抗综合法[5]等。本节重点介绍常用的经典方法和四端参数法。

1. 经典方法

图 11-1 所示为单层隔振系统模型示意图，设备质量为 m，其上作用简谐激振

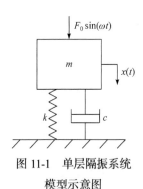

图 11-1　单层隔振系统
模型示意图

力 $F_0\sin(\omega t)$，力的幅值为 F_0，角频率为 ω。规定设备的位移为 $x(t)$，其正向如图所示，速度为 $\dot{x}(t)$，加速度为 $\ddot{x}(t)$。作用在设备上的弹簧恢复力为 $-kx$，阻尼力为 $-c\dot{x}$，k 和 c 分别为刚度和阻尼。根据牛顿第二定律建立单层隔振系统的运动微分方程为[1]

$$m\ddot{x}(t) + c\dot{x}(t) + kx(t) = F_0\sin(\omega t) \tag{11-1}$$

方程(11-1)的解包含齐次方程的通解 $\tilde{x}_1(t)$ 和非齐次方程的特解 $\tilde{x}_2(t)$。$\tilde{x}_1(t)$ 表示系统的瞬态振动，当只研究受迫振动持续的等幅振动时可以被忽略。$\tilde{x}_2(t)$ 表示系统的稳态振动，可表示为下列形式：

$$\tilde{x}_2(t) = X\sin(\omega t - \psi) \tag{11-2}$$

式中，受迫振动的幅值 X 为

$$X = \frac{B_s\omega_n^2}{\sqrt{\left(\omega_n^2 - \omega^2\right)^2 + 4\xi^2\omega_n^2\omega^2}} \tag{11-3}$$

位移响应与激振力之间的相位差为

$$\psi = \arctan\left(\frac{2\xi\omega_n\omega}{\omega_n^2 - \omega^2}\right) \tag{11-4}$$

静位移为

$$B_s = \frac{F_0}{k} \tag{11-5}$$

阻尼比为

$$\xi = \frac{c}{2m\omega_n} \tag{11-6}$$

固有角频率为

$$\omega_n = \sqrt{k / m} \tag{11-7}$$

传递到基础的力可以表示为

$$F_{out} = kx(t) + c\dot{x}(t) \tag{11-8}$$

将 $x(t) = X\sin(\omega t - \psi)$，$\dot{x}(t) = \omega X\cos(\omega t - \psi)$ 代入式(11-8)，可得输出力 F_{out} 的幅值 F_{out0} 为

$$F_{out0} = F_0\sqrt{\frac{1 + (2\xi r)^2}{(1 - r^2)^2 + (2\xi r)^2}} \tag{11-9}$$

式中，$r = \dfrac{\omega}{\omega_n}$，为频率比。

根据式(11-9)可得单层隔振系统力传递率为

$$T_f = F_{out0} / F_0 = \sqrt{\frac{1 + (2\xi r)^2}{(1 - r^2)^2 + (2\xi r)^2}} \tag{11-10}$$

图 11-2 为双层隔振系统模型示意图，其运动微分方程可表示为[1]

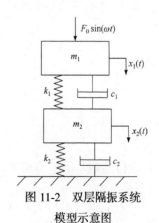

图 11-2　双层隔振系统
模型示意图

$$\begin{cases} m_1\ddot{x}_1(t) + c_1(\dot{x}_1(t) - \dot{x}_2(t)) + k_1(x_1(t) - x_2(t)) = F_0\sin(\omega t) \\ m_2\ddot{x}_2(t) + (c_1 + c_2)\dot{x}_2(t) + (k_1 + k_2)x_2(t) - c_1\dot{x}_1(t) - k_1x_1(t) = 0 \end{cases} \tag{11-11}$$

将式(11-11)改写为矩阵形式:

$$M\ddot{X} + C\dot{X} + KX = F_0 e^{j\omega t} \tag{11-12}$$

式中,$M = \begin{bmatrix} m_1 & 0 \\ 0 & m_2 \end{bmatrix}$; $C = \begin{bmatrix} c_1 & -c_1 \\ -c_1 & c_1 + c_2 \end{bmatrix}$; $K = \begin{bmatrix} k_1 & -k_1 \\ -k_1 & k_1 + k_2 \end{bmatrix}$; $X = \begin{Bmatrix} x_1 \\ x_2 \end{Bmatrix}$; $F_0 = \begin{Bmatrix} F_0 \\ 0 \end{Bmatrix}$; $j=\sqrt{-1}$。

引入下列临时变量:

$$a = (k_{11} - m_{11}\omega^2)(k_{22} - m_{22}\omega^2) - k_{12}^2 - c_{11}c_{22}\omega^2 + c_{12}^2\omega^2 \tag{11-13}$$

$$b = (k_{11} - m_{11}\omega^2)c_{22}\omega + (k_{22} - m_{22}\omega^2)c_{11}\omega - 2k_{12}\omega c_{12} \tag{11-14}$$

$$c = k_{22} - m_{22}\omega^2 \tag{11-15}$$

$$d = c_{22}\omega \tag{11-16}$$

$$l = -k_{12} \tag{11-17}$$

$$f = -c_{12}\omega \tag{11-18}$$

$$g = k_{11} - m_{11}\omega^2 \tag{11-19}$$

$$h = c_{11}\omega \tag{11-20}$$

可得受迫振动的解为

$$x_1 = F_0\sqrt{\frac{c^2 + d^2}{a^2 + b^2}}e^{j(\omega t - \varphi_1)} \tag{11-21}$$

$$x_2 = F_0\sqrt{\frac{l^2 + f^2}{a^2 + b^2}}e^{j(\omega t - \varphi_2)} \tag{11-22}$$

式中,

$$\varphi_1 = \arctan\frac{bc - ad}{ac + bd} \tag{11-23}$$

$$\varphi_2 = \arctan\frac{lb - fa}{la + fb} \tag{11-24}$$

传递到基础的力可表示为

$$F_{\text{out}} = k_2 x_2(t) + c_2\dot{x}_2(t) = k_2 F_0\sqrt{\frac{l^2 + f^2}{a^2 + b^2}}e^{j(\omega t - \varphi_2)} + c_2 i\omega F_0\sqrt{\frac{l^2 + f^2}{a^2 + b^2}}e^{j(\omega t - \varphi_2)} \tag{11-25}$$

双层隔振系统力传递率可表示为[1]

$$T_{\mathrm{f}} = \left| \frac{F_{\mathrm{out}}}{F_0} \right| = \frac{F_0 \sqrt{k_2^2 + (c_2\omega)^2}}{F_0} \sqrt{\frac{l^2 + f^2}{a^2 + b^2}} = \sqrt{\frac{(k_2^2 + (c_2\omega)^2)(l^2 + f^2)}{a^2 + b^2}} \tag{11-26}$$

2. 四端参数法

四端参数法在动态分析中的应用，借助于电气系统中网络理论的概念。这种方法的主要优点是，系统的四端参数只由系统本身的动态特性决定，与系统的前后结构无关，因此特别适用于组合元件的分析。

一个弹性系统可以表示为一个具有输入端 1 和输出端 2 的广义线性机械系统，输入端和输出端的力、速度分别表示为 F_1、V_1 和 F_2、V_2，正方向表示从振源发生的能量流方向。该机械系统可以用一组线性方程来表示[2]：

$$\begin{cases} F_1 = a_{11}F_2 + a_{12}V_2 \\ V_1 = a_{21}F_2 + a_{22}V_2 \end{cases} \tag{11-27}$$

或表示为矩阵形式：

$$\begin{bmatrix} F_1 \\ V_1 \end{bmatrix} = \begin{bmatrix} a_{11} & a_{12} \\ a_{21} & a_{22} \end{bmatrix} \begin{bmatrix} F_2 \\ V_2 \end{bmatrix} \tag{11-28}$$

式中，

$$\begin{cases} a_{11} = \left. \dfrac{F_1}{F_2} \right|_{V_2=0} & a_{12} = \left. \dfrac{F_1}{V_2} \right|_{F_2=0} \\[3mm] a_{21} = \left. \dfrac{V_1}{F_2} \right|_{V_2=0} & a_{22} = \left. \dfrac{V_1}{V_2} \right|_{F_2=0} \end{cases} \tag{11-29}$$

通过理论计算，可得理想元件的四端参数，具体如下。

质量元件：

$$\begin{bmatrix} a_{ij} \end{bmatrix} = \begin{bmatrix} 1 & \mathrm{j}m\omega \\ 0 & 1 \end{bmatrix} \tag{11-30}$$

弹簧元件：

$$\begin{bmatrix} a_{ij} \end{bmatrix} = \begin{bmatrix} 1 & 0 \\ \dfrac{\mathrm{j}\omega}{k} & 1 \end{bmatrix} \tag{11-31}$$

阻尼元件：

$$\begin{bmatrix} a_{ij} \end{bmatrix} = \begin{bmatrix} 1 & 0 \\ \dfrac{1}{c} & 1 \end{bmatrix} \tag{11-32}$$

当第 1 个系统(四端参数矩阵为 $\left[a_{ij}\right]$)的输出就是第 2 个系统(四端参数矩阵为 $\left[b_{ij}\right]$)的输入时，由这 2 个系统串联构成的复合系统的四端参数矩阵可表示为

$$\begin{bmatrix} S_{11} & S_{12} \\ S_{21} & S_{22} \end{bmatrix} = \begin{bmatrix} a_{11} & a_{12} \\ a_{21} & a_{22} \end{bmatrix} \begin{bmatrix} b_{11} & b_{12} \\ b_{21} & b_{22} \end{bmatrix} \tag{11-33}$$

当 N 个系统并联组成 1 个复合系统时，即为第 n 个系统的四端参数矩阵，则并联系统的四端参数矩阵为

$$\begin{bmatrix} P_{11} & P_{12} \\ P_{21} & P_{22} \end{bmatrix} = \begin{bmatrix} P_1 / P_2 & P_1 P_3 / P_2 - P_2 \\ 1 / P_2 & P_3 / P_2 \end{bmatrix} \tag{11-34}$$

式中，$P_1 = \sum_{n=1}^{N} (a_{11}^n / a_{21}^n)$；$P_2 = \sum_{n=1}^{N} (1 / a_{21}^n)$；$P_3 = \sum_{n=1}^{N} (a_{22}^n / a_{21}^n)$。

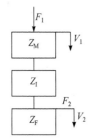

图 11-3　单层隔振系统
四端参数示意图

对于图 11-3 所示的单层隔振系统而言，F_1 和 F_2 分别为设备激振力和传递到基础上的力；V_1 和 V_2 分别为设备和基础的振动速度；Z_M、Z_I 和 Z_F 分别为设备、隔振器和基础的机械阻抗。

根据经典的刚体振动理论，将设备简化成质量为 M 的理想刚体，其机械阻抗为 $Z_M = j\omega M$；将隔振器简化为具有一定刚度 K 和阻尼特性 C 的理想单元，其机械阻抗为 $Z_I = K / j\omega + C$。则利用四端参数法可得到单层隔振系统的输入和输出之间的关系为

$$\begin{Bmatrix} F_1 \\ V_1 \end{Bmatrix} = \begin{bmatrix} 1 & j\omega M \\ 0 & 1 \end{bmatrix} \begin{bmatrix} 1 & 0 \\ \dfrac{j\omega}{K + Cj\omega} & 1 \end{bmatrix} \begin{Bmatrix} F_2 \\ V_2 \end{Bmatrix} \tag{11-35}$$

结合 $F_2 = Z_F V_2$，可以得到单层隔振系统其他输入参数和输出参数：

$$V_1 = \frac{F_1(M_{21}Z_F + M_{22})}{M_{11}Z_F + M_{12}} \tag{11-36}$$

$$V_2 = \frac{F_1}{M_{11}Z_F + M_{12}} \tag{11-37}$$

$$F_2 = \frac{Z_F F_1}{M_{11}Z_F + M_{12}} \tag{11-38}$$

式中，M_{11}、M_{12}、M_{21} 和 M_{22} 为设备和隔振器构成的串联复合系统四端参数矩阵元素：

$$M_{11} = \frac{K + Cj\omega - \omega^2 M}{K + Cj\omega} \tag{11-39}$$

$$M_{12} = \mathrm{j}\omega M \tag{11-40}$$

$$M_{21} = \frac{\mathrm{j}\omega}{K + C\mathrm{j}\omega} \tag{11-41}$$

$$M_{22} = 1 \tag{11-42}$$

双层隔振系统四端参数模型如图 11-4 所示。Z_R 为中间质量的机械阻抗；Z_{I1} 和 Z_{I2} 分别为上、下层隔振器的机械阻抗：

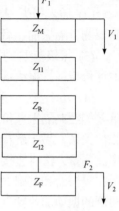

$$Z_{I1} = K_1\mathrm{j}\omega + C_1 \tag{11-43}$$

$$Z_{I2} = K_2\mathrm{j}\omega + C_2 \tag{11-44}$$

式中，K_1 和 K_2 分别为上、下层隔振器的刚度；C_1 和 C_2 分别为上、下层隔振器的阻尼。

图 11-4　双层隔振系统
四端参数模型

利用四端参数法可得到双层隔振系统的动力学方程为

$$\begin{Bmatrix} F_1 \\ V_1 \end{Bmatrix} = \begin{bmatrix} 1 & \mathrm{j}\omega M \\ 0 & 1 \end{bmatrix} \begin{bmatrix} 1 & 0 \\ \dfrac{\mathrm{j}\omega}{K_1 + C_1\mathrm{j}\omega} & 1 \end{bmatrix} \begin{bmatrix} 1 & \mathrm{j}\omega M_R \\ 0 & 1 \end{bmatrix} \begin{bmatrix} 1 & 0 \\ \dfrac{\mathrm{j}\omega}{K_2 + C_2\mathrm{j}\omega} & 1 \end{bmatrix} \begin{Bmatrix} F_2 \\ V_2 \end{Bmatrix} \tag{11-45}$$

式中，M_R 为筏架质量。

结合 $F_2 = Z_F V_2$，可得双层隔振系统输入和输出之间的关系与式(11-36)～式(11-38)一致。式中，

$$M_{11} = \frac{(K_1 + C_1\mathrm{j}\omega - \omega^2 M)(K_2 + C_2\mathrm{j}\omega - \omega^2 M_R)}{(K_1 + C_1\mathrm{j}\omega)(K_2 + C_2\mathrm{j}\omega)} - \frac{\omega^2 M(K_1 + C_1\mathrm{j}\omega)}{(K_1 + C_1\mathrm{j}\omega)(K_2 + C_2\mathrm{j}\omega)} \tag{11-46}$$

$$M_{12} = \frac{\mathrm{j}\omega M_R(K_1 + C_1\mathrm{j}\omega - \omega^2 M)}{K_1 + C_1\mathrm{j}\omega} + \frac{\mathrm{j}\omega M(K_1 + C_1\mathrm{j}\omega)}{K_1 + C_1\mathrm{j}\omega} \tag{11-47}$$

$$M_{21} = \frac{\mathrm{j}\omega(K_2 + C_2\mathrm{j}\omega - \omega^2 M_R)}{(K_1 + C_1\mathrm{j}\omega)(K_2 + C_2\mathrm{j}\omega)} + \frac{\mathrm{j}\omega(K_1 + C_1\mathrm{j}\omega)}{(K_1 + C_1\mathrm{j}\omega)(K_2 + C_2\mathrm{j}\omega)} \tag{11-48}$$

$$M_{22} = \frac{K_1 + C_1\mathrm{j}\omega - \omega^2 M_R}{K_1 + C_1\mathrm{j}\omega} \tag{11-49}$$

11.1.2　评价指标及振动传递分析

针对隔振系统的振动传递，评价指标有力传递率、插入损失、振级落差和功率流等[6-11]。

(1) 力传递率：指设备进行隔振处理后，传递到基础的力与设备扰动力之比。力传递率是最早的隔振评价指标，由于相关理论较为成熟，该指标目前仍被广泛

应用于隔振系统的设计阶段。但力传递率的测量具有一定难度，需要将力传感器串联在系统内部。

(2) 插入损失：指设备隔振处理后与隔振处理前的基础振动响应之比。该指标需要测量隔振前、后机座上同一点的振动，很难用于工程实践。

(3) 振级落差：指隔振处理后，设备机脚振动与基础振动响应之比。相对于其他评价指标，振级落差易于测量，因此被广泛应用于工程实践和试验研究。

(4) 功率流：一般表达为力与速度的乘积。相对于力传递率、插入损失和振级落差等经典隔振评价指标，功率流同时考虑了传递到结构上的力和速度及两者的相位关系，易于解释振动传递机理，并能给出多点多维振动传递的绝对度量。功率流测量方法有直接法和间接法。直接法需要同时测量力和加速度信号，由于需要在隔振器和基础之间串联力传感器，难以操作。间接法通过对隔振器的阻抗和两侧的振动加速度进行测量间接获得通过隔振器的振动功率流，较为方便。

振动功率流是一段时间（对于周期振动为振动的最小周期）内瞬时功率的平均。

$$P = \frac{1}{T}\int_0^T f(t)\cdot v(t)\mathrm{d}t \tag{11-50}$$

式中，T 表示周期；$f(t)$ 表示力；$v(t)$ 表示速度。

假设力和速度均为简谐变化量，则振动功率流在频域内可表示为

$$P(\omega) = \frac{1}{2}\mathrm{Re}(V^{\mathrm{H}}(\omega)\cdot F(\omega)) \tag{11-51}$$

式中，$\mathrm{Re}(*)$ 表示复数的实部；$F(\omega)$ 表示频域力；$V(\omega)$ 表示频域速度；$*^{\mathrm{H}}$ 表示共轭转置。

振动功率流可以表示为功率级(dB)形式：

$$L_{\mathrm{P}} = 10\lg\frac{P}{P_0} \tag{11-52}$$

式中，L_{P} 为振动功率级；P 为振动功率流；P_0 为功率基准，$P_0 = 1\times10^{-12}\,\mathrm{W}$。

式(11-51)中力和速度都为复数，因此振动功率流同时考虑了力和速度以及它们之间的相位关系，能更有效地对隔振性能进行评价。同时振动功率流作为一个标量，可以综合考虑系统不同方向的振动。本章后续振动能量传递分析中，采用式(11-52)定义的振动功率级来描述传动系统各物体间传递的振动功率。

将齿轮系统考虑为一般隔振系统之后，系统的振动功率流如图11-5所示。可以看出，对于简化模型，系统的共振峰较少，且当频率较高时齿轮箱的振动功率和流入基础的振动功率都随频率升高显著降低，说明简化模型很难反映系统的高频特性。

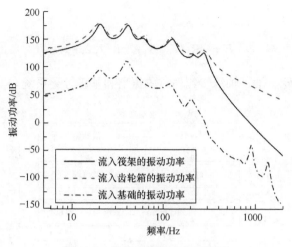

图 11-5　齿轮系统振动功率流[12]

11.2　齿轮系统多分层多路径振动传递分析

振动系统一般可以分为激励源、传递路径和接受结构三部分。传递路径泛指激励源与接受结构之间起连接作用的所有部分。通过计算各传递路径的传递率或隔振率，对各传递路径的重要性进行评价和排序，可以辨识出主要的传递路径，这对减振降噪的被动控制和结构修改至关重要。

本节以单层隔振齿轮系统为对象，基于第 10 章的阻抗动力学模型和振动功率流评价指标进行分层传递路径分析。齿轮基本参数参见表 10-1。对于单层隔振齿轮系统，激励源为齿轮振动功率，接受结构为基础。振动功率传递路径总体来看为齿轮-轴-轴承-箱体-隔振器-基础，具体可以根据图 11-6(a)和(b)对每一层传递过程进行详细划分[13]。图 11-6(a)为分层物理传递路径，齿轮振动功率可以分为主动轮振动功率和从动轮振动功率，分别经过主动轮和从动轮传递到高速轴和低速轴；高速轴将振动能量传递给轴承 1 和轴承 2，低速轴将振动能量传递给轴承 3 和轴承 4；各轴承将振动传递给箱体；箱体又将振动通过 6 个隔振器传递给基础。图 11-6(b)为分层自由度传递路径，齿轮振动功率包含 6 个自由度，除了轴承没有扭转自由度以外，其余子系统均包含 6 个自由度，子系统之间的振动能量传递路径均可以看成由 6 个自由度构成的虚拟路径。

齿轮的振动功率可以通过式(11-53)计算：

$$P^{GP} = \frac{1}{2} \mathrm{Re}(V^{GP} \cdot F^{ext}), \quad i = 1, 2, \cdots, n \tag{11-53}$$

振动功率通过齿轮向轴、轴承、箱体、隔振系统和基础传递时子系统的振动功率流如下所示：

$$P_i = \frac{1}{2}\text{Re}(V_i^{\text{H}} \cdot F_i), \quad i = 1, 2, \cdots, n \tag{11-54}$$

式中，i 对应齿轮、轴、轴承、箱体、隔振器和基础等子系统。

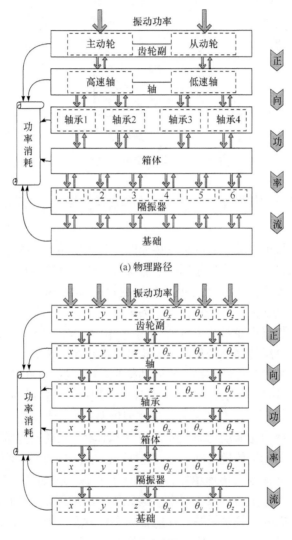

(a) 物理路径

(b) 自由度路径

图 11-6　分层传递路径

物理路径对应的振动功率流为

$$p_i^k = \sum_{j=1}^J p_{i,j}^k, \quad i = 1 \sim I \tag{11-55}$$

式中，k 对应齿轮、轴、轴承、箱体、隔振器和基础等子系统；i 对应各分层的物理路径；j 对应各自由度。

自由度路径对应的振动功率流为

$$p_j^k = \sum_{i=1}^I p_{i,j}^k, \quad j = 1 \sim J \tag{11-56}$$

11.2.1 齿轮振动功率

对应物理路径的齿轮的振动功率流如图 11-7 所示。齿轮副的振动功率包括小齿轮的振动功率和大齿轮的振动功率，总的来看，齿轮副的振动功率以小齿轮的振动功率为主，5000r/min 以上小齿轮的振动功率和整个齿轮副的振动功率基本相当，小齿轮在 5000～15000r/min 时平均振动功率仅比齿轮副振动功率低 0.7dB，而比大齿轮振动功率高 7.7dB。在 5000r/min 以下的某些转速内系统存在反向功率，即齿轮没有充当激励源，反而起到消耗功率的作用。例如，在 1300r/min、1950r/min、2800r/min 和 3950r/min 附近大齿轮存在明显共振，此时小齿轮的激振力和振动速度方向相反，导致存在反向功率，大小分别为 99.8dB、107.5dB、95.6dB 和 112.4dB。在 700r/min、1100r/min、1450r/min 和 2200r/min 附近小齿轮存在明显共振峰，幅值分别为 101.9dB、109.9dB、106.5dB 和 117.7dB，但此时大齿轮存在明显的反向功率，导致整个齿轮副的振动功率分别减小了 6.9dB、8.4dB、5.0dB 和 8.7dB。虽然特定工况下小齿轮或大齿轮会存在反向功率，但是整个齿轮副的

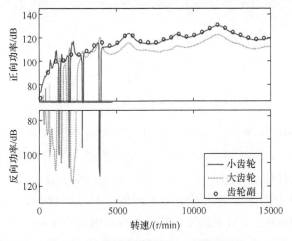

图 11-7 齿轮振动功率流——物理路径

振动功率在所有转速下都是正向功率。

　　齿轮自由度路径的振动功率流如图 11-8 所示。齿轮副的振动功率以转动自由度 θ_z 和竖直方向平移自由度 y 为主。5000～15000r/min，θ_z 和 y 方向功率都为正向，平均振动功率分别为 119.9dB 和 117.3dB，二者叠加为 121.9dB，接近整体的122.1dB。

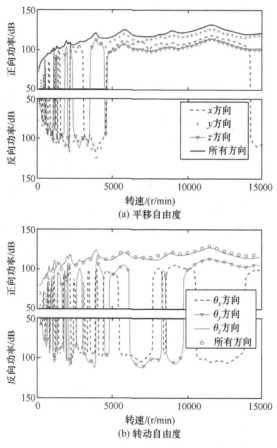

图 11-8　齿轮振动功率流——自由度路径

　　在 5000r/min 以下，y 方向几乎都为反向功率，在 θ_z 方向的共振转速为1950r/min、2200r/min 和 3900r/min 附近，θ_z 方向的幅值分别为 118.5dB、120.3dB 和 126.2dB，此时在 y 方向存在较大的反向功率，幅值分别为 117.3dB、120.1dB 和 124.6dB，导致整体振动功率较 θ_z 方向的功率分别减小了 7.6dB、11.3dB 和5.6dB。z 方向 5000r/min 以下的某些转速也存在明显的反向功率，x 方向低转速和较高转速下存在反向功率，θ_x 和 θ_y 方向在整个转速区间内的特定转速下存在明显反向功率，θ_z 方向和整体在整个转速区间内恒为正向功率。

11.2.2　齿轮-轴传递功率

齿轮-轴对应的物理路径传递功率流如图 11-9 所示。可以看出齿轮的振动功率大部分传递给了高速轴，低速轴仅在 1300r/min 以下和某些特性共振转速如 1900r/min、2200r/min 和 3850r/min 时才接收了一定振动功率。整个转速区间内高速轴平均功率为 111.3dB，接近于整体的 111.8dB。在 1400r/min、2800r/min 和 4100r/min 附近低速轴存在明显反向功率，幅值分别为 79.9dB、90.1dB 和 81.5dB，但相对于整体的 96.9dB、104.0dB 和 112.3dB 正向功率而言，反向功率较小，可以忽略不计。

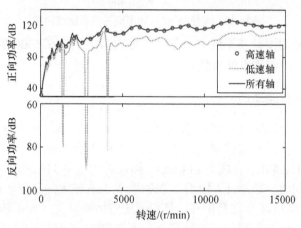

图 11-9　齿轮-轴传递功率流——物理路径

对应齿轮-轴的自由度路径的传递功率流如图 11-10 所示。y 方向和 θ_z 方向的振动功率恒为正向功率，其余方向振动功率在特定转速下存在反向功率。在 5000r/min

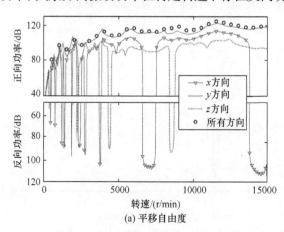

(a) 平移自由度

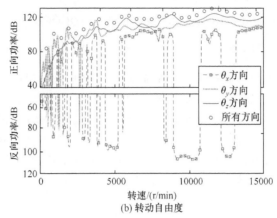

(b) 转动自由度

图 11-10　齿轮-轴传递功率流——自由度路径

以上时，传入轴的振动功率以 y 方向和 θ_z 方向为主，而在 5000r/min 以下 x、y、z 和 θ_y 方向都有一定程度的贡献。

11.2.3　轴-轴承传递功率

对应物理路径的轴-轴承传递功率流如图 11-11 所示。在 5000r/min 以上的高转速区间，轴的振动主要传递到高速轴上的轴承 1 和轴承 2，平均振动功率分别为 109.7dB 和 112.5dB，合成为 114.4dB，接近总的功率 114.5dB。在 5000r/min 以下的低转速区间内，轴承 1、轴承 2 和轴承 3 都有较大的贡献。在 1100r/min 和 2200r/min 附近轴承 3 存在共振峰，且幅值比整体振动大 4.2dB 和 3.8dB。轴承 4 在整个转速区间内对振动传递贡献较小，可以忽略。所有轴承总的振动功率在整个转速范围内恒为正，轴承 2 在整个转速区间内接受的振动功率也为正向功率。轴承 1 在 1150r/min、1500r/min、1600r/min 和 1700r/min 附近存在反向功率，轴承 3 和轴承 4 在整个转速范围内都存在反向功率区间。

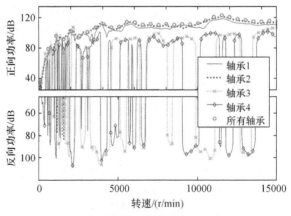

图 11-11　轴-轴承传递功率流——物理路径

轴-轴承对应的自由度路径传递功率流如图 11-12 所示。振动功率主要传递给轴承的 y 方向，在 9050～9650r/min 附近 x 方向振动最大，低速时 x 和 y 方向也有一定程度的贡献。整体振动功率恒为正向功率，y 方向振动功率也恒为正向，其他方向在某些转速区间内存在反向功率，在低速时 x 方向和 θ_x 方向对反向功率贡献较大。整体来看 z 方向和 θ_y 方向的振动影响较小。

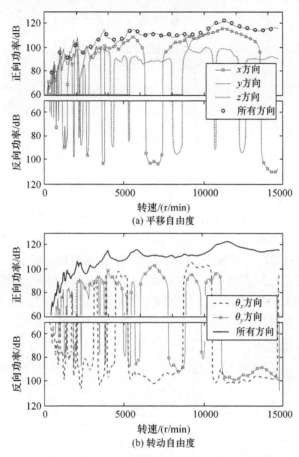

图 11-12　轴-轴承传递功率流——自由度路径

11.2.4　轴承-箱体传递功率

轴承-箱体对应的物理路径传递功率流如图 11-13 所示，图中的"所有轴承"反映了轴承整体振动水平。在高速时振动以轴承孔 1 和轴承孔 2 为主，轴承孔 1 和轴承孔 2 对应 5000～15000r/min 的平均振动功率为 99.2dB 和 103.7dB，合成为 109.9dB，接近整体的 109.8dB。低速时轴承孔 3 和轴承孔 4 对振动也有很大贡献。其中轴承孔 3 在 700r/min、1100r/min 和 2200r/min 附近存在明显共振，峰值分别为 88.3dB、100.9dB 和 108.7dB，经与整体振动曲线对比分别高出 9.2dB、11.3dB 和 11.0dB。轴承孔 4 在对应转速下存在明显的反向功率流，峰值分别为 88.7dB、101.2dB 和 109.0dB，说明轴承孔 4 处有明显的振动抑制效果。

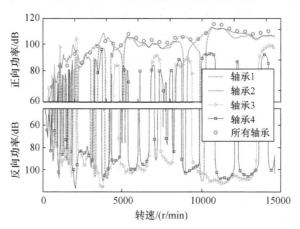

图 11-13　轴承-箱体传递功率流——物理路径

　　轴承-箱体对应的自由度路径的传递功率流如图 11-14 所示。在高速时振动以 y 方向为主，且 y 方向的振动功率为正向功率，x 方向仅在某些转速下才有一定贡献，其余方向对振动的贡献较小。在低速时各个方向对振动都有一定程度的贡献，且在某些转速下存在反向功率。x 方向在 1100r/min 和 2200r/min 附近存在共振，峰值分别为 94.6dB 和 102.5dB，分别较整体振动功率高出 5.0dB 和 4.8dB。而此时在 y 方向存在明显的反向功率，幅值分别为 96.1dB 和 103.9dB。相对而言，θ_y 方向对振动的贡献较小。

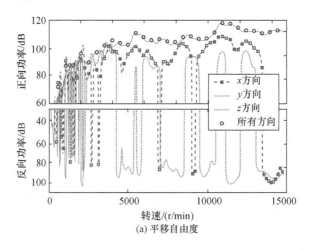

(a) 平移自由度

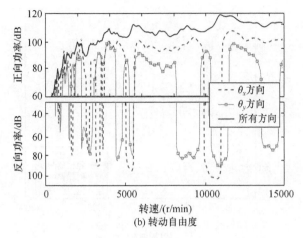

(b) 转动自由度

图 11-14　轴承-箱体传递功率流——自由度路径

11.2.5　箱体-隔振器传递功率

箱体-隔振器对应的物理路径的传递功率流如图 11-15 所示。每个隔振器的功率流向都恒为正，不存在反向功率。低速时各个隔振器对振动的贡献基本相当，高速时不同转速下各隔振器的贡献有所差异。例如，在 5400～6700r/min，隔振器 3 和隔振器 4 对振动贡献最大，其余隔振器贡献较小。在 10700～13450r/min，隔振器 3 和隔振器 4 对振动也有显著贡献。虽然隔振器 1 和隔振器 2、隔振器 3 和隔振器 4、隔振器 5 和隔振器 6 是对称布置的，但由于传动系统是非对称的，对应的隔振器振动功率也有所不同，说明了齿轮隔振系统的复杂性。

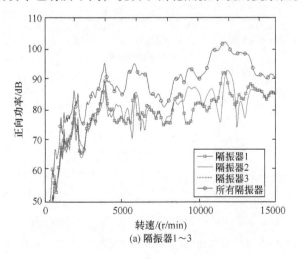

(a) 隔振器1～3

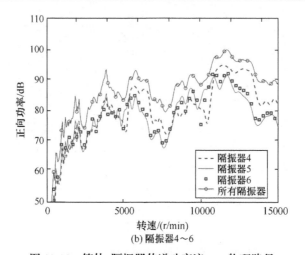

(b) 隔振器4～6

图 11-15　箱体-隔振器传递功率流——物理路径

箱体-隔振器对应的自由度路径的传递功率流如图 11-16 所示。平移方向都为

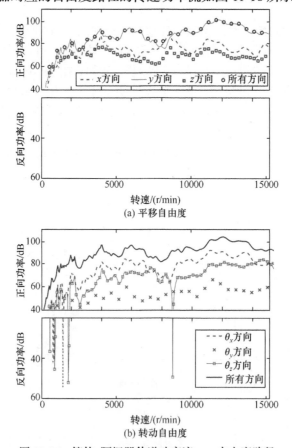

图 11-16　箱体-隔振器传递功率流——自由度路径

正向功率，无反向功率。θ_y 方向也恒为正向功率，θ_x 和 θ_z 方向在极个别转速下存在反向功率。整体来看隔振器的振动功率以竖直方向 y 向为主，低转速时 x 向和 z 向也有一定的贡献。在 8400r/min 附近 x 方向存在共振峰，幅值为 87.8dB，比 y 方向高出 5.0dB。在 θ_x 方向 800r/min 附近和 1450r/min 附近存在反向功率，在 θ_z 方向 600r/min、900r/min、1800r/min 和 8500r/min 附近存在反向功率，但这些反向功率相对于整体振动功率较小，可以忽略。

11.2.6 隔振器-基础传递功率

隔振器-基础对应物理路径的传递功率流如图 11-17 所示。在 6500r/min 附近整体振动功率为 71.1dB，隔振器 4 处振动高达 70.2dB，对振动有明显的贡献。在 8050r/min 附近整体振动为 59.0dB，此时隔振器 2 处振动高达 58.9dB，是主要的传递路径。在 10350r/min 附近整体振动为 72.7dB，此时隔振器 5 处振动高达 71.7dB，

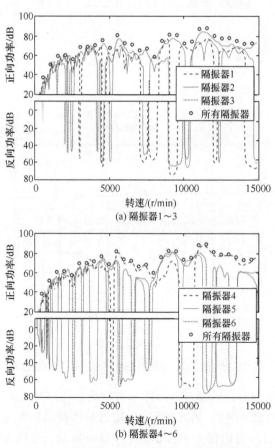

图 11-17 隔振器-基础传递功率流——物理路径

是主要的传递路径。在 13050r/min 附近时隔振器 4 处振动仅比整体低 0.8dB，对振动有明显贡献。

每个隔振器连接处都可能存在反向功率。在 2300r/min 以前 5 号隔振器连接处对反向功率贡献最大。例如，在 2150r/min 附近整体振动功率为 61.1dB，隔振器 5 处的反向功率高达 57.5dB。在 2700r/min 附近整体振动为 60.3dB，隔振器 6 处的反向功率高达 56.4dB。在 8050r/min 附近整体振动为 59.0dB，此时隔振器 1 处反向功率高达 56.4dB，对振动有较大抑制作用。

隔振器–基础对应自由度路径的传递功率流如图 11-18 所示。

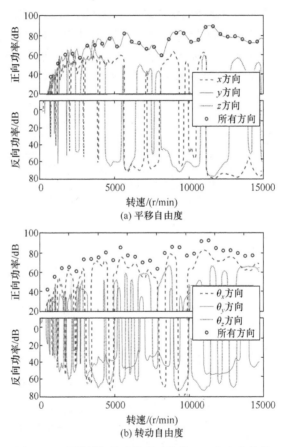

图 11-18　隔振器–基础传递功率流——自由度路径

整体而言，基础振动以竖直方向即 y 方向为主，但在 3800r/min 以下其他方向也有一定程度贡献。例如，在 2200r/min 附近整体振动功率为 64.6dB，x 方向振动功率高达 63.4dB，y 方向仅为 51.4dB。在 3450r/min 附近整体振动功率为 74.5dB，z 方向振动功率高达 74.2dB，而此时 y 方向振动功率仅为 54.1dB。在某些转速如

1100r/min 和 1700r/min 附近 y 方向甚至存在反向功率，幅值分别为 51.9dB 和 44.3dB，此时整体振动功率分别为正向 55.3dB 和 65.3dB，说明在 1100r/min 时 y 方向振动抑制效果明显，而在 1700r/min 附近影响较小。

11.3　齿轮系统振动传递参数影响规律

以图 10-8 所示的单层隔振齿轮系统为对象，基于第 10 章的阻抗动力学模型分析不同系统参数对振动传递的影响规律。齿轮基本参数如表 10-1 所示。

11.3.1　啮合阻尼的影响

分别将啮合阻尼增加一倍和减小一半，齿轮产生的振动功率流如图 11-19 所示，图中 C_{GP} 为齿轮的啮合阻尼。对于 0.5 倍阻尼、原始阻尼和 2 倍阻尼，齿轮平均振动功率分别为 115.8dB、116.7dB 和 117.5dB，说明随着啮合阻尼的增大，齿轮的平均振动功率不断增大。但啮合阻尼增大时，由齿轮主导的共振峰会减小，三种阻尼情况下 11550r/min 附近的峰值分别为 133.4dB、131.5dB 和 129.1dB，5800r/min 附近的峰值分别为 126.6dB、124.8dB 和 122.8dB。

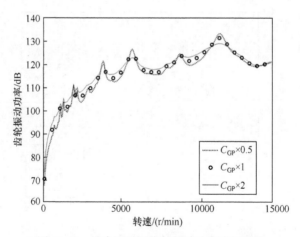

图 11-19　啮合阻尼对齿轮振动功率流的影响

各子系统的平均功率消耗如图 11-20 所示。增大啮合阻尼后齿轮副的平均功率消耗显著增加，对应 0.5 倍阻尼、原始阻尼和 2 倍阻尼的齿轮平均功率消耗分别为 3.3dB、4.9dB 和 6.8dB。

流入基础的振动功率如图 11-21 所示。改变啮合阻尼并没有对齿轮以外的子系统功率消耗产生影响，因此啮合阻尼对基础振动的影响与对轴振动的影响规律一致。增大啮合阻尼在大多数转速下不会影响流入基础的振动功率，仅在少数由齿轮主导的共振转速下会使得基础振动减小。在 5750r/min 和 11450r/min 附近，减小啮合阻尼使得基础振动增大 3.2dB，增大啮合阻尼使得振动分别减小 3.8dB 和 4.0dB。

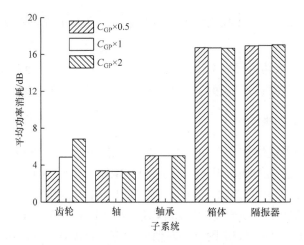

图 11-20　啮合阻尼对子系统功率消耗的影响

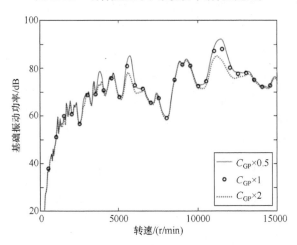

图 11-21　啮合阻尼对基础振动功率流的影响

11.3.2　轴段阻尼的影响

改变轴段阻尼后，齿轮的振动功率流如图 11-22 所示，图中 C_{Sh} 为轴段阻尼。整体来看对齿轮振动功率影响很小，且仅发生在个别转速。在 8950r/min 附近阻尼使得振动减小，0.5 倍阻尼、原始阻尼和 2 倍阻尼对应的齿轮振动功率分别为

124.9dB、124.0dB 和 122.9dB；在 14000r/min 附近的谷值处，阻尼的变化对齿轮振动功率的影响增大，0.5 倍阻尼、原始阻尼和 2 倍阻尼对应的齿轮振动功率分别为 118.1dB、119.3dB 和 120.9dB。

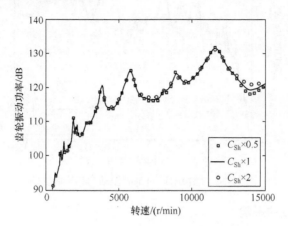

图 11-22　轴段阻尼对齿轮振动功率流的影响

各子系统的平均功率消耗如图 11-23 所示。增大轴段阻尼显著增大了轴的功率消耗，但由于降低了齿轮与轴之间的阻抗失配，齿轮的功率消耗轻微减小。0.5 倍阻尼、原始阻尼和 2 倍阻尼对应的齿轮平均功率消耗分别为 5.3dB、4.9dB 和 4.4dB，轴平均功率消耗分别为 2.2dB、3.3dB 和 4.7dB。

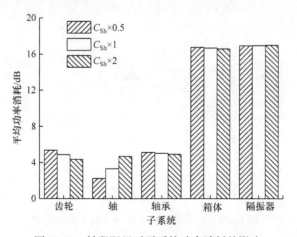

图 11-23　轴段阻尼对子系统功率消耗的影响

流入基础的振动功率如图 11-24 所示。增大轴段阻尼一方面轻微增大了齿轮振动功率并降低了齿轮功率消耗，另一方面增大了轴段自身的功率消耗。因此，总体而言轴段阻尼对基础振动影响较小。

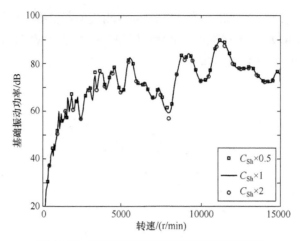

图 11-24　轴段阻尼对基础振动功率流的影响

11.3.3　轴承刚度的影响

改变轴承刚度后，齿轮振动功率流如图 11-25 所示，图中 K_{Br} 为轴承刚度。改变轴承刚度会影响系统模态，从而对齿轮振动功率产生复杂的影响。总的来说增大轴承刚度使得系统刚度增大，共振转速右移。虽然在给定转速下振动功率变化较大，但整个转速范围内平均振动功率变化较小。

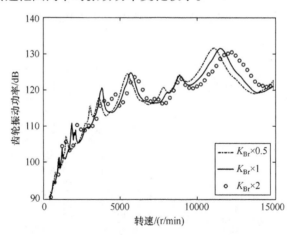

图 11-25　轴承刚度对齿轮振动功率流的影响

各子系统的平均功率消耗如图 11-26 所示。随着轴承刚度的增大，轴承平均功率消耗显著减小，由于子系统间的阻抗失配减小，轴的功率消耗轻微减小，箱体的功率消耗轻微增大。对于 0.5 倍刚度、原始刚度和 2 倍刚度系统而言，轴承的平均功率消耗分别为 8.9dB、5.0dB 和 2.2dB，轴的平均功率消耗分别为 3.9dB、3.3dB 和 2.6dB，箱体的平均功率消耗分别为 16.1dB、16.7dB 和 17.3dB。

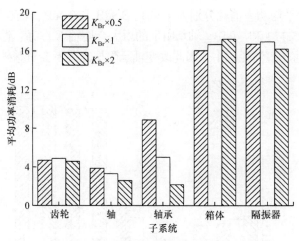

图 11-26　轴承刚度对子系统功率消耗的影响

　　流入基础的振动功率如图 11-27 所示。轴承刚度越大，基础振动越大，对于 0.5 倍刚度、原始刚度和 2 倍刚度系统而言，流入基础的振动功率分别为 66.6dB、69.8dB 和 74.1dB。相对原始轴承，减小轴承刚度使得基础振动功率减小 3.2dB，增大轴承刚度使得基础振动功率增大 4.3dB。

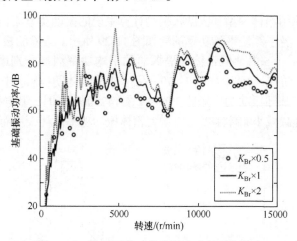

图 11-27　轴承刚度对基础振动功率流的影响

11.3.4　轴承阻尼的影响

　　改变轴承阻尼后，齿轮振动功率几乎没有变化。各子系统的平均功率消耗如图 11-28 所示。随着轴承阻尼的增大，轴-轴承之间阻抗失配减小，齿轮和轴的平均功率消耗轻微减小。但阻尼的增大使得轴承自身的平均功率消耗显著增大。对于 0.5 倍阻尼、原始阻尼和 2 倍阻尼系统，齿轮的平均功率消耗分别为 5.2dB、4.9dB

和 4.4dB，轴的平均功率消耗分别为 4.2dB、3.3dB 和 2.4dB，轴承的平均功率消耗分别为 3.4dB、5.0dB 和 7.0dB。轴承阻尼的增大会使轴承的功率消耗增大，但同时又使齿轮和轴的功率消耗减小，因此改变轴承阻尼几乎不会对基础振动产生影响。

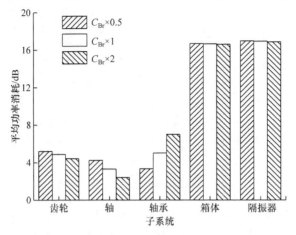

图 11-28　轴承阻尼对子系统功率消耗的影响

11.3.5　箱体刚度的影响

分别采用原始箱体模型和去肋板模型计算系统的振动功率流，齿轮产生的振动功率几乎不变。各子系统平均功率消耗如图 11-29 所示。去除肋板后，轴承的平均功率消耗降低了 0.5dB，但箱体和隔振器的平均功率消耗分别增加了 1.7dB 和 2.2dB。流入基础的振动功率如图 11-30 所示。去除箱体肋板后，中、高转速下基础振动有所降低，基础振动功率降低 3.0dB，在 14250r/min 时，基础振动功率降低了 15.4dB。说明轻微减小箱体刚度可以增大箱体振动功率消耗，从而减小基础振动。

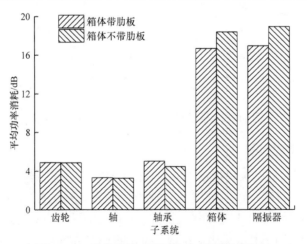

图 11-29　箱体肋板对子系统功率消耗的影响

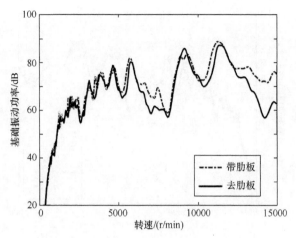

图 11-30　箱体肋板对基础振动功率流的影响

11.3.6　箱体阻尼的影响

改变箱体阻尼对齿轮振动功率几乎没有影响。各子系统的平均功率消耗如图 11-31 所示，图中 C_{GB} 为箱体阻尼。随着箱体阻尼的增大，轴承的平均功率消耗轻微减小，箱体的功率消耗显著增大。对应 0.5 倍阻尼、原始阻尼和 2 倍阻尼情况下，轴承的功率消耗分别为 5.7dB、5.0dB 和 4.5dB，箱体的功率消耗分别为 14.3dB、16.7dB 和 19.1dB。流入基础的振动功率如图 11-32 所示。随着箱体阻尼的增大，中、高转速下峰值附近基础振动显著减小，平均振动功率分别为 71.4dB、69.8dB 和 67.8dB，最大振动功率分别为 90.6dB、89.0dB 和 87.3dB。

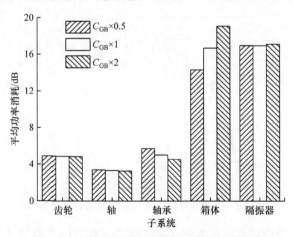

图 11-31　箱体阻尼对子系统功率消耗的影响

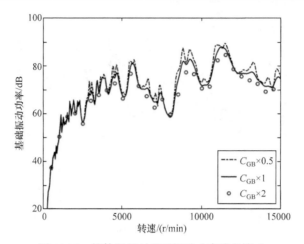

图 11-32　箱体阻尼对基础振动功率流的影响

11.3.7　隔振器弹性模量的影响

　　隔振器弹性模量对齿轮振动功率流的影响如图 11-33 所示，图中 E_{ISL} 为隔振器弹性模量。降低隔振器弹性模量会使齿轮的啮合错位增大，从而增大齿轮振动功率并使得峰值左移，当提高隔振器弹性模量时会使齿轮啮合错位减小，从而对齿轮振动功率的影响较小。0.5 倍弹性模量、原始弹性模量和 2 倍弹性模量情况下，齿轮的平均振动功率分别为 119.9dB、116.7dB 和 115.5dB，最大振动功率分别为 135.5dB、131.5dB 和 131.0dB。

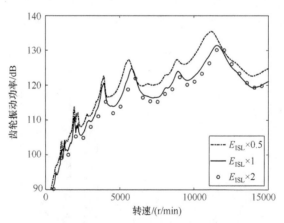

图 11-33　隔振器弹性模量对齿轮振动功率流的影响

　　各子系统的平均功率消耗如图 11-34 所示。随着隔振器弹性模量的增大，箱体-隔振器之间的阻抗失配减小，箱体功率消耗显著减小。同时，弹性模量增大使得隔振器变形减小，平均功率消耗明显降低。对应 0.5 倍弹性模量、原始弹性模量和 2 倍弹性模量隔振器时箱体的平均功率消耗分别为 17.3dB、17.0dB 和 14.9dB，隔振器的平均功率消耗分别为 19.9dB、17.0dB 和 13.2dB。

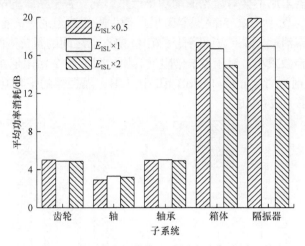

图 11-34　隔振器弹性模量对子系统功率消耗的影响

流入基础的振动功率如图 11-35 所示。

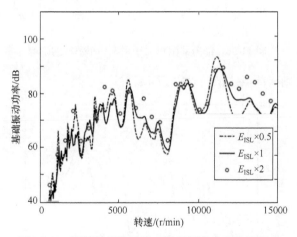

图 11-35　隔振器弹性模量对基础振动功率流的影响

对应 0.5 倍弹性模量、原始弹性模量和 2 倍弹性模量系统的基础平均振动功率分别为 69.9dB、69.8dB 和 74.3dB，最大功率分别为 93.4dB、89.0dB 和 90.0dB。隔振器弹性模量对基础振动的影响较复杂，降低隔振器弹性模量会增大隔振器和箱体的功率消耗，但同时也会增大齿轮振动功率。因此对于隔振器弹性模量对基础的影响需要进行具体分析，并不是刚度越小越好。

11.3.8 隔振器阻尼的影响

改变隔振器阻尼不会对齿轮振动功率产生影响。各子系统的平均功率消耗如图 11-36 所示，图中 C_{ISL} 为隔振器阻尼。增大隔振器阻尼一方面显著增大了隔振器的平均功率消耗，另一方面降低了箱体-隔振器之间的阻抗失配程度，使得箱体的功率消耗轻微减小。对于 0.5 倍阻尼、原始阻尼和 2 倍阻尼系统，箱体的平均功率消耗分别为 17.7dB、16.7dB 和 16.1dB，隔振器的平均功率消耗分别为 13.7dB、17.0dB 和 21.6dB。

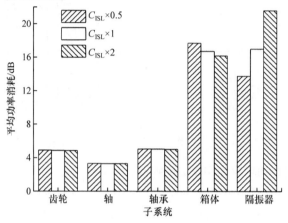

图 11-36　隔振器阻尼对子系统功率消耗的影响

流入基础的振动功率如图 11-37 所示。

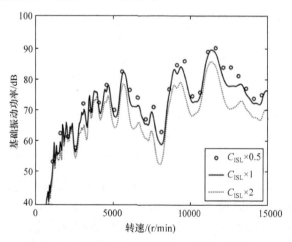

图 11-37　隔振器阻尼对基础振动功率流的影响

增大隔振器阻尼使得基础振动功率显著降低，随着阻尼的增大，流入基础的平均振动功率分别为 72.0dB、69.8dB 和 65.8dB，最大功率分别为 90.5dB、89.0dB

和 85.3dB。经典隔振理论采用力传递率作为隔振评价指标，得到增大隔振器阻尼不利于控制基础振动的结论。此处采用功率流为评价指标，增大隔振器阻尼会减小基础振动。

11.3.9　基础刚度的影响

机座是齿轮箱基础的主要部件，机座的肋板是影响其刚度的主要因素之一。机座是否有肋板，对齿轮振动功率几乎没有影响。各子系统平均功率消耗如图 11-38 所示。去除肋板后机座变柔，隔振器-机座之间阻抗失配降低，使得隔振器平均功率消耗减小，由原来的 17.0dB 降低为 16.2dB，其余子系统平均功率消耗几乎不变。

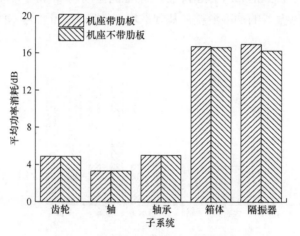

图 11-38　基础肋板对子系统功率消耗的影响

流入基础的振动功率如图 11-39 所示。

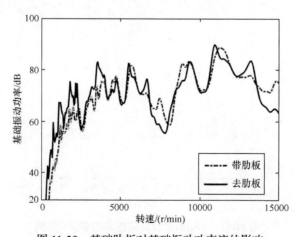

图 11-39　基础肋板对基础振动功率流的影响

去除机座肋板后低转速下基础振动功率明显增大，并且整个曲线的波动更加剧烈。在 700r/min 附近，去除机座肋板使得基础振动功率增大了 17.3dB；而在 15000r/min 附近，去除肋板改变了系统模态，基础振动功率减小 11.7dB。在整个转速区间内，去除肋板使得基础平均振动功率增加 0.8dB。

11.3.10　基础阻尼的影响

改变基础阻尼不会对齿轮振动功率产生影响。各子系统平均功率消耗如图 11-40 所示，图中 C_{BS} 为基础阻尼。增大基础阻尼降低了隔振器-基础之间的阻抗失配，使得隔振器的功率消耗显著降低。随着基础阻尼的增大，隔振器的平均功率消耗分别为 18.6dB、17.0dB 和 15.8dB。流入基础的振动功率如图 11-41 所示。增大基础阻尼降低了隔振器的功率消耗，基础平均振动增大，但仍会使得基础共振峰的

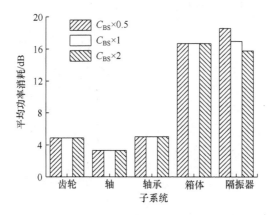

图 11-40　基础阻尼对子系统功率消耗的影响

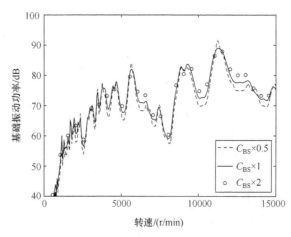

图 11-41　基础阻尼对基础振动功率流的影响

幅值减小。对于 0.5 倍阻尼、原始阻尼和 2 倍阻尼系统，基础平均振动分别为 68.2dB、69.8dB 和 71.0dB，基础最大振动功率分别为 91.3dB、89.0dB 和 88.0dB。

11.4　不同隔振形式对振动传递的影响

船舶齿轮箱常用的安装方式有刚性安装、单层隔振和双层隔振等，如图 11-42 所示。

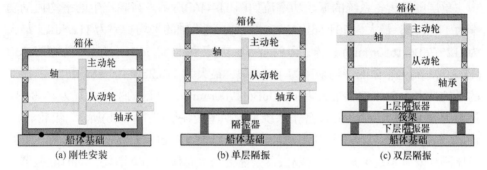

图 11-42　不同隔振方式

对于刚性安装齿轮系统，系统振动功率流如图 11-43(a)所示。总体而言，随着转速的升高，各子系统振动功率增大。由于各系统都存在阻尼，振动功率经过齿轮、轴、轴承和箱体依次衰减，最后流入基础。齿轮产生的平均振动功率为 115.8dB，最大为 131.6dB(11950r/min)；流入轴的平均功率为 110.9dB，最大为 126.3dB (12000r/min)；流入轴承的平均功率为 107.7dB，最大为 123.5dB(11900r/min)；流入箱体的平均功率为 103.1dB，最大为 117.4dB；流入基础的平均功率为 95.2dB，最大为 112.2dB。随着振动的传递，子系统峰值不断增多，振动变得复杂。

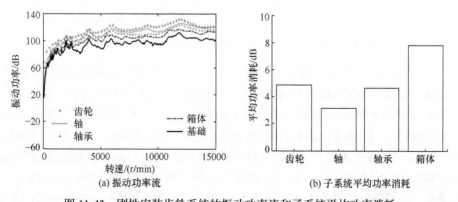

图 11-43　刚性安装齿轮系统的振动功率流和子系统平均功率消耗

借鉴功率传递率的概念定义每个子系统的功率消耗为

$$D_P = 10\lg\frac{P_{\text{in}}}{P_{\text{out}}} \tag{11-57}$$

式中，P_{in}为流入子系统的振动功率；P_{out}为流出子系统的振动功率。

各子系统平均功率消耗如图 11-43(b)所示，齿轮、轴、轴承和箱体的平均功率消耗分别为 4.9dB、3.2dB、4.7dB 和 7.9dB，说明在刚性安装齿轮系统中，箱体的功率消耗最高，轴的功率消耗最低。

单层隔振齿轮系统的振动功率流如图 11-44(a)所示。齿轮产生的平均振动功率为 116.7dB，最大为 131.5dB(11550r/min)；流入轴的平均功率为 111.8dB，最大为 125.7dB(11650r/min)；轴承的平均功率为 108.5dB，最大为 123.1dB(11600r/min)；箱体的平均功率为 103.5dB，最大为 118.2dB(10950r/min)；隔振器的平均功率为 86.8dB，最大为 101.3dB(11700r/min)；基础的平均功率为 69.8dB，最大为 89.1dB(11250r/min)。各子系统平均功率消耗如图 11-44(b)所示，齿轮、轴、轴承、箱体和隔振器的平均功率消耗分别为 4.9dB、3.3dB、5.0dB、16.7dB 和 17dB。对比刚性安装系统可知，加装隔振器会显著增大箱体的功率消耗，同时隔振器子系统也有较大的功率消耗。

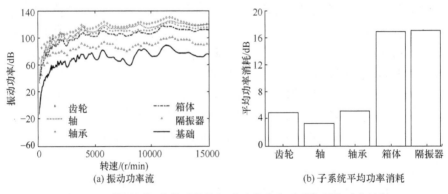

图 11-44　单层隔振齿轮系统的振动功率流和子系统平均功率消耗

双层隔振系统的振动功率流如图 11-45(a)所示。齿轮产生的平均振动功率为 120.6dB，最大为 136.0dB(11100r/min)；传递到轴的平均振动功率为 115.6dB，最大为 130.1dB(11000r/min)；传递到轴承的平均振动功率为 112.7dB，最大为 128.8dB(10950r/min)；传递到箱体的平均振动功率为 107.7dB，最大为 126.2dB(10950r/min)；传递到上层隔振器的平均振动功率为 91.0dB，最大为 107.4dB(10900r/min)；传递到筏架的平均振动功率为 71.1dB，最大为 97.2dB(10900r/min)；传递到下层隔振器的平均振动功率为 62.2dB，最大为 85.0dB(10850r/min)；传递到基础的平均振动功率为 45.7dB，最大为 68.9dB(9350r/min)。各子系统平均功率消耗如图 11-45(b)所示，齿轮、轴、轴承、箱体、上层隔振器、筏架和下层隔振器的平均功率消耗分别为 4.9dB、2.9dB、5.0dB、16.6dB、20.0dB、8.9dB 和 16.5dB。箱体和上下层隔振器在功率消耗方面起到非常重要的作用。

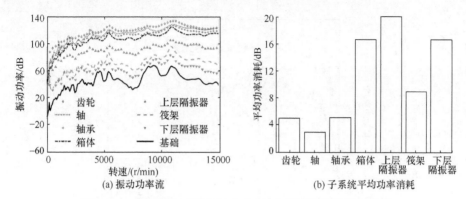

图 11-45　双层隔振系统的振动功率流和子系统平均功率消耗

不同安装方式齿轮振动功率流如图 11-46 所示。与刚性安装相比，单层隔振和双层隔振的平均功率分别提升 0.9dB 和 4.8dB，3950r/min 附近的峰值分别增大 1.3dB 和 3.8dB，5950r/min 附近的共振峰分别左移 1.5%和 6.7%，幅值分别增加 2.0dB 和 4.6dB。单层隔振较刚性安装时 11950r/min 附近的共振峰左移 3.4%，幅值降低 0.1dB。双层隔振较刚性安装时 11950r/min 附近的共振峰左移 6.7%，幅值增大 4.4dB。

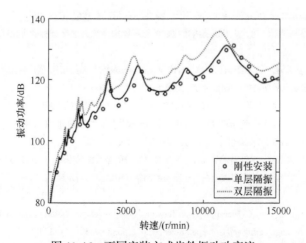

图 11-46　不同安装方式齿轮振动功率流

不同安装方式流入基础的振动功率如图 11-47 所示。与刚性安装相比，单层隔振和双层隔振的平均功率分别降低了 24.1dB 和 49.5dB，最大振动功率分别降低 20.2dB 和 43.3dB。对比图 11-46 和图 11-47 可知，虽然隔振系统会轻微增大系统的输入振动功率，但使得流入基础的振动功率减小，双层隔振时基础振动功率最小。

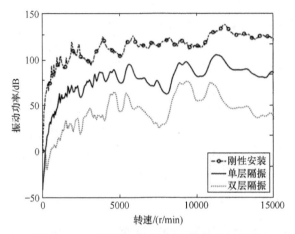

图 11-47　不同安装方式流入基础的振动功率

参 考 文 献

[1] 杨晨. 船舶浮筏隔振系统振动主动控制[D]. 大连: 大连海事大学, 2012.

[2] 姜圣翰, 张鲲, 范凯, 等. 基于四端参数法的反应堆—回路振源设备双层隔振研究[J]. 核动力工程, 2017, 38(2): 119-123.

[3] 宋孔杰. 机械阻抗法在振动隔离技术中的应用[J]. 噪声与振动控制, 1963, 4: 44-49.

[4] 黄修长, 徐时吟, 张志谊, 等. 基于频响函数综合的舱筏隔振系统灵敏度分析和优化[J]. 振动与冲击, 2011, 30(5): 145-151.

[5] 吴广明, 余永丰, 沈荣瀛, 等. 模态机械阻抗综合法及其在隔振系统中的应用[J]. 噪声与振动控制, 2003, 2: 13-16.

[6] 朱石坚, 何琳. 船舶机械振动控制[M]. 北京: 国防工业出版社, 2006.

[7] 朱石坚, 楼京俊, 何其伟. 振动理论与隔振技术[M]. 北京:国防工业出版社, 2006.

[8] 沈建平, 周文建, 童宗鹏. 船舶传动装置振动控制技术研究现状与发展趋势[J]. 舰船科学技术, 2010, 32 (8): 7-12.

[9] 董邦宜. 船体固体声控制技术综述[J]. 噪声与振动控制, 1983(2):15-22.

[10] 张华良, 傅志方, 瞿祖清. 浮筏隔振系统各主要参数对系统隔振性能的影响[J]. 振动与冲击, 2000, 19 (2): 5-8.

[11] 宋孔杰, 张蔚波, 牛军川. 功率流理论在柔性振动控制技术中的应用与发展[J]. 机械工程学报, 2003, 39(9): 23-28.

[12] SHI D Y, SHI X J, KONG L C. Vibration power flow analysis of a gearbox isolation system [C]. Proceedings of the World Congress on Engineering and Computer Science 2011, San Francisco, 2011: 1-4.

[13] 任亚峰. 基于阻抗的柔性支承齿轮传动装置振动耦合与传递特性研究[D]. 西安:西北工业大学, 2019.

第 12 章　齿轮传动装置低噪声设计准则与方法

本书第 2～11 章分别详述了影响齿轮传动装置振动噪声的 10 个方面的问题，阐述了相应的影响因素及其对齿轮传动装置振动噪声的影响规律。从噪声的产生与传递来分析，影响齿轮传动装置振动噪声的主要因素可归纳为以下 6 个方面：齿轮的基本参数、齿轮的加工精度、齿轮系统的构型、齿轮装置的工况、齿轮箱的结构和齿轮箱的隔振等。本章将围绕这 6 个方面，对低噪声齿轮传动装置的设计准则与设计方法进行进一步的归纳与说明。

12.1　齿轮传动装置低噪声设计准则

齿轮传动装置在具体的工作情况下，必须具有足够的工作能力，以保证在整个工作寿命期间不致失效，这是齿轮设计最基本的要求。关于这个基本要求的详细描述，则是强度设计准则。齿轮的强度设计准则可简述为，设计须保证齿轮具有足够的齿根弯曲疲劳强度、齿面接触疲劳强度以及齿面抗胶合工作能力。

对噪声控制有特别要求的齿轮传动装置，在对其进行设计时除了必须满足强度设计准则之外，还应满足低噪声设计准则。制定齿轮的低噪声设计准则，是设计人员在齿轮传动装置设计过程中，为了实现低振动和低噪声，应该重点做好的设计工作。

理论上，对于前述各章所描述的齿轮传动装置产生振动和噪声的影响因素，应分别确立相应的设计准则。但是，针对各个影响因素，尚未逐一形成便于工程实际使用而且行之有效的计算方法及设计数据。因此，目前在齿轮低噪声设计工作中，只能针对相对成熟并经实践证实比较有效的措施，制定设计准则。

由前面各章得知，齿轮传动装置产生噪声的主要根源在于齿轮的动载荷和结构的动态响应。齿轮动载荷小，则噪声低；同样的动载荷下，结构动态响应低，则噪声低。在具体分析中，结构动态响应包括齿轮系统的结构振动和齿轮箱的结构振动。因此，减振降噪的设计手段应该是减小齿轮的动载荷，降低结构的动态响应。若从具体的分析对象来分，减振降噪通常可分别针对齿轮系统和齿轮箱结构两套系统进行低噪声设计。一般来讲，目前齿轮传动装置的低噪声设计大体可有以下设计准则：

(1) 进行合理的齿轮参数与制造精度的设计，将齿轮的动载荷波动量控制在

较低水平;

(2) 进行合理的齿轮传动系统的构型与结构设计,避免系统的激励频率与系统固有频率及各结构固有频率相近,使得在相同齿轮动载荷作用下,各轴承的支承动载荷波动量具有较低的水平;

(3) 对齿轮箱进行合理的拓扑与结构设计,使其在相同轴承动载荷作用下,箱体各机脚螺栓具有较低的振动加速度级;

(4) 对齿轮箱进行合理的拓扑与结构设计,使其在相同轴承动载荷作用下,各侧板具有较低的辐射噪声;

(5) 进行合理的隔振设计,使得在相同轴承动载荷作用下,经箱体传递给基础的结构噪声较低;

(6) 进行合理的阻尼布置设计,使得在相同齿轮动载荷作用下,将齿轮传动装置的结构噪声与辐射噪声控制在较低水平。

为了保证所设计的齿轮传动有较低的振动噪声水平,在进行设计工作之前,除了先确保强度准则的落实外,还应明确相应的低噪声设计准则。不同的齿轮或相同的齿轮在差异较大的工况中工作,可根据噪声指标要求选定相应的低噪声设计准则。如果条件允许,能在设计中逐项落实上述 6 条准则,将会较大幅度地降低齿轮传动装置的噪声水平。如果设计分析条件有限,在设计中选择落实上述 6 条准则的一条或若干条,也可有效地降低齿轮传动装置的噪声水平。

齿轮传动装置的低噪声设计准则需通过相应的低噪声设计方法得到落实。所谓低噪声设计方法,实质为落实低噪声设计准则所需要做的分析内容、计算方法、具体步骤以及减振措施等。若齿轮传动装置为设计对象,则相应的低噪声设计方法是指设计齿轮传动系统和齿轮箱体结构的方法。

12.2　齿轮传动系统低噪声设计方法

本书中所谓的齿轮传动系统,是指包括齿轮、轴、轴承,以及相应的定位与固定零件构成的系统。这些零件构成一个旋转运动系统,在工作时会因齿轮传递误差而产生系统振动。齿轮的基本参数、制造误差和齿轮传递的负载是产生系统激励的主要因素,齿轮系统构型、各零件的质量(惯量)和刚度等是影响系统动态响应水平的主要因素。因此,采用适当的设计方法,落实前述的第(1)、(2)和(6)条准则,将是保障齿轮系统低振动运行的途径。

12.2.1　齿轮参数匹配

如前所述,在齿轮传动过程中,正是由于各轮齿反复交替啮合,齿轮系统产生振动与噪声。齿轮运转中所产生振动噪声的大小和频率与齿轮的基本参数有直接的关系，齿轮传动的振动噪声也被称为参数激振的振动噪声。

齿轮的基本参数通常是指：齿数 z、模数 m、压力角 α、螺旋角 β、齿宽 B、齿顶高系数 h_a^* 和径向间隙系数 c^* 等。研究表明，在各项基本参数中，齿数、螺旋角、齿宽对齿轮振动噪声的影响较大。这些基本参数主要通过两项综合性指标，即齿轮传动的重合度 ε_γ 和啮合刚度 k_γ 对传动的平稳性产生较大的影响。

一般情况下，齿轮的重合度越大，表明同时参与啮合的轮齿齿数越多，在同样的负载下的啮合变形越小。这就使得传递误差减小，齿轮传动趋于平稳。

当齿轮回转传递动力或运动时，齿轮的啮合刚度是随着啮合位置变化的，而啮合位置又是随时间变化的，因此啮合刚度是时变的。啮合刚度的变化将导致啮合变形的变化，引起齿轮传递误差的变化。较大的啮合刚度对应较小的传递误差，有利于传动平稳。但研究表明，啮合刚度时变过程中的波动量 Δk_γ 是影响齿轮传动平稳性的重要因素，波动量 Δk_γ 越小，齿轮传动就越平稳[1]。

通常在设计中若一对齿轮的齿数和越大、螺旋角越大、齿轮宽度越大，则重合度越大，齿轮传动越趋于平稳。但是，螺旋角过大会导致较大的轴向力，齿轮宽度过大会带来较大的质量(惯量)等问题。为解决螺旋角过大导致的问题，可以采用人字齿轮来抵消轴向力。因此，在对振动噪声有较高要求的场合，往往可以见到人字齿轮的应用。

较大的重合度可使齿轮传动平稳，但这只是个趋势，并不是单调的函数规律。图 12-1 大致反映了齿轮重合度与啮合刚度波动量之间的关系[2]，采用第 2 章中的有限元-接触力学方法计算啮合刚度。图中，铅垂坐标为啮合刚度波动量 Δk_γ，两个水平坐标分别为齿轮的端面重合度 ε_α 和轴向重合度 ε_β。从图 12-1 中可以看出，重合度的两个分量较大时，啮合刚度波动量总体降低，齿轮传动趋于平稳；当重

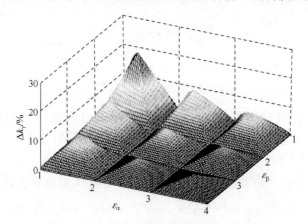

图 12-1 齿轮重合度与啮合刚度波动量的关系

合度的两个分量中的某一个为整数时，啮合刚度波动量有局部最小值，齿轮传动最平稳。因此，可在齿轮设计过程中，合理选择齿轮的基本参数，使其某一重合度分量接近整数。

　　在齿轮总重合度ε_γ的两个分量中，调整轴向重合度ε_β比调整端面重合度ε_α更加容易实现。因为轴向重合度$\varepsilon_\beta=B\sin\beta/(\pi m)$，即$\varepsilon_\beta$与齿轮宽度$B$、螺旋角$\beta$成正比。设计中可以通过改变齿轮宽度$B$和螺旋角$\beta$方便地调整轴向重合度$\varepsilon_\beta$。图 12-2 与图 12-3 分别为齿轮宽度$B$和螺旋角$\beta$对啮合刚度波动量$\Delta k_\gamma$的影响规律。

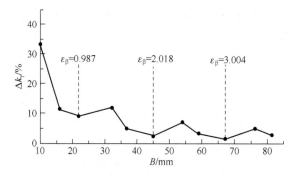

图 12-2　某齿轮啮合刚度波动量Δk_γ随齿宽B的变化

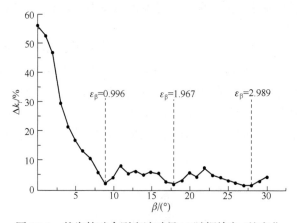

图 12-3　某齿轮啮合刚度波动量Δk_γ随螺旋角β的变化

　　从图 12-2 和图 12-3 均可看出，随着齿轮宽度B和螺旋角β的增大，啮合刚度波动量Δk_γ总体呈下降趋势。但啮合刚度波动量的下降并非单调，而是存在一定的波峰波谷，波谷恰在轴向重合度ε_β接近整数时。

　　由图 5-12 所展示的啮合刚度均值$\overline{k}_\gamma$及其波动量Δk_γ对齿轮动载系数K_v的影响规律可以看出，虽然啮合刚度均值$\overline{k}_\gamma$和波动量Δk_γ的增大均会导致齿轮动载系数K_v增大，但啮合刚度波动量Δk_γ对齿轮动载系数K_v的影响更为敏感。

因此，选择较大的齿数和、较大的螺旋角或采用人字齿轮传动，选择适当的齿宽并考虑使轴向重合度 ε_β 接近整数，可以降低齿轮啮合刚度波动量，进而降低齿轮传动的动载荷激励。

此外，齿轮的齿数与工作转速一起，决定着齿轮传动系统的激励频率。对这一关系的影响将在 12.2.3 小节与传动系统构型问题一同讨论。

12.2.2　齿面修形

齿面修形是广泛应用于齿轮设计与制造的一种技术。齿面修形的目的通常有两个：一是促使齿面受载均匀；二是降低齿轮动载荷。实践表明，齿面修形是齿轮系统减振降噪常有效的手段之一。可以将齿面修形理解为是对齿轮的齿面加入一个人为的误差，以此来部分抵消齿轮系统受载时的弹性变形和各种误差导致的轮齿啮合错位等。关于轮齿修形对减振降噪的分析与效果，详见第 7 章。本节仅对齿面修形技术中一些重要的概念与规律进行归纳。

首先，齿面修形目的之一是补偿受载变形引起的轮齿啮合错位量，所以，合适的修形参数与齿轮承受的负载直接相关，不同负载扭矩下的最佳修形参数是不同的。然而，一些齿轮传动装置不是只在一个工况下工作。因此，齿面修形设计时，应首先在各种工况中确定一个最常用、最主要或最关注的工况。其次，针对这一工况进行详细的受载与变形分析，设计相应的修形方式和最佳修形参数。齿面修形方式主要有齿廓修形、齿向修形和对角修形等三种。一般情况下，各种单一的修形方式都可能有较好的减振效果(参见图 7-10、图 7-11)，而效果的好坏取决于各自修形参数是否选择合理。因此，在具体修形设计时，重点是通过齿轮系统的负载和变形分析与计算，准确选择最佳修形参数，而修形方式的选择则可以结合是否便于加工来考虑。

对于在不同负载工况下的齿轮传动，当希望通过齿面修形来实现减振时，可以采用齿面修形稳健设计方法[3]。该方法虽然在单一负载下并未达到最佳的减振效果，但可以在一定负载范围内降低系统振动激振力波动量的均值和方差。该方法在负载较大且变化范围不太大时，有较好的减振效果；而在负载小或负载变化范围较大时，难以兼顾不同负载。采用齿面修形稳健设计方法时，选择恰当的齿面修形方式，或者采用恰当的齿面修形组合方式，会有更理想的效果。此外，齿面修形稳健设计还可适当兼顾影响啮合错位的随机因素(如安装误差和系统变形等)，使得在一定啮合错位容差范围内，振动激振力波动量变化始终保持在较低的水平。

需注意的是，影响传递误差大小的特殊规律，即轮齿加工误差的随机性。由于齿面修形量作为人为误差则无随机性，是确定性的量。这种确定量叠加在随机误差上，通常可以产生降低传递误差的效果，但有时也可能会产生相反的效果，尤其是在齿轮负载较轻时。希望通过齿面修形达到齿轮减振降噪目的时，应当注意回避这一现象的出现。

12.2.3　齿轮系统刚度匹配

齿轮系统的振动与噪声不仅与单个齿轮的参数和精度有关，且其构型也起到明显的作用。这里提到的齿轮系统构型，一方面是指组成系统的各类零件，包括齿轮、轴、轴承和联轴器等；另一方面是指各零件的布置、形状和质量(惯量)等因素。若能在齿轮系统的设计中对上述因素进行合理地配置，则能有效地降低传动系统的振动与噪声。

图 12-4 给出的是某齿轮传动系统的动载系数 K_v 随啮合频率的变化规律，通常称这一线图为齿轮的动载系数历程[4]。齿轮传动的动载系数大，表明作用在轮齿上的动载荷波动量大，传动系统的振动加剧。齿轮的动载系数历程是由齿轮系统的固有特性所决定的，而齿轮系统的固有特性主要取决于齿轮系统的构型。图 12-4 中的峰值点，对应着该齿轮系统的固有频率点。若系统的啮合频率或倍频恰与固有频率点重合，系统则发生共振，这是在设计中绝对应该避免的。

若能准确把握齿轮系统的动载系数历程，就可以通过适当调整齿轮系统的构型，使得齿轮的工作点(啮合频率或倍频)落在动载系数较低水平的位置上，从而降低齿轮系统的振动与噪声。利用动载系数历程图的调整措施可以有：①系统固有特性不变，调整激励频率(即啮合频率或倍频)，使得工作激励点处于动载系数较低的位置；②激励频率不变，调整系统固有特性。将图 12-4 所示的曲线中的峰值向左或向右移动到合适位置，从而使工作点的动载系数减小；③同时调整激励频率和系统固有特性。

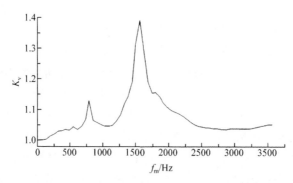

图 12-4　某齿轮传动系统的动载系数 K_v 随啮合频率的变化规律

齿轮系统的激励频率是指齿轮副的啮合频率或倍频，啮合频率 f_m(Hz)与主动轮齿数 z_1 和转速 n_1(r/min)成正比，即 $f_m = \dfrac{z_1 n_1}{60}$。通常，一套齿轮传动系统的输入

转速 n_1 是由机器工作原理决定的，在设计中一般不宜调整。齿轮的齿数则是可以由设计者进行适当调整的，通过调整齿数来改变系统的激励频率是非常有效的方法。

由于系统固有特性涉及的系统构型因素较多，调整系统固有特性是比较复杂的。开展这项工作，首先要对齿轮传动系统进行动力学分析。在具体分析中，既要对系统的固有特性(图 12-4)进行分析，又要对系统的动态响应进行分析，并且需要在时域和频域同时进行分析。通过分析，掌握各影响因素对动载系数历程曲线的影响规律。这里，可以考虑调整的因素主要有齿轮的啮合刚度、各零件的结构刚度与转动惯量、齿轮与轴承的相对安装位置等。一般来讲，增大转动惯量和减小刚度可使动载系数曲线向左移动；反之，则向右移动。但是，在具体的设计中，如何选择目标零件调整刚度或转动惯量，以及应该增大还是减小目标零件调整刚度或转动惯量，都需要根据周密的分析，以及具体的结构空间和强度条件做决策。

例如，图 12-5 为某单输入多输出齿轮传动系统运动简图，当输入转速超过 37000r/min 时，其振动噪声问题十分突出。在对原设计方案进行系统动力学分析时，发现各对齿轮的动载荷波动量均较大，设计者希望通过改善设计，降低齿轮的动载荷激励。

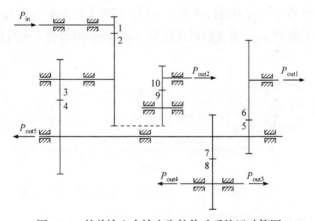

图 12-5　某单输入多输出齿轮传动系统运动简图

通过调整齿轮参数和调整齿轮系统刚度等一系列低噪声设计措施，该齿轮传动装置的结构噪声降低了 7dB 以上，实现了低噪声设计目标。现列举其中的一项具体措施，说明调整齿轮系统结构刚度对降低齿轮系统响应的效果。

在对齿轮传动系统初步设计方案的进行动力学分析时，发现齿轮对 z_9-z_{10} 的动载荷异常，如图 12-6 所示。因为，在齿轮对 z_9-z_{10} 的自身啮合频率 10000.0Hz 处仅有一个较小的动载荷峰值，而在齿轮对 z_3-z_4 的啮合频率 3448.5Hz 处存在一个很大的峰值。这表明，齿轮对 z_3-z_4 的动载荷在齿轮对 z_9-z_{10} 上产生了叠加性激励。分析表明，齿轮对 z_3-z_4 的动载荷是经连接齿轮 z_2 与齿轮 z_3 的轴，由齿轮 z_2 传递给齿轮对 z_9-z_{10} 的。试算表明，适当降低连接齿轮 z_2 与齿轮 z_3 轴段的扭转刚度，将有效地隔离齿轮 z_2 与齿轮 z_3 齿轮间的振动传递，使得齿轮对 z_9-z_{10} 的动载系数降低。

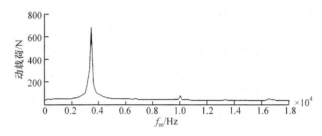

图 12-6　原设计方案中齿轮对 z_9-z_{10} 的动载荷频谱图

在分析与试算的基础上，结合实际结构空间与强度条件，具体采取将连接齿轮 z_2 与齿轮 z_3 轴段的外径由 70mm 减小到 65mm 的措施。在对改进的结构进行齿轮系统动力学后，发现齿轮对 z_9-z_{10} 的动载系数有了明显改善，如图 12-7 所示。由图 12-7 所示可见，齿轮对 z_9-z_{10} 的动载荷在 3448.5Hz 处的幅值较图 12-6 中的幅值下降了 40%以上。这表明在改进方案中，调整连接齿轮 z_2 与齿轮 z_3 轴段的结构刚度，减小齿轮对 z_3-z_4 的激励对齿轮对 z_9-z_{10} 的影响取得了良好的效果。

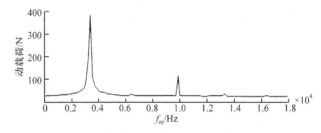

图 12-7　改进设计方案中齿轮对 z_9-z_{10} 的动载荷频谱图

12.2.4　齿轮加工精度与负载工况的匹配

众所周知，齿轮误差是引起齿轮传动振动噪声的重要因素，齿轮的加工精度越高，传动越平稳，噪声越低。但提高加工精度势必带来昂贵的制造成本。因此，在低噪声齿轮设计时，不宜一味提高精度来降低齿轮的噪声，而是应在经过必要的分析计算后，合理地选择齿轮的制造精度等级。

在 5.5 节中已经提到，提高齿轮制造的精度等级，在不同负载工况下所带来的传动平稳效果是不同的。图 12-8 是通过大量计算得到的不同精度等级齿轮的啮

合刚度波动量 Δk_γ 随负载扭矩 T_{out} 的变化规律[5-6]。由图 12-8 可见，就总体趋势而言，负载扭矩越大，啮合刚度的波动量越小，从而使齿轮的动载系数降低(参见图 5-28)。在轻载情况下，轮齿由于误差的存在并未达到理论上的完全接触状态，啮合刚度易波动。随着载荷的增大，轮齿逐渐进入完全接触状态，从而使啮合刚度波动量减小。因此，在载荷较小而未使轮齿达到完全接触之前，适当增大负载有利于减振。

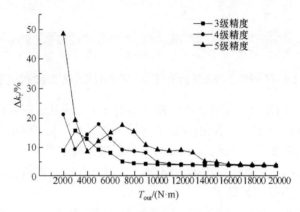

图 12-8 不同精度等级下啮合刚度波动量随负载扭矩的变化规律

由图 12-8 还可以明显看出，载荷较小(6000~10000N·m)时，齿轮提高一级精度导致啮合刚度波动量的降低比较显著。载荷较大(如图 12-8 中大于 16000N·m)时，提高齿轮精度所导致的啮合刚度降低量已经很小。这表明，对于重载齿轮传动，通过提高精度等级来降低噪声是不经济的。在分析中，将这种提高精度对降低噪声已不再明显的载荷点称为"第二临界点"。

仔细观察图 12-8 可以发现，对于同一精度等级的齿轮，在轻载区域存在一个使啮合刚度波动量处于较低水平的谷值(称这一谷值点为"第一临界点")。例如，在图 12-8 给出的示例中，4 级精度齿轮的第一临界点在 3000N·m 附近，而 5 级精度齿轮的第一临界点在 4000N·m 附近。第一临界点的存在表明，若能在设计齿轮传动时合理选择齿轮参数，使其工作点落在这一谷值点，那么该传动系统就可以在采用较低制造精度、降低制造成本的同时，使系统处于相对平稳工作状态，实现低噪声设计。

图 12-9 是通过大量计算得到的不同精度等级齿轮的齿轮箱体辐射的空气噪声随负载扭矩的变化规律。由图 12-9 可见，当负载扭矩较小(小于 6000N·m)时，齿轮精度等级越高，齿轮箱体的空气噪声越低。当负载扭矩较大(大于 16000N·m)时，提高齿轮精度等级对齿轮箱体空气噪声几乎没有改善。这也就是前面述及的

提高精度对降低噪声已无明显作用的"第二临界点"。

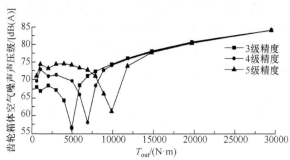

图 12-9　不同精度等级下齿轮箱体空气噪声随负载扭矩的变化规律

在图 12-9 中同样可以发现，对于同一精度等级的齿轮，在轻载区域存在一个使辐射噪声处于较低水平的谷值(前述的"第一临界点")。例如，图 12-9 中 3 级精度齿轮在负载扭矩约为 5000N·m 时；4 级精度齿轮在负载扭矩约为 7000N·m 时；5 级精度齿轮在负载扭矩约为 10000N·m 时。在这一谷值点，齿轮处于较平稳状态，箱体辐射噪声最低。

由图 12-8 和图 12-9 可知，当齿轮系统的负载较低(低于"第二临界点")时，通过提高齿轮精度降低振动噪声效果明显；而在负载较高(高于"第二临界点")时，通过提高齿轮精度降低系统的振动噪声是不经济的。如果设计能够恰好使系统处于"第一临界点"，则系统的振动噪声将会显著降低。一套齿轮传动系统负载的"第一临界点"和"第二临界点"具体是多大，需通过对系统进行详细的分析和计算确定。

文献[7]通过分析和实验，得到了与图 12-8 和图 12-9 类似的规律，上述所谓第一、第二临界点的存在已得到学术界的关注。第二临界点的出现可以解释为，重载时轮齿实现了接近理论的完整接触状态，与轮齿的弹性变形相比，轮齿误差已经很小，弹性变形已成为影响传动平稳性的主要因素，精度等级的提高已显得微不足道。至于对第一临界点的解释尚不完备，还需进一步深入研究。

12.3　齿轮箱结构低噪声设计方法

齿轮传动装置除了上述的齿轮传动系统以外，主要还有齿轮箱、润滑油与润滑装置、散热和监测等附件。虽然各类附件对齿轮传动装置的振动噪声均有一定影响，但相应的低噪声分析与设计方法尚不够成熟，或缺乏具有普示性的设计方法。本节主要对齿轮箱的低噪声设计方法进行归纳与总结。

齿轮传动装置的振动与噪声主要源于齿轮啮合的激振力，但振动噪声对环境的影响则是通过齿轮箱传递出去的。合理地设计齿轮箱结构，将可能把相同动载荷作用下齿轮箱的振动与噪声降到设计要求的水平。关于以降噪为目标的齿轮箱结构设计，已在第 9 章中有详细的论述，本节仅就齿轮箱刚度的合理布局和齿轮箱的阻尼设置问题做进一步归纳。

12.3.1　齿轮箱刚度合理布局

当把齿轮系统与齿轮箱作为两个系统分开分析时，齿轮箱的振动主要来源于轴承的动载荷。通常情况下，轴承动载荷的波动量越大，箱体振动响应越大。

一般来讲，在一定的轴承动载荷作用下，箱体的振动响应能量是一定的，箱体的结构设计并不能降低这个振动总能量。但是，结构设计可以改变振动能量的分布和流向，使得分布和流向更为合理。或者说，通过合理的结构设计可以调整箱体中振动能量的流向，从而降低箱体中不希望的、有害的结构噪声和辐射噪声。

已有研究表明[8]，箱体表面的法向振动是产生空气噪声的直接原因，降低方向振动速度，就可降低辐射噪声。法向振动速度与箱体壁板的局部振型有关。壁板的局部振型呈现弯曲振型时，会导致较大的法向振动速度，从而使得空气噪声增大。为此，在做箱体低噪声设计时，应尽量避免在激励频率附近有壁板的弯曲振型。当经模态分析发现壁板有弯曲振型时，可在产生此类振型的壁板处通过添加降噪肋板抑制法向振动速度。所谓降噪肋板，即以降低空气噪声为主要目的而设置的肋板，与常规以增加刚度为目的而设置的肋板有所不同。普通的肋板，为了增强结构的支承刚度，需承受一定支承力，而减噪肋板是用于改变壁板振型的，不一定承受支承力。

可以说，齿轮箱低噪声设计的重点在于降低壁板的法向振动速度，而降低法向速度的主要措施是设计降噪肋板。

降噪肋板的设计要依靠箱体的模态分析，通过模态分析找出局部弯曲振型，再通过模态分析检验降噪肋板的添加效果。这样的设计分析工作往往需要迭代几次才能达到预期的效果。

结合声学传递向量分析、模态声学贡献量分析和板面声学贡献量分析，可以确定出对目标场点辐射噪声贡献量最大的齿轮箱壁板，使得降噪肋板的添加更具有针对性。所谓目标场点，是指通过对齿轮箱体的辐射噪声分析，确定出的声压级最大的场点。通过声学传递向量分析，可确定齿轮箱体表面对目标场点声学传递向量较大的区域。再通过模态声学贡献量分析，确定出对目标场点辐射噪声贡献量较大的模态，并通过分析确定出法向振动速度较大的区域。在声学传递向量和法向振动速度均较大的区域上，进一步通过板面声学贡献量分析，确定出对目标场点辐射噪声贡献量最大的区域。在此区域上添加降噪肋板，往往降噪效率较高。当然，运用这类方法往往也需要迭代几次，对改进设计后的齿轮箱体重新进行辐射噪声分析，判断改进设计后所关心场点的平均有效声压级是否降低，直到实现预期目标为止。上面述及的各类具体分析方法，详见第9章。

除了调整壁板的振型之外，箱体的低噪声设计还需考虑频率的调整。由于轴承动载荷的频率成分包含齿轮啮合频率及其倍频，因此箱体振动也包含了这些频率成分。通常，轴承动载荷的峰值与箱体振动响应的峰值会同在啮合频率处出现。但当箱体结构的某阶固有频率恰与啮合频率的某倍频重合或相近时，箱体振动响应的峰值就可能与轴承动载荷峰值错开了。

因此，通常结构的齿轮箱体设计，主要应尽量避免箱体结构的前几阶固有频率与齿轮的啮合频率或其倍频相近。一般情况下，当啮合频率较低时，增大箱体的固有频率可降低其结构振动和辐射噪声；当啮合频率较高时，则应该通过结构改进设计控制箱体表面的法向振动，进而减小箱体的辐射噪声。当设计薄壁轻质齿轮箱时，特别是当齿轮系统转速较高时，还应考虑尽量避免箱体结构的前几阶固有频率与轴的转频及其倍频相近。

现以某一齿轮箱为例，展示经刚度调整前后的结构与噪声对比。图 12-10 为齿轮箱的原结构图，该齿轮箱体声场上的声压级分布图参见图 9-44。图 12-11 为在分析计算的基础上，对图 12-10 所示齿轮箱添加了降噪肋板的结构图。改进设计后(图 12-11 所示结构)，齿轮箱体声场上的声压级分布图参见图 9-45。图 9-44和图 9-45 对应的场点数值参见表 9-9。由表 9-9 和图 9-45 可见，在相同的轴承动载荷激励下，改进设计后齿轮箱体主要场点上的平均有效声压级较改进前减小了4.98dB，其中最大有效声压级减小了 9.44dB。虽然上侧声场和输入侧声场中的部分区域上的声压级有所增加，但这部分区域声压级的增量不大，并且声压级的最大值所占区域明显减小。这表明齿轮箱体结构进行刚度调整设计后，齿轮箱附近声场中目标场点的空气噪声是有所降低的。

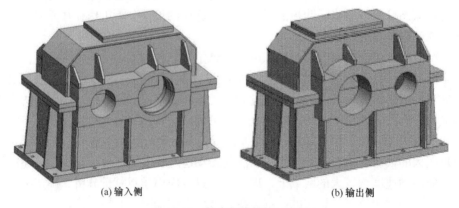

(a) 输入侧　　　　　　　　　　　　　　　(b) 输出侧

图 12-10　某齿轮箱结构示意图

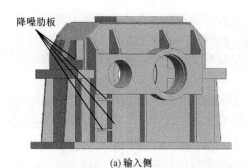
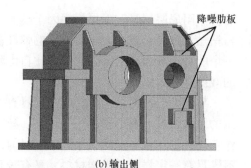

(a) 输入侧　　　　　　　　　　　　　　(b) 输出侧

图 12-11　某齿轮箱添加降噪肋板后结构示意图

12.3.2　齿轮箱的阻尼设置

如前所述，箱体的结构设计并不能降低结构振动总能量，而是通过合理的结构设计来调整箱体中振动能量的流向，从而降低箱体中所关心位置的结构噪声和辐射噪声。但是，在齿轮箱体结构上适当地敷设阻尼材料，能有效地降低齿轮箱的振动能量，从而实现减振降噪。

阻尼即指能量的耗散。阻尼的作用就是将结构的振动能量转变成热能或其他形式的能量而产生能量耗散，从而达到结构减振的目的。齿轮箱的阻尼设置，就是在齿轮箱壁板上粘贴或喷涂一层阻尼的材料，或者将壁板设计成夹层结构，在其中填充阻尼材料。

当齿轮箱壁板发生振动，特别是弯曲振动时，其振动能量会传递给粘贴在壁板上的阻尼材料。振动能量的传递，一方面引起箱体壁板与阻尼材料之间的相互错动和摩擦，通过库仑阻尼使振动能量耗散；另一方面，阻尼材料在振动过程中，产生交替的拉伸和压缩变形，阻尼材料的内损耗使振动能量耗散。当将齿轮箱壁板设计成夹层结构并在其中填充阻尼材料时，振动能量将从箱体壁板传递给填充阻尼材料，通过冲击阻尼实现振动能量耗散。

阻尼材料主要有橡胶类材料、塑料类材料、树脂类材料和沥青类材料。橡胶类和塑料类阻尼材料通常被制成胶片型，用黏结剂贴在需要减振的结构上；树脂类阻尼材料是由高分子树脂加入适量辅料配制而成，通常可制成喷涂型、自粘型和胶片型等阻尼材料，通过喷涂、直接粘贴或用黏结剂粘贴在需要减振的结构上，具有较好的减振、隔热、吸声和一定密封性能；沥青类阻尼材料价格较便宜，且有一定污染性，其阻尼减振效果与材料厚度成正比。

损耗因子是表征材料阻尼性能最常用的特征参数，损耗因子越大，阻尼效果越好。一般阻尼材料的损耗因子在 0.1～0.01 的数量级。工程中常将损耗因子较大、与金属结构黏附效果较好的材料选做阻尼材料。

将阻尼材料直接粘贴或喷涂在需要减振结构上的阻尼结构，称其为自由阻尼结构。阻尼层越厚，阻尼损耗因子越大，减振效能越好。若在自由阻尼外侧表面再粘贴一弹性模量远大于阻尼层的弹性板，则称其为约束阻尼结构。由于增加了一个能量耗散面，约束阻尼结构比自由阻尼结构耗散更多的振动能量，具有更好的减振降噪效果。

事实上，各种结构材料本身都具有一定的阻尼特性，即材料阻尼。但由于常用的结构材料的阻尼损耗因子较小，减振效果不明显。例如，采用铸铁和铸铝制作箱体，就具有一定的减振效果。目前，人们正在研究一种高阻尼合金，这种材料既具有一定强度的结构材料，又有较高的阻尼性能，有着良好的减振性能。显然，发展理想的高阻尼合金，应该是齿轮箱体减振降噪的一个方向。

在进行齿轮箱体设计时，箱体表面敷设了阻尼材料的减振降噪效果，可以通过分析计算进行定量评估，即在齿轮箱体结构噪声的分析计算中，计入阻尼材料特性参数及其布局的影响。对于复杂结构的振动响应分析，目前主要采用模态叠加法，模态阻尼是模态叠加法中一个非常重要的参数，其数值与阻尼材料特性及其布局直接相关。计入阻尼材料特性参数及其布局后，齿轮箱体振动响应的具体计算方法参见第 8 章。

12.4　齿轮箱的隔振设计

如前所述，齿轮传动装置的噪声主要源于齿轮的动载荷激励，并以结构振动的形式传递至齿轮箱。齿轮箱结构的一部分振动能量经箱体壁板辐射到空气中，形成空气噪声；另一部分振动能量经箱体机脚传递到基础结构中，以结构噪声的形式继续传递。在一定的齿轮激励下，为了减少传递到基础结构的振动能量，在齿轮箱机脚处设置合理的隔振系统是控制振动传递的有效途径。关于隔振器、隔振系统及其对振动传递的控制规律，在第 11 章中已有详细描述。

根据隔振理论，若在机器的底座加装了较低刚度的隔振器，机器传递到基础的振动就会越小。但在齿轮传动装置中加装隔振器时，隔振器的变形会在一定程度上引起齿轮啮合错位(尤其在多齿轮箱联合传动系统中)，进而使得齿轮的动载荷激励增大。因此隔振器刚度对齿轮传动装置振动噪声的影响比较复杂，隔振器刚度选择得不合适，有可能起不到减小基础振动的效果。

研究表明，采用刚度较低的隔振装置，有利于对基础的隔振，也有增大箱体的辐射噪声的副作用，还会增大轴承的振动和齿轮的激振力[9]。而刚度较高的隔振装置，虽然对齿轮啮合的影响较小，且有利于降低辐射噪声，但对基础的隔振效果较差。因此，为了使隔振设计有较好的效果，应该对齿轮传动装置中的振动功率流向和传递规律进行详细分析。有条件的，应该按照第 10 章中介绍的齿轮

-箱体-基础耦合振动分析方法，准确把握齿轮传动装置的耦合动态特性。

隔振器的阻尼参数是选用隔振器的一项重要指标，隔振器的阻尼可有效降低齿轮箱经隔振器传递至基础的振动。按振动功率传递评价指标的分析表明，增大隔振器阻尼可使基础振动显著降低。但是，按经典的力传递评价指标的分析表明，随着隔振器阻尼的增大，其隔振效率将降低。因此，只有选用恰当阻尼参数的隔振器，才能有效地降低传递至基础的振动能量。

在具体的隔振设计中，还应注意隔振器刚度和阻尼的变化可能带来隔振器阻抗的增大，从而减小箱体-隔振器-基础之间的阻抗失配，导致基础振动增大，甚至导致整体系统的共振。一般在设计中，应保证隔振系统的阻抗值远小于齿轮箱和基础结构的阻抗值。

12.5 结 束 语

齿轮传动在机械传动中有着极其重要的地位，长期以来工业界与学术界都对此投入了大量的精力。借助现代技术的发展，齿轮传动中的功能、强度和可靠性等问题已经有了很好的解决方案。随着对齿轮传动性能要求的不断提高，低噪声齿轮传动设计问题日渐突出。本书基于大量的低噪声齿轮设计研究工作，提出一套低噪声齿轮设计的准则与方法，以供从事齿轮传动工作的同行借鉴。本书涉及的分析与设计方法很多，但齿轮传动装置低噪声设计可归为三大途径，即齿轮系统减振、箱体结构减振和阻尼材料减振。作为结束语，特别强调以下几点是做好齿轮传动装置低噪声设计的关键。

(1) 合理选择齿轮基本参数，是低噪声齿轮设计的起点，关于这一点，可考虑的问题很多。但最新研究表明，通过参数的选配来获得合理的齿轮传动重合度，其降噪效果最为明显。

(2) 提高齿轮精度固然有明显的降噪效果。然而，若能同时考虑负载对降噪效果的影响，以及两个临界点的效应，则能更好地协调提高精度与制造成本过高之间的矛盾。

(3) 合理调配齿轮传动系统的构型，包括周密设计各零件的布局、质量(惯量)和结构刚度等，可以使得在确定的激励时，尽可能降低齿轮系统的振动。

(4) 合理设计降噪肋板、敷设一定的阻尼材料和选用恰当的隔振器，是降低振动噪声对环境影响的三个有效手段。

参 考 文 献

[1] 常乐浩, 刘更, 吴立言. 齿轮综合啮合误差计算方法及对系统振动的影响[J]. 机械工程学报, 2015, 51(1): 123-130.

[2] 丁云飞, 刘岚, 吴立言, 等. 斜齿圆柱齿轮啮合刚度波动的变化规律研究[J]. 机械传动, 2014, 38(5): 24-27.

[3] YUAN B, YIN X M, LIU L, et al. Robust optimization of tooth surface modification of helical gears with misalignment [C]. International Gear Conference, Lyon Villeurbanne, 2018.

[4] CHANG L H, LIU G, WU L Y. A robust model for determining the mesh stiffness of cylindrical gears [J]. Mechanism and Machine Theory, 2015, 87: 93-114.

[5] 郑雅萍, 吴立言, 常乐浩, 等. 齿轮轮齿误差对啮合刚度影响规律研究[J]. 机械传动, 2014, 38(5): 32-35.

[6] 周建星, 刘更, 吴立言. 转速与负载对减速器振动噪声的影响研究[J]. 振动与冲击, 2013, 32(8): 193-198.

[7] BORNER J, MAIER M, JOACHIM F J. Design of transmission gearings for low noise emission: loaded tooth contact analysis with automated parameter variation [C]. Proceedings of International Conference on Gears, Munich, Germany, 2013, 719-730.

[8] WANG J P, CHANG S, LIU G, et al. Optimal rib layout design for noise reduction based on topology optimization and acoustic contribution analysis [J]. Structural and Multidisciplinary Optimization, 2017, 56(5): 1093-1108.

[9] REN Y F, CHANG S, LIU G, et al. Vibratory power flow analysis of a gear-housing-foundation coupled system [J]. Shock and Vibration, 2018, 5974759.

附　录

附录 A　模态叠加法

对于 n 自由度无阻尼系统，其强迫运动方程可表示为

$$M\ddot{x}(t) + Kx(t) = F(t) \tag{A-1}$$

式中，M 和 K 分别为系统的质量矩阵和刚度矩阵；$\ddot{x}(t)$ 和 $x(t)$ 分别为系统的加速度和位移向量；$F(t)$ 为系统的载荷向量。

令 $x = \Phi\eta$，将其代入式(A-1)，并在式(A-1)的两端同时左乘 Φ^{T}，式(A-1)可转换为

$$\Phi^{\mathrm{T}}M\Phi\ddot{\eta} + \Phi^{\mathrm{T}}K\Phi\eta = \Phi^{\mathrm{T}}F(t) \tag{A-2}$$

式中，Φ 为系统的振型矩阵，$\Phi = \begin{bmatrix} \varphi_1 & \varphi_2 & \cdots & \varphi_N \end{bmatrix}$，其中 $\varphi_i(i=1,2,\cdots,N)$ 表示系统的第 i 阶主振型；η 为待求量。

根据系统质量矩阵、刚度矩阵和振型矩阵间的关系，式(A-2)可以转换为

$$M_{\mathrm{p}}\ddot{\eta} + K_{\mathrm{p}}\eta = F_{\mathrm{p}}(t) \tag{A-3}$$

式中，M_{p} 和 K_{p} 分别为系统的主质量矩阵和主刚度矩阵；$F_{\mathrm{p}}(t)$ 为主坐标下的载荷向量。

由于系统的主质量矩阵和主刚度矩阵均为对角矩阵，说明式(A-3)的运动方程已经解耦，解耦后的第 i 个方程可表示为

$$M_{\mathrm{p}i}\ddot{\eta}_i + K_{\mathrm{p}i}\eta_i = F_{\mathrm{p}i}(t) \tag{A-4}$$

式(A-4)两端同时除以 $M_{\mathrm{p}i}$，式(A-4)可以转换为

$$\ddot{\eta}_i + \omega_{\mathrm{n}i}^2\eta_i = \frac{F_{\mathrm{p}i}(t)}{M_{\mathrm{p}i}} \tag{A-5}$$

式中，$\omega_{\mathrm{n}i}$ 为系统的第 i 阶固有角频率。

对式(A-5)进行求解可以得到[1]

$$\eta_i(t) = \frac{\varphi_i^{\mathrm{T}}}{K_{\mathrm{p}i}(1-\lambda_i^2)}F_{\mathrm{p}i} \tag{A-6}$$

式中，λ_i 为系统的激励频率与第 i 阶固有频率之比。

将式(A-6)代入 $x = \boldsymbol{\Phi}\boldsymbol{\eta}$ 可以得到系统在任意时刻的响应：

$$x(t) = \sum_{i=1}^{n} \boldsymbol{\varphi}_i \eta_i(t) = \sum_{i=1}^{n} \frac{\boldsymbol{\varphi}_i \boldsymbol{\varphi}_i^{\mathrm{T}}}{K_{pi}(1 - \lambda_i^2)} \boldsymbol{F}_{pi}(t) \tag{A-7}$$

从式(A-7)可以看出，系统的位移响应通过各阶主振型的线性叠加获得。通常将该种解法称为模态叠加法。

附录 B 系统物理参数识别的骨架线方法

图 B-1 所示为无阻尼约束二自由度系统，其运动方程如下：

$$\begin{cases} m_1\ddot{x}_1(t) + k_1[x_1(t) - x_2(t)] = f(t) \\ m_2\ddot{x}_2(t) - k_1[x_1(t) - x_2(t)] + k_2 x_2(t) = 0 \end{cases} \tag{B-1}$$

式中，m_1 和 m_2 分别为质量点 1 和 2 的质量；k_1 和 k_2 分别为弹簧 1 和 2 的刚度；

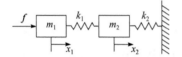

$x_1(t)$ 和 $x_2(t)$ 分别为质量点 1 和 2 上的位移；$f(t)$ 为作用在质量点 1 上的载荷。

图 B-1 无阻尼约束二自由度系统

对式(B-1)进行拉普拉斯变换，可以得到如下方程：

$$\begin{cases} s^2 m_1 x_1(s) + k_1[x_1(s) - x_2(s)] = f(s) \\ s^2 m_2 x_2(s) - k_1[x_1(s) - x_2(s)] + k_2 x_2(s) = 0 \end{cases} \tag{B-2}$$

式中，s 为一般复数。

令 $s = \mathrm{j}\omega$，将式(B-1)转换到频域可以得到

$$\begin{cases} -\omega^2 m_1 x_1(\omega) + k_1[x_1(\omega) - x_2(\omega)] = f(\omega) \\ -\omega^2 m_2 x_2(\omega) - k_1[x_1(\omega) - x_2(\omega)] + k_2 x_2(\omega) = 0 \end{cases} \tag{B-3}$$

式中，ω 表示角频率。

由式(B-3)可以推导出质量点 1 上原点加速度导纳的幅值为

$$|Y_{11A}(\omega)| = \left| \frac{\ddot{x}_1}{f(\omega)} \right| = \left| \frac{-\omega^2 x_1}{f(\omega)} \right| = \left| -\omega^2 (k_1 + k_2 - \omega^2 m_2) / \Delta(\omega^2) \right| \tag{B-4}$$

$$\Delta(\omega^2) = m_1 m_2 \left[\omega^4 + \frac{k_1}{m_1} \frac{k_2}{m_2} - \left(\frac{k_1}{m_1} + \frac{k_1 + k_2}{m_2} \right) \omega^2 \right] \tag{B-5}$$

式中，$Y_{11A}(\omega)$ 为质量点 1 上的原点加速度导纳。

质量点 1 上原点加速度导纳的半对数幅频图如图 B-2 所示。图中，$20\lg|Y_{11A}|$ 代表激振点 1 处原点加速度导纳的对数值(dB)，decade 代表 10 倍频，40dB/decade

代表频率增加 10 倍导纳的对数值增加 40dB。

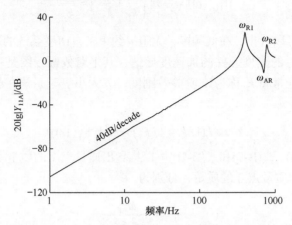

图 B-2　无阻尼约束二自由度系统激振点处原点加速度导纳的半对数幅频图

当系统共振时，原点加速度导纳达到最大，即 $\Delta(\omega^2)=0$ ，因此可推出系统的共振频率为

$$\begin{cases} \omega_{R1} = \sqrt{\dfrac{1}{2}\left[\dfrac{k_1}{m_1}+\dfrac{k_1+k_2}{m_2}-\sqrt{\left(\dfrac{k_1}{m_1}+\dfrac{k_1+k_2}{m_2}\right)^2-4\dfrac{k_1}{m_1}\dfrac{k_2}{m_2}}\right]} \\[4mm] \omega_{R2} = \sqrt{\dfrac{1}{2}\left[\dfrac{k_1}{m_1}+\dfrac{k_1+k_2}{m_2}+\sqrt{\left(\dfrac{k_1}{m_1}+\dfrac{k_1+k_2}{m_2}\right)^2-4\dfrac{k_1}{m_1}\dfrac{k_2}{m_2}}\right]} \end{cases} \tag{B-6}$$

式中，ω_{R1} 和 ω_{R2} 分别为系统的第一阶共振频率和第二阶共振频率。

当系统反共振时，原点加速度导纳达到最小，即 $|Y_{11A}(\omega)|=0$ ，因此可推出系统的反共振频率为

$$\omega_{AR} = \sqrt{(k_1+k_2)/m_2} \tag{B-7}$$

式中，ω_{AR} 为系统的反共振频率。

由式(B-6)和式(B-7)可以得到无阻尼约束二自由度系统共振频率和反共振频率之间的大小关系为 $\omega_{R1} < \omega_{AR} < \omega_{R2}$ 。因此，对于无阻尼约束二自由度系统总是先出现共振，其次出现反共振，最后出现共振，如图 B-2 所示。

令 $\bar{\omega}_{AR} = \omega/\omega_{AR}$ ，$\bar{\omega}_{R1} = \omega/\omega_{R1}$ 及 $\bar{\omega}_{R2} = \omega/\omega_{R2}$ ，式(B-4)可转换为

$$|Y_{11A}(\omega)| = \left| -\omega^2 \left(\frac{1}{k_1}+\frac{1}{k_2} \right) \frac{(1-\bar{\omega}_{AR})^2}{(1-\bar{\omega}_{R1})^2(1-\bar{\omega}_{R2})^2} \right| \tag{B-8}$$

当 $\omega \ll \omega_{R1}$ 时，$\bar{\omega}_{R1} \approx \bar{\omega}_{AR} \approx \bar{\omega}_{R2} \approx 0$ ，式(B-8)可以简化为

$$|Y_{11A}(\omega)| \approx \left| -\omega^2 \left(\frac{1}{k_1} + \frac{1}{k_2} \right) \right| \approx \frac{\omega^2}{k_e} \tag{B-9}$$

由式(B-9)可以看出，在低频段，无阻尼约束二自由度系统的原点加速度导纳类似于刚度为 k_e 的刚度元件的加速度导纳，其半对数幅频图是一条刚度线，如图 B-2 所示。通常将 k_e 称为 1 阶等效刚度，其大小等于系统在激振点处的静刚度，即

$$k_e = 1/(1/k_1 + 1/k_2) \approx \omega^2 / |Y_{11A}(\omega)| \tag{B-10}$$

根据式(B-6)、式(B-7)和式(B-10)可以推导出质量点 1 的质量，弹簧 1 的刚度，弹簧 2 的刚度和质量点 2 的质量，分别为

$$m_1 = k_e \frac{\omega_{AR}^2}{\omega_{R1}^2 \omega_{R2}^2} \tag{B-11}$$

$$k_1 = m_1(\omega_{R1}^2 + \omega_{R2}^2 - \omega_{AR}^2) \tag{B-12}$$

$$k_2 = 1/(1/k_e - 1/k_1) \tag{B-13}$$

$$m_2 = \frac{k_1 + k_2}{\omega_{AR}^2} \tag{B-14}$$

在已知无阻尼约束二自由度系统激励点处原点加速度导纳特性的条件下，可根据式(B-11)~式(B-14)对其物理参数进行识别[2]。

附录 C　机械阻抗基本概念

机械阻抗及其倒数(机械导纳)的概念是在 20 世纪 30 年代根据机电比拟被提出的，到 60 年代，由于电测技术的进展，运用机械阻抗的分析方法得到了飞速发展。机械阻抗方法最初用于尖端武器运载工具的研制并取得很大成功，目前已在各个工业部门得到广泛应用并逐步发展成为一种常规方法[2]。

一个稳定的线性振动系统，在简谐交变力 $f(t)$ 作用下所产生的稳态响应 $x(t)$ (位移、速度或加速度)必定也是同频率的谐振动。激励与响应的幅值之比及其相位差不仅与频率大小有关，更取决于系统本身的固有特性。因此可以采用这两个相对量(激励与响应的幅值比和相位差)在整体上综合描述各种线性振动系统在激励频率 ω 下的振动传递。所谓机械阻抗数据指的就是这两个参数。

稳定的、定常的、线性振动系统的机械阻抗，即等于简谐激励及其所引起的稳态响应的复数比。

假设系统的激振力为

$$f = Fe^{j(\omega t + \varphi_1)} = \boldsymbol{F}e^{j\omega t} \tag{C-1}$$

式中，f 为复简谐激励；F 为激励幅值；φ_1 为激励相位；$\boldsymbol{F} = Fe^{j\varphi_1}$ 为复力幅。

其稳态响应为

$$x = Xe^{j(\omega t + \varphi_2)} = \boldsymbol{X}e^{j\omega t} \tag{C-2}$$

式中，x 为复简谐位移；X 为位移幅值；φ_2 为位移相位；$\boldsymbol{X} = Xe^{j\varphi_2}$ 为复振幅。

该系统的机械阻抗可表示为

$$\boldsymbol{Z} = \frac{f}{x} = \frac{\boldsymbol{F}}{\boldsymbol{X}} = \frac{F}{X}e^{j(\varphi_1 - \varphi_2)} \tag{C-3}$$

机械阻抗的倒数——机械导纳可以表示为

$$\boldsymbol{H} = \frac{x}{f} = \frac{\boldsymbol{X}}{\boldsymbol{F}} = \frac{X}{F}e^{j(\varphi_2 - \varphi_1)} \tag{C-4}$$

由于系统的振动响应量可以是位移、速度及加速度，机械阻抗和导纳相应的也有三种不同形式，并分别称为位移、速度及加速度阻抗和导纳，列于表 C-1。通常说的机械阻抗和导纳是指速度阻抗和导纳，分别表示为 $\boldsymbol{Z}$ 和 $\boldsymbol{Y}$。

表 C-1　三种形式的阻抗和导纳

	位移	速度	加速度
力/响应	位移阻抗	速度阻抗	加速度阻抗
响应/力	位移导纳	速度导纳	加速度导纳

附录 D　连续 Timoshenko 梁动力学建模

连续 Timoshenko 梁的精确动刚度可参考文献[3]。假设梁单元的质心、几何中心和剪切中心重合。将梁单元的振动分为扭转、轴向和弯曲振动，忽略弯曲-扭转或弯曲-轴向耦合振动。定义梁单元的轴向为 y 向，两端的节点坐标分别为 $y=0$ 与 $y=l$。

对于扭转振动而言，梁单元两端状态矢量的关系可表示为

$$\begin{Bmatrix} \theta_y \\ M_y \end{Bmatrix}_l = \begin{bmatrix} \cos\alpha l & -\dfrac{1}{GI_p\alpha}\sin\alpha l \\ -GI_p\alpha\sin\alpha l & -\cos\alpha l \end{bmatrix} \begin{Bmatrix} \theta_y \\ M_y \end{Bmatrix}_0 = \boldsymbol{T}_{My} \begin{Bmatrix} \theta_y \\ M_y \end{Bmatrix}_0 \tag{D-1}$$

式中，θ_y 为扭转角；M_y 为扭矩；l 为长度；G 为材料剪切弹性模量；I_p 为轴截面

的极惯性矩；$\alpha = \omega\sqrt{\dfrac{\rho}{G}}$，$\omega$ 为激振频率，ρ 为密度；$\boldsymbol{T}_{M_y}$ 为传递矩阵；下标 0 和 l 分别表示轴段左右两侧。

对于轴向振动而言，梁单元两端状态矢量的关系可表示为

$$\left\{\begin{matrix} y \\ F_y \end{matrix}\right\}_l = \begin{bmatrix} \cos\beta l & -\dfrac{1}{EA\beta}\sin\beta l \\ -EA\beta\sin\beta l & -\cos\beta l \end{bmatrix} \left\{\begin{matrix} y \\ F_y \end{matrix}\right\}_0 = \boldsymbol{T}_{Fy}\left\{\begin{matrix} y \\ F_y \end{matrix}\right\}_0 \tag{D-2}$$

式中，y 为轴向位移；F_y 为轴向力，与截面外法线一致为正；A 为截面面积；E 为弹性模量；$\boldsymbol{T}_{Fy}$ 为传递矩阵；$\beta = \omega\sqrt{\dfrac{\rho}{E}}$。

对于 y-z 平面内梁单元弯曲振动，两端状态矢量的关系可表示为

$$\left\{\begin{matrix} z \\ \theta_x \\ F_z \\ M_x \end{matrix}\right\}_l = \boldsymbol{T}_{M_x}\left\{\begin{matrix} z \\ \theta_x \\ F_z \\ M_x \end{matrix}\right\}_0 \tag{D-3}$$

式中，z 为 z 向位移；θ_x 为 x 向转角；F_z 为 z 向剪切力，方向按材料力学符号惯例计；M_x 为 x 向弯矩，方向按材料力学符号惯例计。

传递矩阵 $\boldsymbol{T}_{M_x}$ 可表示为

$$\boldsymbol{T}_{M_x} = \begin{bmatrix} C_0 - \sigma C_2 & -lC_4 & \dfrac{l^3[(\beta_{yz}^4 + \sigma^2)C_3 - \sigma C_1]}{\beta_{yz}^4 EI_x} & \dfrac{l^2 C_2}{EI_x} \\[4mm] -\dfrac{\beta_{yz}^4 C_3}{l} & C_0 - \tau C_2 & \dfrac{l^2 C_2}{EI_x} & -\dfrac{l(C_4 + \sigma C_3)}{EI_x} \\[4mm] -\dfrac{\beta_{yz}^4 EI_x(C_1 - \sigma C_3)}{l^3} & \dfrac{\beta_{yz}^4 EI_x C_2}{l^2} & -C_0 + \sigma C_2 & -\dfrac{\beta_{yz}^4 C_3}{l} \\[4mm] -\dfrac{\beta_{yz}^4 EI_x C_2}{l^2} & \dfrac{EI_x}{l}(\sigma C_4 + C_5) & -lC_4 & -C_0 + \tau C_2 \end{bmatrix}$$

$$\tag{D-4}$$

式中，$\sigma = \dfrac{\mu\omega^2 l^2}{GAk}$，$k$ 为剪切应力、应变不均匀分布修正系数，$\mu = \rho A$；$\tau = \dfrac{\mu\omega^2 l^2}{EA}$；$I_x$ 为绕 x 轴的转动惯量；$\beta_{yz}^4 = \dfrac{\mu\omega^2 l^4}{EI_x}$；$C_0 = \lambda[\cosh(\lambda_1)\lambda_2^2 + \cos(\lambda_2)\lambda_1^2]$；$C_1 = \lambda\left[\sinh(\lambda_1)\dfrac{\lambda_2^2}{\lambda_1} + \sin(\lambda_2)\dfrac{\lambda_1^2}{\lambda_2}\right]$；$C_2 = \lambda[\cosh(\lambda_1) - \cos(\lambda_2)]$；$C_3 = \lambda\left[\dfrac{\sinh(\lambda_1)}{\lambda_1} - \dfrac{\sin(\lambda_2)}{\lambda_2}\right]$；

$C_4 = \lambda[\sinh(\lambda_1)\lambda_1 + \sin(\lambda_2)\lambda_2]$；$C_5 = \lambda[\sinh(\lambda_1)\lambda_1^3 - \sin(\lambda_2)\lambda_2^3]$。其中，$\lambda = \dfrac{1}{\lambda_1^2 + \lambda_2^2}$，

$\lambda_1^2 = -\dfrac{\sigma + \tau}{2} + \sqrt{\beta_{yz}^4 + (\sigma - \tau)^2/4}$，$\lambda_2^2 = \dfrac{\sigma + \tau}{2} + \sqrt{\beta_{yz}^4 + (\sigma - \tau)^2/4}$。

同样，对于 y-x 平面内梁单元弯曲振动，两端状态矢量的关系可表示为

$$\begin{Bmatrix} x \\ \theta_z \\ F_x \\ M_z \end{Bmatrix}_l = \boldsymbol{T}_{M_z} \begin{Bmatrix} x \\ \theta_z \\ F_x \\ M_z \end{Bmatrix}_0 \tag{D-5}$$

式中，x 为 x 向位移；θ_z 为 z 向转角；F_x 为 x 向剪切力，方向按材料力学符号惯例计；M_z 为 z 向弯矩，方向按材料力学符号惯例计。

$$\boldsymbol{T}_{M_z} = \begin{bmatrix} C_0 - \sigma C_2 & lC_4 & \dfrac{l^3[(\beta_{yx}^4 + \sigma^2)C_3 - \sigma C_1]}{\beta_{yx}^4 EI_z} & -\dfrac{l^2 C_2}{EI_z} \\[3mm] \dfrac{\beta_{yx}^4 C_3}{l} & C_0 - \tau C_2 & \dfrac{l^2 C_2}{EI_z} & -\dfrac{l(C_4 + \sigma C_3)}{EI_z} \\[3mm] -\dfrac{\beta_{yx}^4 EI_z (C_1 - \sigma C_3)}{l^3} & -\dfrac{\beta_{yx}^4 EI_z C_2}{l^2} & -C_0 + \sigma C_2 & \dfrac{\beta_{yx}^4 C_3}{l} \\[3mm] \dfrac{\beta_{yx}^4 EI_z C_2}{l^2} & \dfrac{EI_z}{l}(\sigma C_4 + C_5) & lC_4 & -C_0 + \tau C_2 \end{bmatrix} \tag{D-6}$$

式中，I_z 为绕 z 轴的转动惯量；$\beta_{yx}^4 = \dfrac{\mu \omega^2 l^4}{EI_z}$；$C_0 = \lambda[\cosh(\lambda_1)\lambda_2^2 + \cos(\lambda_2)\lambda_1^2]$；

$C_1 = \lambda\left(\sinh(\lambda_1)\dfrac{\lambda_2^2}{\lambda_1} + \sin(\lambda_2)\dfrac{\lambda_1^2}{\lambda_2}\right)$；$C_2 = \lambda[\cosh(\lambda_1) - \cos(\lambda_2)]$；$C_3 = \lambda\left(\dfrac{\sinh(\lambda_1)}{\lambda_1} - \right.$

$\left.\dfrac{\sin(\lambda_2)}{\lambda_2}\right)$；$C_4 = \lambda[\sinh(\lambda_1)\lambda_1 + \sin(\lambda_2)\lambda_2]$；$C_5 = \lambda[\sinh(\lambda_1)\lambda_1^3 - \sin(\lambda_2)\lambda_2^3]$。其中，

$\lambda = \dfrac{1}{\lambda_1^2 + \lambda_2^2}$，$\lambda_1^2 = -\dfrac{\sigma + \tau}{2} + \sqrt{\beta_{yx}^4 + (\sigma - \tau)^2/4}$；$\lambda_2^2 = \dfrac{\sigma + \tau}{2} + \sqrt{\beta_{yx}^4 + (\sigma - \tau)^2/4}$。

得到梁单元在三种振动的传递矩阵后，假设节点的位移列向量和载荷列向量可表示为

$$\boldsymbol{q} = \left\{ x, y, z, \theta_x, \theta_y, \theta_z \right\}^{\mathrm{T}} \tag{D-7}$$

$$\boldsymbol{F} = \left\{ F_x, F_y, F_z, M_x, M_y, M_z \right\}^{\mathrm{T}} \tag{D-8}$$

综合考虑扭转、轴向和弯曲振动，梁单元两端状态矢量关系可整理为传递矩阵形式：

$$\left\{ \begin{matrix} q \\ F \end{matrix} \right\}_l = \begin{bmatrix} T_{11} & T_{12} \\ T_{21} & T_{22} \end{bmatrix} \left\{ \begin{matrix} q \\ F \end{matrix} \right\}_0 = [T] \left\{ \begin{matrix} q \\ F \end{matrix} \right\}_0 \tag{D-9}$$

附录 E　阻抗综合法

阻抗综合法是分析组合系统动力特性的一种有效方法。该方法的特点是每个子系统的动力特性均由子系统之间连接节点(外部节点)的阻抗来表示，并且组合系统的动力特性也是通过各外部节点的作用力和运动综合反映。子系统阻抗可以通过多种方法获得，因此这种方法具有很强的适用性，可以实现理论分析与试验测试的密切结合。并且由于组合系统仅通过各连接节点来建模，大大减小了计算规模[2]。

以图 E-1 中两个双自由度系统的耦合为例说明阻抗综合法建模过程。

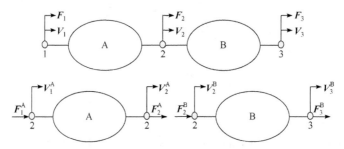

图 E-1　阻抗综合原理示意图

A、B 两个子系统的阻抗方程可表示为

$$\begin{bmatrix} Z_{11}^A & Z_{12}^A \\ Z_{21}^A & Z_{22}^A \end{bmatrix} \left\{ \begin{matrix} V_1^A \\ V_2^A \end{matrix} \right\} = \left\{ \begin{matrix} F_1^A \\ F_2^A \end{matrix} \right\} \tag{E-1}$$

$$\begin{bmatrix} Z_{22}^B & Z_{23}^B \\ Z_{32}^B & Z_{33}^B \end{bmatrix} \left\{ \begin{matrix} V_2^B \\ V_3^B \end{matrix} \right\} = \left\{ \begin{matrix} F_2^B \\ F_3^B \end{matrix} \right\} \tag{E-2}$$

式中，Z 为阻抗；V 为振动速度；F 为激振力；$*^A$、$*^B$ 分别表示 A、B 子系统。

运动协调方程为

$$V_2^A = V_2^B = V_2 \tag{E-3}$$

力平衡方程为

$$F_2^A + F_2^B = F_2 \tag{E-4}$$

联立式(E-1)~式(E-4)可得组合系统动力学方程。可以看出，与有限元刚度矩阵叠加原理相同，耦合系统阻抗矩阵可以根据所有子系统阻抗矩阵按节点进行组装。

$$\begin{bmatrix} Z_{11}^A & Z_{12}^A & \\ Z_{21}^A & Z_{22}^A + Z_{22}^B & Z_{23}^B \\ & Z_{32}^B & Z_{33}^B \end{bmatrix} \begin{Bmatrix} V_1^A \\ V_2^A \\ V_3^B \end{Bmatrix} = \begin{Bmatrix} F_1^A \\ F_2^A + F_2^B \\ F_3^B \end{Bmatrix} \tag{E-5}$$

参 考 文 献

[1] 倪振华. 振动力学[M]. 西安: 西安交通大学出版社, 1990.

[2] 左鹤声. 机械阻抗方法与应用[M]. 北京：机械工业出版社, 1987.

[3] 唐斌. 基于精确动态刚度矩阵法的内燃机轴系扭转、纵向及弯曲三维耦合振动研究[D]. 大连:大连理工大学, 2006.